当代中国建筑师

彭其兰

建筑与绘画作品集

彭其兰 编著

曾昭奋 主编

中国建筑工业出版社

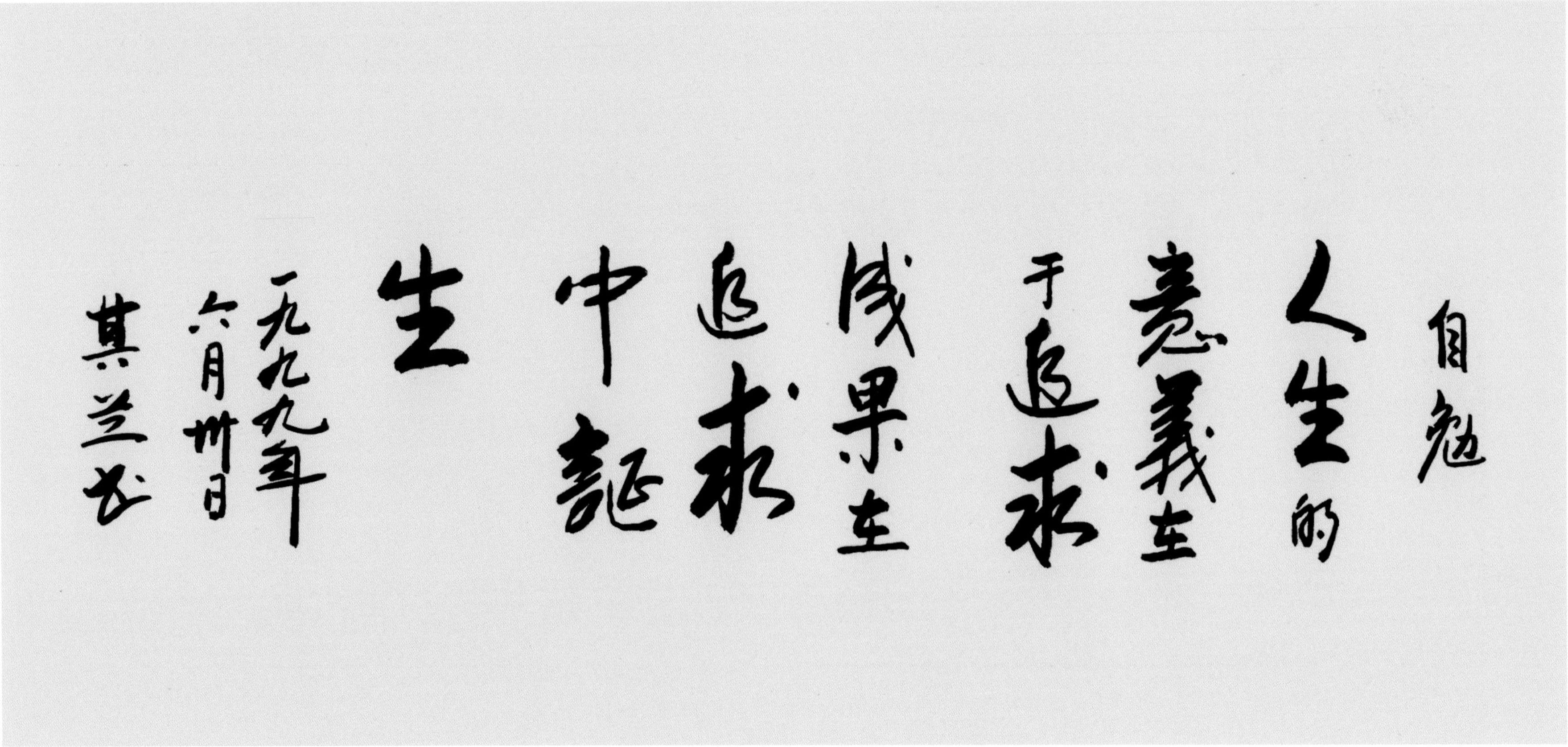

自勉

人生的意義在于追求
成果在追求中誕生

一九九九年六月卅日
其兰书

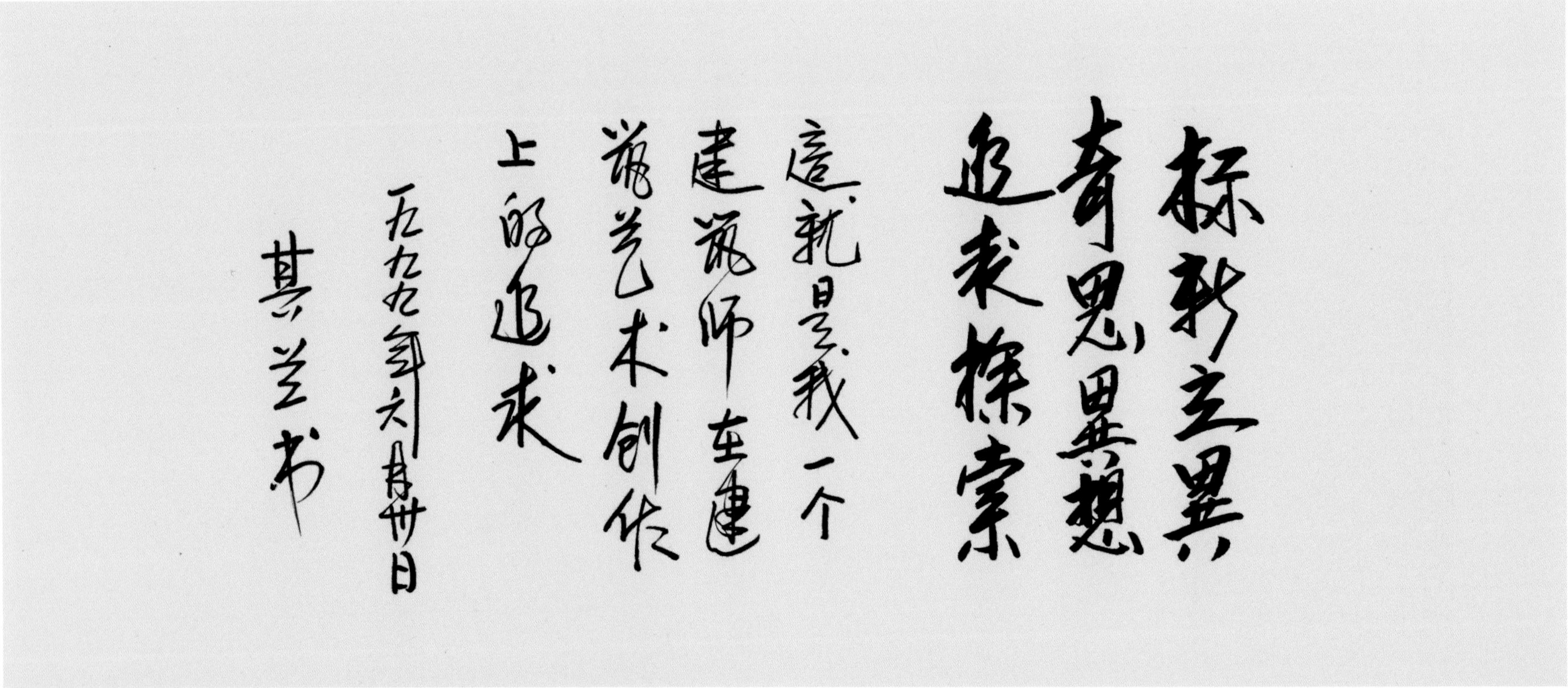

标新立異
奇思異想
追求探索
這就是我一个建筑师在建筑艺术创作上的追求

一九九九年六月卅日
其兰书

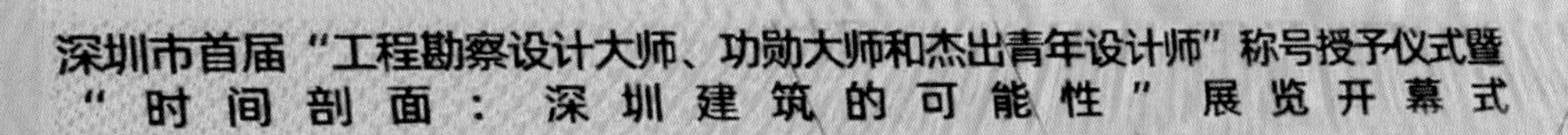

深圳市工程勘察设计功勋大师

彭其兰　Peng Qi Lan

奥意建筑工程设计有限公司
主任建筑师、总建筑师
高级工程师

简历

彭其兰　中国建筑师
荣获国务院特殊津贴　国家突出贡献专家
中国建筑学会人居环境专业委员会委员
深圳市建筑师学会常务理事
入选英国剑桥国际传记中心“国际名人录”第 26 卷（1998 年）
广东陆丰人 1939 年出生
1953 年—1958 年　陆丰市龙山中学学生
1958 年—1963 年　广州华南工学院建筑系（现为华南理工大学）学生
1963 年—1983 年　电力部西南电力设计院建筑师（曾担任社会职务：成都市建筑师学会建筑创作委员会副主任委员）
1983 年—1985 年　深圳工程咨询公司主任建筑师
1986 年—2002 年　中国电子工程设计院深圳院（现为深圳市电子院设计有限公司）主任建筑师、总建筑师
2020 年 12 月　荣获深圳市建筑设计功勋大师荣誉称号

主要建筑设计作品（合作者名单见本书设计项目）

工业建筑
重庆市长寿维尼纶厂自备热电站（1973 年）
湖南省长岭炼油厂自备热电站（1976 年）
四川省福溪电厂（1976 年）
深圳市龙岗大工业区电子城规划（2000 年）
中国飞艇珠海生产基地（2003 年）

公共与居住建筑
成都市东风电影院（1981 年）
成都市蜀都大厦方案（1982 年设计竞赛二等奖）
海南省经济技术交流中心方案（1984 年）
深圳市宝安县第四区行政文化中心规划设计（1984 年　中标方案）
深圳市烈士陵园规划（1984 年）
深圳市园岭住宅区 E 区高层住宅（1984 年）
深圳市蛇口赤湾港居住小区（1984 年　合作者林道桐）
上海市华山路高层商住小区（1987 年）
陆丰观音岭海滨度假村规划设计方案（1987 年）
深圳市联城酒店（1987 年）
深圳市南洋大厦（1987 年　合作者袁春亮）
深圳市蛇口蓓蕾幼儿园（1987 年　深圳市优秀设计一等奖）
深圳市电子科技大厦（1987 年　电子工业部优秀设计一等奖）
上海市南阳经贸大厦方案（1987 年）
陆丰玉印岛度假村设计方案（1988 年）

深圳市瑞昌大厦（1989 年 合作者欧阳军）
深圳市天安大厦方案（1989 年）
深圳市税务大厦方案（1992 年）
深圳市新闻大厦（1992 年 信息产业部优秀设计一等奖）
深圳市国际商业广场方案（1993 年 中标方案）
深圳市赛格广场方案（1995 年）
深圳市中国大酒店方案（1996 年 中标方案）
深圳市南城购物广场（1996 年 中选方案）
深圳市南山国际文化交流中心方案（1997 年 中标方案）
深圳市群星广场（1997 年 中标方案 信息产业部优秀设计一等奖）
深圳市振业海悦花园（1998 年）
深圳市家乐园（1999 年）
深圳市竹园大厦（2000 年）
深圳市龙岗区榭丽花园（2000 年）
深圳市 TCL 研发大厦第二方案（2001 年）
深圳市绿景蓝湾半岛（2001 年 中标方案）
北京师范大学珠海校园总体规划（2001 年）
北京市松林里居住小区方案（2002 年）
北京理工大学珠海校园规划方案（2004 年 中选方案）
陆丰市教育园区概念性规划设计方案（2010 年）
深圳市（南澳）别墅区规划设计（2006 年）

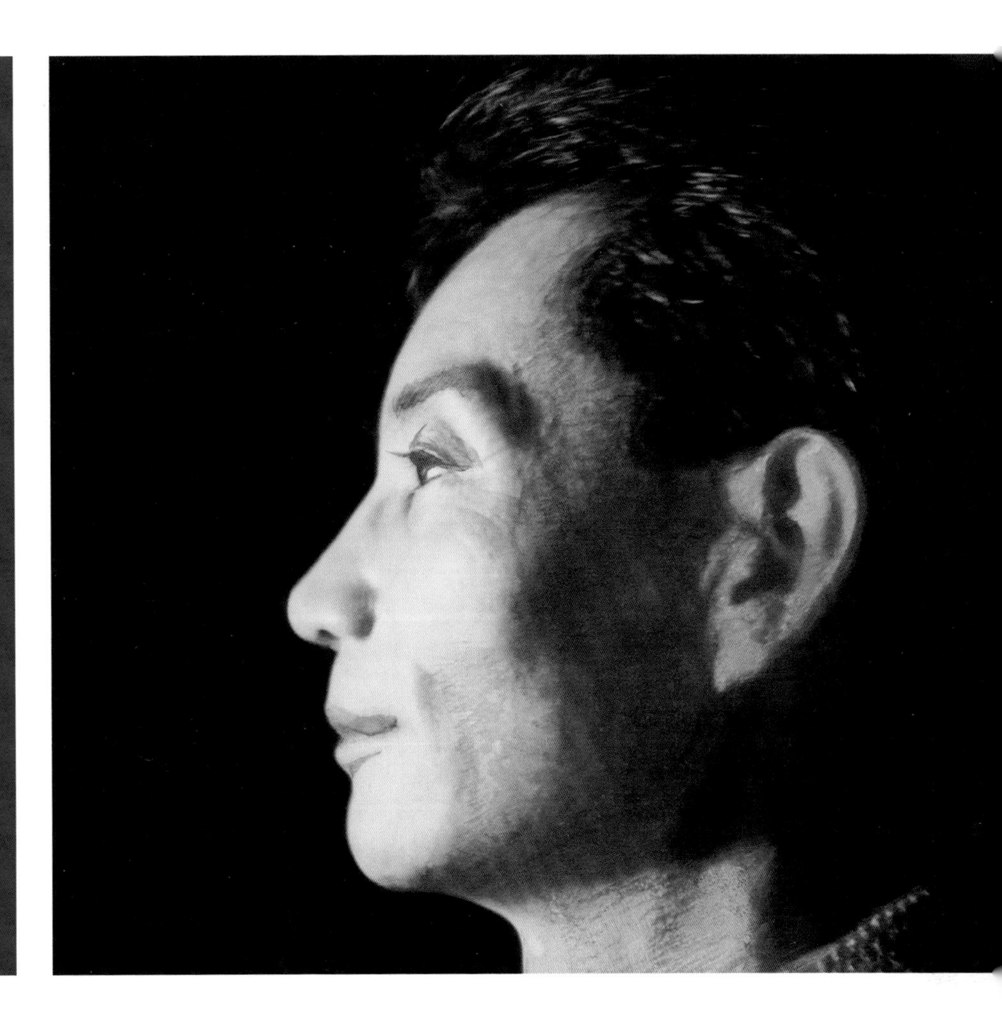

目录

03 国画

04 峨眉山组画

05 水彩画

06 油画

07 木刻

08 舞台人物速写

其兰自述

师友评说

快乐人生

编辑前言

曾昭奋

曾昭奋　清华大学教授、《世界建筑》前总主编

我与其兰学弟相识相知于20世纪50年代末期。30年后在深圳见面时，他正在中国现代建筑创作研究年会上(1990年11月)做学术报告。多年来，在深圳大地上可以看到他主持设计建成的座座楼房。在有关的展览中，在他的办公室，或在他家的客厅里，也可以见到他主持设计的大厦图片，正在构思的方案或刚刚完成的画作。但是，大家在有关刊物媒体上，却很少见到这些大厦、方案和画作的身影。

建筑界许多朋友都希望其兰出一本建筑设计和绘画作品的集子，但他很忙，一直无暇顾及这件事。几年前，我们见面时，他请我帮他这个忙——编个集子。但他还是很忙，仍然无暇顾及。去年，他从总建筑师的位子上退休了，才匀出时间和精力开始做有关资料的搜集和整理工作。

如今编成的这个集子，主要有两部分内容。第一部分是他的具代表性的建筑创作成果，包括已经建成或正在建设的项目和设计方案，有80多项。第二部分是他的绘画作品的选集，包括国画、油画、水彩、水粉和速写等，一共190幅。他在几十年中所作的建筑方案构思草图和几十幅建筑画，有的就编入第二部分，有的则散见于第一部分的各个设计项目中。其兰专为本书所写并附有一些工作生活照片的《我的经历与体会》一文，表现着作者对故乡、亲人，对师友、同行，对建筑事业的热爱和一往情深，令人感动。待本书印出清样之后，将约请师友们对他的作品进行评说，评说文章也将一并编入，成为本书的第三部分。

把其兰的绘画作品与建筑作品编在同一本书中，有如珠玉并陈，交相辉映，放在一起欣赏，有助于我们更好地解读他的建筑创作。

作为一位建筑师，他始终保持着高涨的创作热情和强烈的社会责任感，在建筑设计中，既讲求使用功能与经济技术的科学性，又追求建筑艺术的独创和创新，不重复别人，不断超越自己，广泛尝试，力求有新的造型和姿态出现。他孜孜以求，每有会意，便欣然命笔，在创作过程中积累了大量的构思草图和方案。他在建筑创作中始终保持着一个艺术家的心态。他既是一位专心致志的建筑师，又是对绘画酷爱入迷的业余画家。他把对绘画艺术(还有音乐艺术)的把握和感悟，全都倾情于建筑创作实践之中。他的绘画创作，情感浓郁，别具风韵，排除了世俗的或功利的矫丽浅薄，显得更为质朴真纯。绘画艺术成为他的建筑艺术创作用之不尽的滋养和借鉴。朋友们曾为其兰没有成为专业画家而惋惜，但当大家看到他在绘画创作中的建树和他的建筑作品中所闪烁的艺术光彩时，又深感欣慰，为之拍手称好。

其兰于1963年毕业于华南理工大学，在四川成都干了20年，1984年初来到深圳，转眼间又干了20年。他说：“深圳20年，是我人生最光辉，创作力最活跃的20年。是我人生建筑设计创作丰收的20年。”我想，许许多多与他年龄、经历相仿的同行们，也都会有相似的感受。

建筑，傲然屹立在大地上；画幅，永远珍藏在本书中。当大家面对这些建筑、这些画幅时，可能只是一个十分轻松的欣赏过程，然而，为之而付出的心血和酸甜苦辣，焉能道其万一？

笔底春风，丹青不老。他还在不断地对建筑和绘画创作进行新的探索。读完这本书，并期待着他的新作时，让我们一起，为他，为他的家人，也为他的同事合作者们和广大建筑师朋友们，深深祝福！

清华大学　曾昭奋

2003年6月11日・深圳

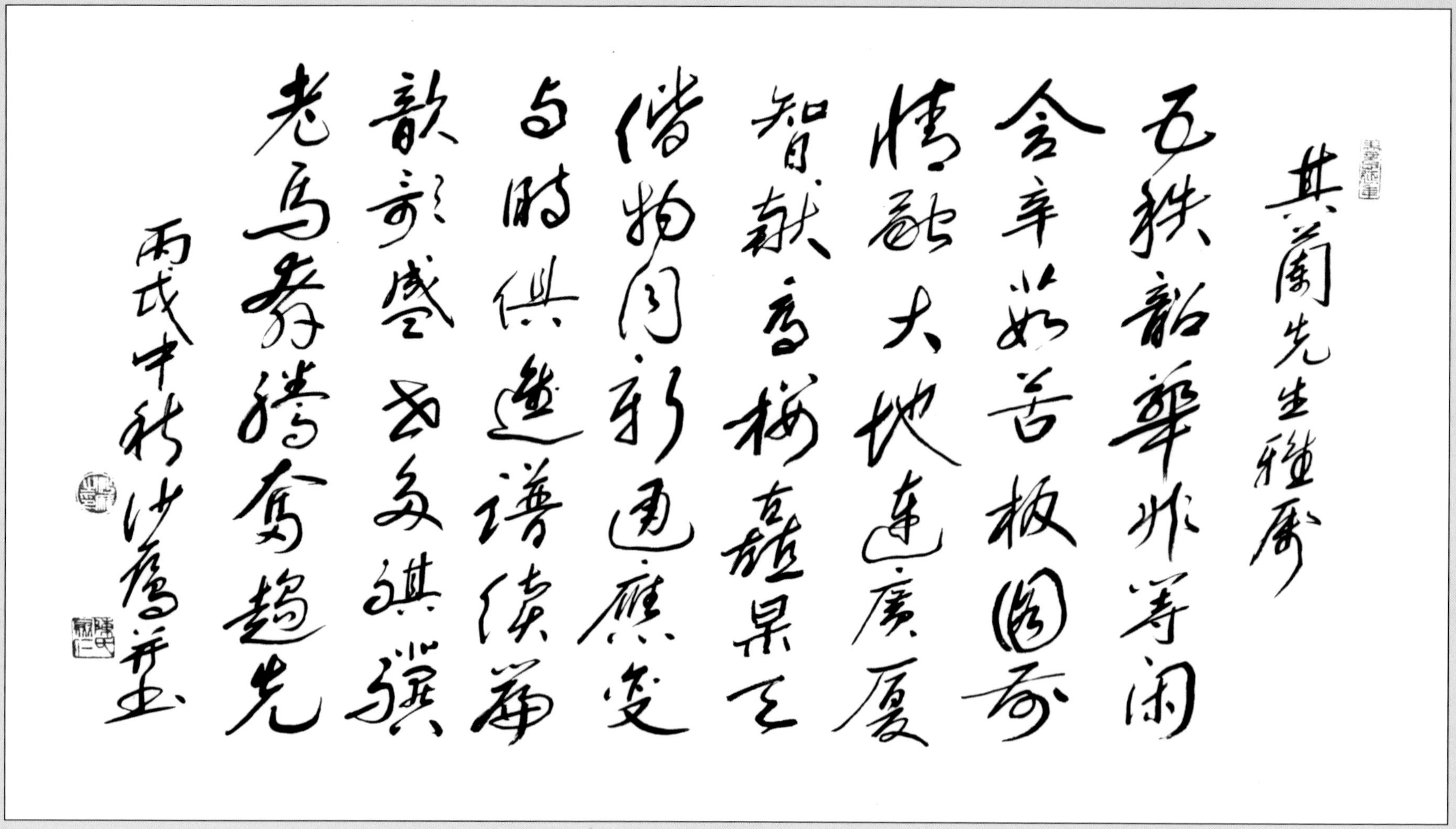

沙雁先生赠诗

沙雁　文学教授、美学家、诗词楹联家、中国古典园林文化艺术研究会名誉会长。

重要著作

《�轩集》（上下）

《艺苑品馨》（上下）

《沙雁诗词曲赋楹联选》

《毛泽东诗词二十六首真行草隶四书帖》

《二千言世纪长联》

七律一首——赠彭其兰先生

五秩韶华非等闲，含辛茹苦板图前。

情融大地连广厦，智献高楼矗杲天。

偕物同新知应变，与时俱进谱续篇。

歆歌盛世多骐骥，老马奔腾奋趋先。

序 ·陆元鼎·

1963年，五年级毕业班同学彭其兰，选了我指导的广东传统民居调查毕业论文组。其兰是一位勤奋好学的同学。他个性独特，却朴实知礼，随和待人。他不大出声，却善于思考。他有较强的独立工作能力，与其他一位同学到了广东客家、潮汕地区进行民居建筑调查，搜集了大量的民居建筑、装修、细部资料和绘制了大量图幅。其兰发挥自己的绘画才能，在旅途上绘了许多有浓厚生活气息的国画、水彩、素描速写。这些绘画作品曾经得到了著名画家符罗飞教授的称赞。

最近看到了“作品集”的书稿，非常高兴。这是一本很有价值、很有分量的“作品集”。也是新中国建筑师的一部成长史。细细分析，有五大特色。

一、累累硕果，质精画美，辛勤劳作无悔奉献。

精心设计的建筑工程项目和方案数量多，工程类别广，工作量大，不少精品中标获奖。他的绘画作品，既有国画、水彩、水粉、速写，还有钢笔画、炭笔画，涉及了多种绘画门类，并有所建树。几十年的辛勤劳作，建筑与画作均获得丰硕成果，其兰是一位有所作为的建筑师。

二、社会责任、创作意识，设计作品精益求精。

在“作品集”中无论大小项目在其兰手里，他都以强烈的社会责任感，认真深入地思考精心设计。甚至小项目也要做出多个截然不同的方案进行比较、优化，从中选择最佳方案。这是建筑师对自己创作的严格要求，也是作者强烈的创作意识和丰富的空间想象力的表现。

三、勇于创新，敢于超越，形象风格多姿多彩。

“作品集”中建筑设计作品的年代，跨越了近四十年，风格迥异，各具特色。这都是其兰几十年来，建筑创作不受约束，不落入什么主义，什么流派的桎梏，不受建筑市场混乱思潮的干扰，坚持走自己道路的结果。其兰的建筑创作与时代合拍，与时俱进，跟着时代不断地“变”，甚至超越时代。敢于创新立异，这是建筑师难能可贵的思想品质。“作品集”中，许多成功的作品，可以看出作者的创新超前意识。

四、奇思探索，哲理思考，艺术创作感人隽永。

“天·地·人·建筑，矛盾的统一体。建筑以人为本，存在于天地之间”。这就是天·地·人·建筑的辩证关系。这就是其兰长期建筑实践中的指导思想。他用哲学思想探索创作灵感，寻求新创意、求得新理念。他用哲理探求的因项目不同的灵感创意理念，具体反映在他的建筑创作中。“不同”二字就是其兰建筑作品丰富多彩的原因：“哲理”二字就是艺术感人隽永的所在。“作品集”中的建筑作品，有的新颖奇特；有的典雅大方；有的构图和谐有趣；有的材料普通、经济却富有特色；有的古典美与现代美相互融汇和谐统一。他通过实践发现，再实践再发现，自始至终都用哲学思想进行思考。因此件件作品都有理可据，合乎逻辑，有很强的说服力。

五、现代建筑、岭南文脉，融合建筑地域特征。

其兰的画倾情于岭南画派，其兰对岭南建筑文化也情有独钟。这与他受到乡土、学校和社会的教育和影响分不开的。他有才华，又很勤奋，他有丰富的实践经验，来到深圳后又遇上施展才华的广阔天地，岭南建筑文化的思维特色在他的建筑艺术创作中脱颖而出。深圳南城购物公园、群星广场住宅大厦的空中花园、海南经贸中心的水乡别墅、玉印岛度假村的规划等等作品，都是现代建筑与岭南建筑文化融合，展现岭南新建筑特征的明显例子。

世界上一切艺术创作，只有用哲学思想去思考，创作才有生命力，才有灵魂，才能取得成功，其兰博学广求，厚积薄发，并运用哲学思想去思考艺术创作，因而获得了可喜的成就。

从其兰的《建筑与绘画作品集》中可以看出，这是一个优秀建筑师从学习、工作、实践、总结、提高到勤学苦练、持之以恒、发挥满腔创作热情获得成功的道路过程。

祝其兰在建筑与绘画创作上作出更大的贡献。

华南理工大学 陆元鼎

2005年11月15日 广州

陆元鼎

华南理工大学教授、博士生导师，中国民族建筑研究会副会长，民居建筑专业委员会主任委员，建筑著作有《中国民居建筑》、《岭南人文·性格·建筑》等，论著甚丰。

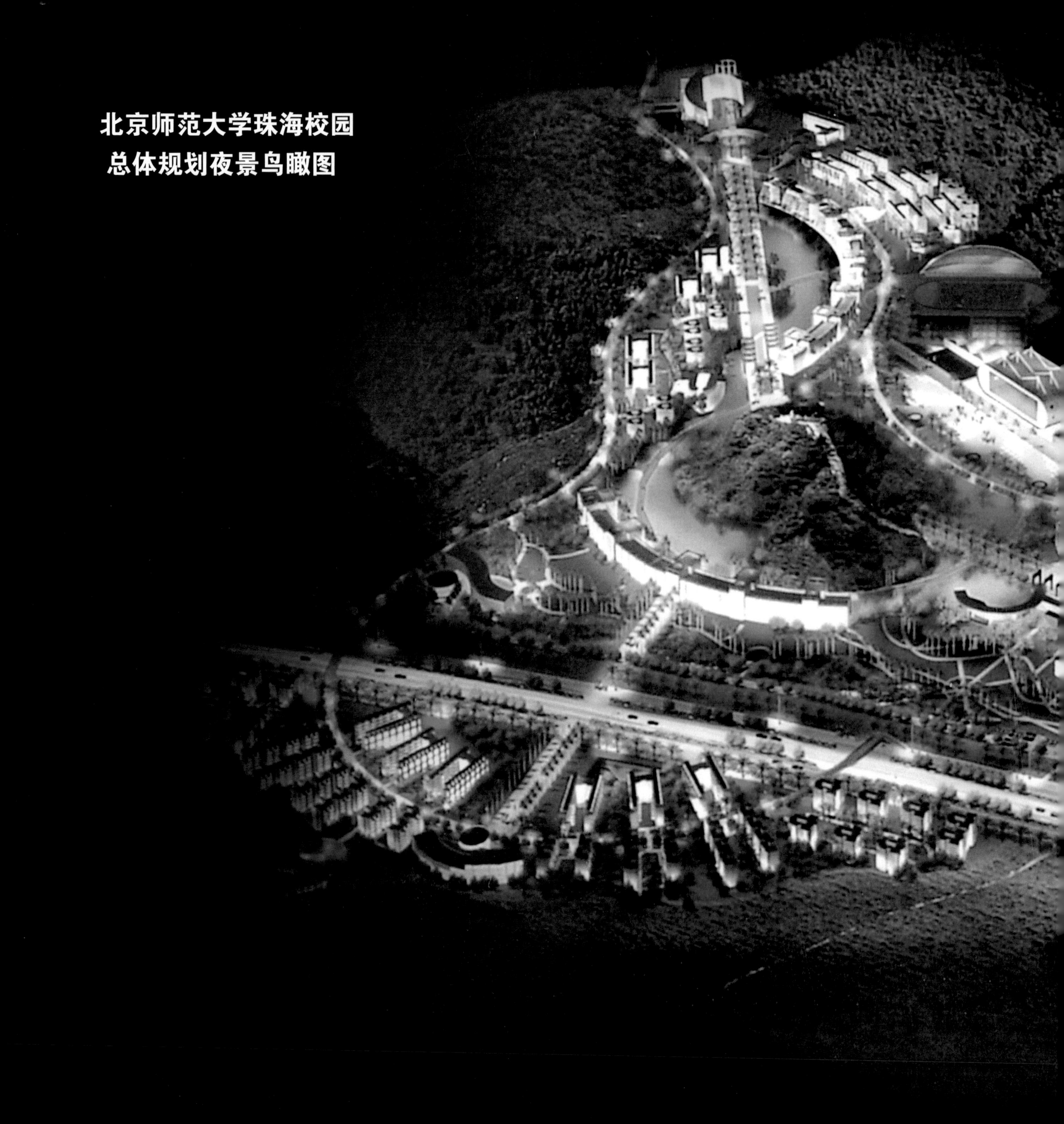

北京师范大学珠海校园
总体规划夜景鸟瞰图

建

筑

创

作

01 重庆市长寿维尼纶厂自备热电站

建筑设计　彭其兰
设计时间　1973年
建成时间　1975年
设计单位　电力部西南电力设计院

重庆市长寿维尼纶厂自备热电站（水粉 1973 年）彭其兰 仲萃雄绘

说明：燃烧天然气的自备热电站，安装4台1.2万千瓦的发电机组，为维尼纶厂供电、供热。

02 四川省福溪电厂

方 案 设 计　彭其兰
设 计 时 间　1975 年
设 计 单 位　电力部西南电力设计院

四川省福溪电厂鸟瞰图（水粉 1976 年）彭其兰绘

说明：福溪电厂是一个大型火电厂，最终容量 140 万千瓦。第一期工程安装 4 台 20 万千瓦发电机组，4 台 670 吨锅炉（即每小时水蒸气蒸发量 670 吨），4 座高度 110 米、底盘直径 80 米的冷却塔，两根高度为 240 米的烟囱，每天燃煤 6 千吨，到最终容量时，每天燃煤 1 万吨。

03 深圳市龙岗大工业区电子城规划

规划设计	彭其兰　马旭生　蔡　军 高旭东　黄　敏
功　　能	电子产品制造
用地面积	25万平方米
总建筑面积	37.5万平方米
设计时间	2000年
设计单位	深圳市电子院设计有限公司

深圳市龙岗大工业区电子城鸟瞰图

深圳市龙岗大工业区电子城规划

电子城研发大厦透视图

04 中国飞艇 珠海生产基地

方案设计　彭其兰　袁春亮
　　　　　陈扬平　张　彰

功　　能　飞艇制造

用地面积　120 万平方米

总建筑面积　20 万平方米

设计时间　2003 年

设计单位　深圳市电子院设计有限公司

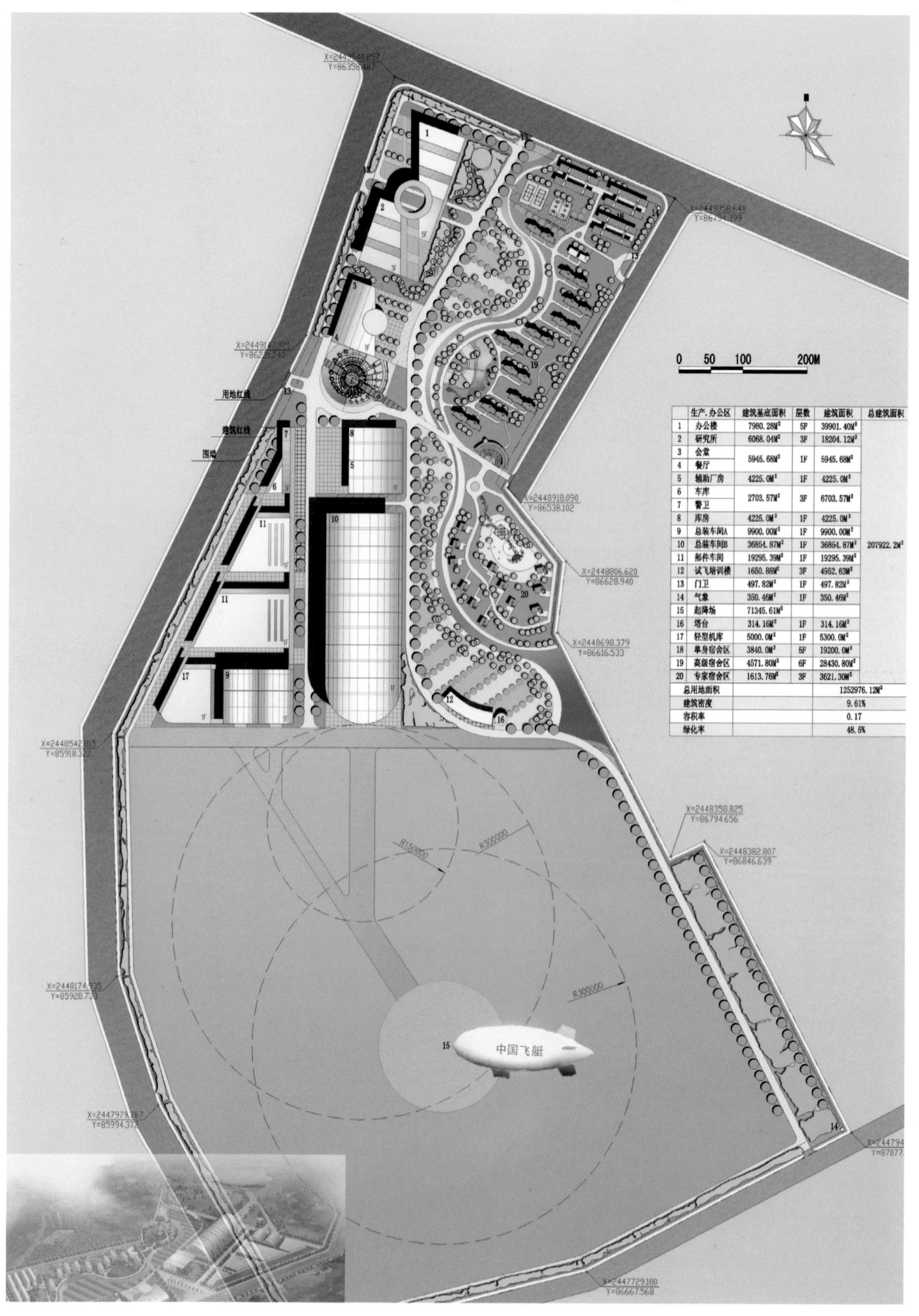

	生产.办公区	建筑基底面积	层数	建筑面积	总建筑面积
1	办公楼	7980.28M^2	5F	39901.40M^2	207922.2M^2
2	研究所	6068.04M^2	3F	18204.12M^2	
3	会堂	5945.68M^2	1F	5945.68M^2	
4	餐厅				
5	辅助厂房	4225.0M^2	1F	4225.0M^2	
6	车库	2703.57M^2	3F	6703.57M^2	
7	警卫				
8	库房	4225.0M^2	1F	4225.0M^2	
9	总装车间A	9900.00M^2	1F	9900.00M^2	
10	总装车间B	36854.87M^2	1F	36854.87M^2	
11	部件车间	19295.39M^2	1F	19295.39M^2	
12	试飞培训楼	1650.88M^2	3F	4952.63M^2	
13	门卫	497.82M^2	1F	497.82M^2	
14	气象	350.46M^2	1F	350.46M^2	
15	起降场	71345.61M^2			
16	塔台	314.16M^2	1F	314.16M^2	
17	轻型机库	5000.0M^2	1F	5300.0M^2	
18	单身宿舍区	3840.0M^2	5F	19200.0M^2	
19	高级宿舍区	4571.80M^2	6F	28430.80M^2	
20	专家宿舍区	1613.76M^2	3F	3621.30M^2	
总用地面积				1252976.12M^2	
建筑密度				9.61%	
容积率				0.17	
绿化率				48.5%	

总平面图

中国飞艇珠海生产基地鸟瞰图

05 成都市电力调度大厦方案

方案设计　彭其兰
功　　能　电力调度、办公
设计时间　1973 年

成都市电力调度大厦透视图（钢笔画 1973 年）彭其兰绘　　设计单位：电力部西南电力设计院

06 成都市东风电影院

方案设计　彭其兰
建筑设计　朱　明　刘壮炎
功　　能　1200座电影院
设计时间　1981年
建成时间　1982年12月

设计单位：电力部西南电力设计院

东风电影院街景立面图（水粉1981年）杨永福绘

07 成都市 蜀都大厦方案

方案设计　彭其兰　苏顺孚　熊绮兰　舒叔平　杨永福

功　　能　办公、商场、酒店

总建筑面积　3.5万平方米

总　高　度　89米，21层

设计时间　1982年10月

设计竞赛二等奖

成都市蜀都大厦举行建筑设计竞赛时，有18个设计单位共53个方案参赛。

大厦的平面和空间组合寓意“大鹏展翅”和“鹰击长空”，设计时为蓉城楼层最多的新建筑。大厦位于东风干道的三角地上，面向东方，位置和地形的特殊性，是产生“鹏程万里”设计意境的基础。

平面安排充分结合地形，功能分区明确。低层部分各层展销厅既有独立性，又便于联系，做到分得开，隔得断，关得住。内部各部位互相连接，或以外廊相联系，人流货流明确，方便顾客往来。高层部分为办公室，办公人员由东面正门进出。

蜀都大厦透视图（水粉1982年）杨永福绘

设计单位：电力部西南电力设计院

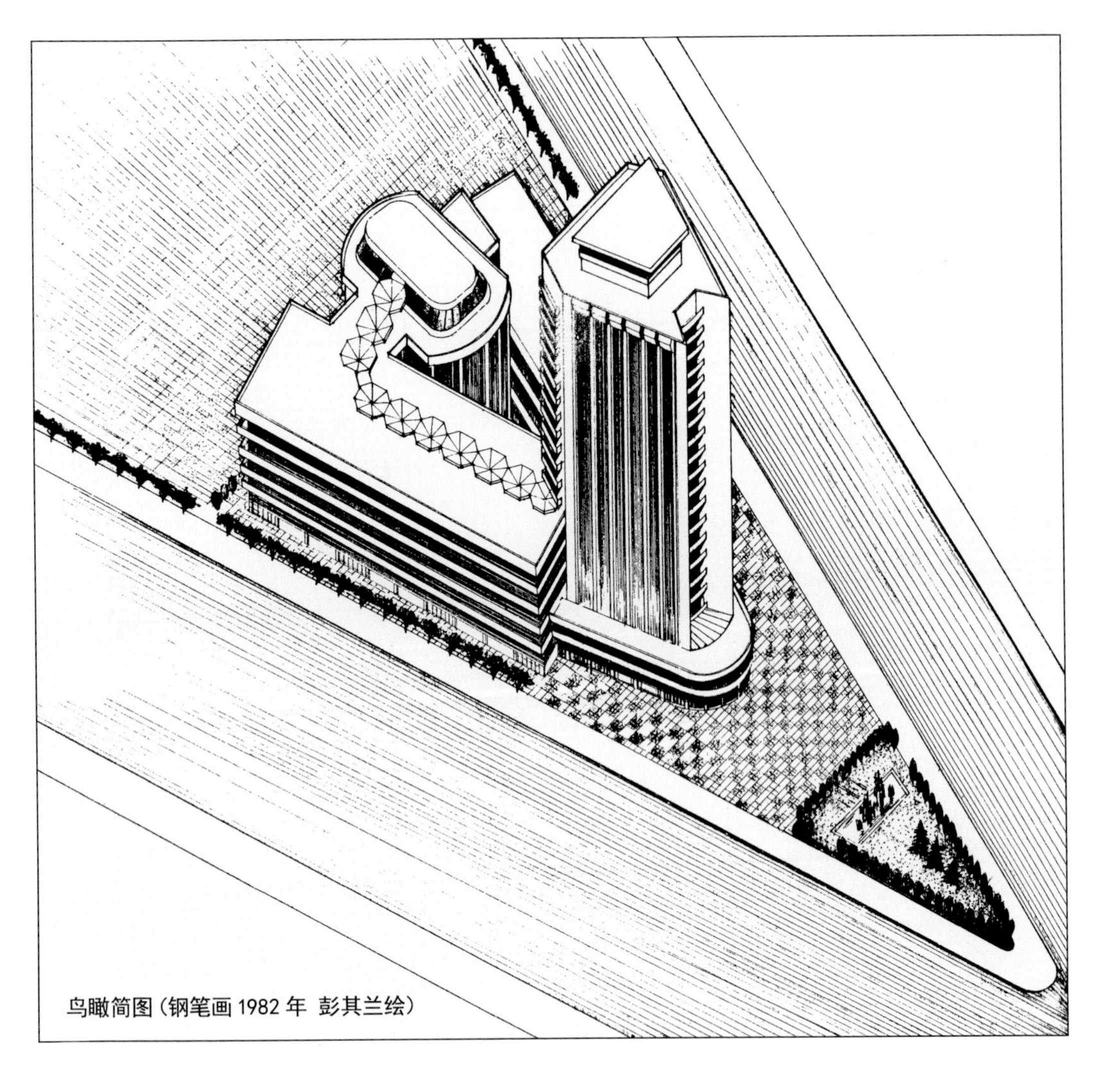

鸟瞰简图（钢笔画 1982 年 彭其兰绘）

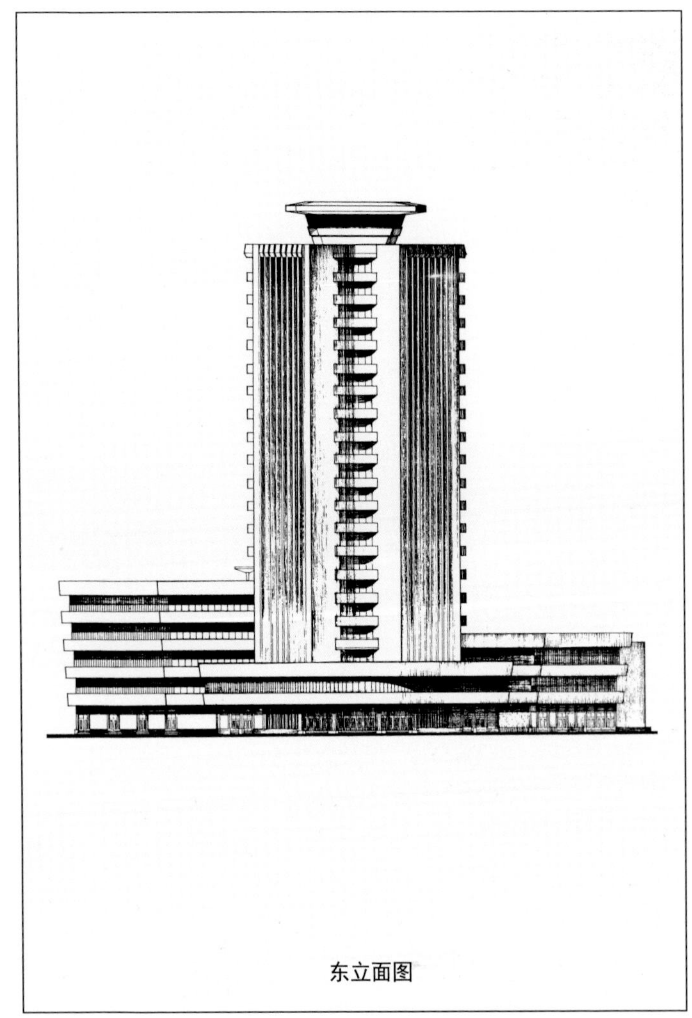

东立面图

首层平面图

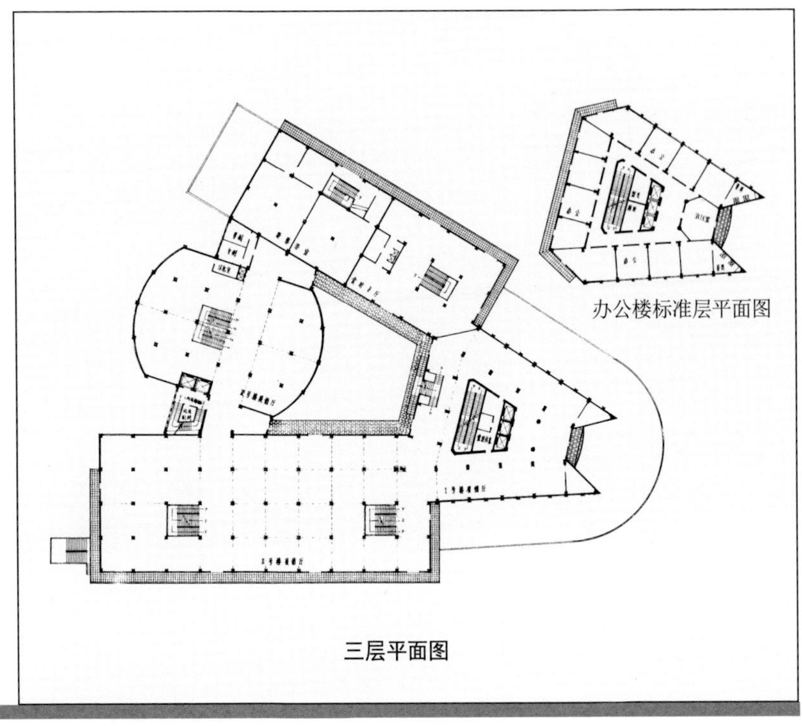

三层平面图

08 深圳市园岭住宅区 E 区高层住宅

方案设计　彭其兰
功　　能　住宅、商业
建筑面积　10 万平方米
设计时间　1984 年 4 月

说明：E 区为高层商住小区，属园岭住宅区第三期工程。设计构思特点：花园（庭园式）商住小区，为居民创造舒适文明、休闲快乐、购物方便、健康安全的居住环境，是深圳市早期一例有特色的花园式高层商住小区设计。

规划方案鸟瞰图（钢笔淡彩 1984 年 4 月）彭其兰绘

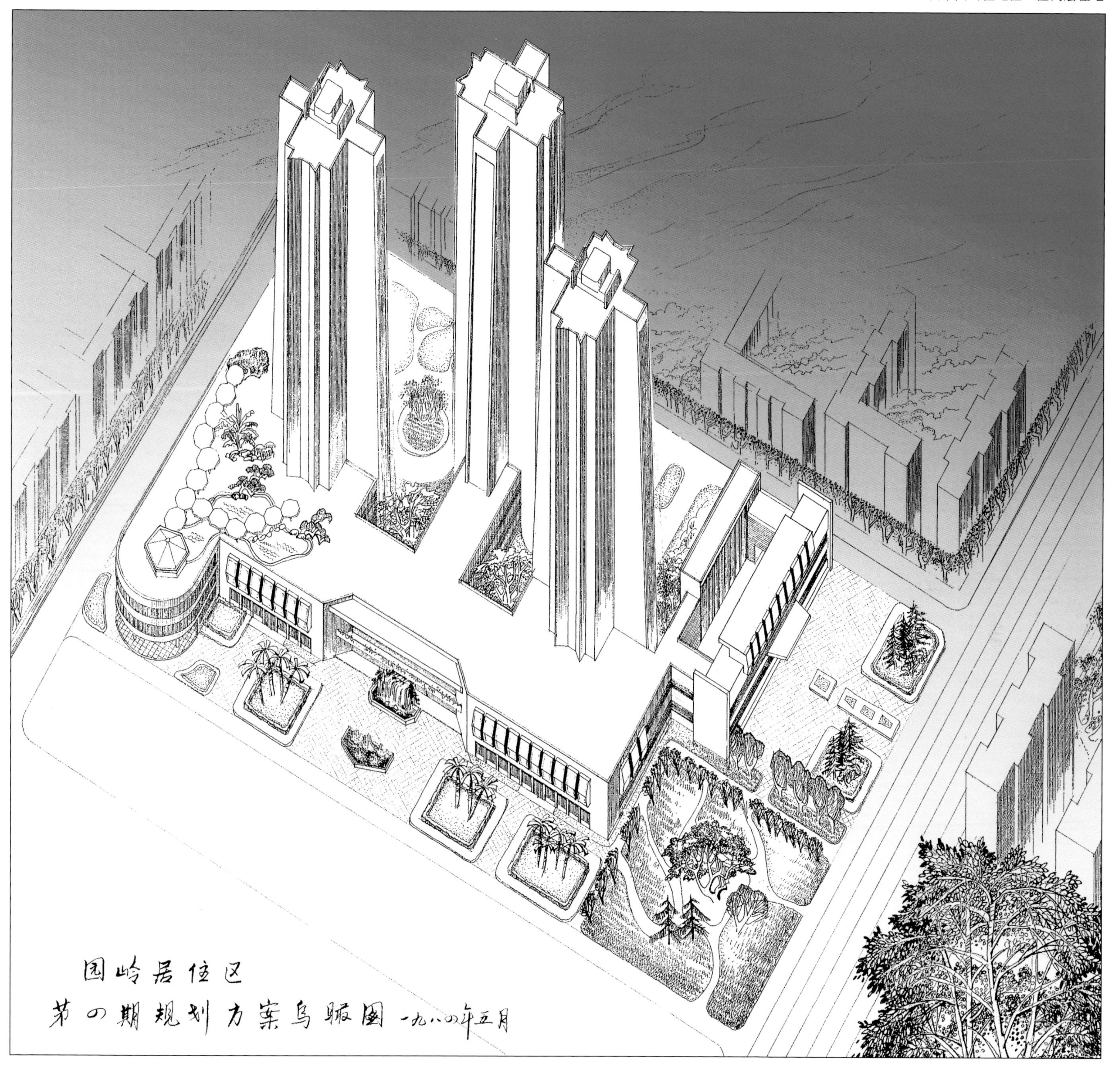

规划第二方案鸟瞰图（钢笔画 1984 年 4 月）彭其兰绘

深圳市园岭住宅区 E 区高层住宅第二方案立面图（钢笔淡彩 1984 年 3 月）彭其兰绘

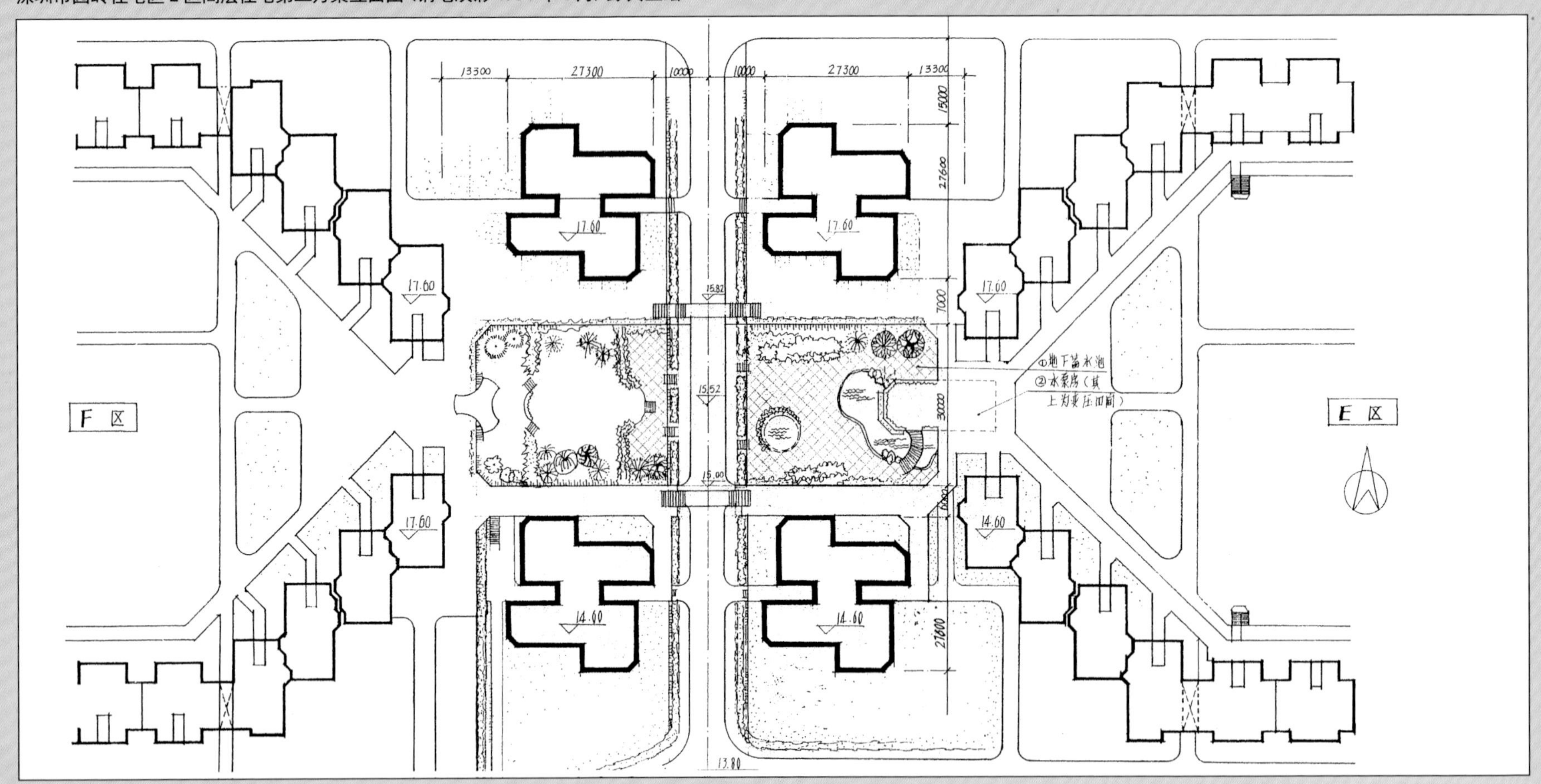

E 区高层住宅第三方案总平面图

深圳市园岭住宅区 E 小区高层住宅设计方案（钢笔画 1984 年 3 月）彭其兰绘

09 深圳市烈士陵园规划

方案设计　彭其兰

设计时间　1984年6月

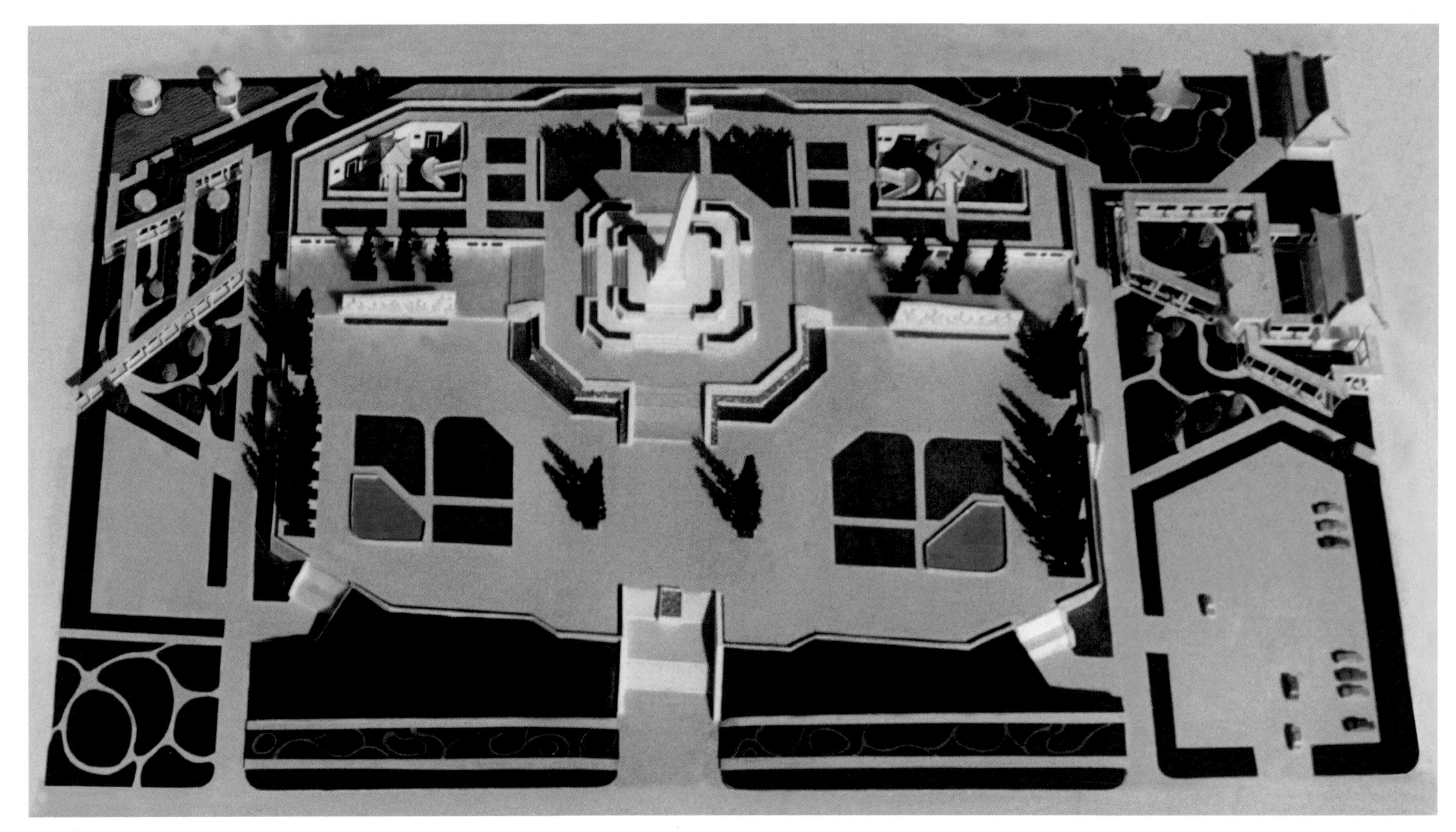

规划模型

说明：烈士陵园中的纪念碑由北京中央工艺美术学院设计。本人接受重新规划任务时，碑体已建成。为了突出碑体的纪念意义以及场地有限的原因，在总体布局上，把陈列馆等辅助建筑安排在地下层。

10 海南省经济技术交流中心方案

方案设计　彭其兰
功　　能　办公、商业、宾馆
用地面积　3.5 万平方米
设计时间　1984 年 5 月

说明：本大厦地处海口市繁华的龙华路，地段面宽 81 米，长 200 米。地段后半部有个碧波湖面，左邻望海楼，右邻海口市汽车总站。

临街是一幢三角形构图的高 20 层宾馆、商业、办公大厦。地段后半部是别墅式客房。所有别墅均匀分布在湖面上，由有盖长廊连接。这是一座具有岭南水乡特色的度假酒店，设计中把现代与传统很自然地糅合成一个整体。

大厦透视图（水粉 1984 年）彭其兰绘

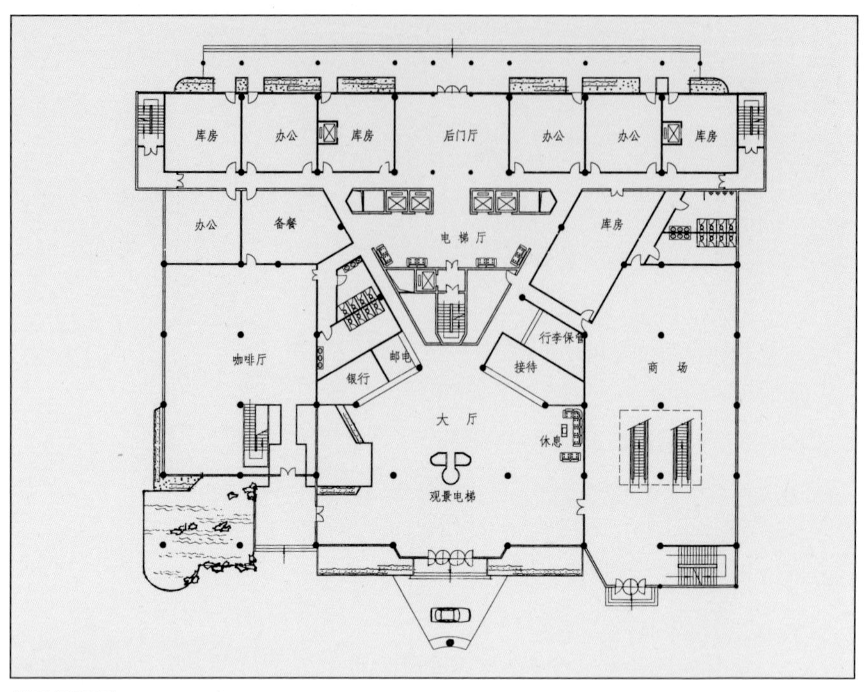

首层平面图

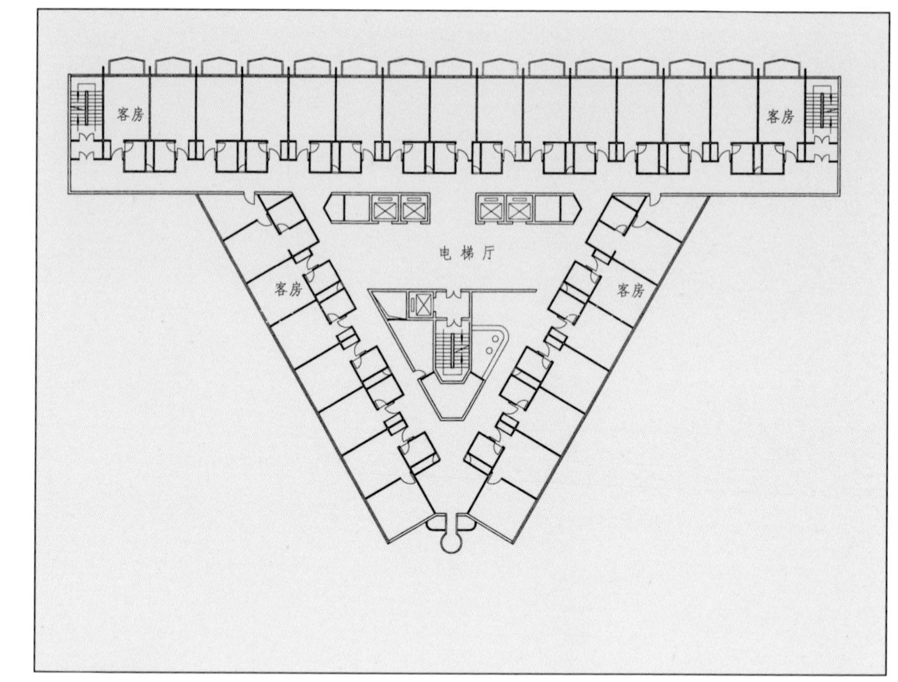

标准层平面图

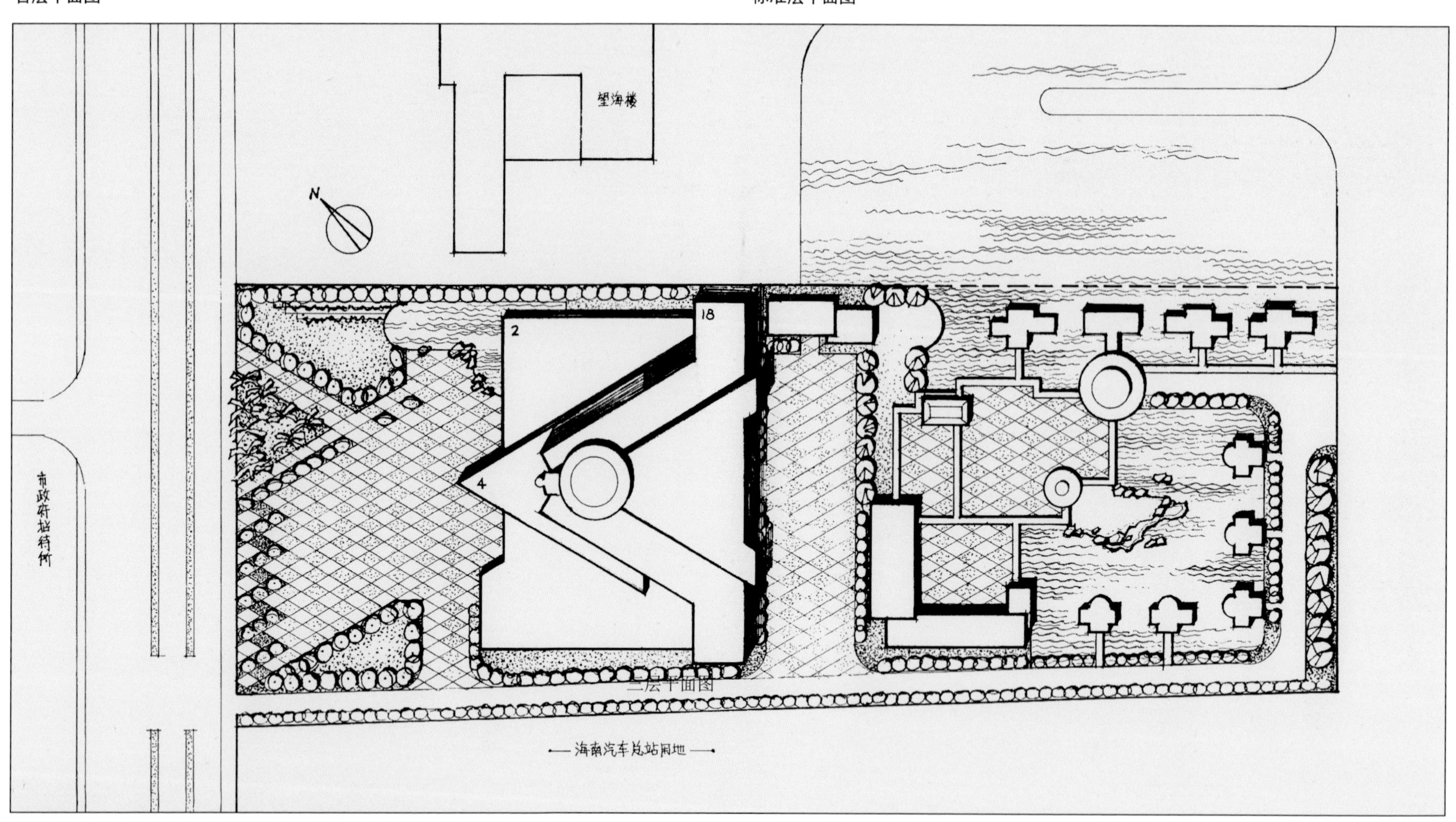

总平面图

海南省经济技术交流中心鸟瞰图（1984 年设计，此为 2002 年电脑制作的效果图，用于探讨与手工绘制的不同图面效果）

海南经济技术交流中心效果图（2002 年电脑补制效果图）

11 深圳市 上步邮电大厦

方案设计　彭其兰
功　　能　邮电营业、办公、机房
设计时间　1984 年
建成时间　1985 年

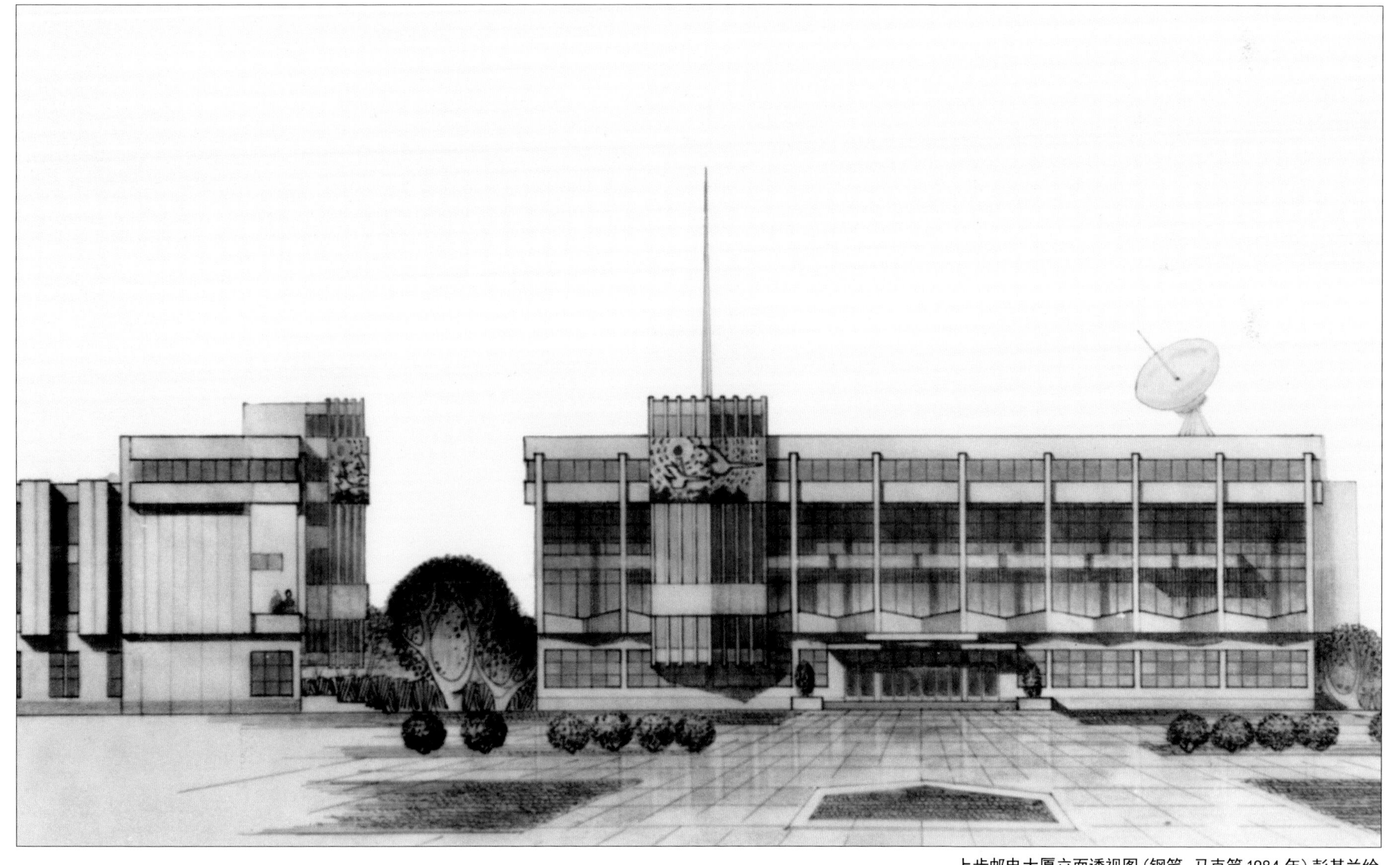

上步邮电大厦立面透视图（钢笔、马克笔 1984 年）彭其兰绘

12 深圳市上步路·红岭路街景规划

规划设计　彭其兰
协助建筑师　吴剑华
设计时间　1984年6月

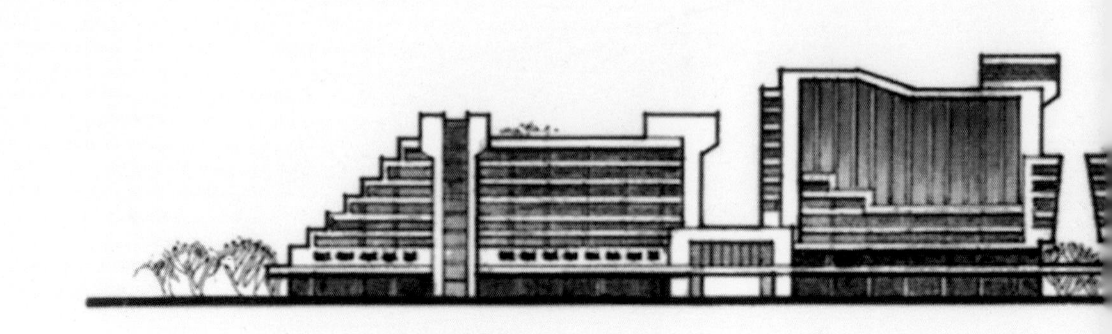

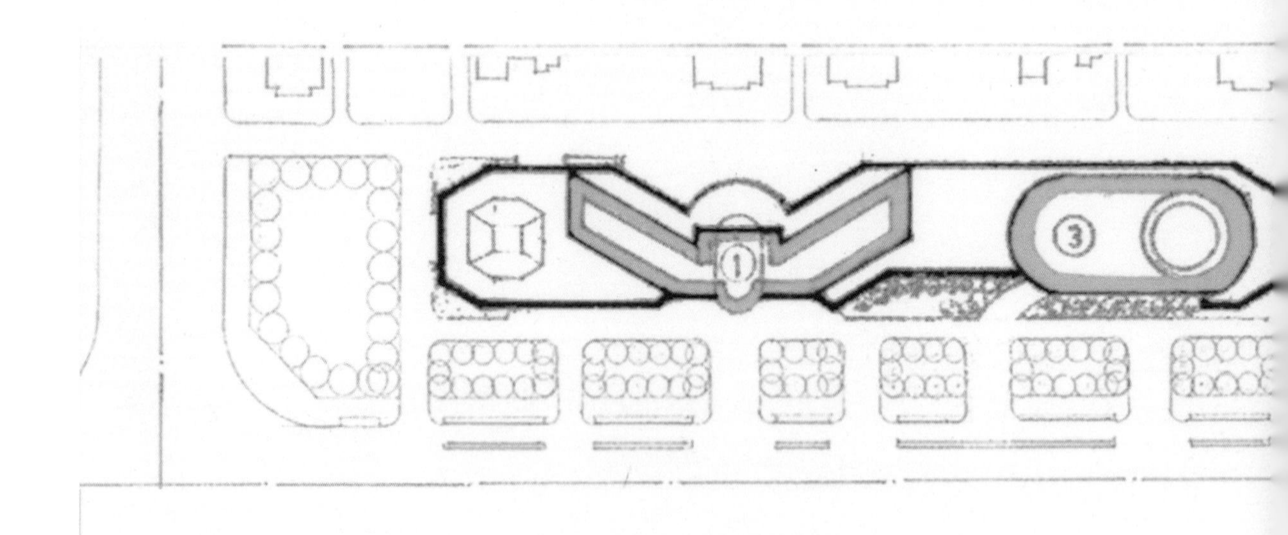

深圳市上步路·红岭路街景规划（钢笔、马克笔 1984 年）彭其兰绘

红岭路——泥岗路街口街景规划方案（钢笔、马克笔 1984 年）彭其兰绘

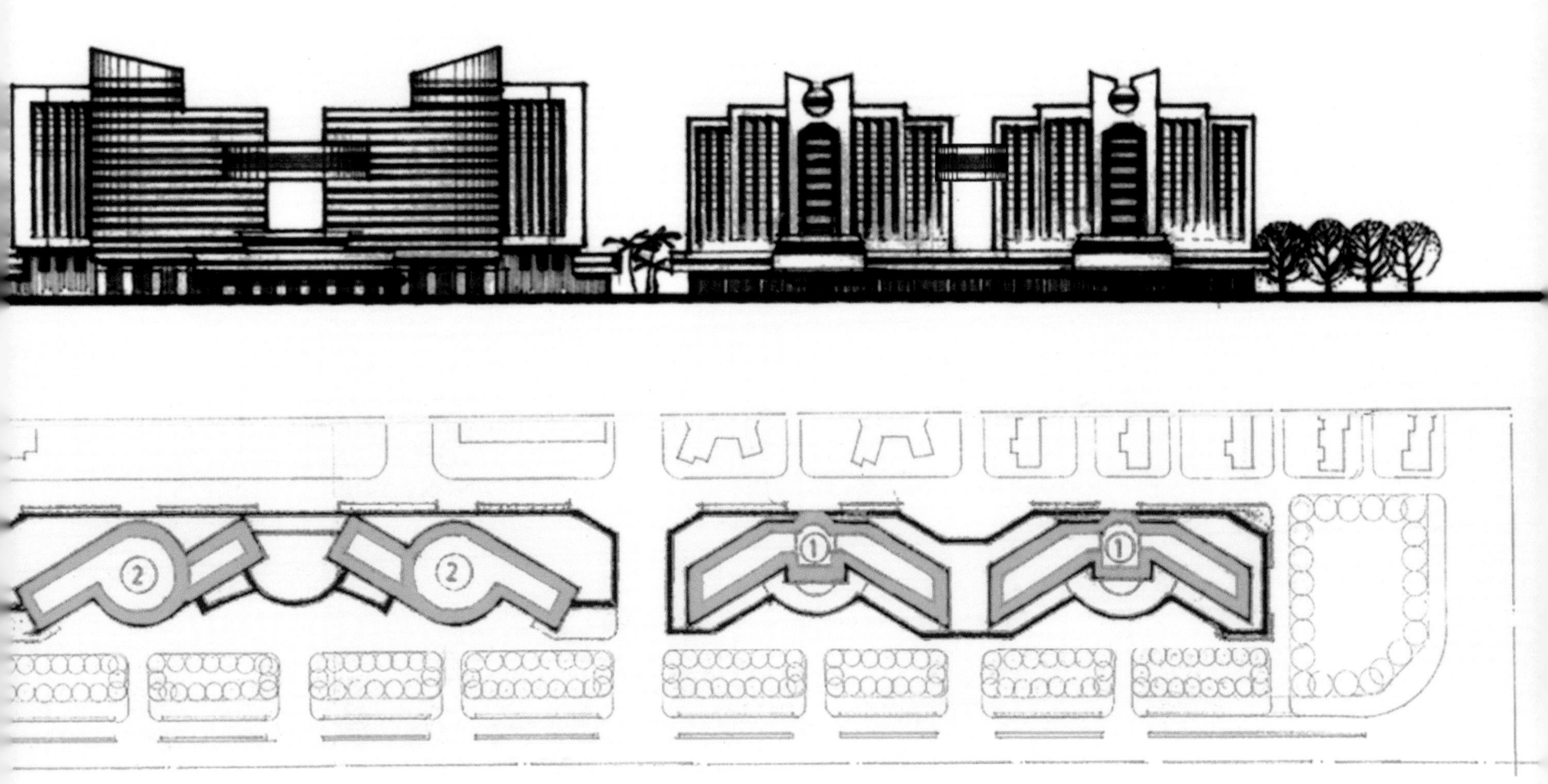

上步路园岭住宅区东侧 500 米街景规划方案（钢笔、马克笔 1984 年）彭其兰绘

13 美国塞班岛绿宝石海员俱乐部方案

方案设计　彭其兰
协助建筑师　袁春亮　叶　军　刘健章
功　　能　海员宾馆、俱乐部
设计时间　1986 年

说明：美国塞班岛绿宝石海员俱乐部有中国、美国、日本、韩国、中国台北等多个国家及地区建筑师参加方案设计，我们的设计方案得到很高的评价。

像诗一样的造型构思，是从海鸥在蓝色天空飞翔的矫健姿态中萌发而成，其意是激发人们的联想——这一栋建筑物是海员之家。充分利用功能的特异性以及与功能息息相关的环境事物，创作出与众不同的有新意的建筑造型。

在标准层平面设计中，每个客房进口处设立小天井，并适当加以绿化，把阳光引进每个客房，并有助于客房的自然通风。平面和剖面设计上具有强烈的热带建筑特点。

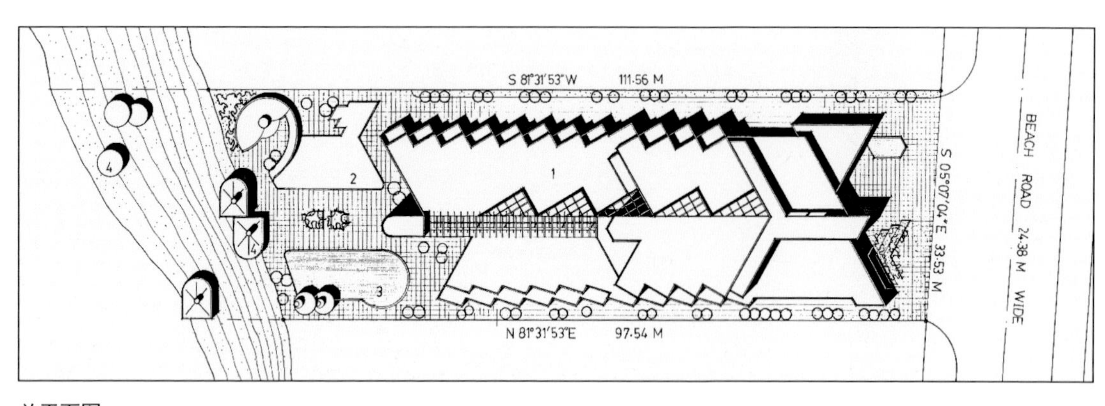

总平面图

鸟瞰图（钢笔淡彩 1986 年）叶军绘

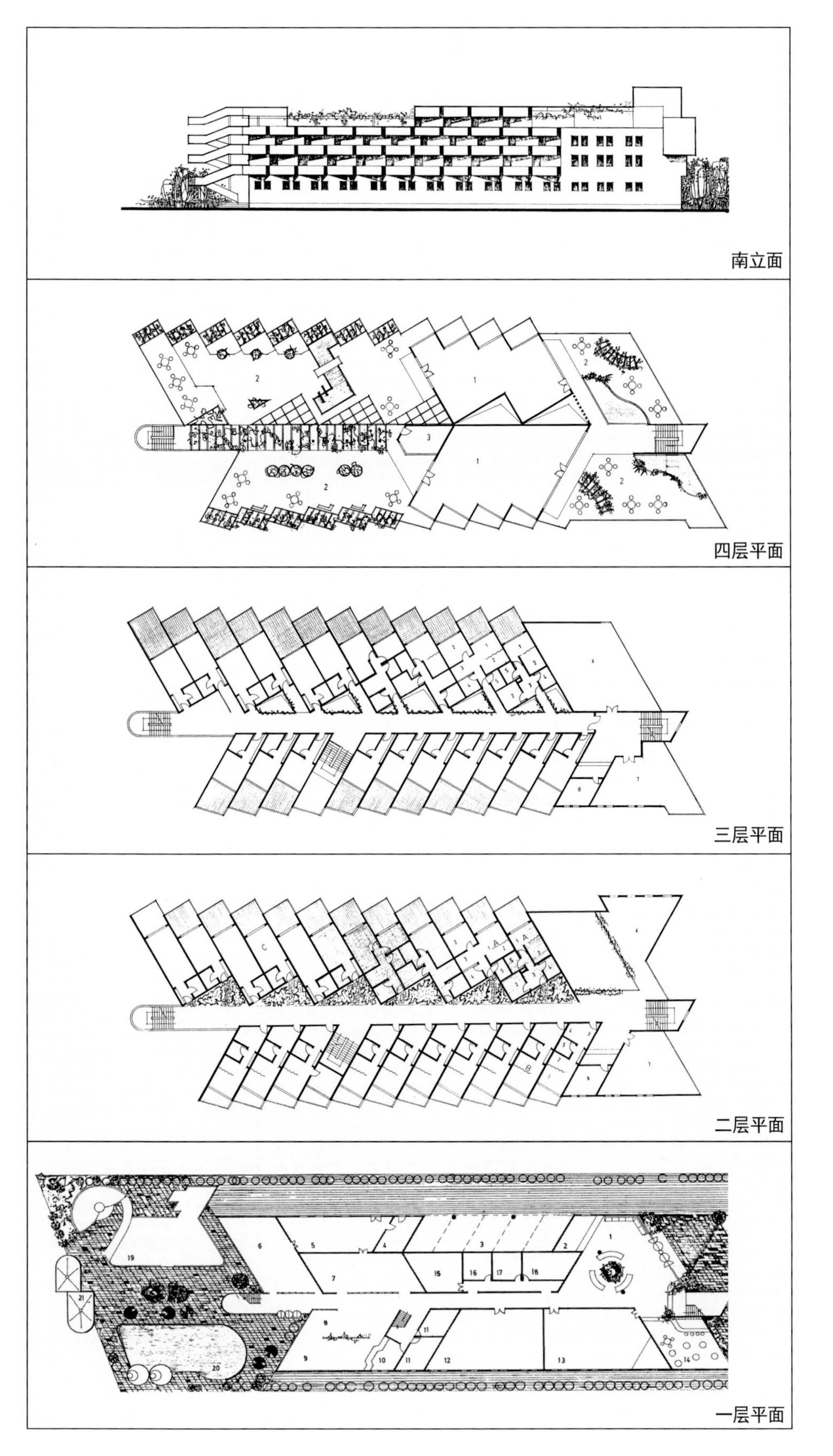

南立面

四层平面

三层平面

二层平面

一层平面

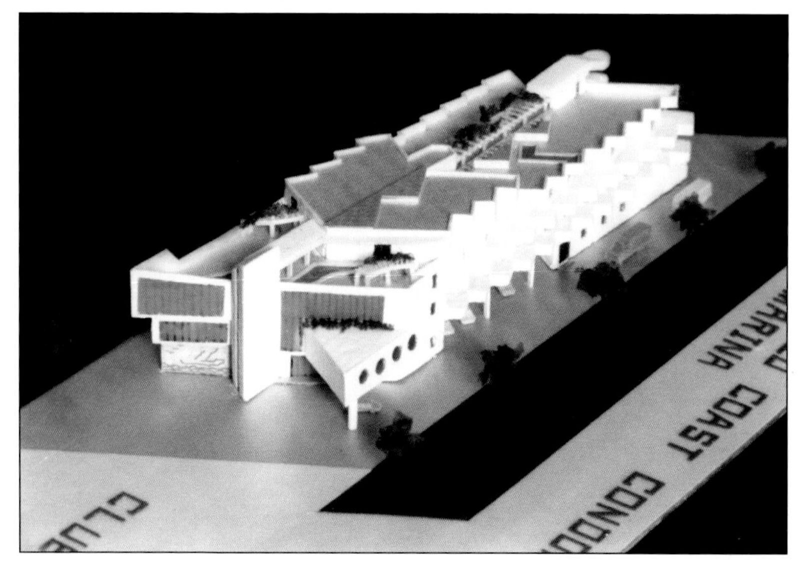

工作模型

主入口构思方案之一（钢笔、马克笔）

主入口构思方案之二（钢笔、马克笔 1986 年）彭其兰绘

美国塞班岛海员俱乐部第一方案透视图（水粉 1986 年）江崇元绘

美国塞班岛海员俱乐部第二方案透视图（水粉 1986 年）金韬绘

14 深圳市电子科技大厦

方案设计	彭其兰（最初方案、第一、第四方案）
建施设计	彭其兰　赵嗣明　周洁桃　王丽香
二期修改（方案）	彭其兰　赵嗣明　黄　舸
二期建施	彭其兰　赵嗣明　黄　舸　吴燕燕
结构设计	林振佳　陈志强　毛仁兴　魏　捷
给排水	徐一青　倪所能
电　　气	吴昌伟　殷　明　翁建华
空　　调	林家骏
总设计师	（一期）程宗颢 彭其兰　张永琛
	（二期）彭其兰 赵嗣明
功　　能	办公、商场、公寓
建筑面积	18.5 万平方米
总高度	141 米，38 至 48 层
设计时间	1986 年 8 月
建成时间	A 楼 1992 年 8 月（一期）
	B 楼及 C 楼 1999 年（二期）

深圳市电子科技大厦设计构思

深圳电子科技大厦总面积 18.5 万平方米，是一座高科技、多功能、商住型超高层建筑。内部设备齐全，是高科技电子产品和实验工业厂房的综合体，是深圳第一次出现的新型综合大厦。

新课题

业主通过调查研究，并对深圳建筑市场信息进行综合分析后，对电子科技大厦的设计提出了如下功能要求：

1. 高科技电子产品生产（电视机装配，收录及家用电器和电子元器件的生产），要求生产线长度达到 100 米左右。

2. 高科技电子产品实验。

3. 现代化办公。

4. 电子产品展销。

5. 综合商场和快餐厅的设置。

6. 公寓及单身宿舍的配置，以便解决在大厦工作的 3000 多名职工的食宿问题，其中还必须设立部分高级公寓或高级招待所，以解决合资企业的外国专家、管理人员或其他外来人员的住宿问题。

7. 解决各种汽车和自行车的停放问题。

功能类别差异甚大，功能组合如此复杂的特殊综合大厦，给总图、建筑、结构及设备专业的设计，带来了许多意想不到的困难，提出了不少新的课题和新的要求。

环境·总图·平面

大厦位于繁华的深南中路上步电子工业区的前沿，基地南北长 125 米，东西宽 60 米，基地前沿边线距深南路路边 50 米。对面是西丽大酒店及统建商住楼；右侧为大厦的业主办公楼——电子大厦；左侧临华发北路与华南电力大厦相望。大厦所处的环境位置十分重要，也是目前深圳西半部最高的高层建筑（总高度 141 米）。

远期规划主要由四幢高层大厦组成，一是现有的电子大厦（一号建筑），二是已经确定了平面形式的电子科技大厦，三是由二幢高层建筑组成的综合大厦（三号建筑）。

三号建筑的地面层作自行车停车场。二层作厨房及职工文化娱乐中心，通过连廊向电子科技大厦餐厅供应膳食。三号建筑完成之后，人流活动主要在三层平台，各种车辆在地面层。在规划用地比较狭窄，人车比较集中的地方，利用大空间分层解决人车分流，形成了比较安全舒适的活动环境。近期则利用现有一幢四层楼的车间，作为厨房及自行车停放之用。

电子广场是电子大厦的前奏曲，也是这一特定空间环境的主音符，其设计着重于表现电子高科技时代的时代感，以全新的电子技术，结合亚热带地区的绿化特点，准备在广场上装置大屏幕的活动电子广告、新闻或经济信息报道，或电子音乐喷泉等等，为人们提供休息、增进知识、交流信息的活动空间。反映电子时代特点的电子广场的出现，给人们耳目一新的感觉。

造型设计

由于电子科技大厦所处的环境位置十分重要，大厦与周围高层建筑所形成的环境空间，是深南中路重要的景观点之一。尽管本大厦在特定的环境空间中，高度最高，体量最大，但是在设计构思中，我们力求做到：第一，大厦与周围环境的高层建筑群和谐统一。第二，力求表现新型综合大厦的强烈个性。第三，尽管大厦十分庞大，而且功能类别复杂，但是在整体造型上，力求有完整统一的美感。

为了使新型大厦格调新颖，形象感人，在造型构思上我们进行了一些新的探索。为此，我们在工字型平面的基础上，作了四个立面方案：

第一个方案，A 楼主立面采用分段处理的手法，希望改变一般高层建筑在立面造型上的单调感。选择合适的比例进行分段，利用各种对比手法产生美感，使新型大厦具有新的形象。例如蓝色玻璃与白色墙面的对比，大片玻璃与小方窗的对比，凹曲面与平面的对比等等，凹曲面玻璃幕墙是电子管的剖面形式，幕墙上的白色线条构成的图案，是电子管的符号，寓意电子大厦的性质，表现大厦的强烈属性。

A 楼侧立面是正立面分段的延伸，而 C 楼虽然与 A 楼功能不同，但其侧面采用与 A 楼近似的形式构图，而 B 楼采用水平线条把 A.C 楼连接成统一的整体，B 楼裙房采用双向阶梯的形式，减少压抑感，增加空间层次和亲切感。

第二个方案主要强调功能的表达，简朴、经济。

第三个方案造型处理强调横窗与方窗的对比，造型较为统一。

第四个方案为中选实施方案，应业主要求，把 A 楼正面的凹面改为凸面，以便增加大厦面积。正立面的处理，仍然采用分段处理办法，结合材料、颜色、形状、线条等以加强对比。例如，竖向蓝色玻璃幕墙

第四设计方案（实施方案）效果图（水粉 1986 年）彭其兰 金韬绘

说明：

应业主加大标准层使用面积的要求，业主和程宗颢先生建议第一方案的凹面改为凸面。凸向的立面造型如何设计才能有新意、有个性、有特色，体现新时代的开拓精神，表现新时代的精神面貌？本人以第一方案为基础，构思了许多草图，绘制了不少方案进行比较、推敲。终于奉献出现在大家所看到的南向立面造型以及 A.B.C 三楼有机统一的整体构图（称第四方案）。在深圳市国土规划局组织的专家教授评审会上，我院提供了四个设计方案，（本人提供了第一、第四两个方案）经专家教授和政府官员评审，全票通过了以第四方案为实施方案。

第四方案的设计构思，本人在 1990 年 11 月现代中国建筑创作研究小组年会上有详细阐述。

与大小方格窗的对比，玻璃条幕自身长短的对比，蓝色玻璃与白色墙面和柱面的对比等以期达到造型活泼丰富，清新典雅的目的。

正立面顶部的圆柱体，用镜面玻璃模拟电子管样式，目的在于突出科技大厦的特征，引起人们对电子时代的各种联想。

以正立面的方格窗（网格构图）为母题，在A、B、C楼的各立面重复出现，增加了建筑造型的秩序感、节奏感，建立在数字思维基础上的网格构图，保证了建筑整体造型上的协调统一。

B楼侧立面，结合造型需要，悬挂于墙面上的网格式构成，在空间上增强了立面造型的层次感。

建筑与环境的关系，也是我们考虑的重点。本大厦在这特定的环境中，体积最大，高度最高，成为构图中心。而“中心”与环境中已经存在的姐妹建筑如何取得和谐统一呢？我们觉得，环境空间的设计，必须尊重环境的客观因素，在其基础上，进行更高层次的环境空间的组合与创作。我们从环境的“形”与“色”中，求其协调统一。采用圆弧体型的目的，是为了与西丽大酒店遥相呼应。大厦采用白色墙面，是为了与周围建筑的白色或浅色墙面取得协调。大厦采用蓝色玻璃是为了与电子大厦的蓝色横墙取得一致。我们自始至终遵循大家公认的这一原则：统一就是美。当然统一美是相辅相成的，是相互辉映的，虽然具有强烈个性和典型形象的本大厦成了环境空间的中心。然而，却不会产生“鹤立鸡群”的不协调感。

通过这次大型复杂、新型综合大厦的设计，我们最大的感受是：抓住主要矛盾，采用综合手法，强调构思新意，寓意属性特征，选择合宜母题，坚持协调统一。

（1990年11月在现代中国建筑创作研究小组第五届年会上的演讲）

功能分区说明

1.A楼，38层（层高4.5米/3.9米/3.6米）。

地下一层：高低压配电间、机修间、通讯机室。

地下室二层：水泵间、800吨水池、机修间。

首层：大厦主门厅（两层楼高的空间）、服务台、展销厅、消防中心控制室、银行邮电。

二层：展销厅、银行。

三至十五层：电子产品生产车间。

十六层：避难层、低压配电室、水池、设备间。

十七至三十五层：电子产品实验、开发、研究和试制车间及写字间。

三十六层：水池、电梯设备间。

楼顶：直升机停机场。

2.B楼：15层（层高4.5米/3.9米）

地下室一至二层：150辆汽车停车场。

首层：商场。

二层：餐厅。

三至十五层：电子产品生产车间，A、B、C楼三段贯通，每层长度101米。

屋顶：放置冷却塔，也是A、C楼的疏散通道。

3.C楼：39层的公寓宿舍楼（层高3米）。

地下室一层：高低压配电室、空调机房、机修间、通风机房。

地下室二层：700吨水池、水泵房。

首层：公寓及招待所入口门厅、活动室等。

二至二十层：职工宿舍、公寓、招待所，平面的中间部分为生产车间。

二十二至三十八层：职工宿舍、公寓。

三十九层：电梯机房、水池、排风机房。

屋顶：直升机停机场。

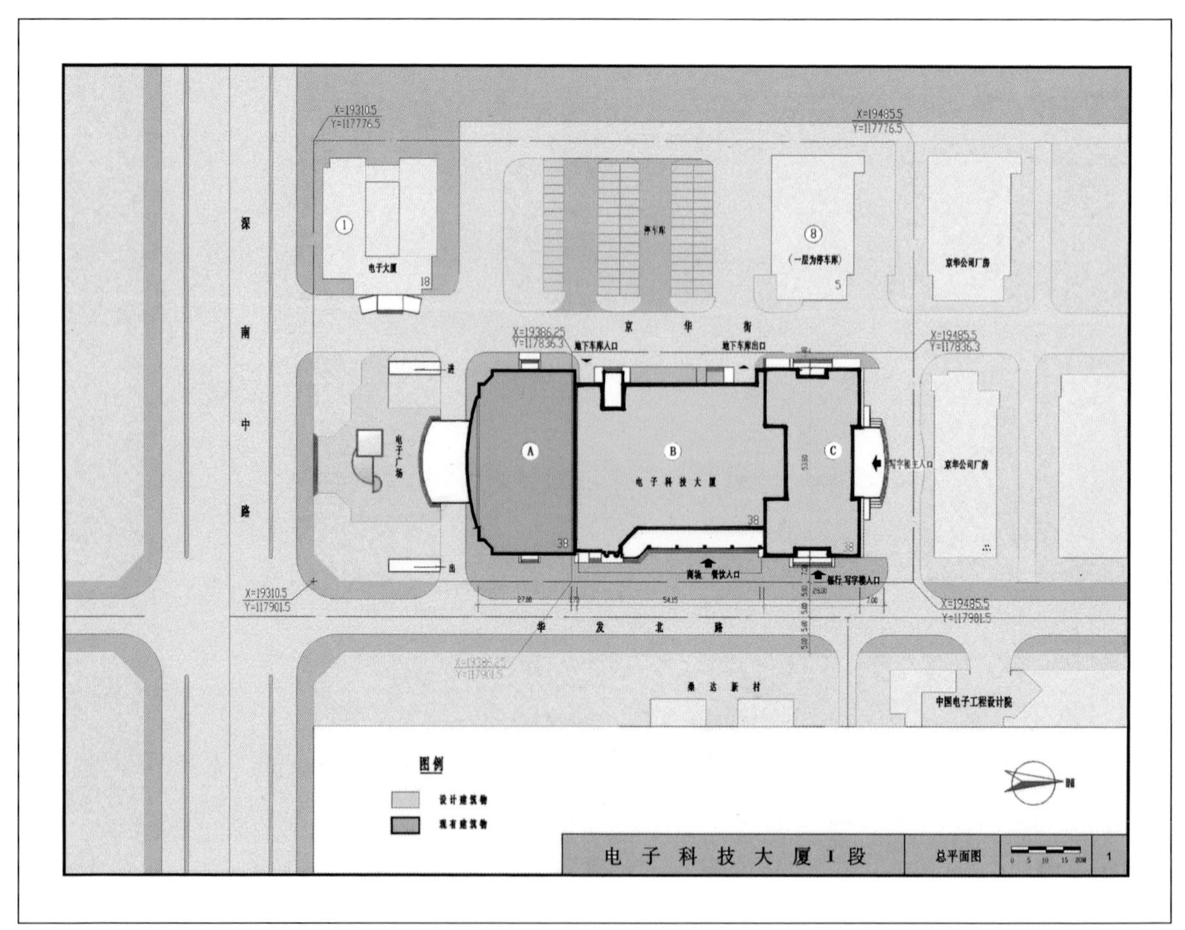

总平面图

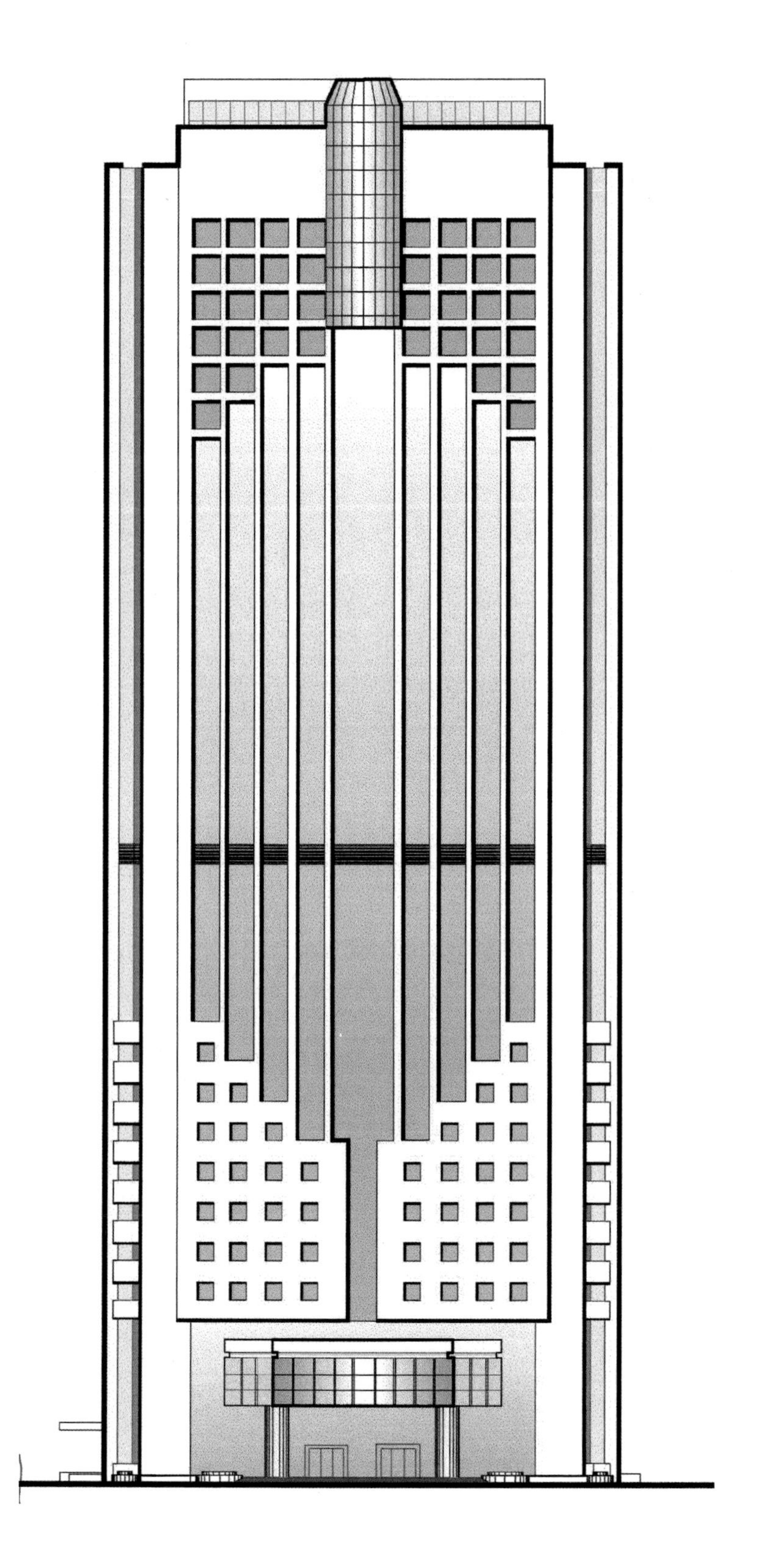

A 楼南立面

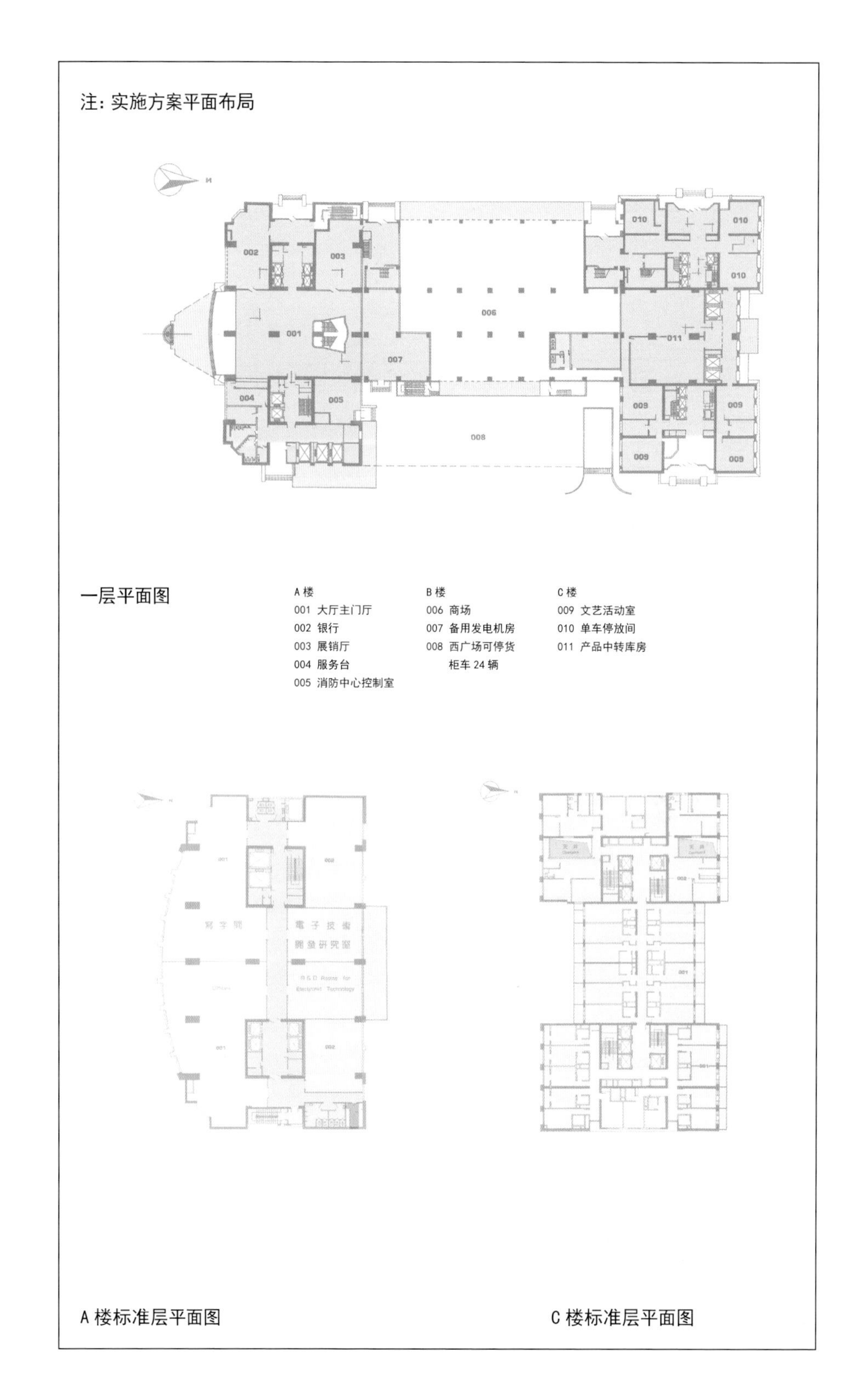
注：实施方案平面布局
一层平面图
A 楼
001 大厅主门厅
002 银行
003 展销厅
004 服务台
005 消防中心控制室
B 楼
006 商场
007 备用发电机房
008 西广场可停货柜车 24 辆
C 楼
009 文艺活动室
010 单车停放间
011 产品中转库房
A 楼标准层平面图
C 楼标准层平面图

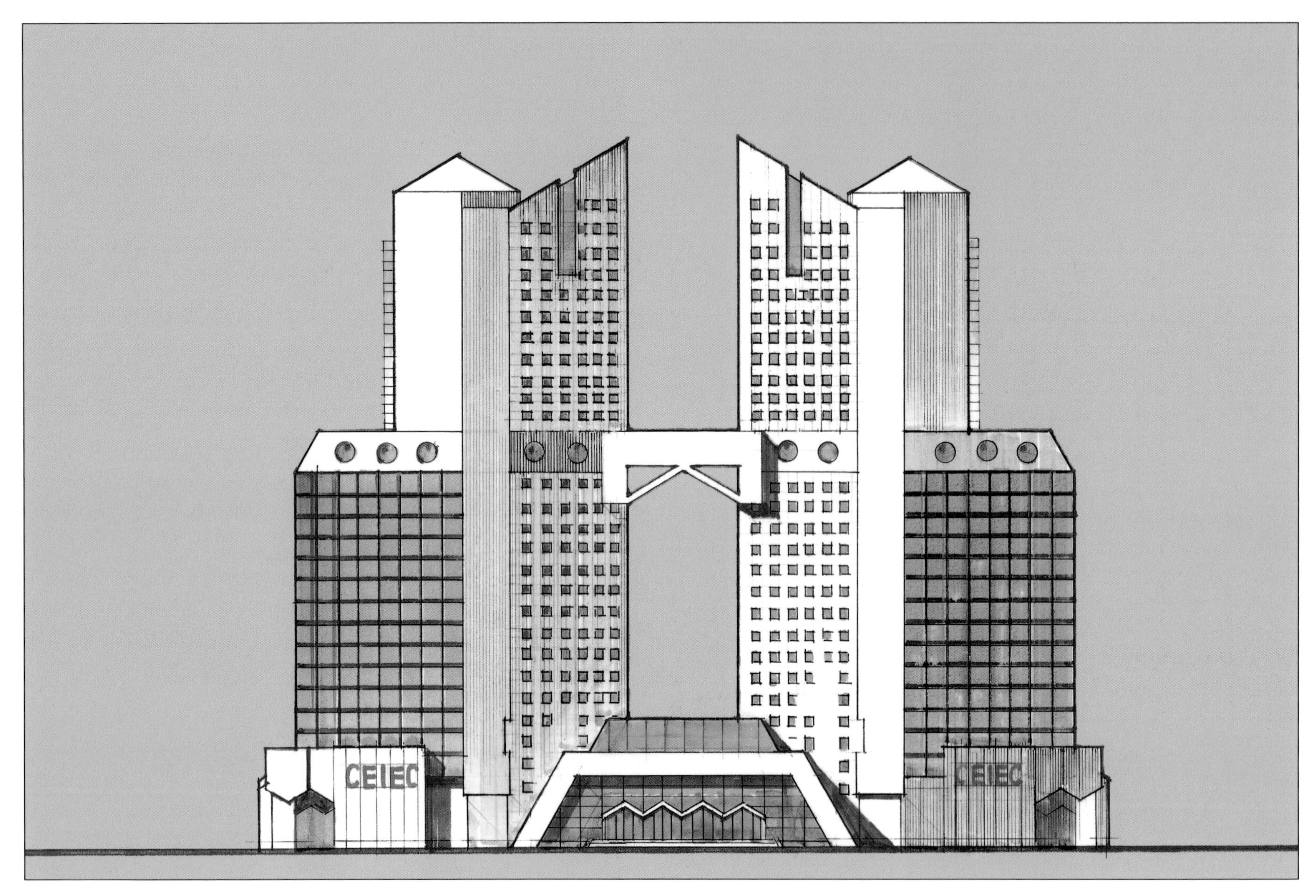

电子科技大厦最初构思方案（钢笔、马克笔 1986 年 10 月）彭其兰 绘

说明：电子科技大厦最初的设计构思方案是由两幢直角相对应的 30 层塔楼构成。五层裙楼与中间天桥把两幢塔楼连接成一个统一的整体。由多面体构成的建筑空间造型，使临街景观的空间层次十分丰富，具有生动的视觉效果。本设计与路面较窄的华发北路在环境空间上比较适应，大大减弱了楼高路窄的压抑感。本设计改变了沿街建筑一面墙单调的空间关系，美化了城市大道景观，在建筑艺术处理上独特而有创意。

本方案在设计的过程中，业主提出要满足长度 100 米生产线的要求，为此重新更改设计出现了本书中的第一方案。为了增加面积又出现了第四方案，即实施方案。功能要求不断改变，新的方案不断出现。

感想：建筑设计永远是一个不断满足业主要求的过程，永远是一个不断反复修改的过程。对建筑师而言，是一个磨炼的过程。我喜欢这过程，这是一个不断出现新作，也不断超越自己的过程。

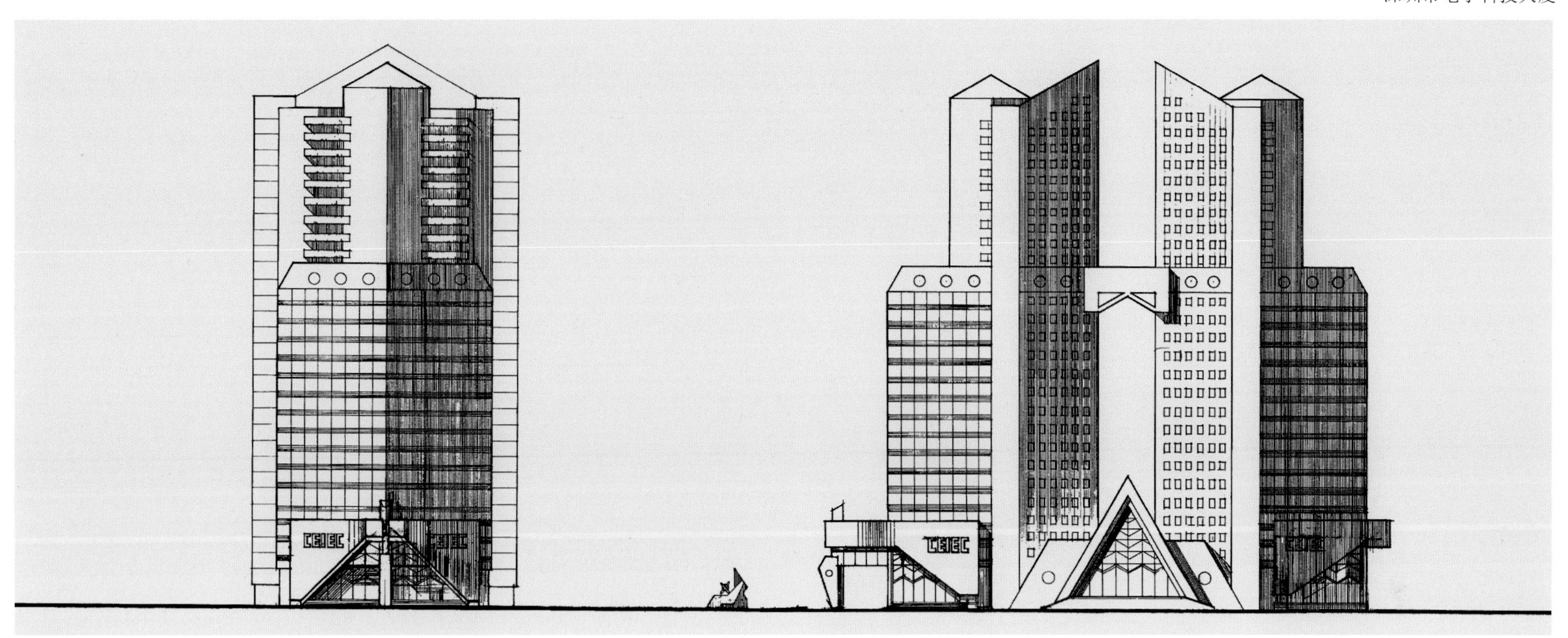

南立面

东立面

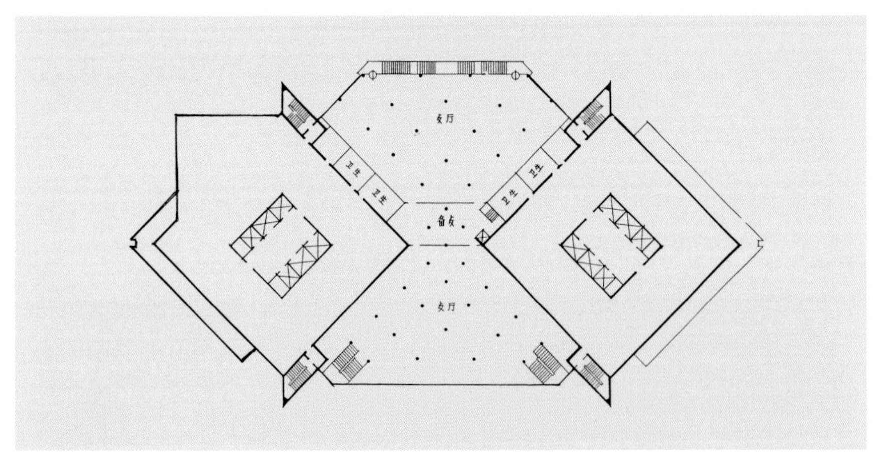

二层平面图

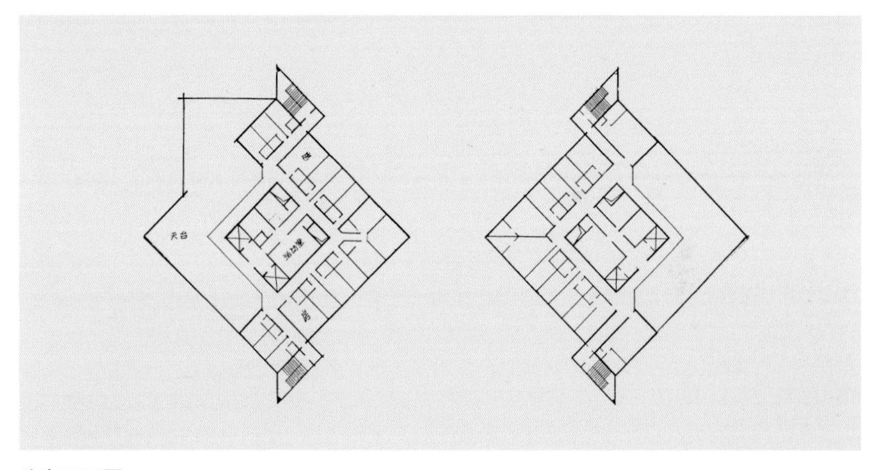

公寓平面图

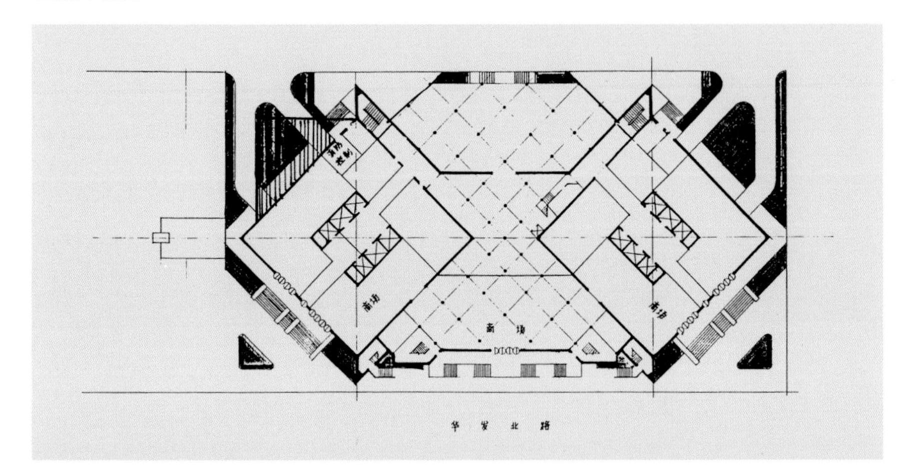

最初构思方案总平面图

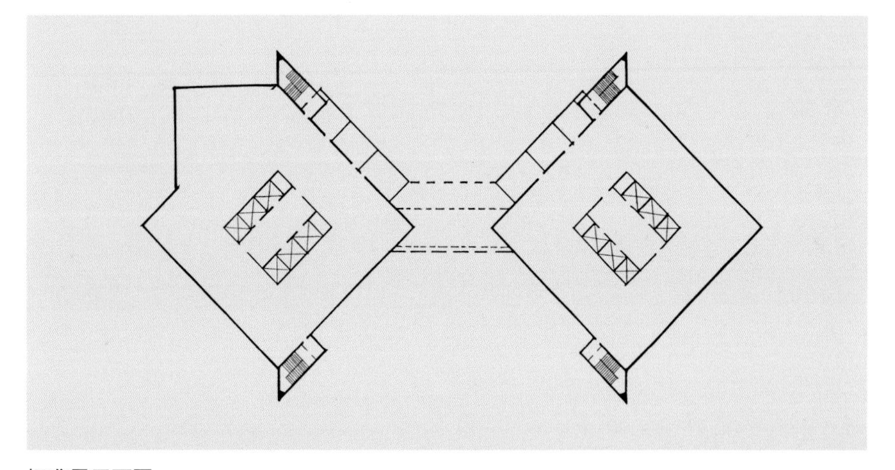

标准层平面图

电子科技大厦第一方案效果图（水粉 1986 年）江崇元绘

A 楼仰视

大厦二期工程修改后的电脑效果图

说明：1995年电子科技大厦二期工程启动时，由于容积率增加较大，B座加了宽度，C座加了层数。B、C座建筑造型做了部分修改。这是二期工程修改后的电脑效果图。B座加宽后，其大片墙面与A、C座山墙置平，最终业主又要求做成特大幅的广告墙面。楼高路窄，门墙压顶，对华发北路产生了压抑感。东立面失去了空间层次，削弱了C座作为A、B座连接过渡的整体感，也失去了原实施方案的环境空间的艺术光彩。除了表示遗憾，建筑师也无可奈何。

立面组合图

门厅大堂

A 楼南面

A 楼夜景

A 楼入口厅廊

A 楼门厅

C 楼门厅之一

南向夜景

北向夜景

A 楼门厅入口

15 上海市 南阳经贸大厦方案

方案设计	彭其兰
功　　能	办公、酒店、商业
总建筑面积	16.5 万平方米
设计时间	1987 年 8 月

说明：上海南阳经贸大厦由两栋弧形高层建筑半围合而成，一栋办公大楼，一栋酒店，裙房三层为商业建筑。设计特点是：为加大首层步行街的长度，增加铺面面宽，设计成 S 形平面，提高了商业门面的价值，在平面组合上别具一格。

由于两栋大厦使用功能不同，在力求统一的前提下，造型设计略有差异，但相互呼应，互为烘托，轻快明朗。

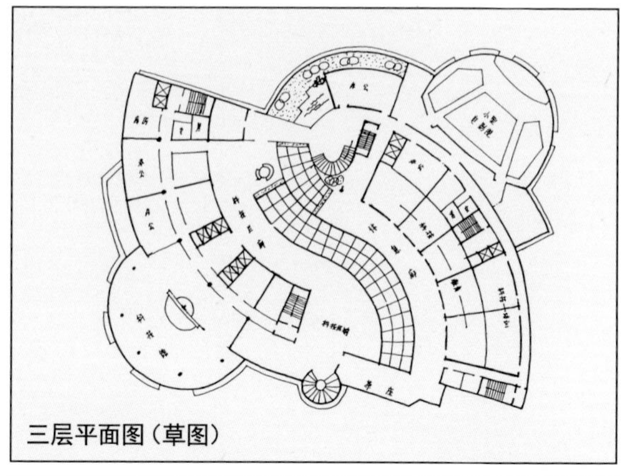

三层平面图（草图）

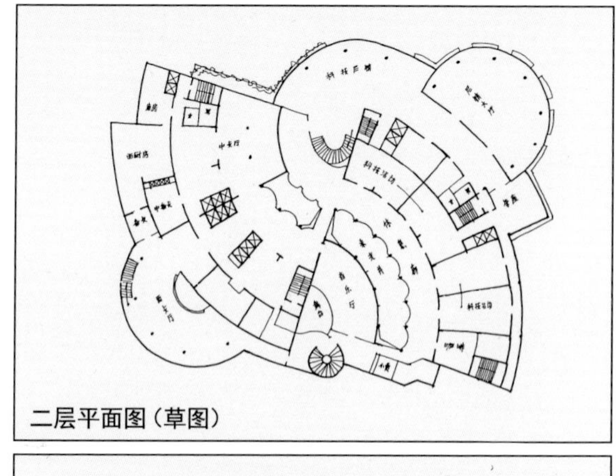

二层平面图（草图）

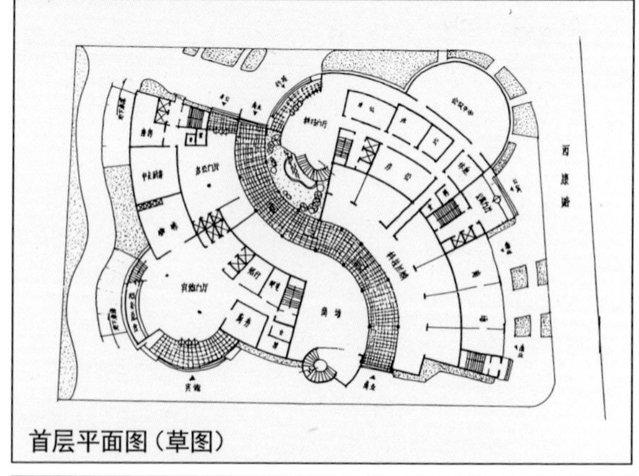

首层平面图（草图）

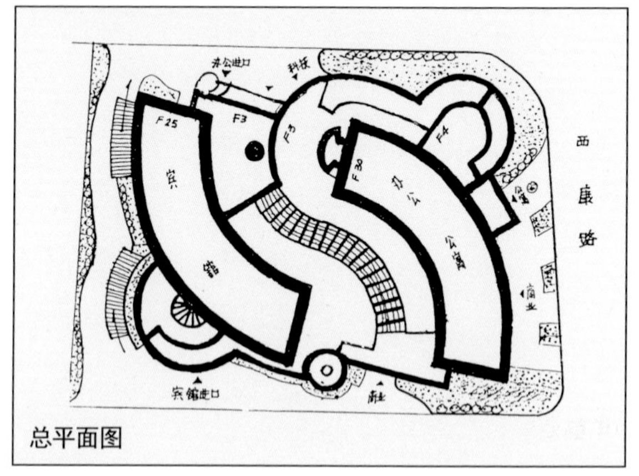

总平面图

构思方案透视图（钢笔画 1987 年）彭其兰绘

电脑效果图
（2002 年补作）

16 上海市华山路第一综合商住大厦

小区规划	吉增祥
建筑设计	彭其兰　江崇元　叶　军 曾　莉　赵嗣明　刘健章
功　　能	商住楼
设计时间	1987 年
建成时间	1989 年
总设计师	彭其兰　吉增祥

综合大厦透视图（水粉画 1987 年）叶军绘

小区规划图

17 上海市华山路第二综合商住大厦

小区规划 吉增祥
建筑设计 彭其兰 叶 军 刘健章
功 能 商场、公寓
设计时间 1987 年
建成时间 1989 年
总设计师 彭其兰 吉增祥

说明：第二商住综合楼位于六条道路交汇处，在造型设计上必须面面俱到，使其在不同的道路上都有良好的观感。为此，采用了多边形的平面设计，在立面上采用了垂直与水平线条互为分割的手法，从而满足了多方位的观赏要求，立面造型舒畅而独具一格。

第二综合楼规划总图

第二综合楼透视图（1987 年）金韬绘

18 陆丰观音岭海滨度假村规划设计方案

方案设计　彭其兰　袁春亮
建筑见习生　廖文锦
功　　能　宾馆、娱乐、餐饮、浴场、植物园
用地范围　30 万平方米
总建筑面积　15000 平方米
设计时间　1987 年

说明：陆丰市观音岭海滨度假村是该县玄武山金厢海滩旅游度假区，黄金海岸的一部分。这里有古代名人石刻，有周恩来"八一"南昌起义后在此抢渡碣石湾的史迹，海滨是细软如毡的沙滩，并点缀着石林。

度假村内将建立纪念亭，纪念周恩来、叶挺、聂荣臻等在此抢渡碣石湾。海滨活动规划长度 500 米，宽度 150 米，水深 1~2 米，新建冲淡室两座，其中一座附设茶室。主要建筑为旅游客房楼，建筑面积 8470 平方米。综合楼一栋，设餐厅、茶座、商店及管理用房，面积 2104 平方米。另设观海休息小亭、游艇码头及度假别墅区。文物古迹水月宫着意加以保护并作了环境保护规划。

旅游宾馆及别墅区鸟瞰图（水粉 1986 年）金韬绘

综合楼电脑效果图（2001 年补制）

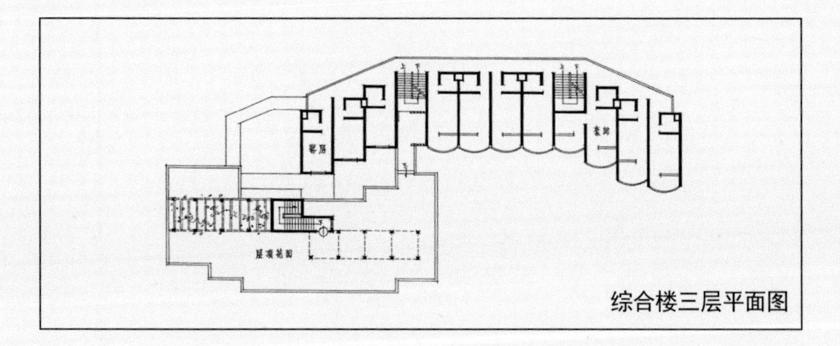

综合楼三层平面图

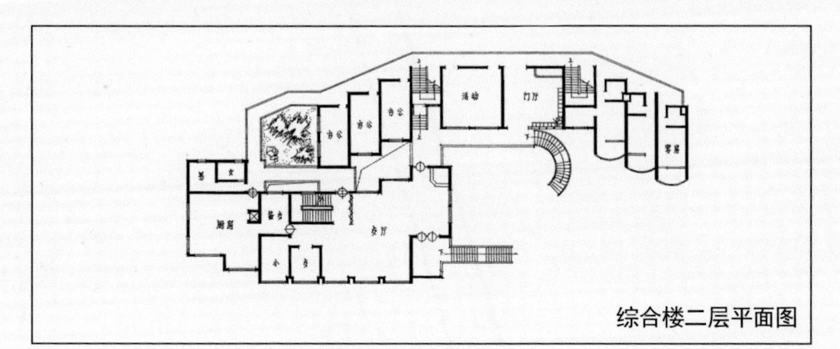

综合楼二层平面图

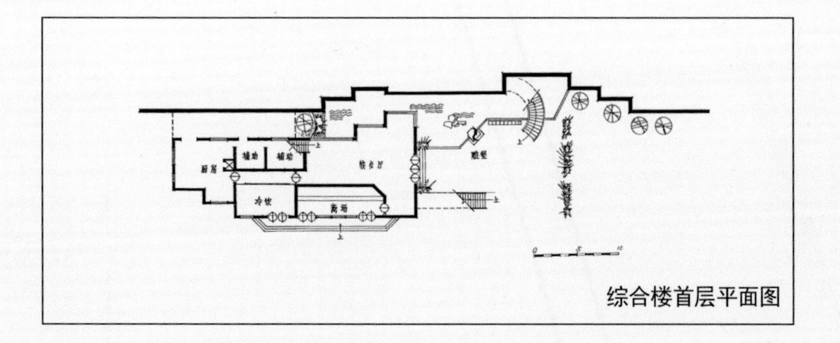

综合楼首层平面图

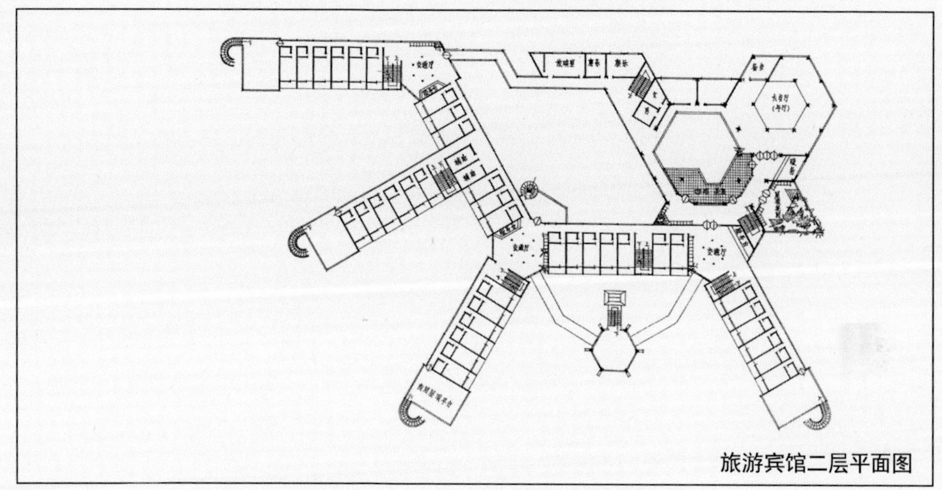

旅游宾馆二层平面图

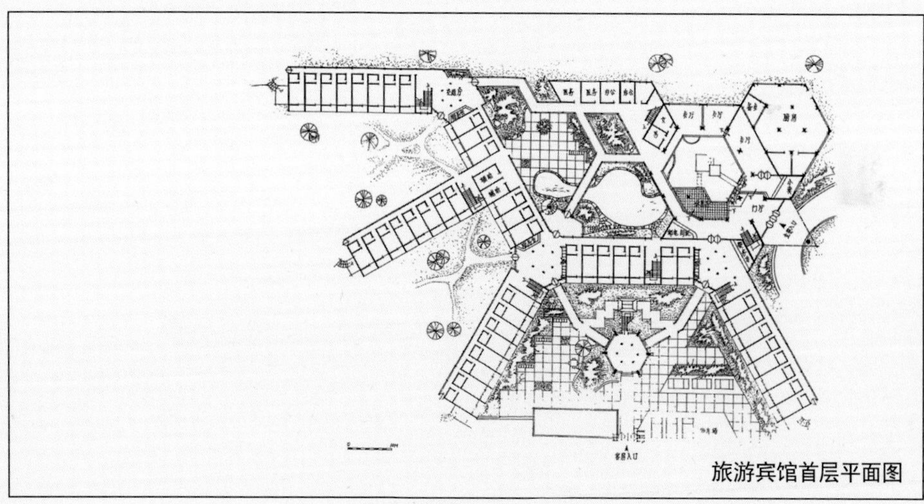

旅游宾馆首层平面图

海滨度假村远眺（水粉 1987 年）彭其兰绘

19 深圳市蛇口蓓蕾幼儿园

建筑设计　彭其兰　刘振山　王丽香　邹亚华

功　　能　12 班幼儿园

设计时间　1987 年

建成时间　1988 年

荣获深圳市优秀设计一等奖

幼儿园入口

幼儿园内景一

幼儿园内景二

20 广州市电子大厦方案

方案设计　彭其兰
功　　能　办公、宾馆
用地面积　3400 平方米
总建筑面积　4.53 万平方米
总 高 度　100 米，27 层
设计日期　1987 年 7 月

说明：设计方案地上二十七层，地下 3 层。一层为办公、宾馆门厅及商场，二层为餐厅及舞厅，三层设展览厅、洽谈厅，四层设大小会议室。五至十五层为办公用房，十六至二十七层为公寓及宾馆客房。

效果图（水粉 1987 年）金韬绘

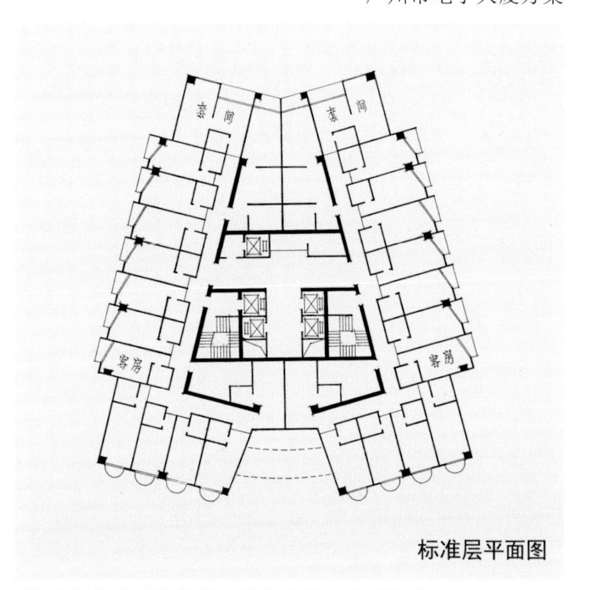

标准层平面图

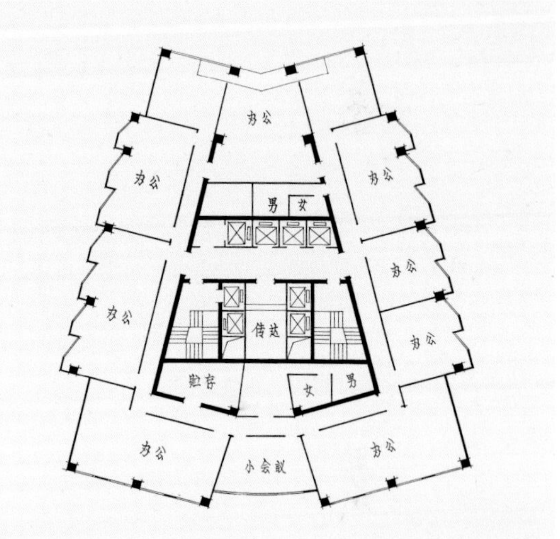

办公标准层平面图

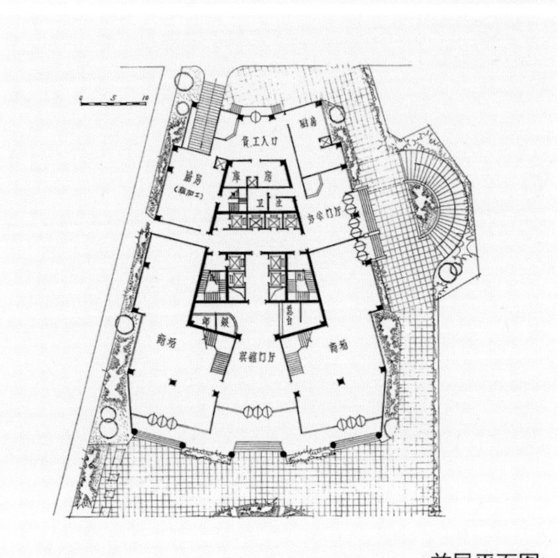

首层平面图

21 深圳市联城酒店

建筑设计　彭其兰　马旭生　刘健章
功　　能　宾馆
总建筑面积　6500平方米
层　　数　6层
设计日期　1986年
建成时间　1987年

说明：联城酒店是一个很普通的中间走廊的小型宾馆，其最大的设计特点是建筑立面上强烈的图案构图。这种五、六层高的小宾馆的立面造型，特别是用最普通的建筑材料建造的建筑，很容易一般化，很难有大的突破。

本建筑的立面造型之所以显得新颖，有创意，就在于在满足使用功能的前提下，客房的窗户处理成大小不一，层次凹凸，并把墙面的马赛克的色彩作不同深浅的垂直分割，然后再作统一的图案组合，从而形成了丰富多彩又有立体感的整体墙面构图。

建成之后，不少建筑师都说："这小小的一栋建筑，其墙面的平面构成，却有许多有趣的合乎逻辑的变化，一看就被吸引。但须观看多时，才能品尝出其构图的韵味，成功的设计让人回味无穷。"

联城酒店构思方案

联城酒店外墙面放大图

22 深圳小梅沙核电站专家别墅区方案

方案设计　彭其兰　袁春亮
　　　　　赵仕明　曾　莉
功　　能　专家别墅公寓
设计时间　1987 年

说明：小梅沙外国专家别墅区，是专为深圳核电站近100位法国专家设计的别墅公寓生活区，除别墅公寓外，还有商业生活、娱乐、教育等配套设施。

小梅沙山地地形复杂，规划设计难度甚大。但我们的设计团队经过了三个月的奋战，圆满地完成设计任务并得到有关方面的赞扬，评价甚高，都说这个设计难度虽然很大，但是一个成功的设计作品。

这次本书修改重新出版，我拿出此方案，希望对设计同行们在做山地住宅区的设计时有所帮助。

请各位批评指正。谢谢！

小梅沙核电站专家别墅区规划方案

一号别墅透视图（钢笔、彩色铅笔 2019 年补画）彭其兰绘

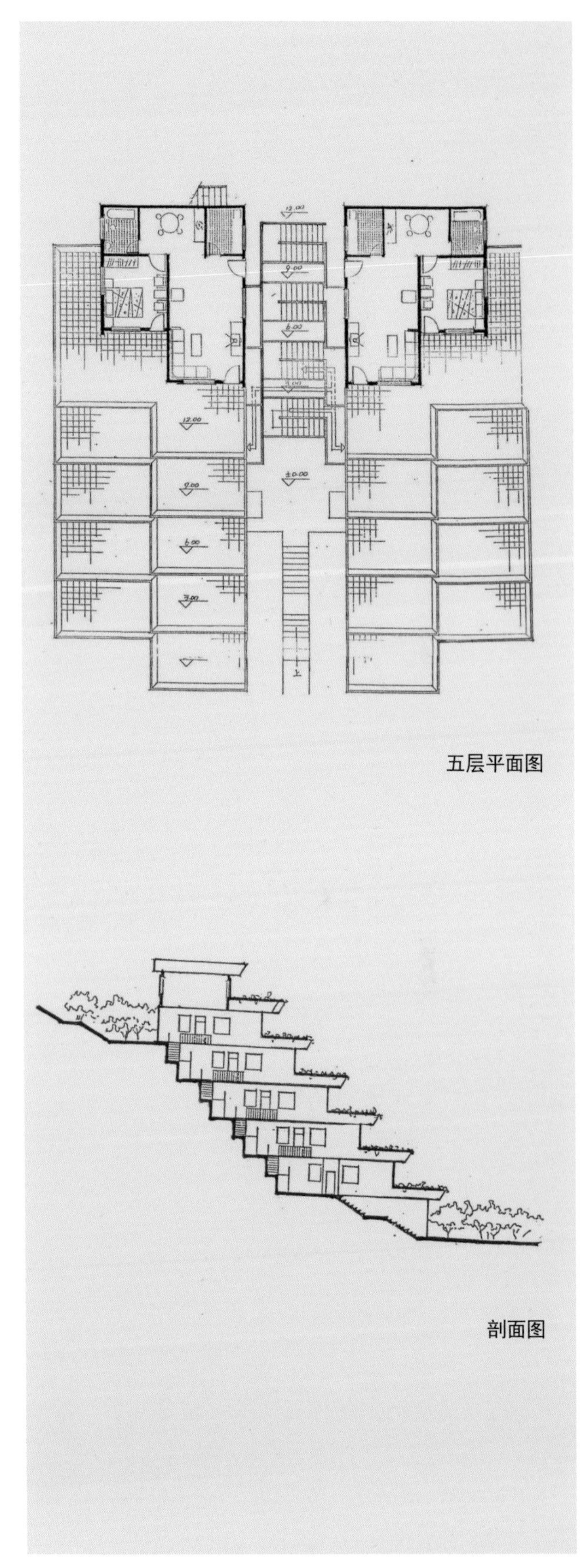

五层平面图

剖面图

二号别墅组合方案鸟瞰图（钢笔、彩色水笔 2019 年补画） 彭其兰绘

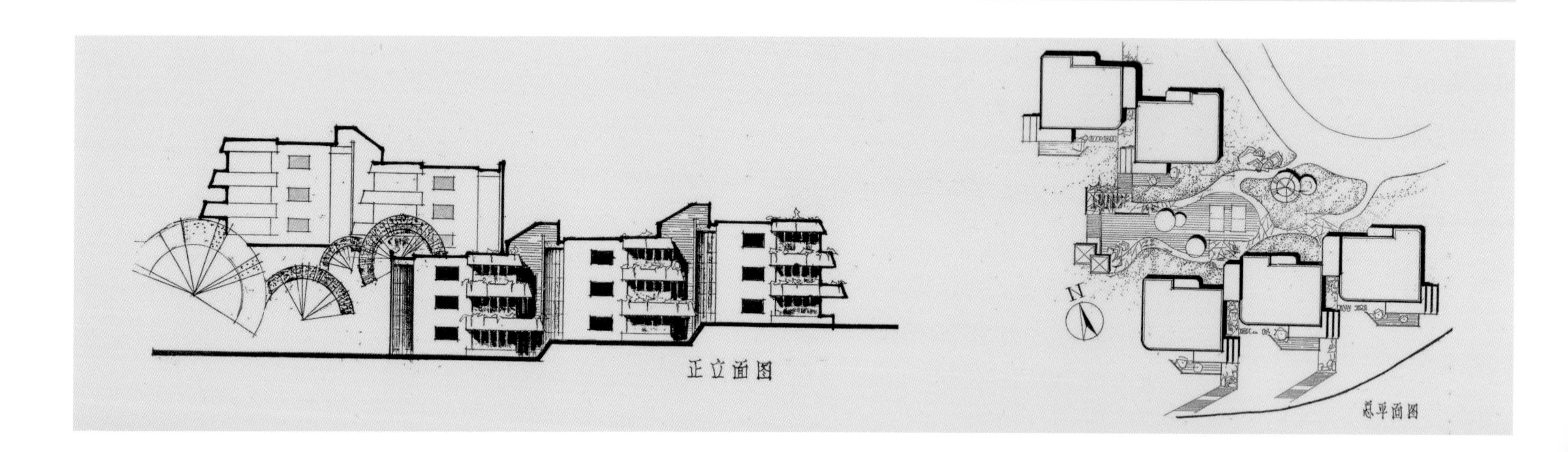

三号别墅透视图（钢笔、彩色水笔 2019 年补画）彭其兰绘

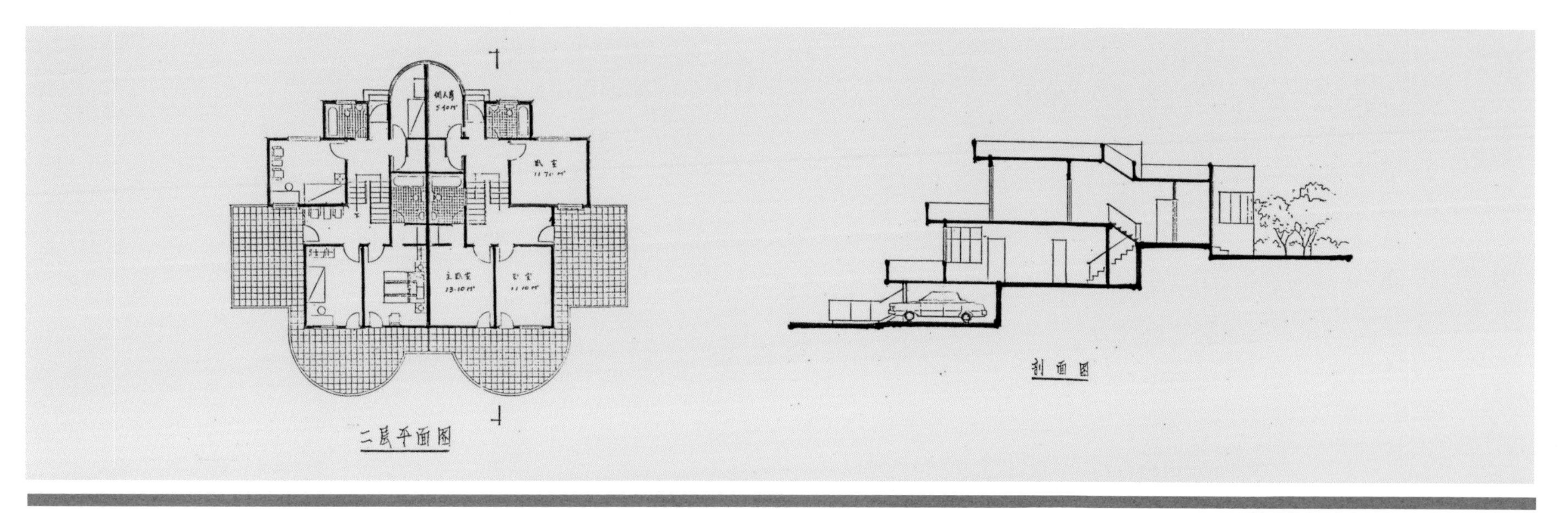

四号别墅组合方案鸟瞰图（钢笔、彩色水笔 2019 年补画） 彭其兰绘

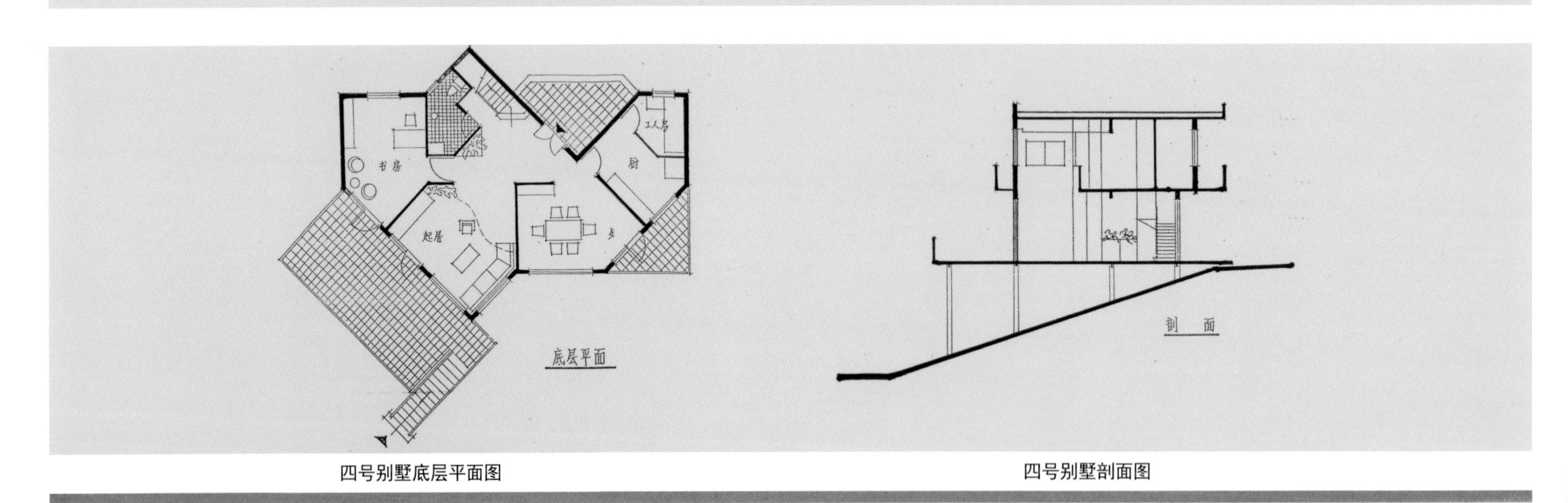

四号别墅底层平面图

四号别墅剖面图

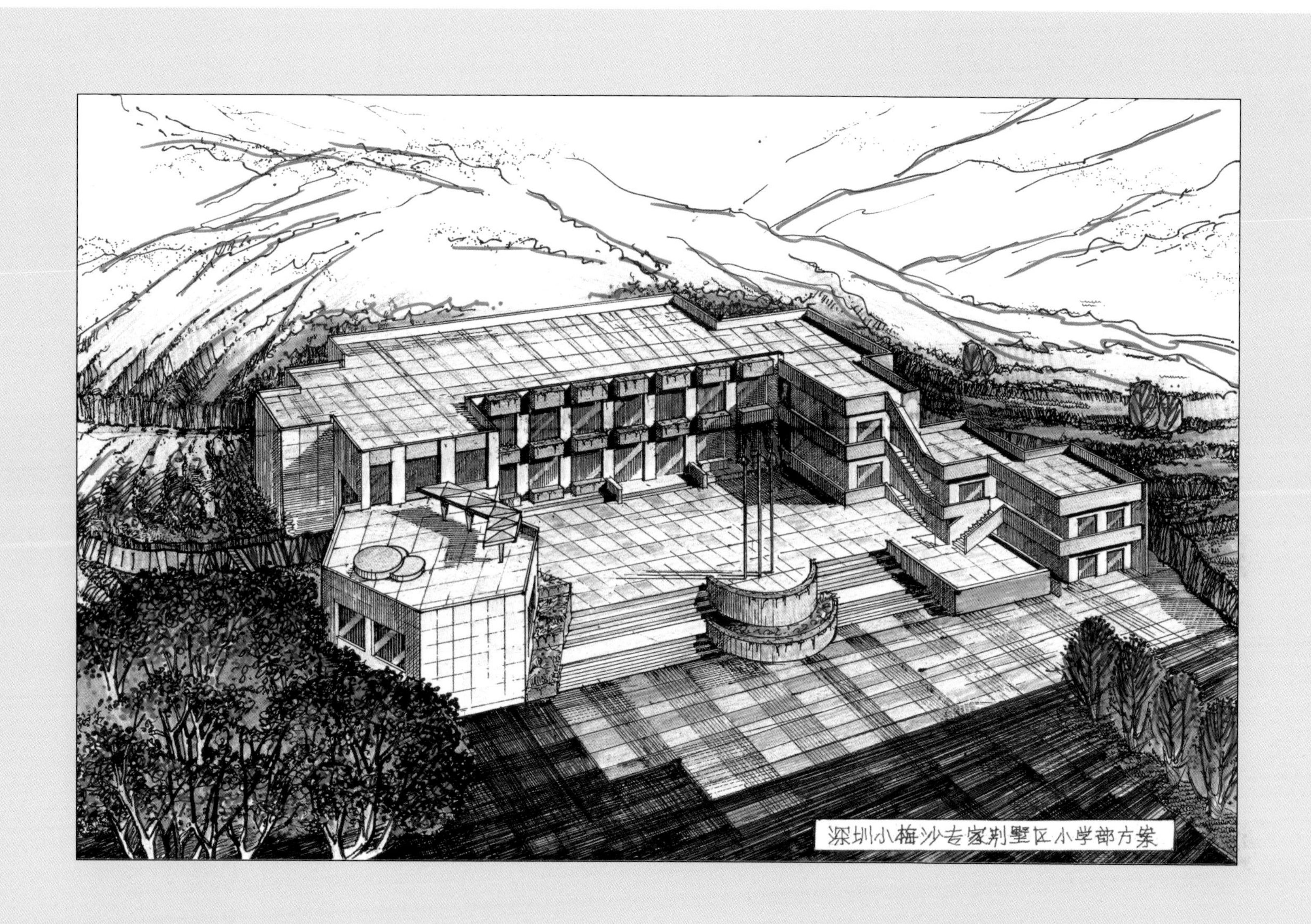

小学部设计方案透视图（钢笔、马克笔 2019 年补画）彭其兰绘

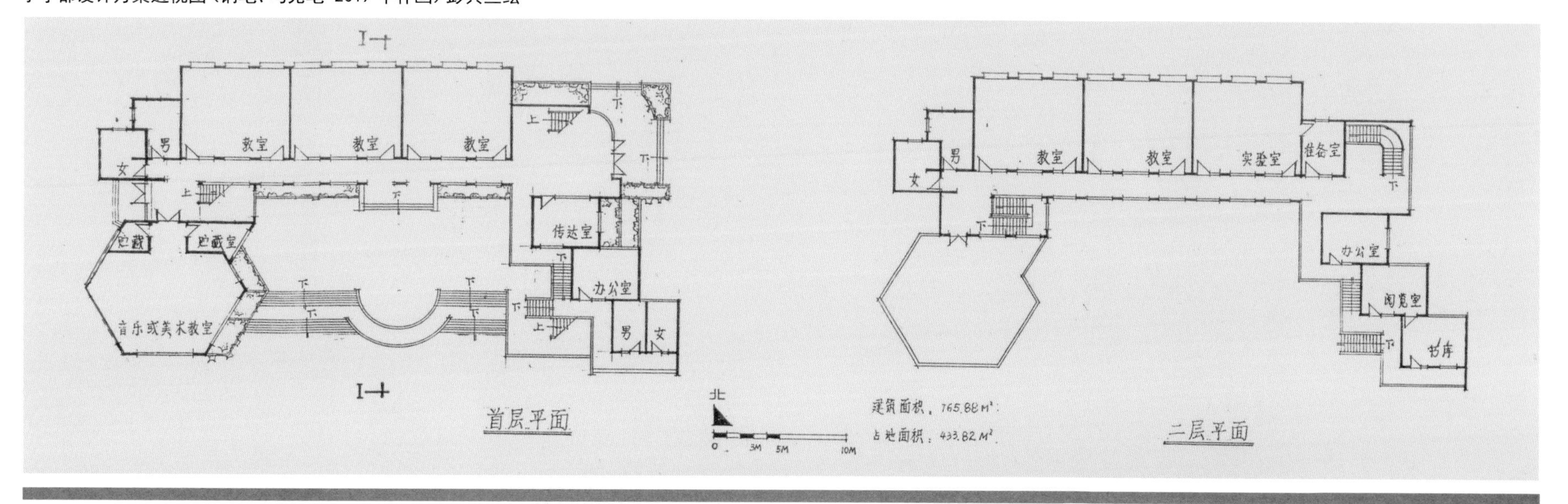

23 陆丰市 玉印岛度假村设计方案

方案设计　彭其兰
功　　能　度假宾馆
设计时间　1988年

说明：玉印岛是陆丰螺河中的一个美丽小岛，传说岛中藏有古代皇帝的玉印，因此历史上再凶猛的洪魔也淹没不了它。洪魔面对玉印岛总是无可奈何，甘拜下风，俯首称臣。这就是玉印岛的神奇魅力。岛上竹林成片，绿影婆娑，周边波光粼粼，如玉带缠腰，环境十分优美。

本次规划，东部成片竹林须保护，只在其空隙地方点缀些许建筑小品，作为游人休闲和儿童游戏活动空间，尽量保持其自然美的特色。在岛的西半部，内湖周边布置旅游宾馆、餐饮、娱乐、健身和商业建筑。十二栋度假别墅沿湖的北边作弧形排列。通过绿化和湖面上架起的有盖长廊，像串珍珠般把所有大小建筑连接成一个游人共享的游览空间。

进出小岛的东西两道小桥，把北边河道围合成一个内湖。游人的小艇可在湖面上荡漾。

江南庭园和岭南庭园的造园特点，在小小的玉印岛度假村的规划中都得到了充分的体现和发挥，希望向人们奉送一个理想的度假休闲的好去处。

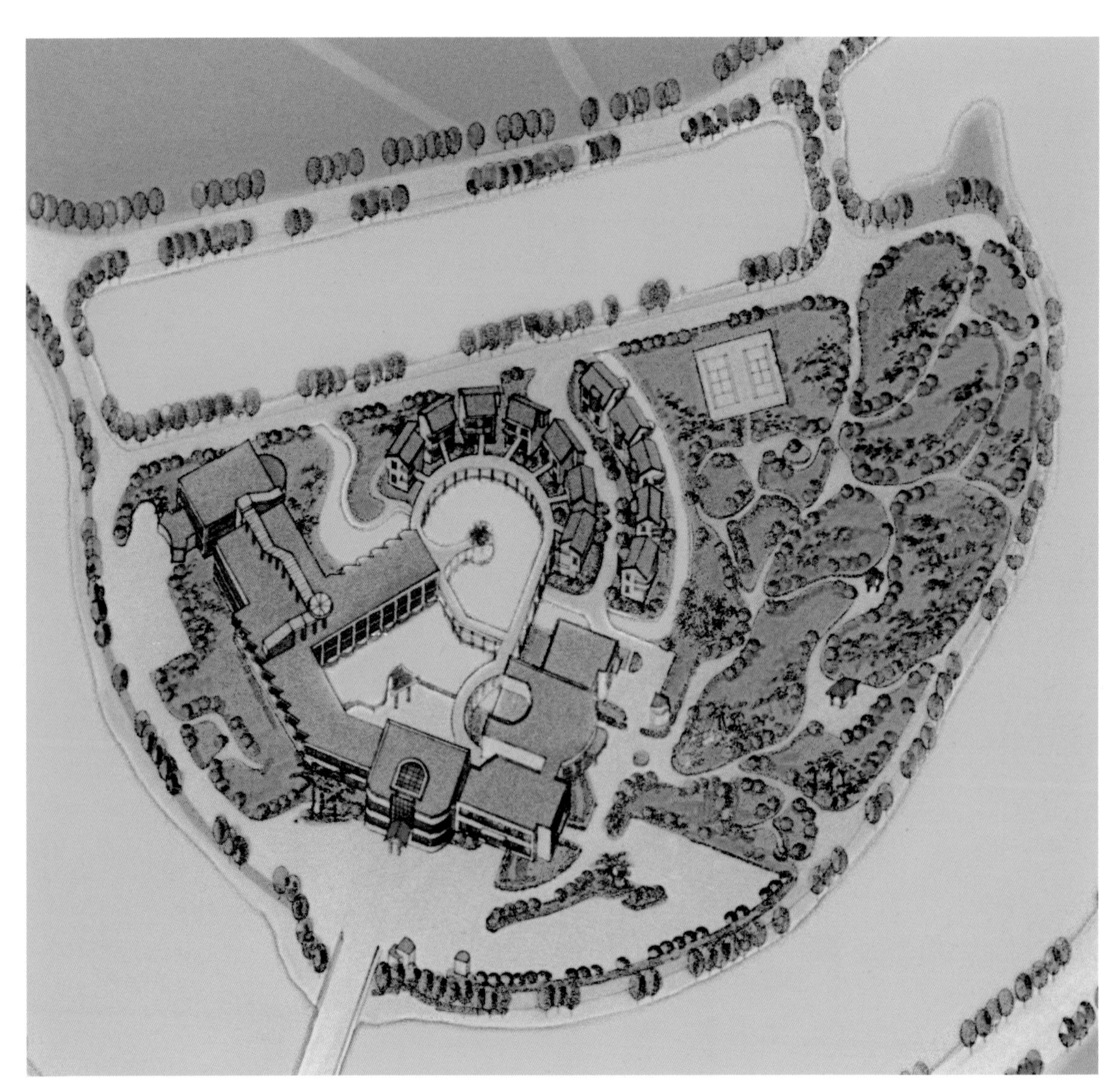

度假村鸟瞰图（钢笔、马克笔 1988年）彭其兰绘

玉印岛度假村电脑鸟瞰图（2001 补制）

24 深圳市笔架河综合大厦方案

方案设计　彭其兰
功　　能　商业、公寓、办公
总建筑面积　6.3万平方米
层　　数　28层
设计时间　1989年5月

说明：深圳笔架河综合大厦是一栋建在河上的高层建筑。其功能是商业、办公及公寓。在平面基本相同的基础上，做了三个截然不同的立面方案进行比较，便于选择最佳方案。

综合大厦方案一 透视图（水粉1989年）金韬绘

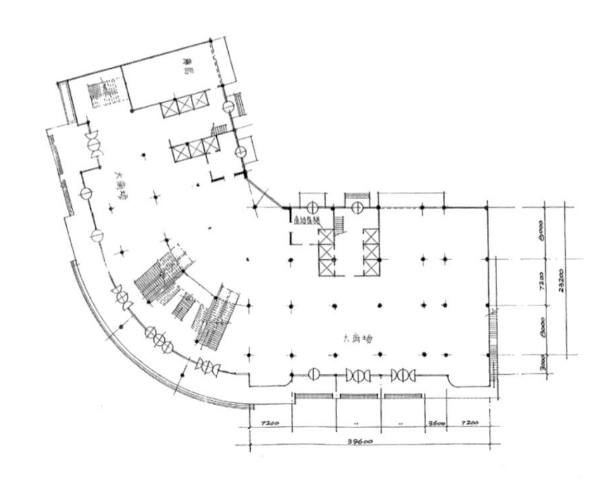

首层平面图

综合大厦方案二透视图（钢笔马克笔 1989 年）彭其兰绘

综合大厦方案三透视图（水粉 1989 年）金韬绘

25 深圳市 天安大厦方案

方案设计　彭其兰　江崇元

功　　能　办公、商场、公寓、酒店、娱乐中心

设计日期　1989年2月

说明：天安大厦为深圳国贸大厦副楼，位于国贸大厦北侧，西临繁华的人民路，北邻东方酒店。大厦由酒店、写字楼及公寓三部分组成，但人流及货流组织互不干扰。标准层平面为马蹄形。

首层除酒店、公寓、写字楼的进出口门厅外，其余作为可出租之商场、银行、邮电等。

二层为商场。三层为中餐厅、西餐厅、风味餐厅、宴会厅等。五层以上以垂直分隔从左到右分别为酒店、公寓和写字楼。

酒店共31层，第十六层为避难层，高94.4米，共有房间276套（其中套房23套）。

公寓20层，高62.8米。二房一厅144套，一房一厅24套。

建筑处理力求在空间上与国贸大厦融为一体。其次，为了避免立于人行道边上的高耸山墙的压抑和单调感，在马蹄形平面的两端山墙采用斜面处理手法，建筑形象活泼、生动，又具独特个性。

总建筑面积		78510平方米
其中	酒店建筑面积	19022平方米
	写字楼建筑面积	15311平方米
	公寓建筑面积	16713平方米
	商场建筑面积	16912平方米
	地下室建筑面积	10552平方米

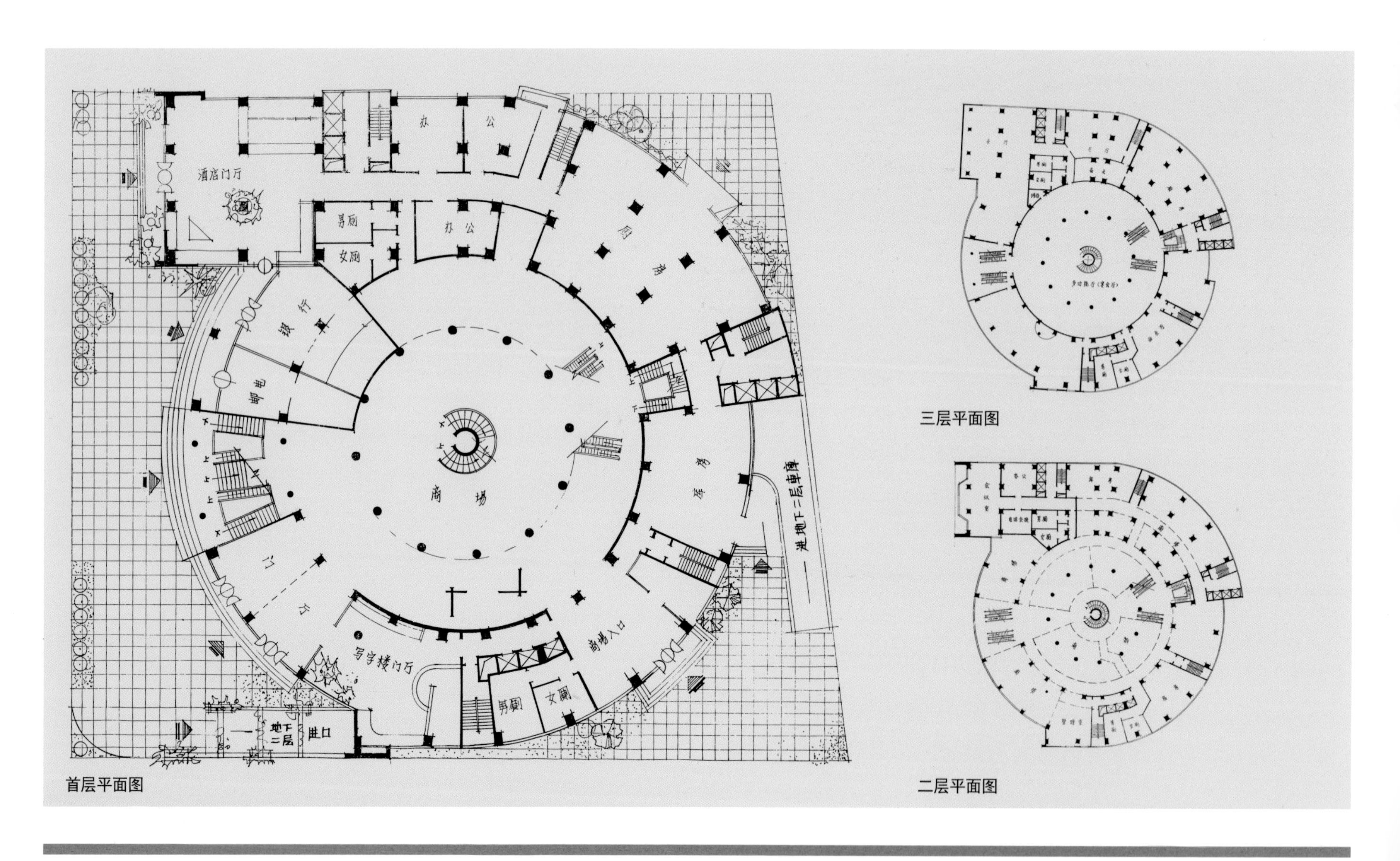

首层平面图

三层平面图

二层平面图

天安大厦透视图（水粉 1989 年）彭其兰 金韬绘

26 深圳市赛格高科技工程大厦方案

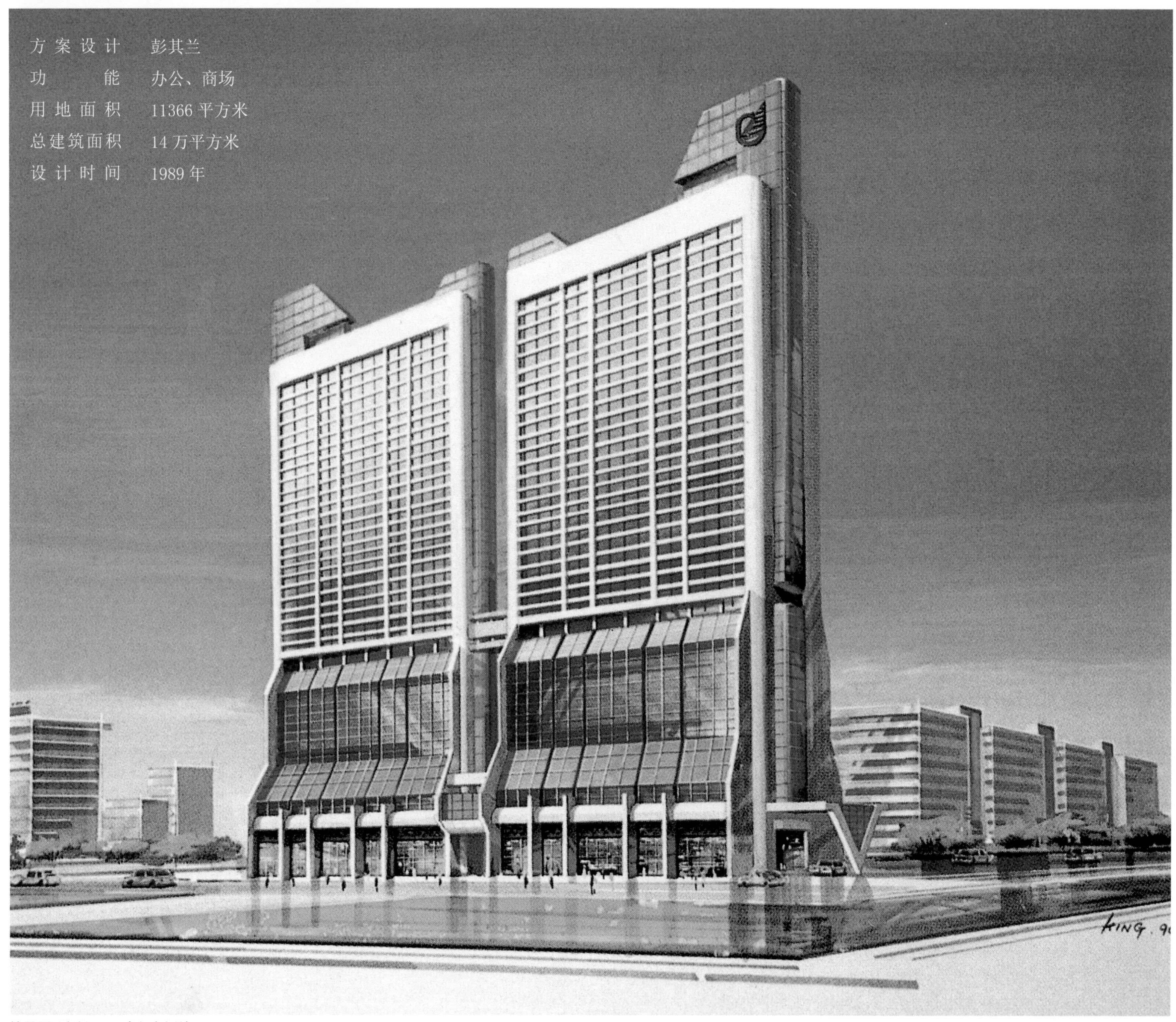

效果图（水粉 1989 年）金韬绘

赛格工程大厦构思草图 彭其兰绘

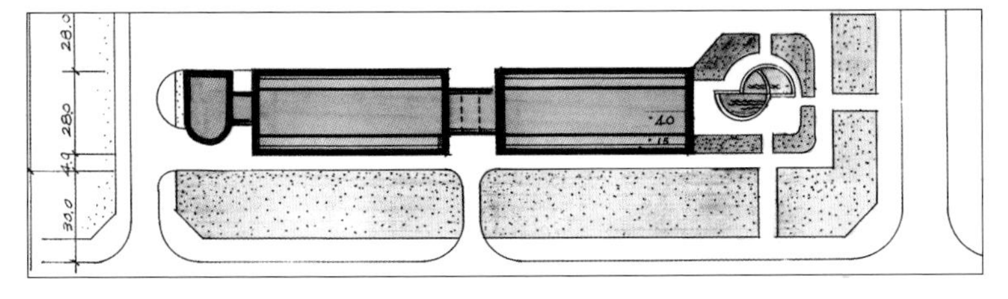

总平面草图

27 深圳市 上步农民大厦方案

方案设计　彭其兰　周洁桃
功　　能　办公、商场
用地面积　4349.3平方米
总建筑面积　4.2万平方米（不包括地下室）
总 高 度　97.9米，29层
设计时间　1990年5月

说明：上步农民大厦位于深南中路与上步南路交叉口，用地南北长70.15米，东西宽62米，北对科技馆，东临上步购物中心，东北面为市政府。

总平面布局：

建筑基底为43.2米的正方形，四周均设有大于5米的消防车道，主要进出口设于上步南路一侧。商业中心进出口面临深南中路与上步南路，公寓与写字楼的进出口安排在西南向，大厦南边与西边为地下车库进出口，大厦南边为停车场。

平面安排：

一至五层为可出租的商业中心。

六至二十六层为单身公寓或写字楼（不设房）。

二十七层可作歌舞厅等游乐中心。

二十八至二十九层仍作单身公寓或写字楼之用。

建筑形象：

由于本建筑处于繁忙的十字路口，采用多边形的建筑体型，使之能平和地融入周围环境，构成和谐统一的大道景观，采用不同材料体块组合的建筑外观，不但具有雕塑感的韵味，也使本建筑的立面构图别具特色。

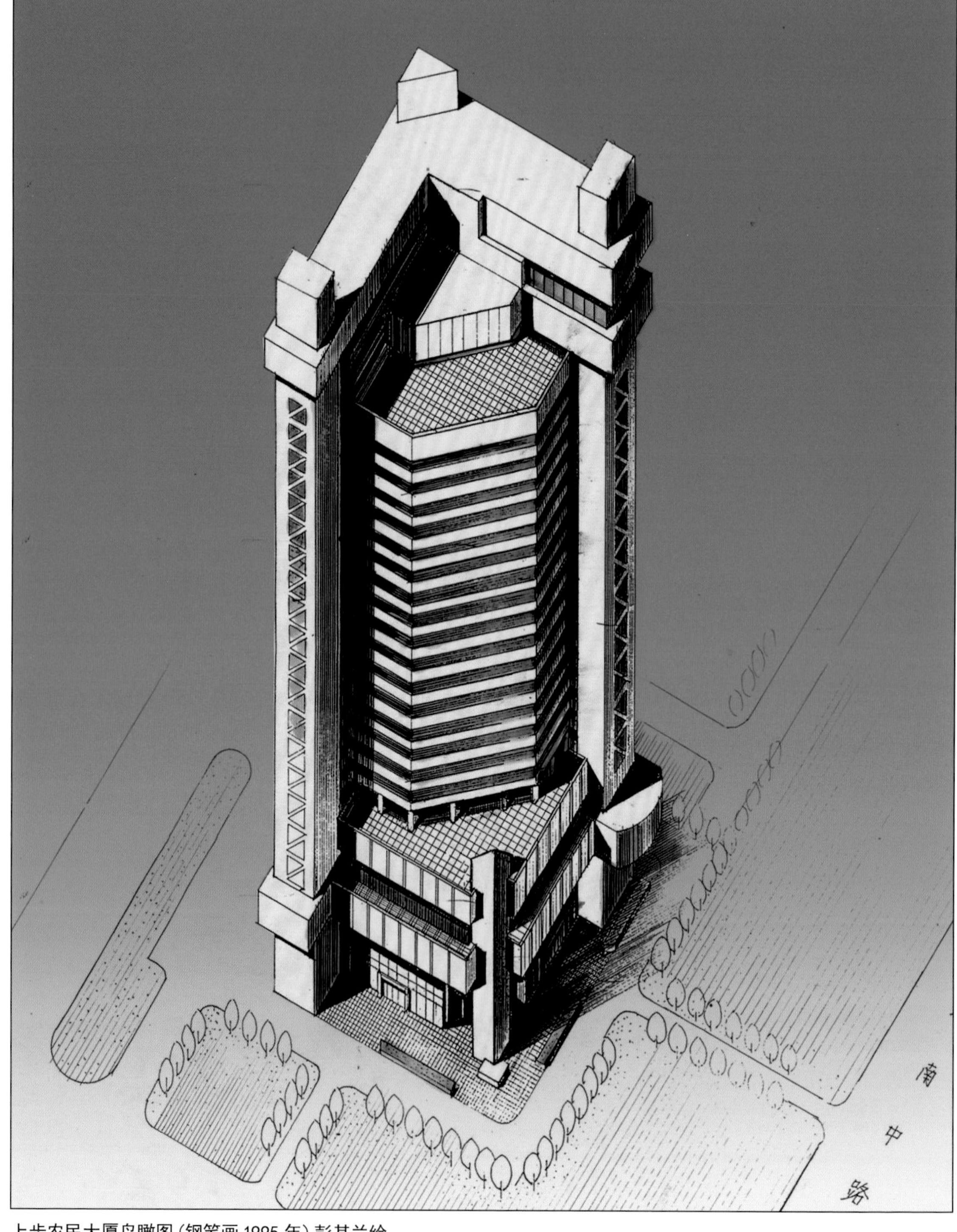

上步农民大厦鸟瞰图（钢笔画 1995 年）彭其兰绘

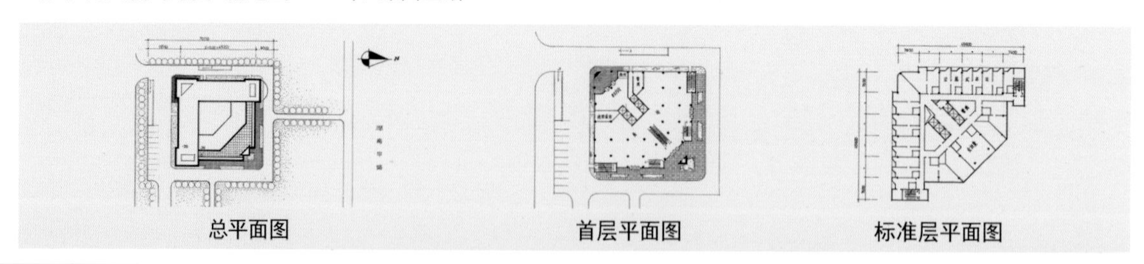

总平面图　　首层平面图　　标准层平面图

上步农民大厦鸟瞰图

28 深圳市税务大厦方案

方案设计	彭其兰	总高度	144.3米
功能	办公、税务征收	设计时间	1993年3月
用地面积	3436平方米	总设计师	彭其兰 张佩玉
总建筑面积	7.5万平方米		

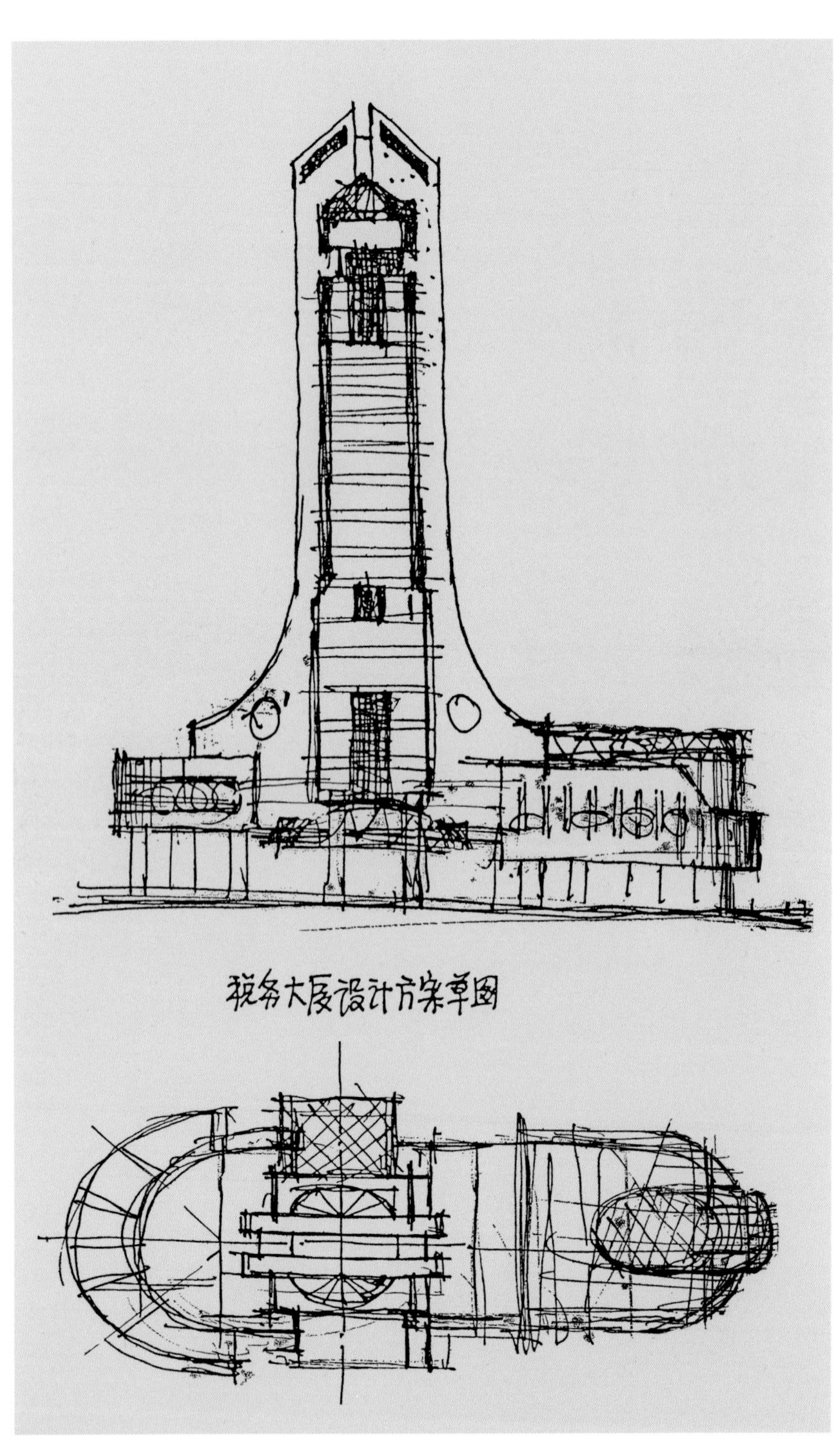

构思方案之一

构思方案之二（钢笔画 1993 年）彭其兰绘

实施方案大厦透视图（水粉 1993 年）邓凡绘

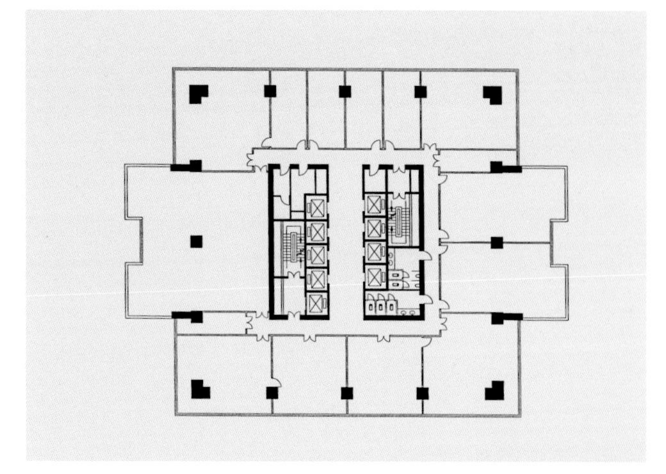

塔楼标准层平面图

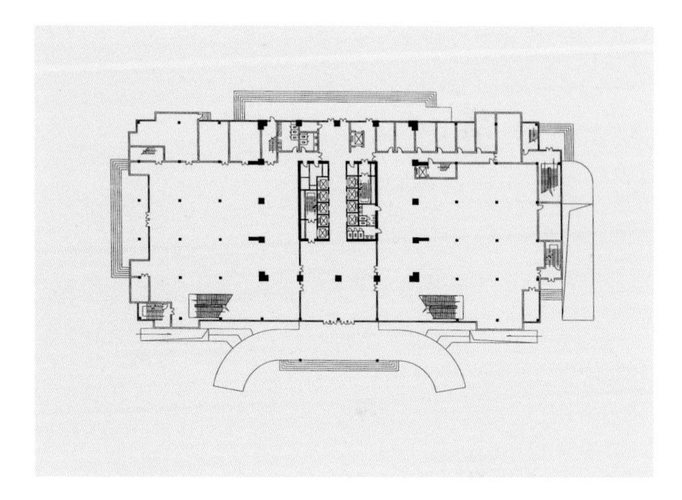

裙楼一层平面图

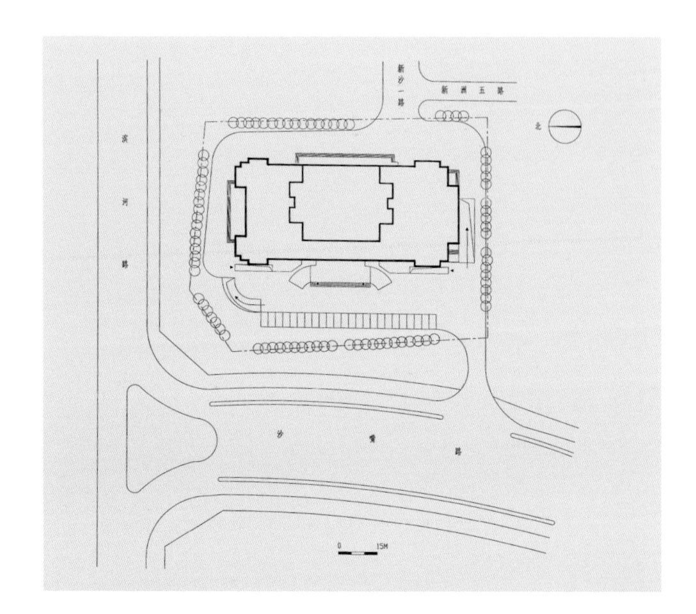

总平面图

29 深圳市新闻大厦

方案重新设计　彭其兰
协助建筑师　崔力军
建施设计　彭其兰　程棣华　崔力军　雷昶
结构设计　林振佳　陈志强
给排水　李远膺
电气　钟曼娜　张志书　李云昌　王金庄
空调通风　郑佩玲
动力　王秀娴
总设计师　彭其兰　程棣华
功能　办公、商场、酒店
用地面积　1878 平方米
总建筑面积　9 万平方米
总高度　138 米，38 层
设计时间　1992 年 3 月
建成时间　1995 年 8 月

说明：新闻大厦是深圳市八大文化建筑之一。最早由香港蔡高建筑设计事务所设计，并已开始局部施工。1992 年，业主根据市场的需要，要求修改设计。修改之后的新闻大厦成为商场、四星级酒店、高级办公楼和高标准住宅的功能相当复杂的综合体。其后，又根据业主的要求，取消了 15 层楼的高级住宅，改成办公用房，所有专业的图纸又重新进行了修改。现在大家所看到的新闻大厦，就是经过多次重大设计修改，比原设计更有新意的大厦，所幸建造过程十分顺利，最终的建筑成果得到业主和社会各界人士的高度赞扬，也是深圳一座有特色的建筑。

钢笔方案图说明

1991 年秋，应业主要求对新闻大厦设计作了重大修改，此方案在深圳市规划国土局组织的专家评委会上全票通过。此图是第一次修改时的设计方案草图。

新闻大厦构思方案（钢笔画 1992 年）彭其兰绘

新闻大厦东南向外观

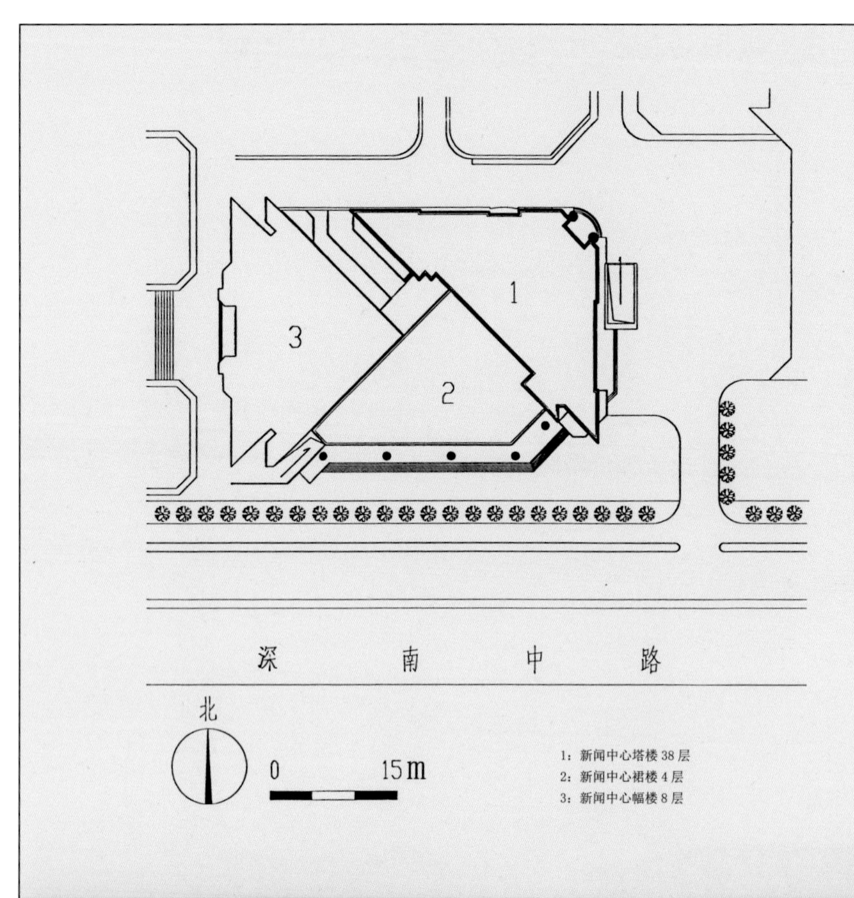

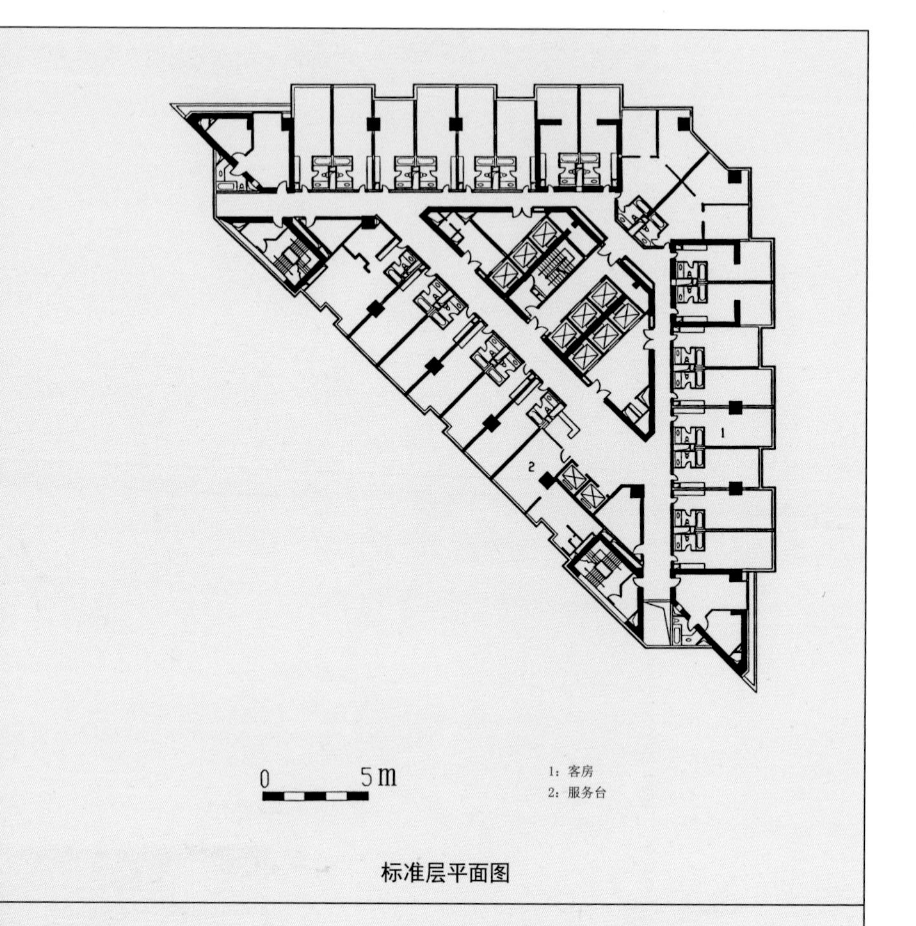

标准层平面图

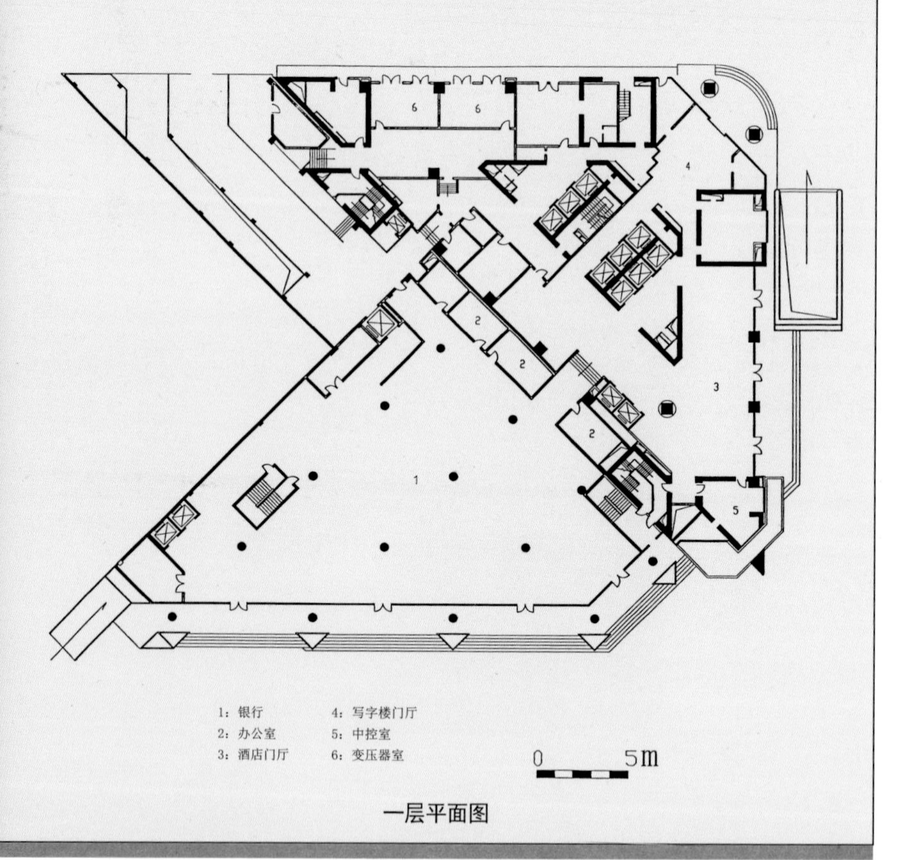

一层平面图

新闻大厦夜景图

东面外观

南面夜景

新闻大厦沿深南大道外观

大厦东北向外观

大厦东面

大厦办公入口

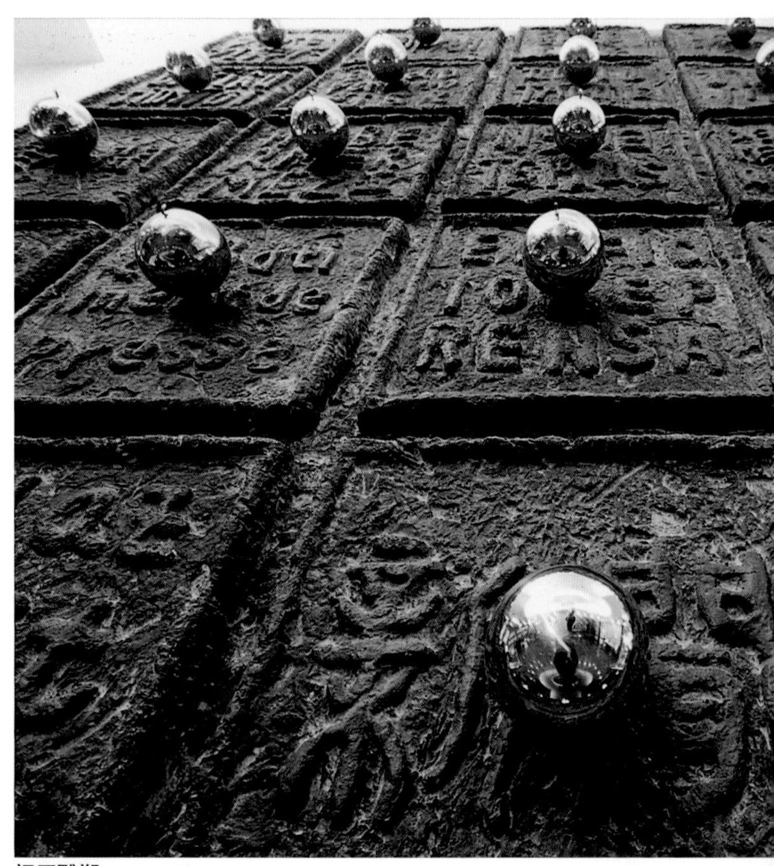
门厅雕塑

大厦办公门厅之一

大厦办公门厅之二

30 深圳市 国际商业广场方案

方案设计	彭其兰　吉增祥　彭东明 文　艺
功　　能	办公、商场、宾馆、公寓
用地面积	17000 平方米
总建筑面积	23.9 万平方米
总　高　度	162.3 米，48 层
设计时间	1993 年 2 月

中标方案

投资者为加拿大温哥华投资集团。投资者将此方案送回美国纽约和加拿大温哥华，请当地的建筑师作评论。他们都说“此建筑如果建在纽约或是温哥华，都将是一流的大厦”。

国际商业广场位于福田保税区北端，三幢高层建筑呈品字形布局，南边两幢为公寓式办公楼，高度都是 48 层，成东西对称式；北边是一中型宾馆，共有 220 间客房。它们由六层高的裙房连成一体，裙房用作大型商业购物娱乐场所。建筑四周保留较宽裕的绿化用地和露天停车场，给居住者和过往客人留下足够的游憩空间。

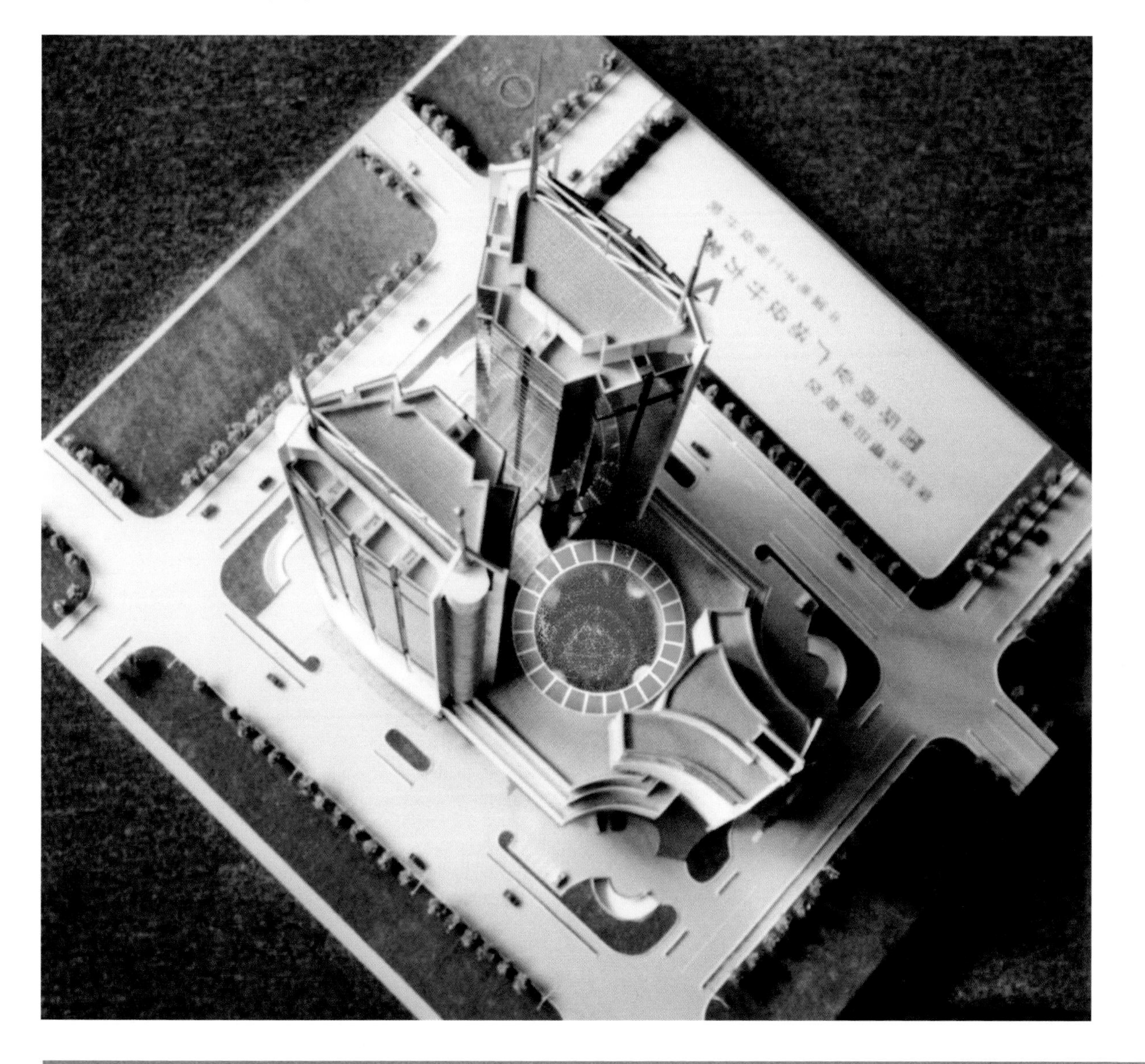

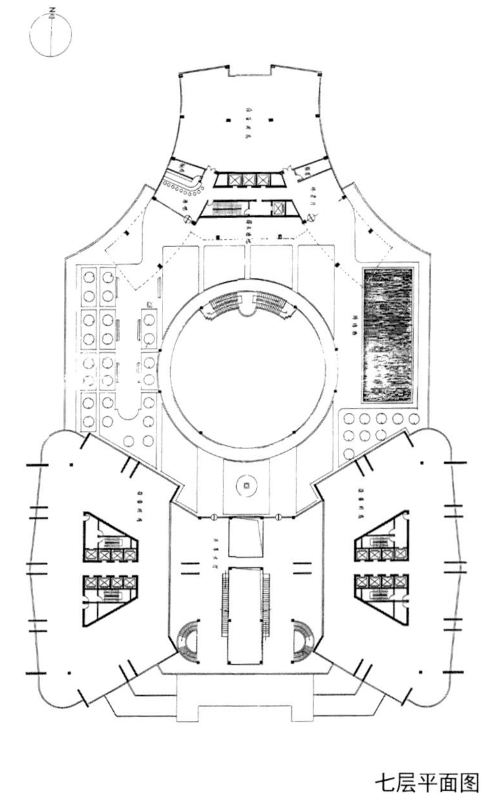

七层平面图

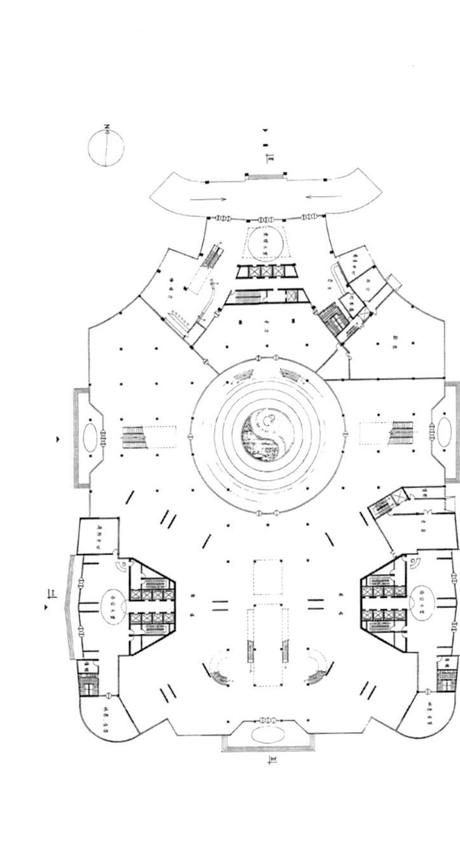

首层平面图

国际商业广场
北向透视图

国际商业广场
南向透视图

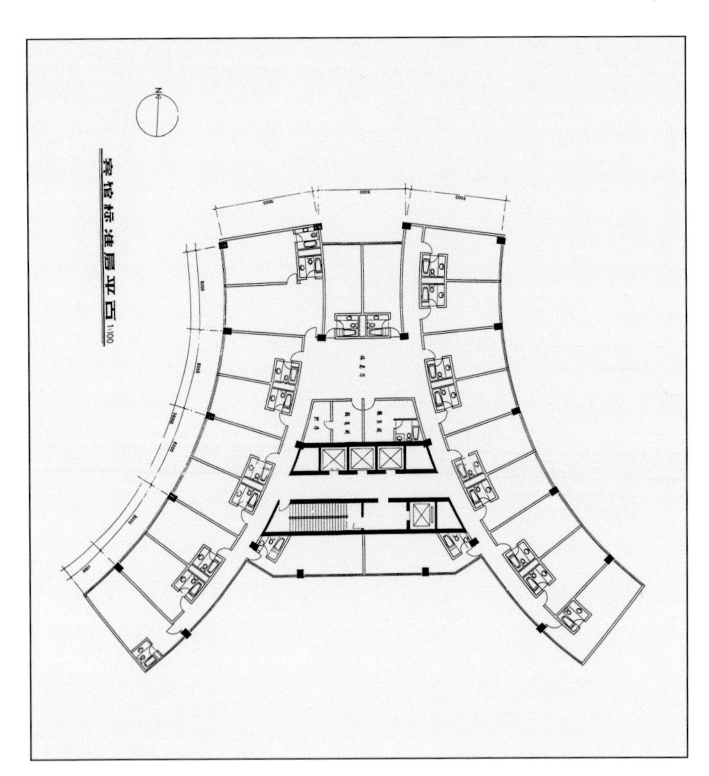

宾馆标准层平面图

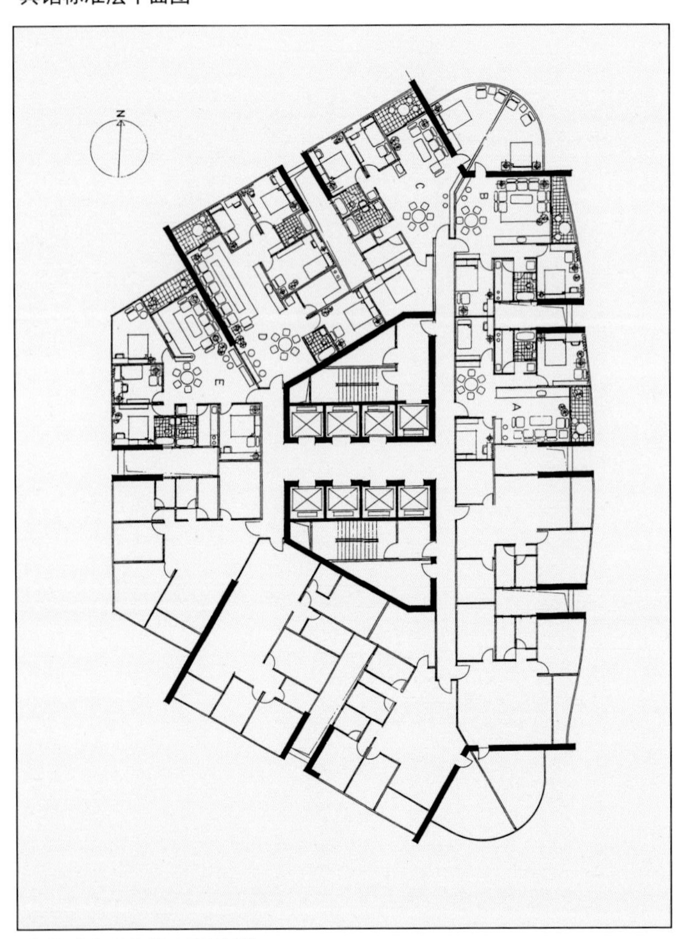

公寓式办公标准层平面图

立面图

裙房效果图

国际商业广场（模型照片）

国际商业广场（模型照片）

31 深圳市福田保税区管理中心大厦方案

方案设计　彭其兰

功　　能　办公、公寓、商业

用地面积　17000 平方米

总建筑面积　20 万平方米

层　　数　54 层

设计时间　1992 年 5 月

方案之一透视图（钢笔画 1992 年）彭其兰绘

方案之二透视图（钢笔画 1992 年）彭其兰绘

32 惠州市 泰富广场方案

方案设计　彭其兰
功　　能　办公、酒店、商业
建筑面积　15 万平方米
设计日期　1993 年

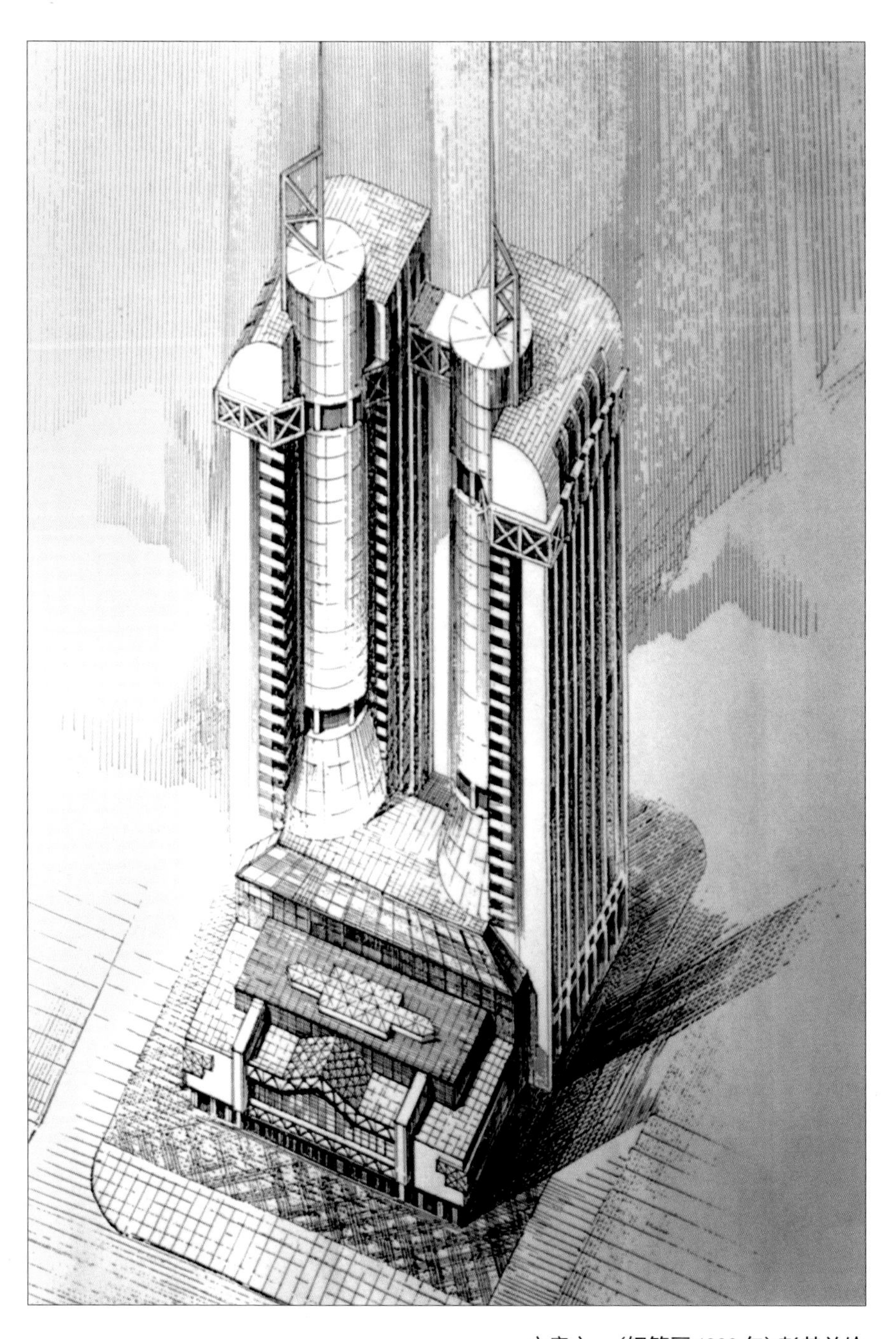

方案之一（钢笔画 1993 年）彭其兰绘

方案之二，裙房部分的不同构思（钢笔、马克笔 1993 年）彭其兰绘

33 成都市 西南国贸大厦方案

方案设计　彭其兰　彭东明
功　　能　办公、商业、酒店
总建筑面积　15.98万平方米
总 高 度　最高38层，145.6米
设计时间　1994年

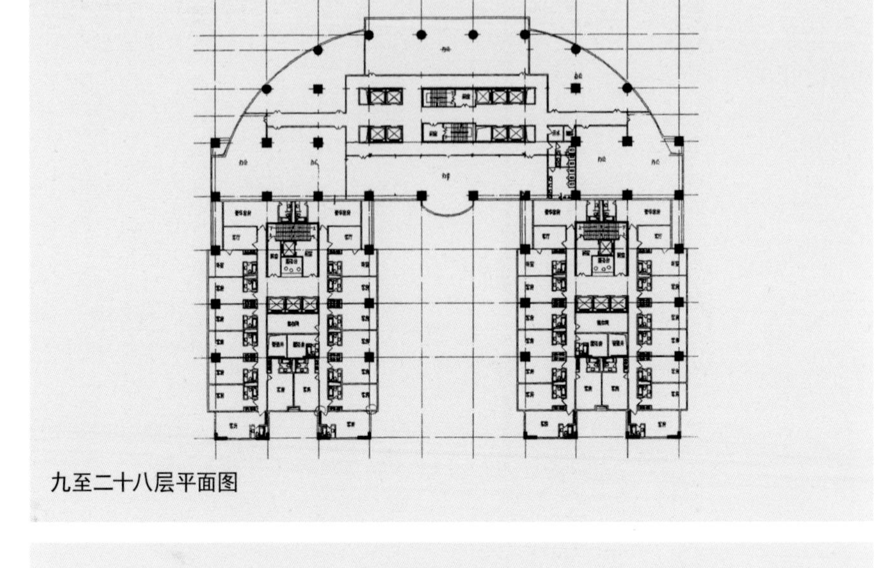
九至二十八层平面图

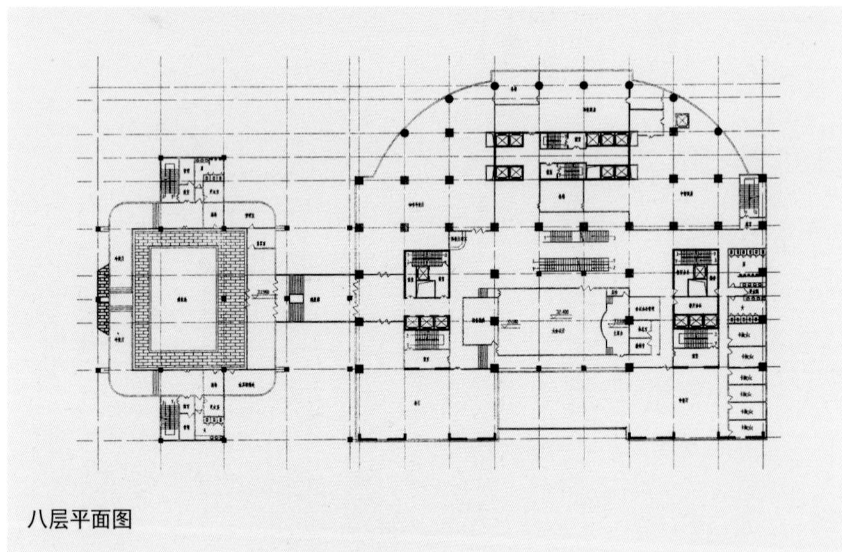
八层平面图

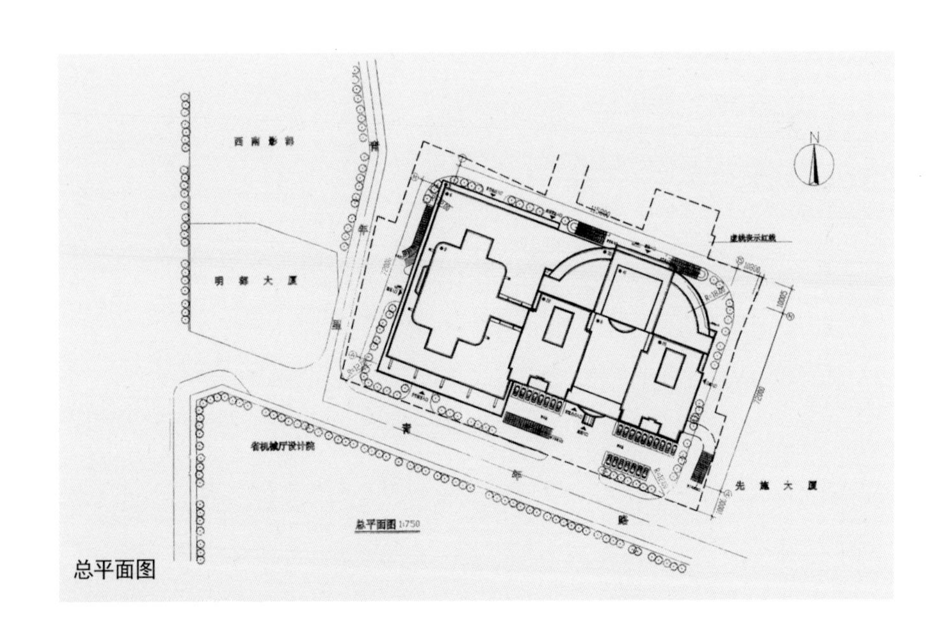
总平面图

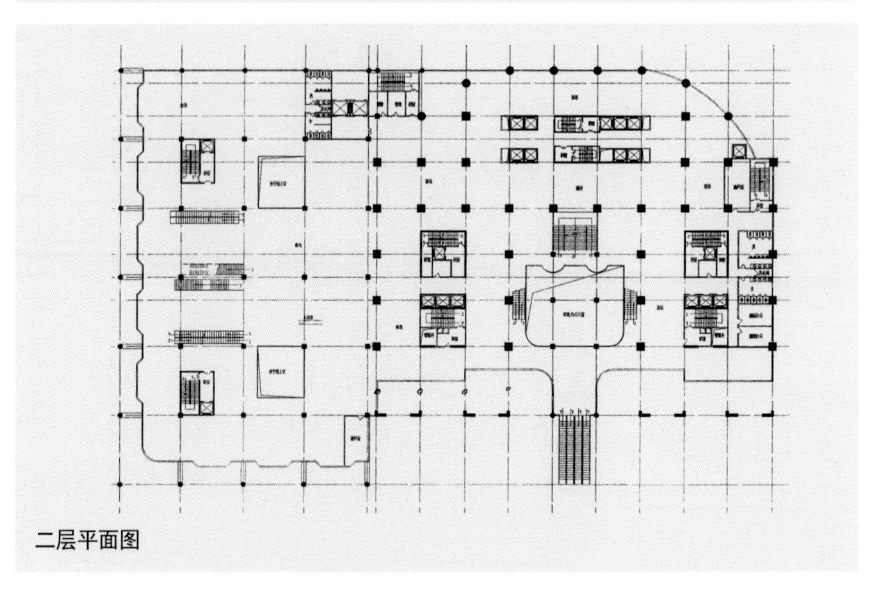
二层平面图

成都市西南国贸大厦最后选用方案鸟瞰图（钢笔、马克笔 1994 年）彭东明 彭其兰绘

南向透视图（水粉 1994 年）王渝绘

北向透视图（水粉 1994 年）王渝绘

34 深圳市 赛格广场方案

方案设计　彭其兰　陈　炜　林伟进

　　　　　邓　凡

功　　能　办公、商场

用地面积　12614 平方米

建筑面积　15.65 万平方米

总 高 度　280 米，68 层

设计日期　1995 年

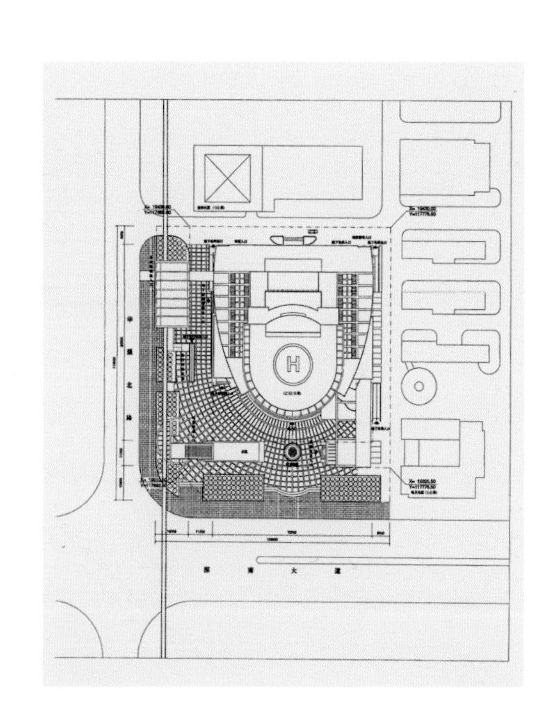

总平面图

赛格广场南向透视图

赛格广场北向透视图

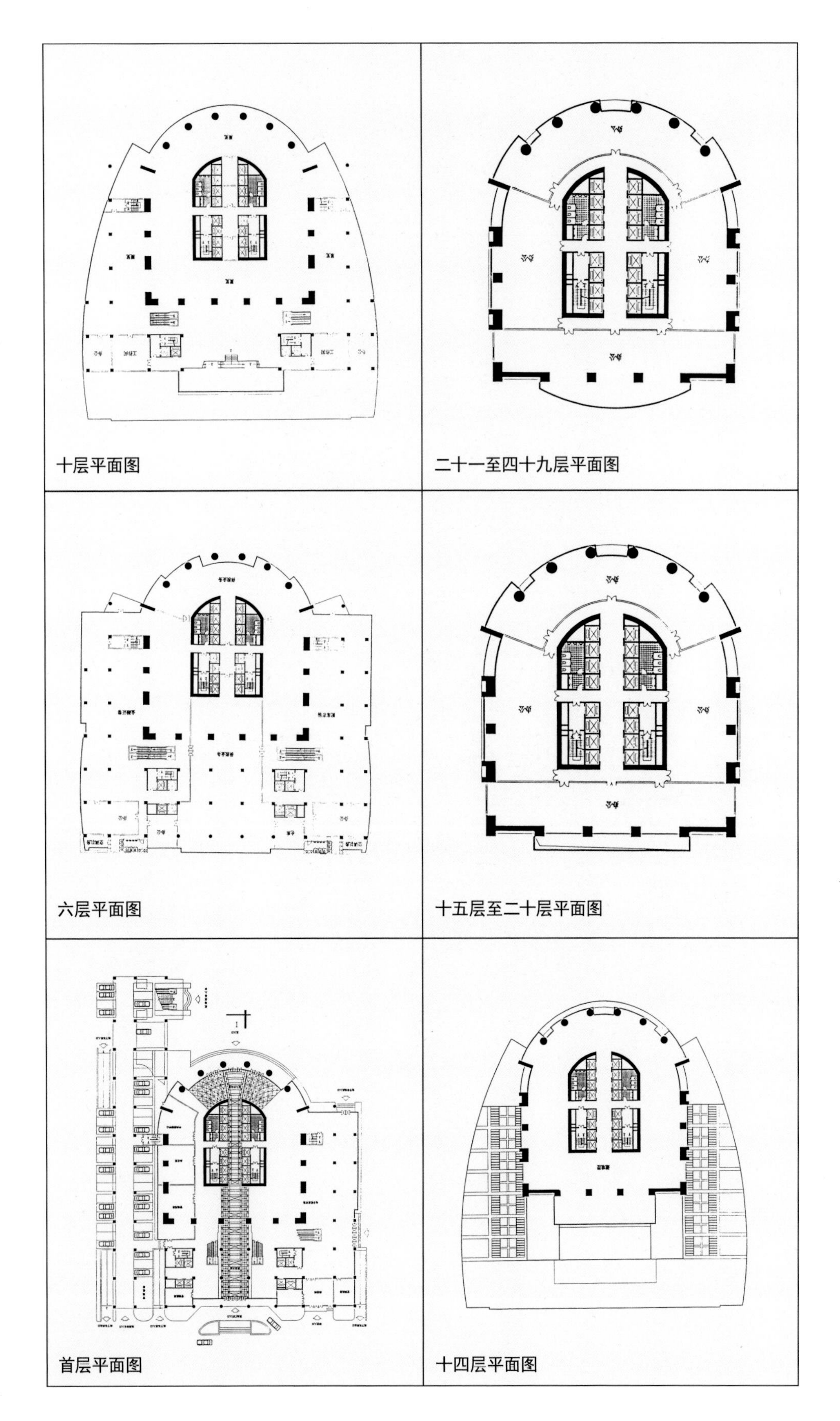

十层平面图　二十一至四十九层平面图

六层平面图　十五层至二十层平面图

首层平面图　十四层平面图

说明：赛格广场位于深南大道与华强北路的交汇处，东侧是电子大厦，北面有宝华大厦，交通便利，是不可多得的黄金地段。大厦高 68 层，280 米，占地 12614 平方米，建筑用地面积 9653 平方米，绿地面积 2961 平方米，总建筑面积 15.6 万平方米，是一座为高科技办公、会议、展览及配套商业服务的大型建筑。大厦地处市区繁华地段，位置显要，而且还是未来城市交通网络的枢纽之一。但是由于电子大厦等高层建筑群的存在及它们之间的相互影响和相互遮挡，使主体的形象设计受到了一定的约束。外部环境设计、交通流线的组织以及主体形象的塑造是本大厦设计的核心问题。

总体布局：

由于所处的特定环境，方案的总体布局采取了独特的处理手法，将主塔楼置于前部，而主要的车行流线在用地后部解决，形成明确的动静分区，实行有效的人车分流，形成一个三维立体的流线模式，与外部的城市流线紧密联系而又互不干扰。

主体设计：

采用方圆结合的设计手法以表现主题。采用传统的方圆体块，并增加具有浓烈现代气息甚至超前意识的斜切、曲面等元素后，新颖的组合为设计方案带来了一个独特而崭新的艺术形象，体现出现代科技的强烈个性。侧立面结合窗户的斜撑构件，以真实的结构表现美学的主题韵律，有助于形成本方案的独特风格。在主体空间的营造上，主入口大堂以一个巨大的半封闭中介空间完成了内外环境的交流与过渡，而在主入口与次入口之间用轴线序列空间与垂直方向空间穿插，丰富了内部空间的变化，同时也强化了主体建筑的内部空间序列。

平面功能布置：

地下四层 ~ 地下一层：设备用房、地下车库、消防水池等

首层：大堂、各种门厅、地面停车、电子配套市场

二至七层：电子配套市场、保税业务、金融证券

八层：餐厅

九层：俱乐部

十至十一层：展览

十二层：会议厅

十三层：设备转换、会议厅上空

十四层：避难

十五至三十一层：高科技开发中心及办公

三十二层：避难、设备

三十三层至四十九层，六十七，六十八层：办公

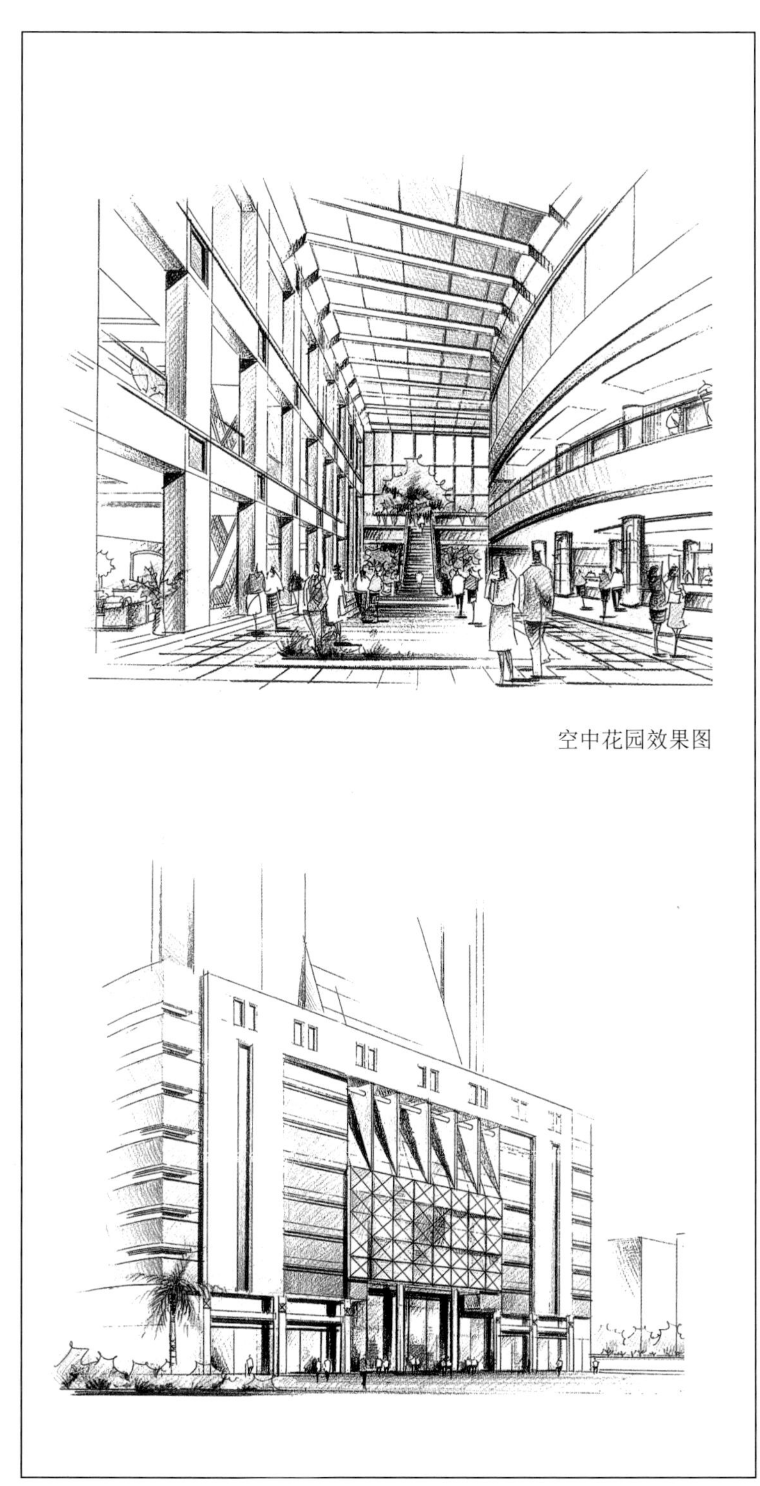

空中花园效果图

北向进口立面图 邓凡绘

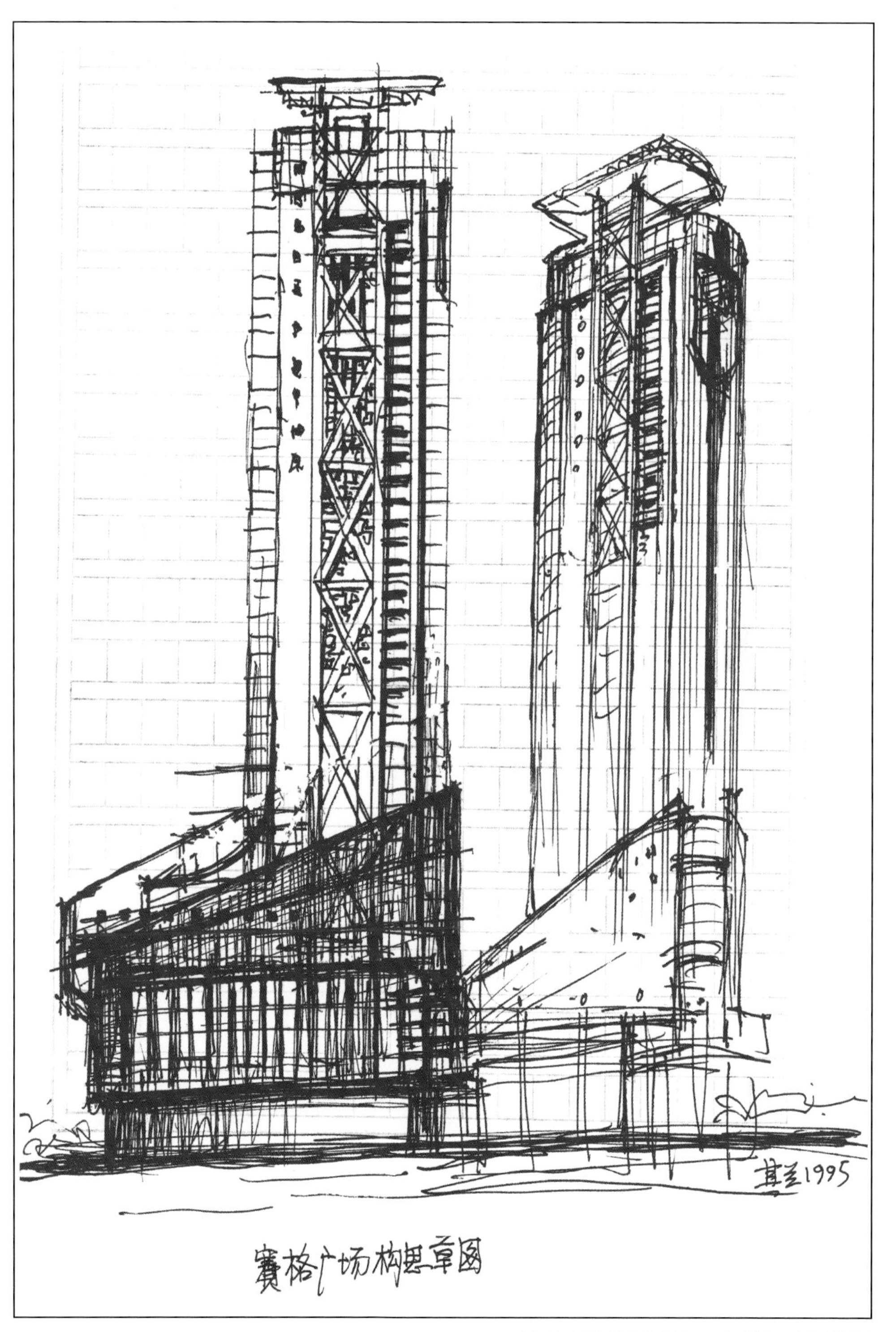

赛格广场构思草图之一（钢笔） 彭其兰绘

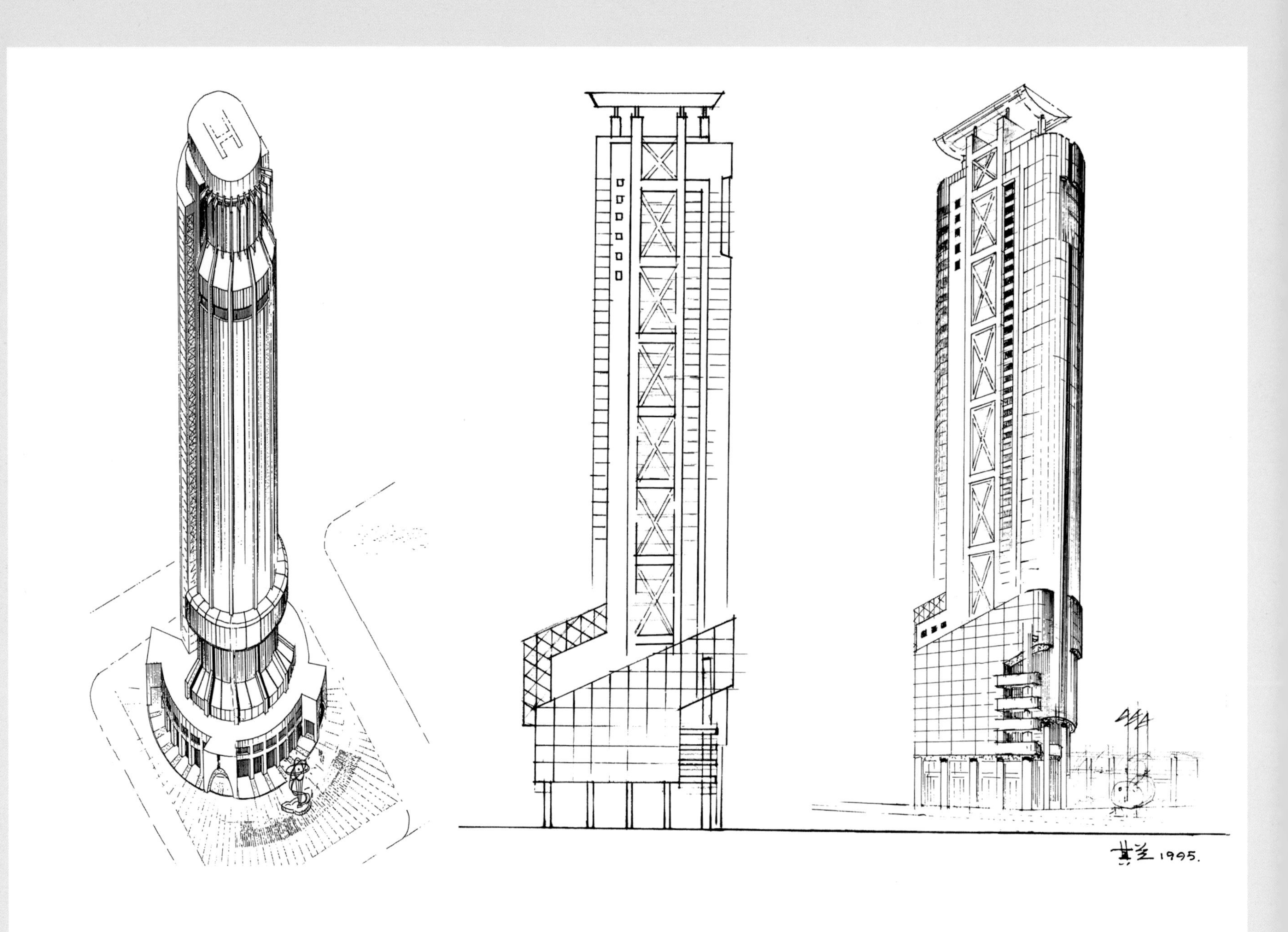

赛格广场构思草图之二

赛格广场构思草图之三（1995 年）彭其兰绘

35 深圳市荔景广场方案

方案设计	彭其兰	建筑面积	14万平方米
功　　能	办公、公寓、酒店、商业	设计时间	1996年

设计方案透视图（钢笔、马克笔 1996年）彭其兰绘

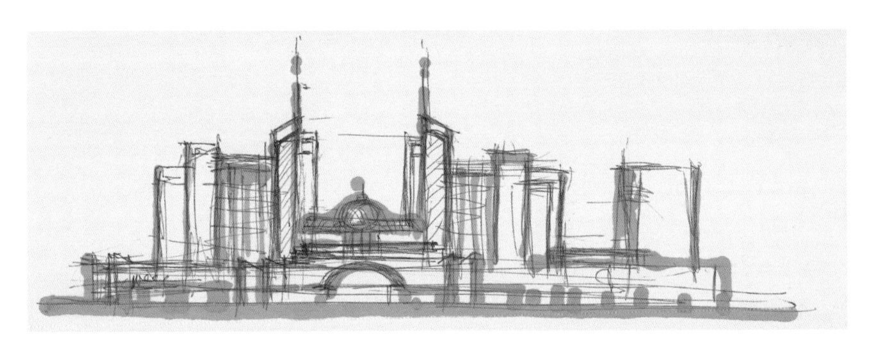

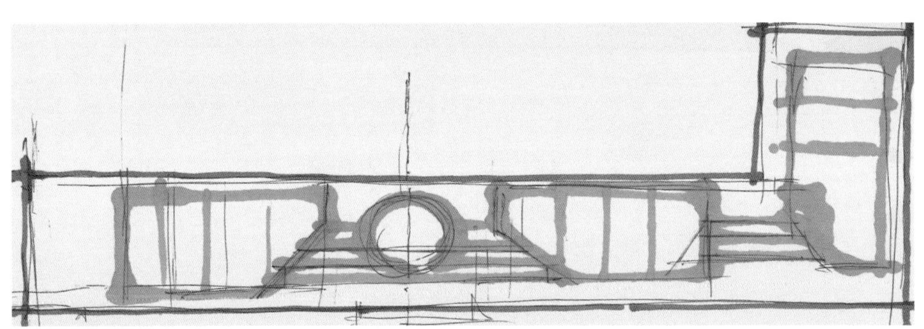

方案构思过程之一

36 深圳市 中国大酒店方案

方案设计　彭其兰　林伟进　黄舸　邓凡
功　　能　五星级酒店
用地面积　5800 平方米
总建筑面积　6.35 万平方米
建筑高度　36 层，136 米
设计时间　1996 年 5 月

中标方案

这是德国西门子公司计划与中国企业共同投资建设的五星级饭店。业主双方都要求建设一座有中国特色的建筑。饭店毗邻深圳世界之窗，是具有鲜明中国民族风格的中国大饭店，在世界之窗的建筑艺术氛围中展示了真实、雄伟的风貌。

基于业主对饭店必须体现民族形式和“王者风范”的要求，设计在充分满足各平面功能的同时，造型与细部手法上借鉴、采用了中国古典传统宫殿式建筑处理手法，平面上采用中轴线布局，左右严格对称。裙房等部分以民族形式的琉璃瓦、垂花额枋、勾栏使正面显得丰富多彩。轴线西端，布置了一组大型台阶，充分体现王者之居的气势。建筑主楼形体依势由西向东，层层叠高，大屋顶交叠错落，将传统文化与现代商业气息交融在一起，洋溢出特有的现代大饭店的风采。酒店大堂设计为 8 层高共享空间，南北两侧落地玻璃幕墙，把深圳湾优美、开阔的海景直接引入室内，人工创造与自然景观融为一体。共享大厅上部的 10 层高空中庭院，是本设计的另一特点，大跨度网架结构的玻璃天棚，为中庭四面客房提供了充足采光面，提高了客房平面使用质量。中庭的绿化和泳池，更为客户提供了一个相对宁静的活动、社交场所。根据业主预期的多种经营方式，客房原则上采用跃式或复式单元设计，每套面积 400 平方米（上、下各 200 平方米），以保证最多户数拥有观海单元。

深圳市中国大酒店创作心得

彭其兰　林伟进

深圳市中国大酒店的特别之处来自于甲方独特的经营、管理思想和饭店所处的地理环境。用甲方的话来说“用五星级酒店来包装一个房地产项目。”这是一个高层次、超豪华、王府级的公寓式酒店。它的主要服务对象是高级官员、外国使节和商人等。

由于它单元面积规模、使用功能和服务对象上的特殊性，给我们的设计带来了如下的要求：

1. 首先从建筑造型上，要体现出民族风格，要有传统特色，要显现王者风范，树立其独一无二的整体形象。

2. 要充分体现其所在环境——旅游景区的优越性，充分利用现有的环境景观因素，提高建筑的景观价值和使用价值。

东眺：世界之窗、民俗文化村、锦绣中华、圆明园、红树林尽收眼底，五光十色、游客如云；

南瞰：一片海滨别墅，诗情画意，800 米外的后海，碧波荡漾，香港元朗隔海相向；

西看：一路之隔的沙河灯光高尔夫球场，绿草如茵，夜如白昼；及远处的深圳大学——花园学府；

北望：名商高尔夫球场，华侨城高层住宅，群山延绵，堆绿叠翠。

得天独厚的地理环境，无疑成就了本项目超越于一般酒店的先天优势。

3. 在单元布置上，要采用灵活多变的设计，以适应经营、管理和市场的需求，随时作出各种灵活的调整和变动。

4. 在单元的总体布局上，尽可能地取得更为良好的景观朝向，使良好朝向的套数尽可能地多。

5. 建筑要体现宏伟的气魄，入口处设立牌坊，并设三层的大台阶，车辆上到入口的平台。

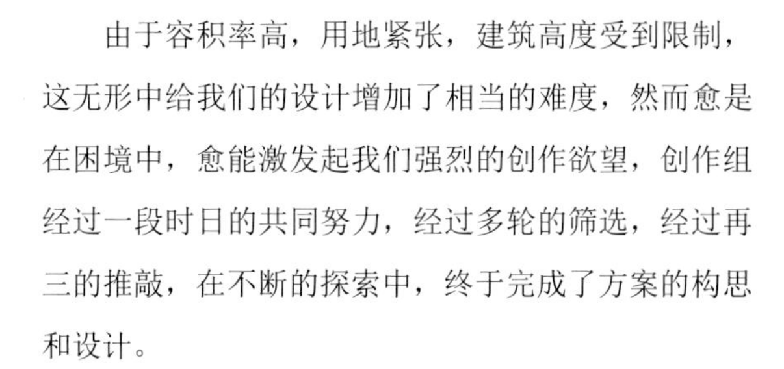

由于容积率高，用地紧张，建筑高度受到限制，这无形中给我们的设计增加了相当的难度，然而愈是在困境中，愈能激发起我们强烈的创作欲望，创作组经过一段时日的共同努力，经过多轮的筛选，经过再三的推敲，在不断的探索中，终于完成了方案的构思和设计。

面对这一新颖、独特而且极具挑战性的课题，我们的设计亦是一次独特的创作历程。这不仅是一次对超豪华五星级酒店的全新概念的阐释，更是对民族风格建筑的一次大胆尝试。

这是一个独特的构思，方案的特点主要包括以下几方面：

1. 出其不意的总体布局

在总体的布置上，我们一反常规，采用了东西向的布局方式。这是根据地形的特点，考虑到环境景观、建筑整体形式、轴线的组织等所作出全面权衡后的决策。因为倘若采用传统的南北坐向，必将使我们的设计陷入难以自拔的困境。方案初期我们曾有南北坐向的尝试，但是：

1) 由于受到用地制约，动态主轴过于浓缩，动线的组织缺乏过渡，难以完成内外空间在序列上的交替转换，以致空间的组织缺乏相对的完整性。

2) 由于用地的纵深有限，难以形成气魄宏伟的中庭空间，而在当今的超豪华的五星级酒店中，中庭往往被视为建筑的核心。而中庭的分量，在酒店内部空间的营造中可谓是举足轻重的。

3) 由于受到地形的约束，体型平板、单一，形体的处理缺少变化，容易落于俗套，并逃不开三段式的处理手法。

4) 由于受到地形的约束，体量形体难以展开，特别是东面的世界之窗等景区和西面的沙河高尔夫球场等环境景观无法摄入。

综合考虑到以上各方因素，我们大胆地采用了具有突破性的东西向总体平面布局，这为设计深入发展开辟了广阔的天地。

2. 独具一格的“大手笔”，全天候景观中庭设计

酒店门厅　王渝绘

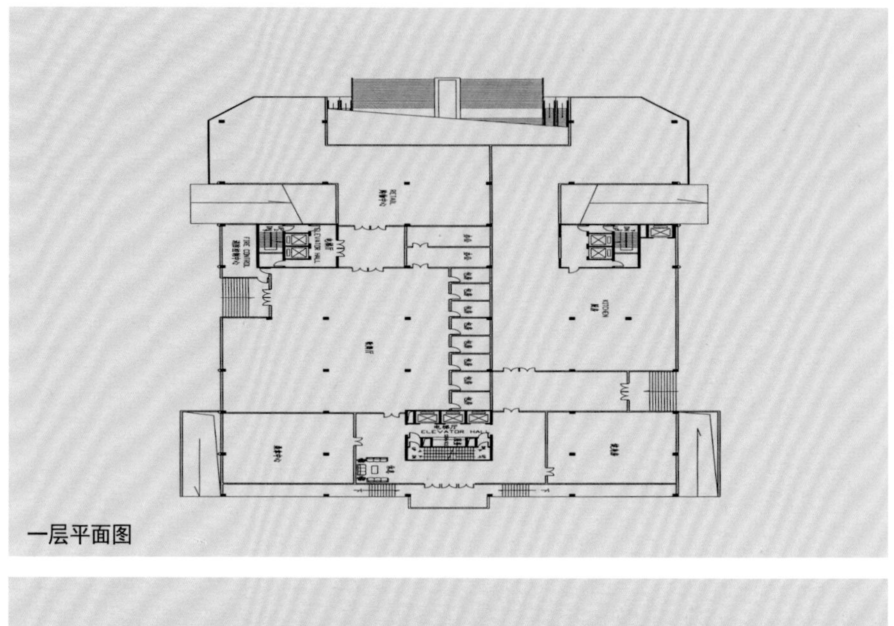

一层平面图

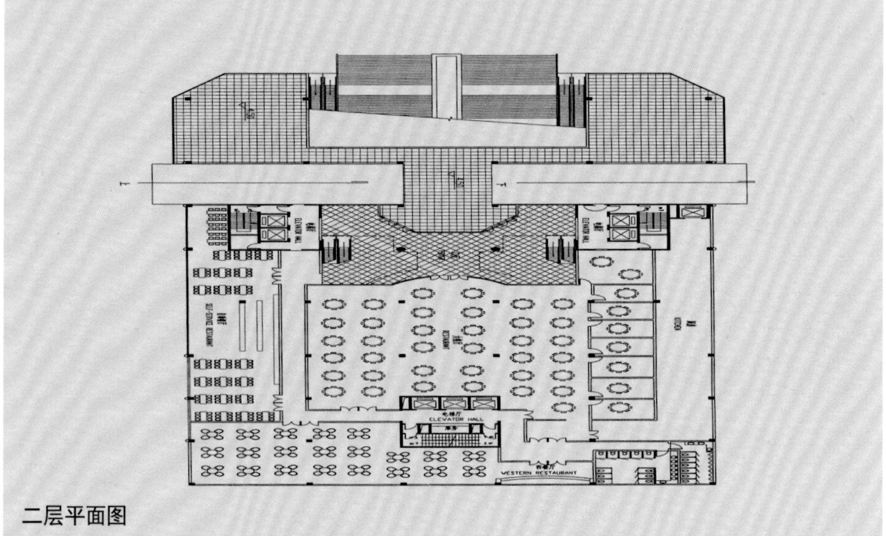

二层平面图

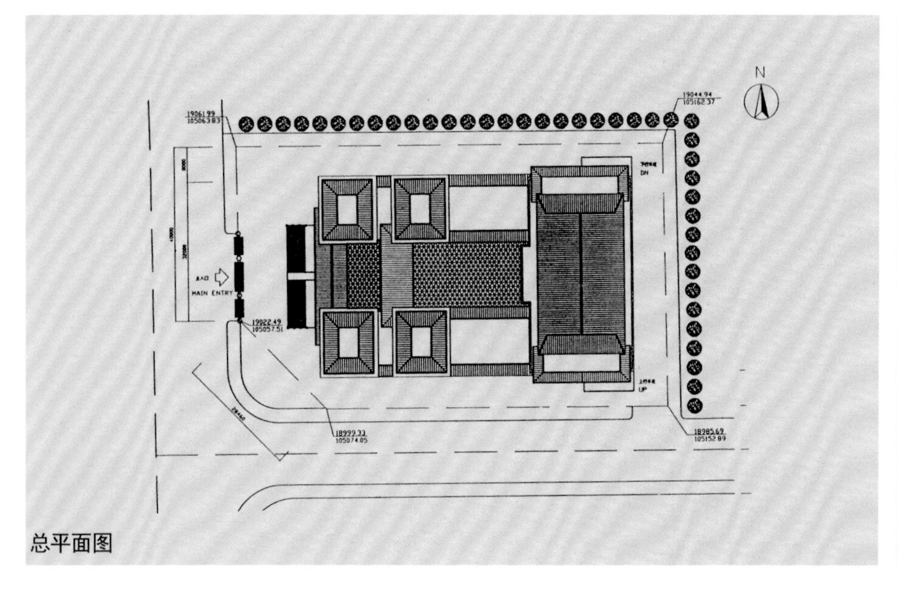

总平面图

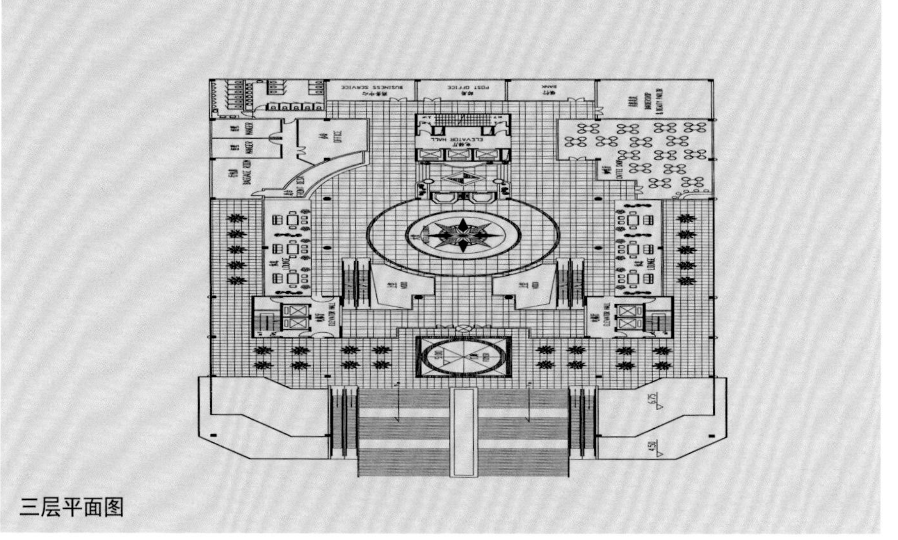

三层平面图

由于东西向总体布局的成功，为中庭的设计创造了极其有利的条件。我们根据地形环境的特点，经过综合的考虑，安排了贯通式的全天候景观中庭。

南北向八层高的透明玻璃，将深圳湾秀丽的景观一一融汇到中庭来，同时配合附近的灯光高尔夫球场，注意到夜间的灯光景观效应，增强了其成为建筑核心主题部分的空间凝聚力，从而提高了整个建筑的景观效应和使用价值。

3. 气势宏伟的轴线设计

在中国古典建筑，特别是宫廷建筑中，空间的连续、转换和变异都是通过轴线来贯穿和组织的，轴线可谓是整个建筑空间序列中的灵魂和核心。

本方案继承宫廷建筑中轴线引导的传统，同时结合现代建筑的特点，采用了双轴线设计。双轴线是指动态主轴和视觉副轴，双轴线的交点落在建筑空间序列的高潮——景观中庭上，从而强化了整个建筑的空间序列，突出了建筑的中心。视觉副轴是由景观因素构成的，而动态主轴则是通过行为动线，利用空间的起（牌楼）、承（台阶）、转（门厅）、合（中庭）来营造空间的气势，增加建筑空间的震撼力。

4. 灵活多变的单元设计

为满足独特的要求，在细部处理和单元空间布局上，我们采用了大空间体系、错位跃层的设计手法，一则可以满足住户所需求的品位；二则可以满足甲方要求，能根据市场和管理的需求进行灵活分隔和变动；三则争取了更多良好的朝向。

5. 本方案的最大特点亦即本方案的主题和核心就

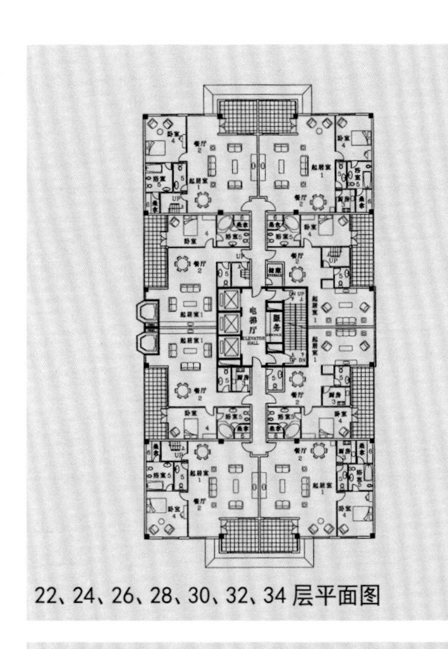

22、24、26、28、30、32、34 层平面图

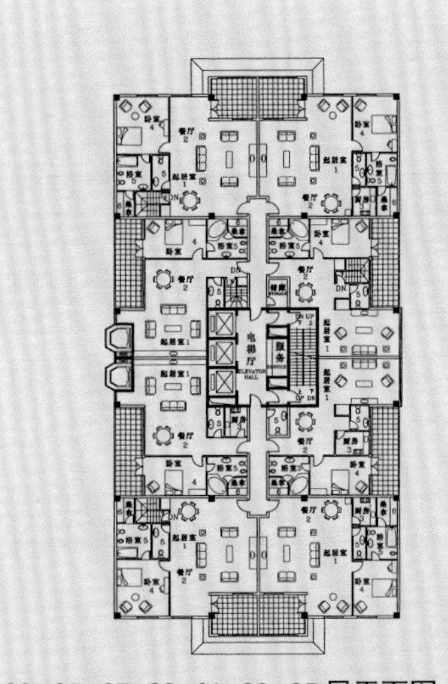

23、25、27、29、31、33、35 层平面图

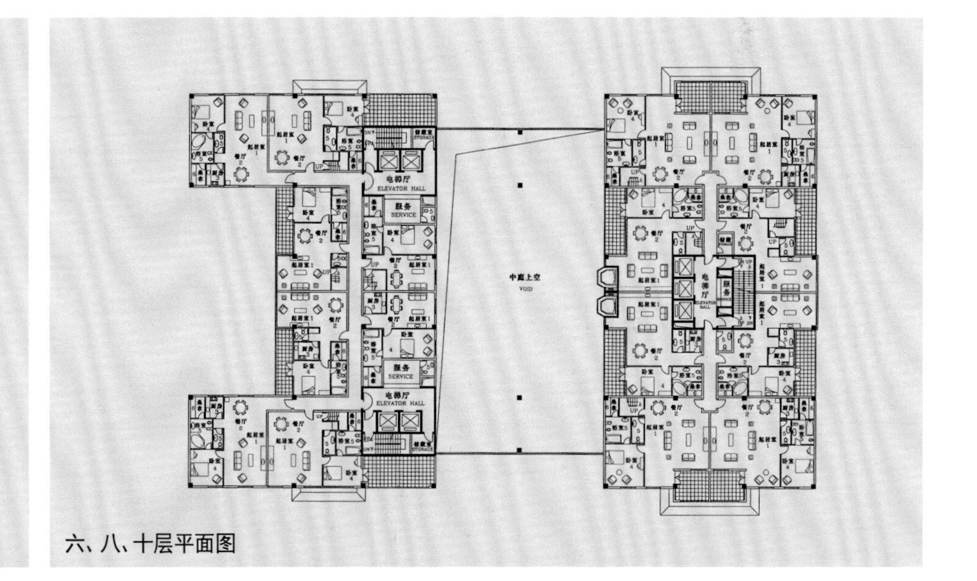

六、八、十层平面图

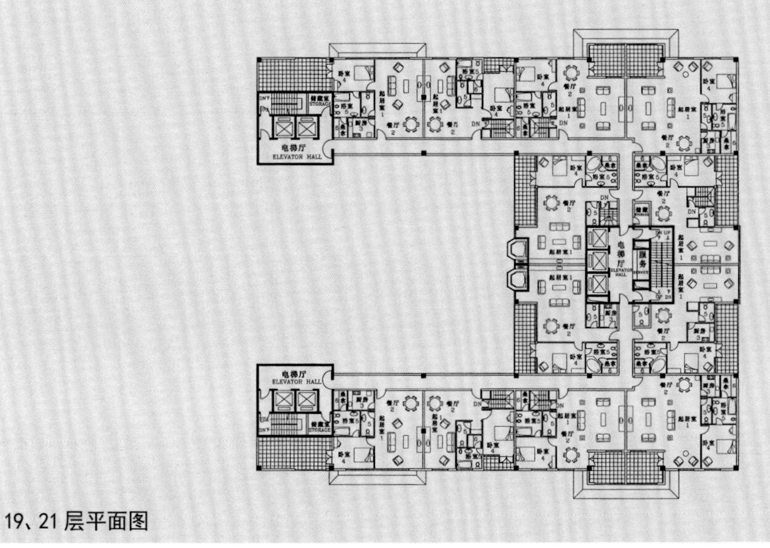

19、21 层平面图

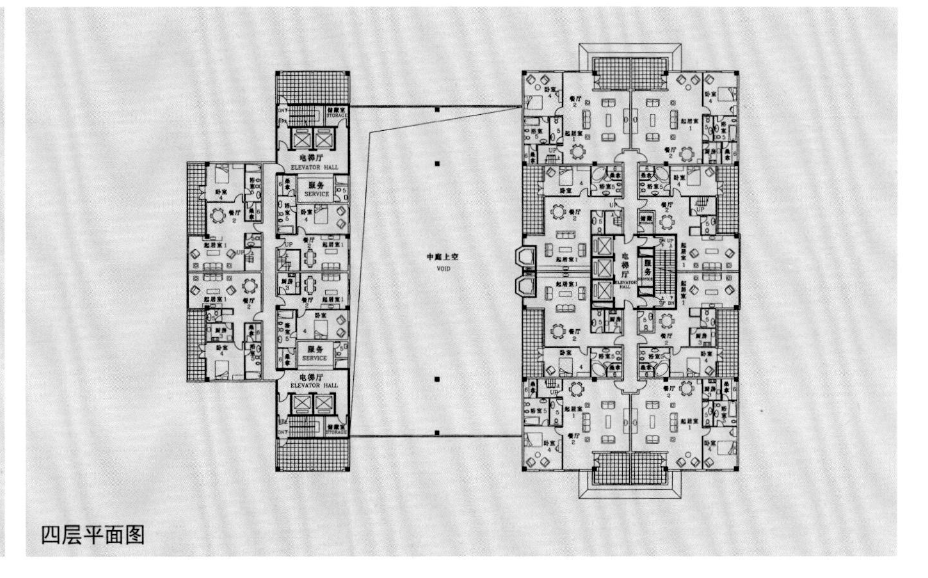

四层平面图

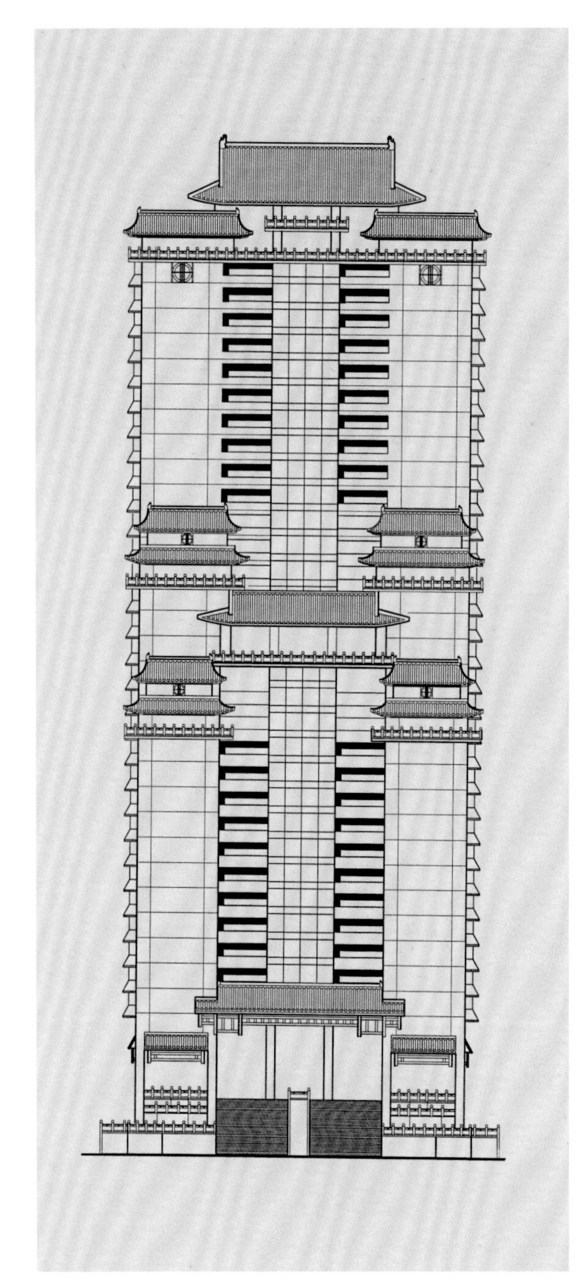

正立面图

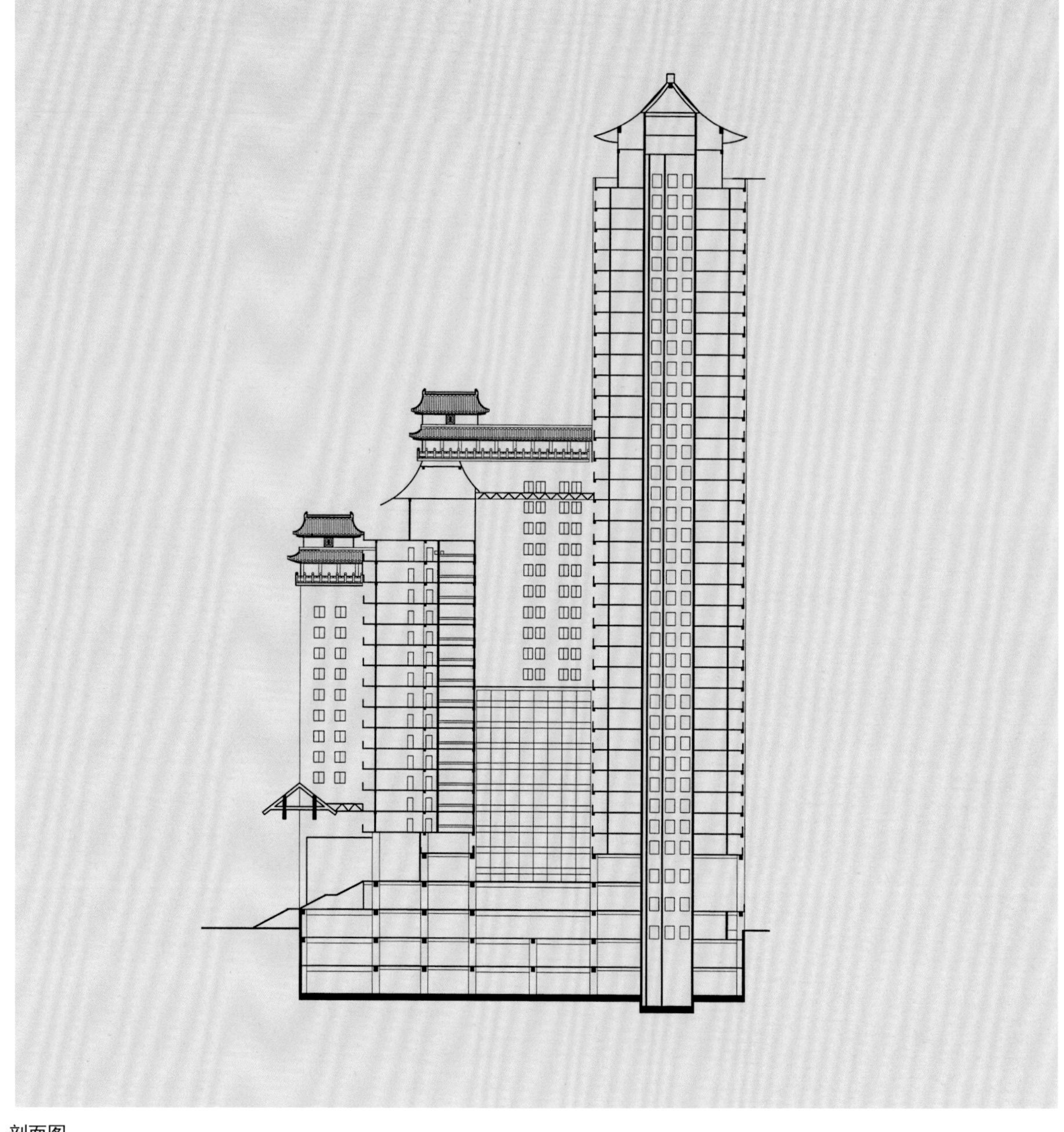

剖面图

是在民族风格的建筑形式上，进行了大胆的创新和尝试。这是一次对民族风格建筑，特别是民族风格在高层建筑形式领域的一次全新的探讨。这并不意味着只是对一些简单的建筑符号的变更或运用，而是创造性地将宫廷建筑中的群体概念，首次运用到高层建筑的形式处理上来，完全打破了以往三段式（穿西装戴瓜皮帽）的处理手法，取得了突破性的进展。在宫廷建筑中，以北京故宫为例：从金水桥到午门，从太和殿到乾清宫，从御花园到景山亭，正是运用了群体的高低起伏，进退有序、呼应相生，从而形成了极具震撼力的皇权象征。我们正是受到这一启示，从轴线入手，将群体建筑的空间序列进行超时空浓缩，进而通过同步映射，运用到形体塑造上来，最终形成了错落有致、层叠呼应、气势宏伟的总体形象。

由于受到时间的约束，我们还未能进行更深层次的探索，但我们期望我们的努力能起到抛砖引玉的作用，为未来高层建筑的民族化寻求新的定位点。

大酒店的设计虽然告一段落，但我们的创作之路还很长很长。“路漫漫其修远兮，吾将上下而求索。”

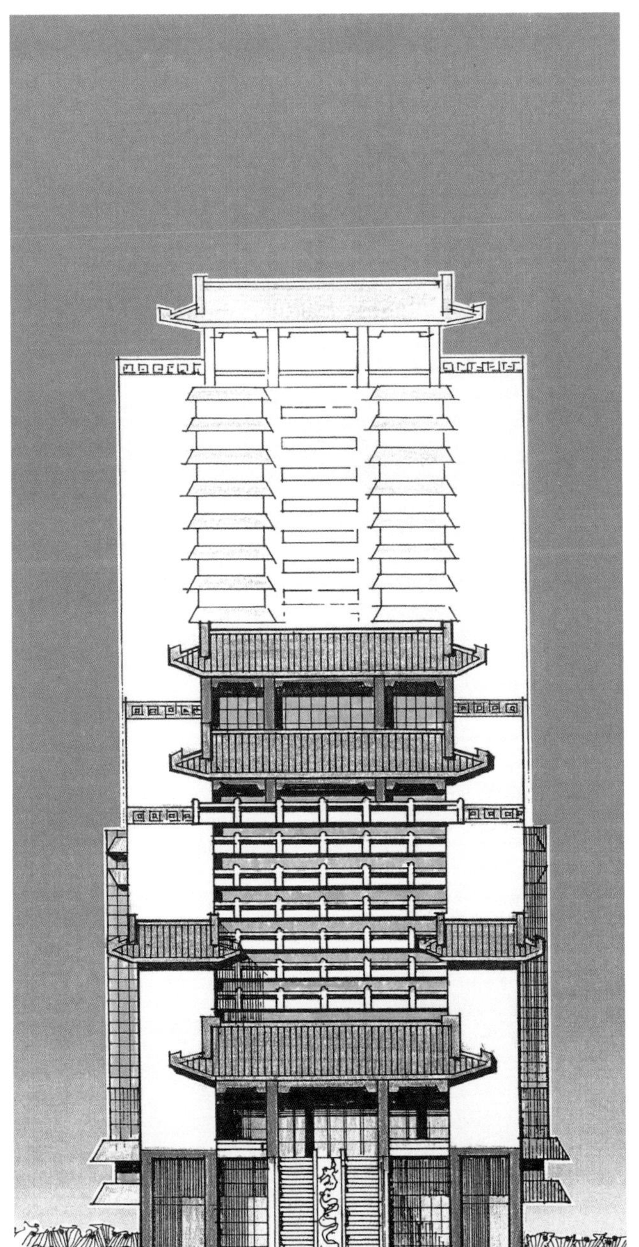

第二造型方案之正立面及侧面图（钢笔、马克笔 1996 年） 彭其兰绘

深圳市中国大酒店方案三

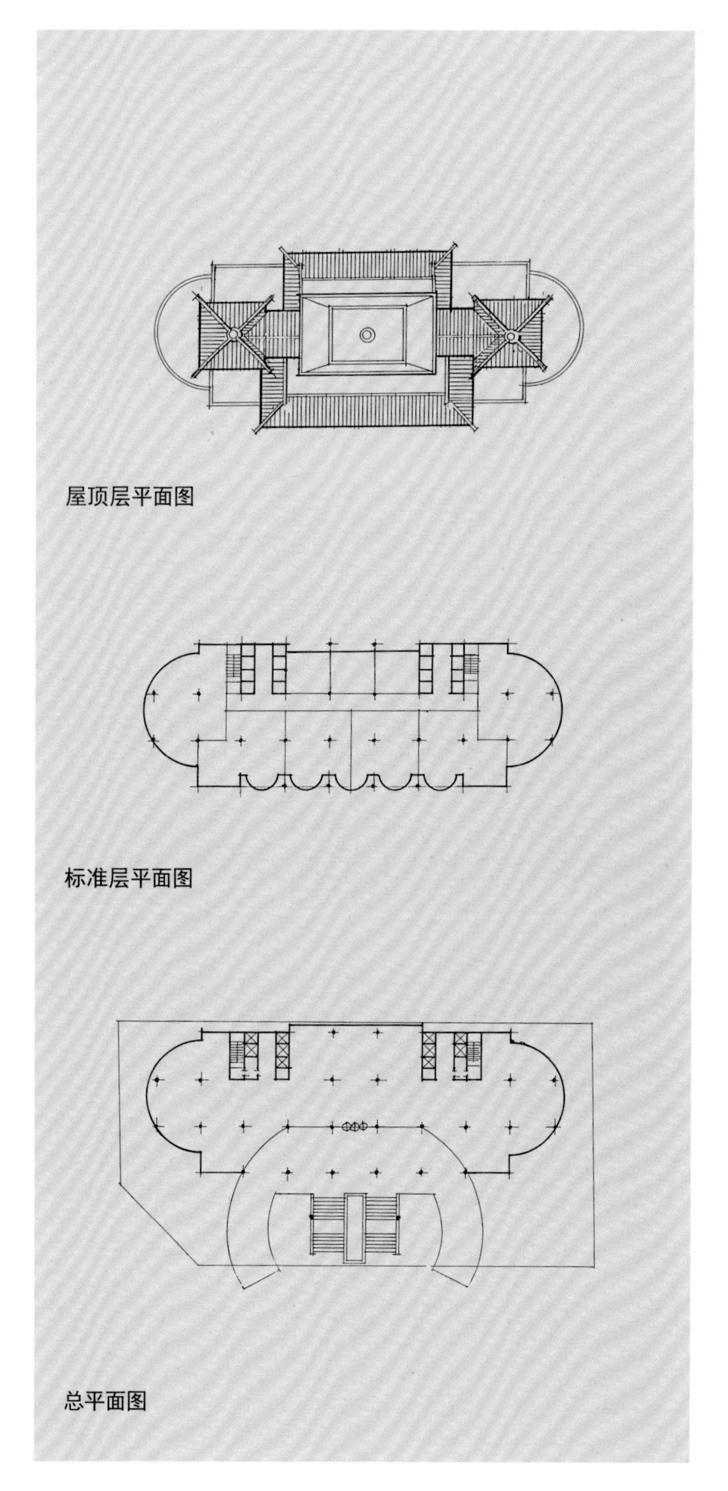

屋顶层平面图

标准层平面图

总平面图

立面效果图（钢笔、马克笔 1996 年）彭其兰绘

37 深圳市南城购物广场

方案设计	彭其兰　何　云　王任中	用地面积	21215.8平方米
建施设计	彭其兰　欧阳军　何　云	总建筑面积	3.20万平方米（含地下商场）
总设计师	彭其兰　欧阳军	设计日期	1996年10月，在建
功　　能	园林式购物广场		

中选方案（模型照片）

中选实施方案

南山购物广场位于深圳市南山区中心地带。该项目曾由新加坡的一个设计与规划顾问公司提供了设计方案，最终选定我院设计的方案并付诸实施。南山购物中心建设用地位于南山区由荔园路南新街、金鸡路、常兴路围合而成的地段。北邻区政府办公楼，向东面对区图书馆。购物广场因其商业性的要求而布置于沿主要道路南新街临街一侧，使沿街中断的商业序列得以延续。

露天剧场是一个很特别的场所，它在整个设计中担当着重要的角色，是总图中各种功能聚集、转换的枢纽，在设计中我们考虑把它与商场贴邻布置并适当切入商场部分，这样它就可以在多个层面上与商场空间相沟通，并且将雕塑公园和商场屋顶绿化花园紧密联系起来。这样，整个购物广场即成为融购物、娱乐为一体的休闲场所，其品位质素和在城市商业中的地位都得到了提升。地块东端是以大片绿化为主的雕塑公园，园内将设多个精心设计的小品和雕塑，其中所蕴含的文化气息恰好成为购物广场和图书馆这一文化建筑之间自然的衔接过渡。

雕塑公园占地18000平方米，广州美术学院雕塑系的教授们为它创作了5个作品。公园中设音乐喷泉、露天剧场，整个公园环境具有浓厚的岭南风格。

交通以商场为中心进行组织，人车分流，机动车辆入口分别布置于基地北、南两侧，自行车在商场南侧和公园东侧各有出入口，主要购物人流从西侧商场主入口进入，货物出入口位于基地北侧。由于周定的环境因素，方案在设计时平面与立面都采用直线与弧线相结合的方式来表达主题，借鉴传统商业建筑的设计手法，运用现代的技术和材料，塑造出一个独特的建筑形象。中选方案（模型照片）“方”是物质的、理性的，是社会的硬件，“圆”是精神的、感性的，是社会的软件，“圆”与“方”的结合喻示着提供大众精神享受的市公共绿地和讲求

经济效益的城市购物中心之间的平衡与聚焦，同时亦喻示着图书馆、雕塑公园、商场之间的文化与商业的共生。

在商场造型及立面处理中,主要采用了对称的手法,类似古典五段式的组合,大面积的弧形玻璃和一根根立柱具有丰富的韵律感和细部特色，是对南方城市传统商业街中“骑楼”空间的发挥和再创造。凹凸借鉴传统商业建筑的设计手法，运用现代的技术和材料，塑造出一个

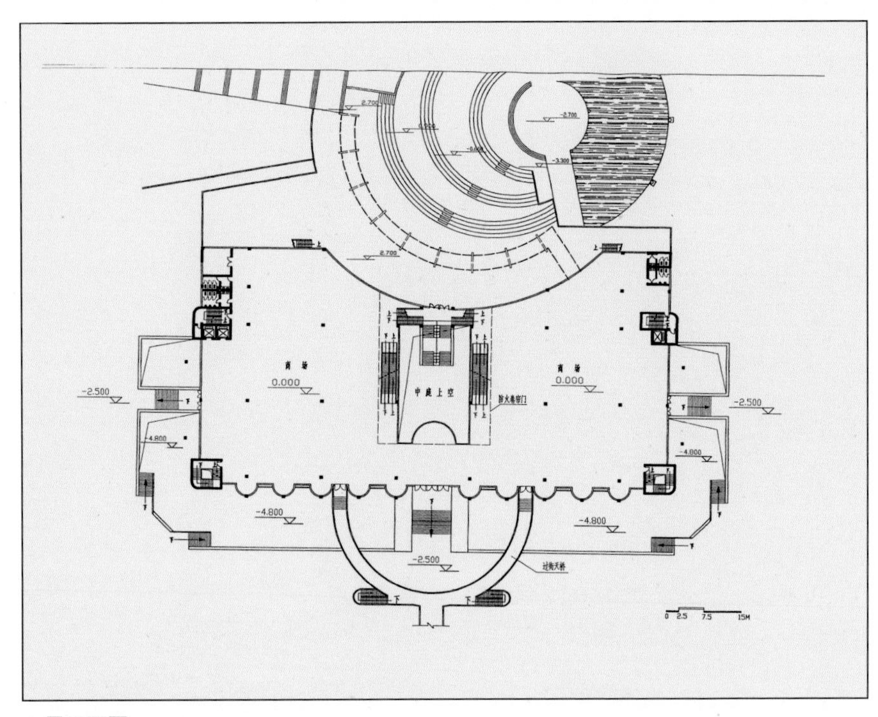

一层平面图

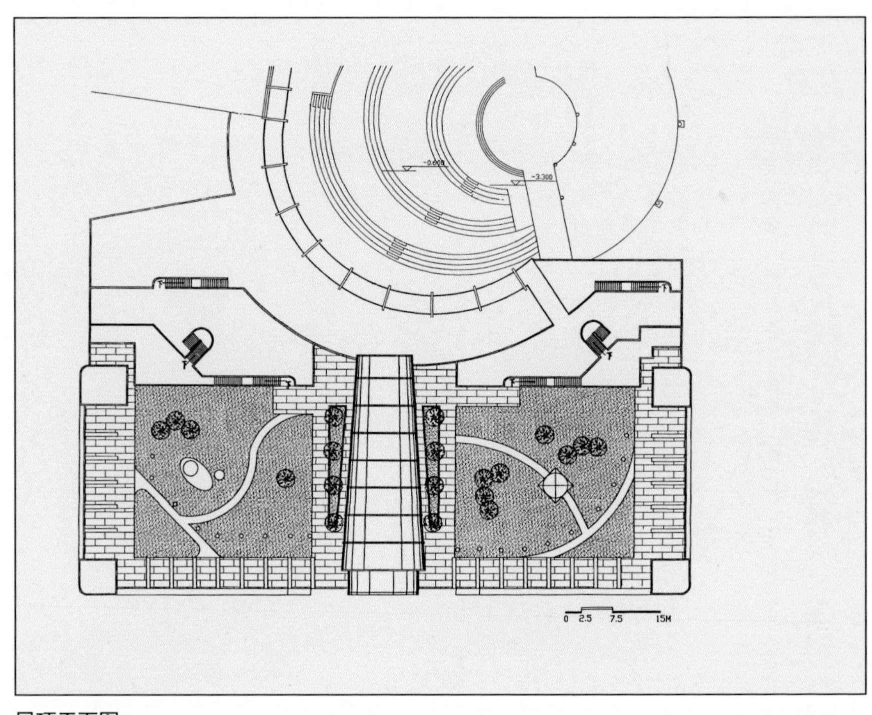

层顶平面图

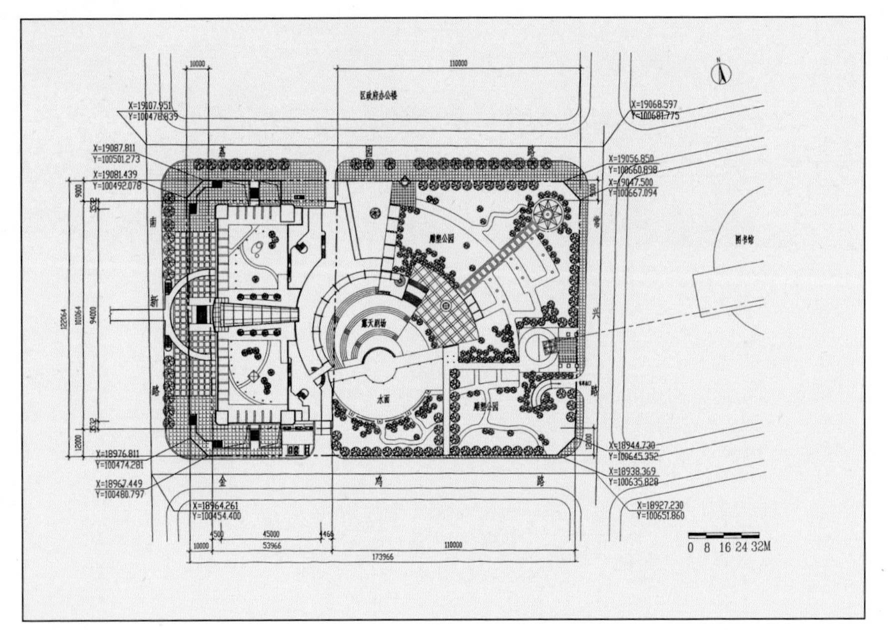

总平面图

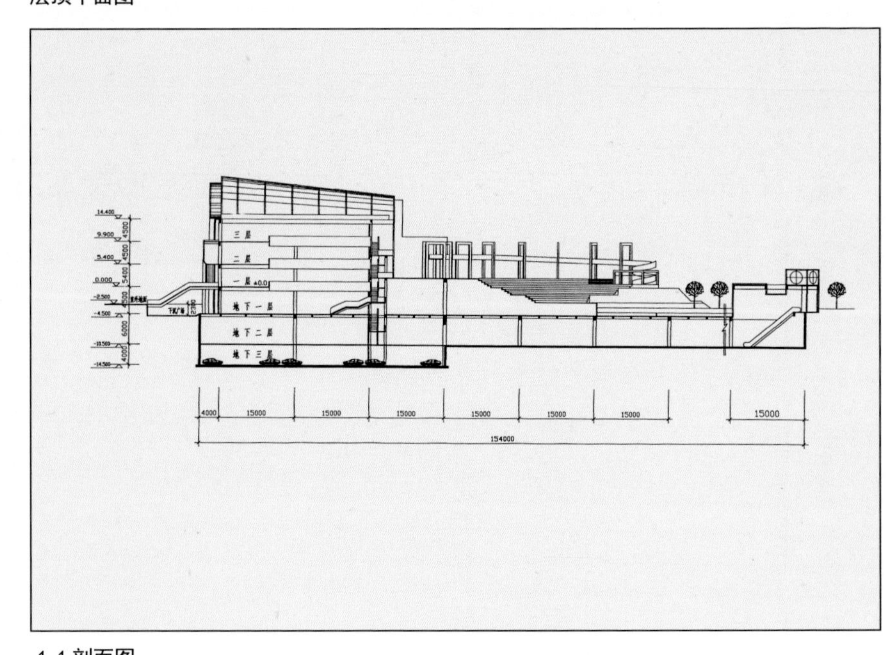

1-1剖面图

独特的建筑形象。中选方案（模型照片）“方”是物质的、理性的，是社会的硬件，“圆”是精神的、感性的，是社会的软件，“圆”与“方”的结合喻示着提供大众精神享受的市公共绿地和讲求经济效益的城市购物中心之间的平衡与聚焦，同时亦喻示着图书馆、雕塑公园、商场之间的文化与商业的共生。

在商场造型及立面处理中，主要采用了对称的手法，类似古典五段式的组合，大面积的弧形玻璃和一根根立柱具有丰富的韵律感和细部特色，是对南方城市传统商业街中“骑楼”空间的发挥和再创造。凹凸的墙面变化赋予建筑美感和雕塑感。

建筑的北立面面对雕塑公园，考虑到总体的自然衔接过渡，逐层退台收分，天面均处理成屋顶花园，与公园浑然一体。

商场内部运用中庭来营造浓厚的商业气氛，顶部的大面积玻璃和空间网架所带来的效果与露天剧场性格非常吻合。

目前，雕塑公园已形成，商场建筑正在建设中。

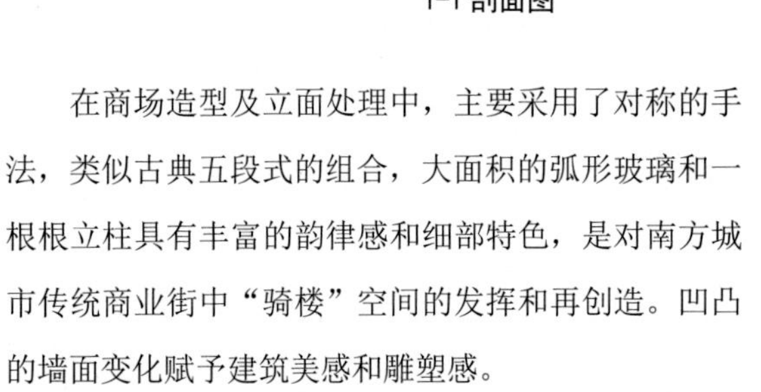

实施方案购物广场鸟瞰图

方案构思草图

构思方案之一

构思方案之二

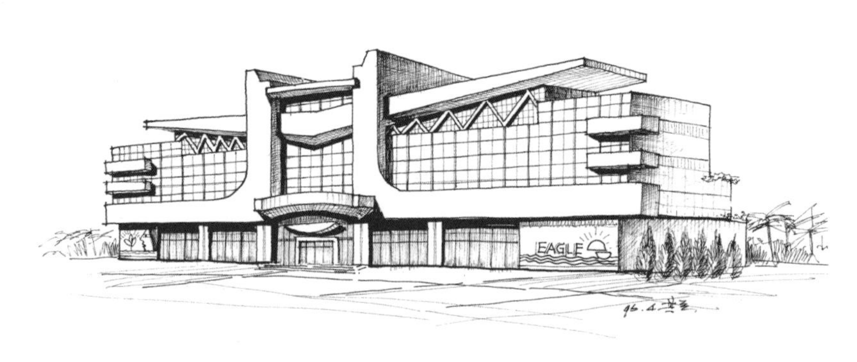

构思方案之三

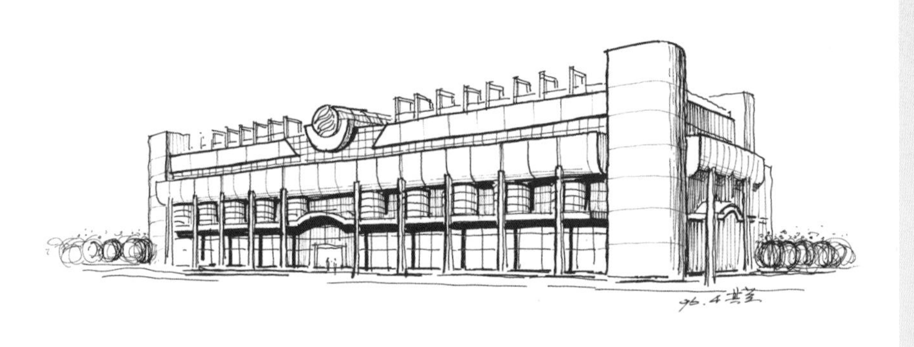

构思方案之四

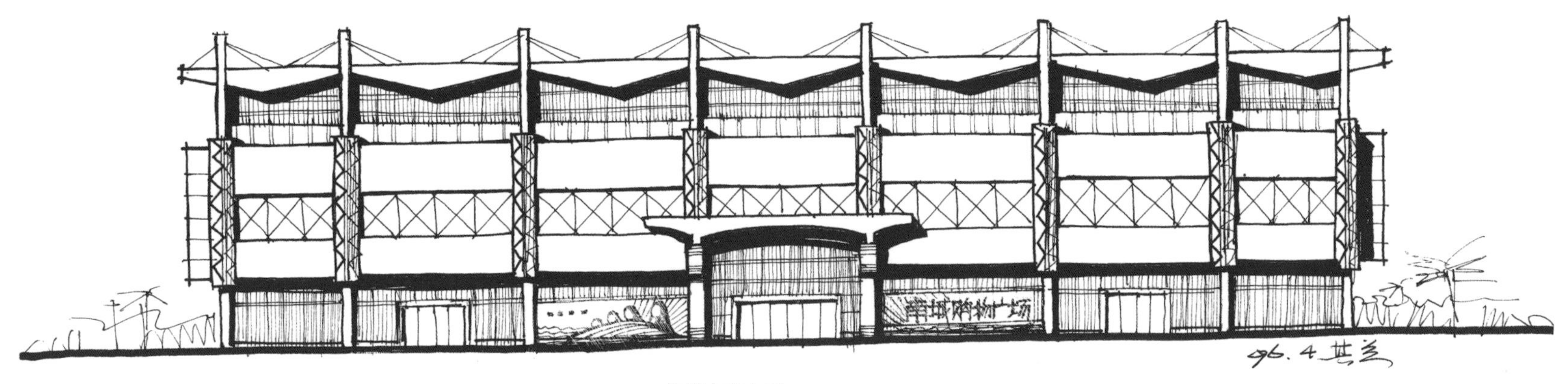

构思方案之五

（钢笔画 1996 年）彭其兰绘

最终实施方案透视图

中选方案：购物广场模型鸟瞰图

公园大门

公园一角

音乐喷泉

公园绿地

南城购物公园雕塑作品作者

左上：广州美术学院黎明教授

左下：广州美术学院刘保忠教授

右上：广州美术学院陆明、陈洪辉教授

中下：广州美术学院梁明诚教授

右下：广州美术学院韦振中教授

38 深圳市南山区国际文化交流中心方案

方案设计	彭其兰　王任中　林伟进 邓　凡　西　楠
功　　能	国际文化交流、文化艺术商场
用地面积	5397 平方米
建筑占地面积	1620 平方米
总建筑面积	21060 平方米
总　高　度	70 米，15 层
设计日期	1997 年 6 月

中标方案

深圳市南山区国际文化交流中心，位于深圳南山区中心荔园路与南光路交叉口的西北角。目前沿荔园路一带已有图书馆、文体中心、电影博物馆等一系列文化建筑，本中心将是这一系列文化建筑物的延续。

为体现建筑形象的文化特征，在总体布局中，于建筑物的南面安排了文化广场——通过规则几何图形和不规则曲线的结合，体现文化交流的寓意，体现对市民的关怀并欢迎市民的参与。

主体建筑通过内部功能的有机组合，最后形成互相扣合的两个体块，这一形象喻示着人们最平凡、最普遍也是最充满情谊的握手，喻示着友谊和文化交流的愿望和主题。

首层为开放式空间，与室外环境融为一体。建筑内部环境强调"生态设计"，引入自然，减弱使用者与大地的隔离感，从每一层都可见到绿化，在屋顶布置了空中花园。日间，这个屋顶花园是人们享受阳光的光庭；夜间，它是一个都市发光体，成为都市夜幕中又一个吸引人的新景点。

深圳市南山区国际文化交流中心鸟瞰图

方案构思草图

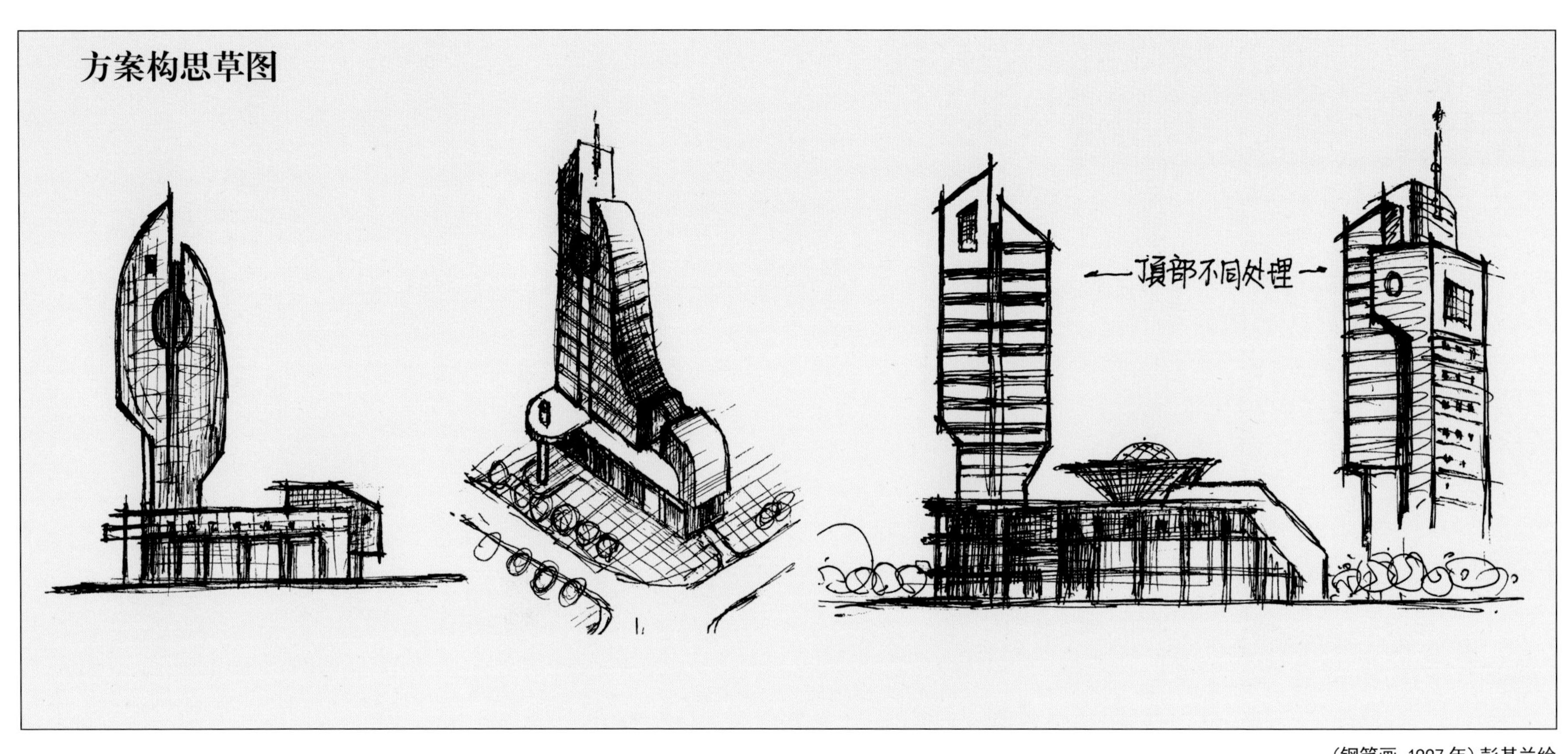

（钢笔画 1997 年）彭其兰绘

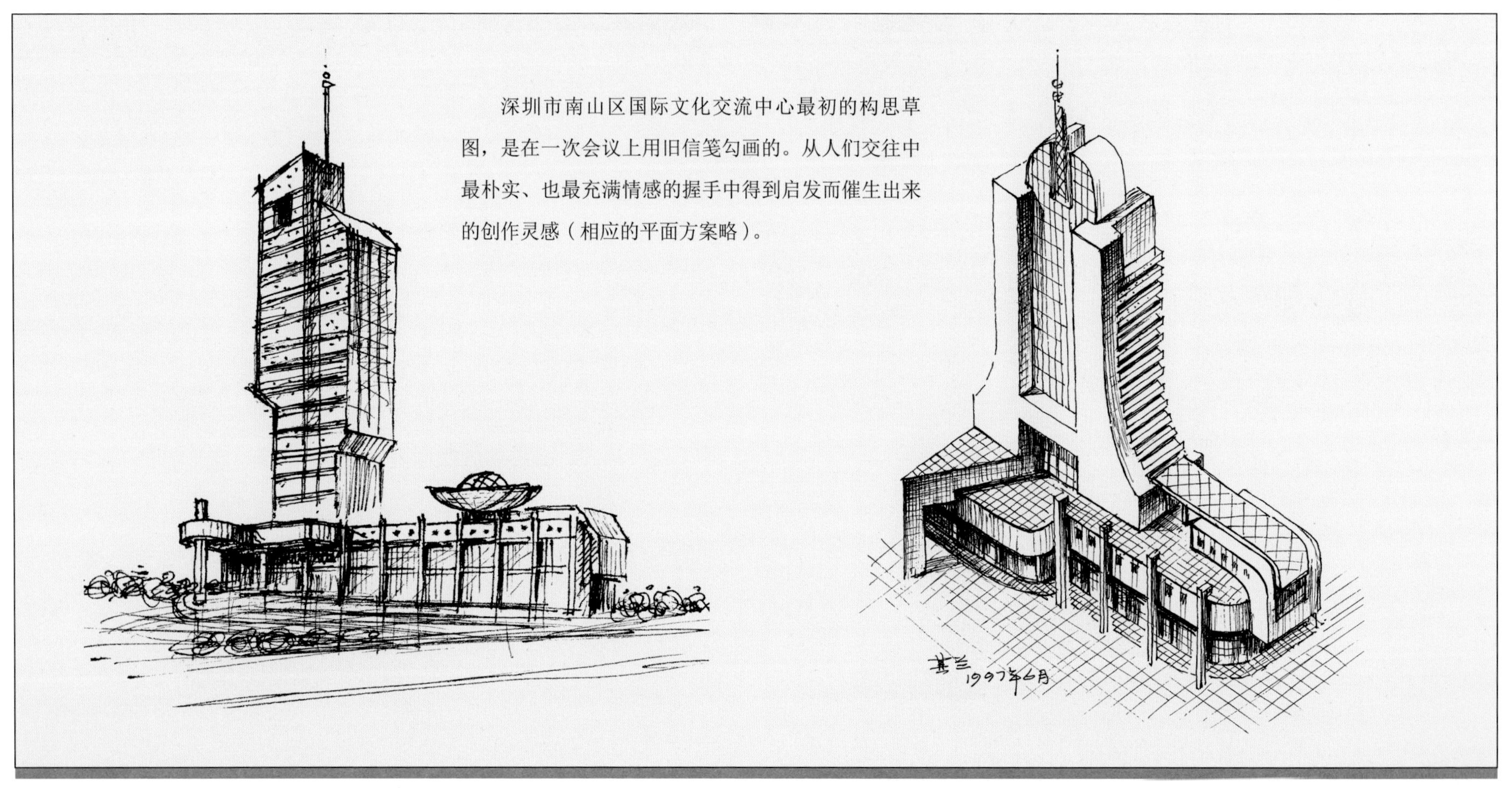

深圳市南山区国际文化交流中心最初的构思草图，是在一次会议上用旧信笺勾画的。从人们交往中最朴实、也最充满情感的握手中得到启发而催生出来的创作灵感（相应的平面方案略）。

深圳市南山区国际文化交流中心透视图

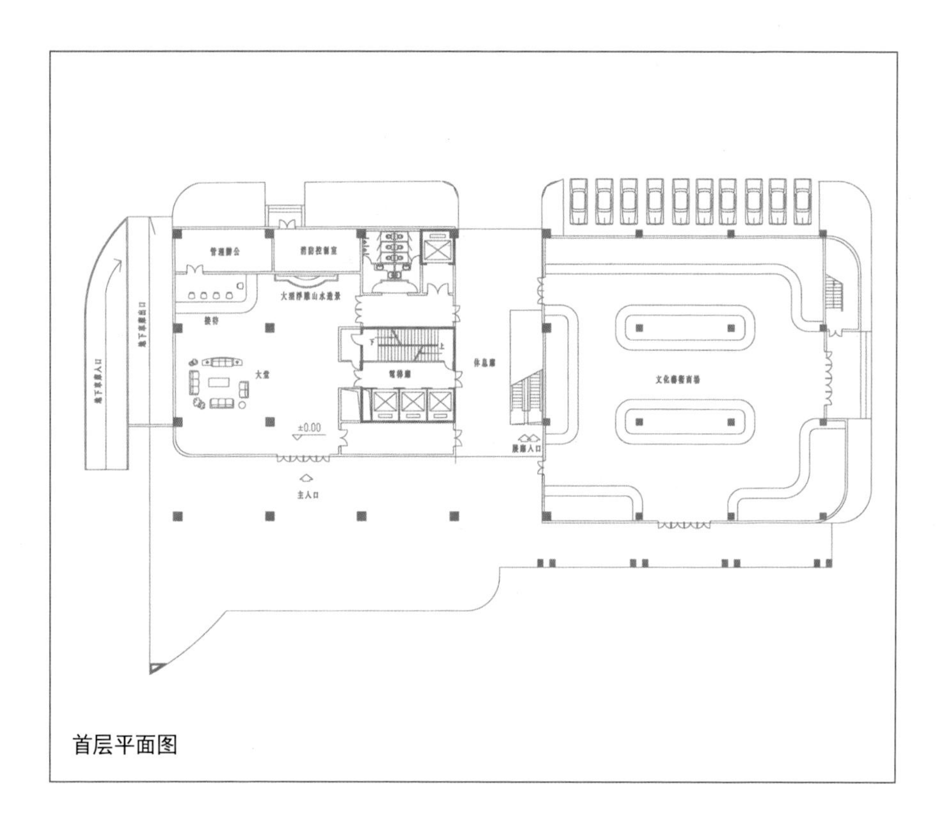
首层平面图

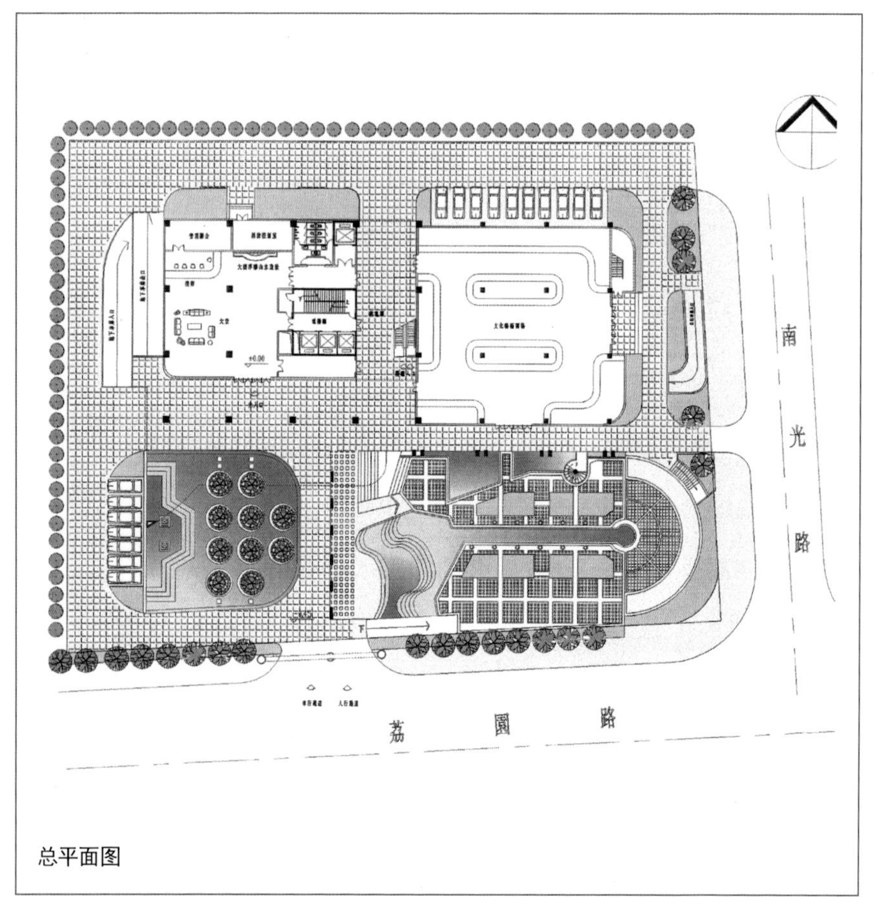

总平面图

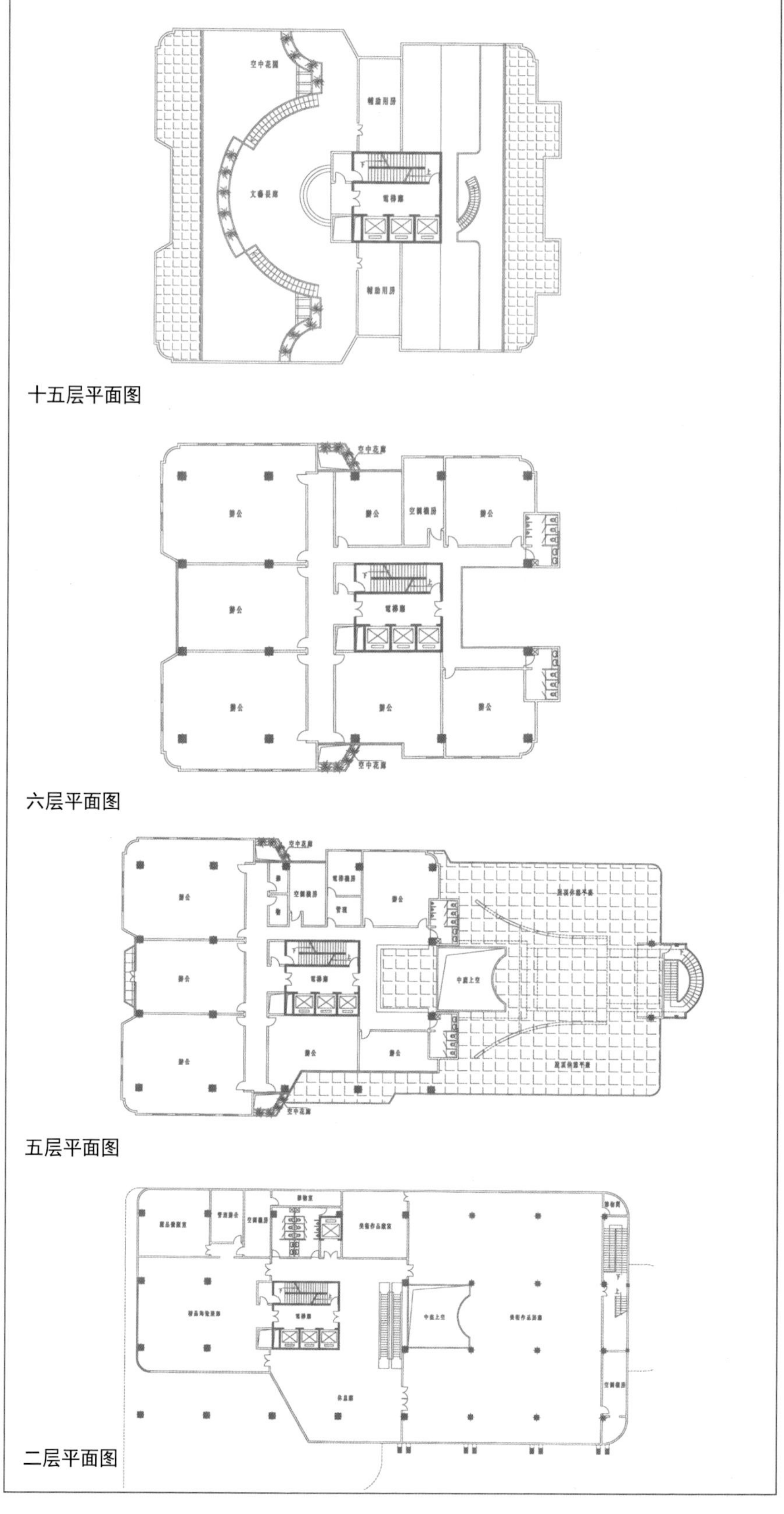
十五层平面图

六层平面图

五层平面图

二层平面图

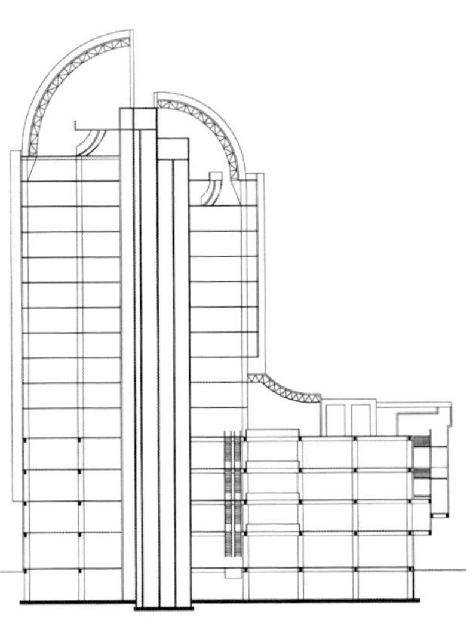

剖面示意图

39 深圳市群星广场

方案设计　彭其兰　许福特　王任中
　　　　　蔡　军　黄　敏
建施设计　彭其兰　欧阳军　周洁桃
　　　　　王任中　黄　敏　杨慰峰
结构设计　陈志强　毛仁兴　王传甲
给排水设计　徐一青　倪所能　张煦琳
电气设计　吴昌伟　殷　明　翁建华
空调通风　林家骏
总设计师　彭其兰　欧阳军
功　　能　办公、商场、住宅、公寓
用地面积　1110平方米
总建筑面积　15万平方米
层　　数　办公楼48层、住宅楼30层
设计时间　1997年
建成时间　2000年

中标方案

群星广场位于深圳市福田区红荔路与华强北路交叉口的东南角，由超高层公寓式办公楼、高层住宅和它们之间的连接体（裙楼）组成。公寓式办公楼自裙房以上45层，平面为50米×29米，标准层建筑群面积为1459平方米，顶层标高141米。高层住宅楼是一个双连体，自裙楼以上27层，层高2.85米，顶层屋面标高99.65米。裙楼4层，为购物及文娱中心，裙楼顶部辟为屋顶花园。

高层住宅楼上每隔三层安排一个120平方米的空中花园，是深圳市也许也是全国第一例带有大型空中花园的高层住宅楼。

空中花园的设置，使住在高层楼宇上的居民，如同住在三层小楼的别墅中一样惬意，也为高楼里的住户创造了邻里亲和交往的舒适活动园地，消除了住在高层楼宇中因枯燥乏味引起的心理障碍。事实证明，空中花园得到住户们的高度赞赏。这也是群星广场成为深圳市最畅销的楼宇之一的一大原因。

群星广场构思草图（钢笔画）彭其兰绘

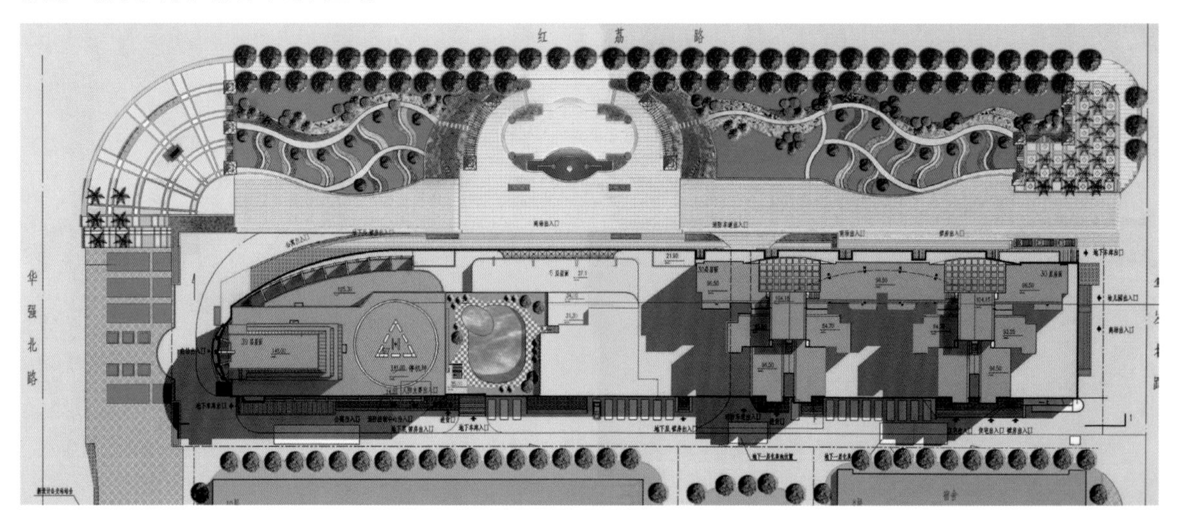

总平面图

群星广场透视图（中标方案）

方案模型之一

方案模型之二

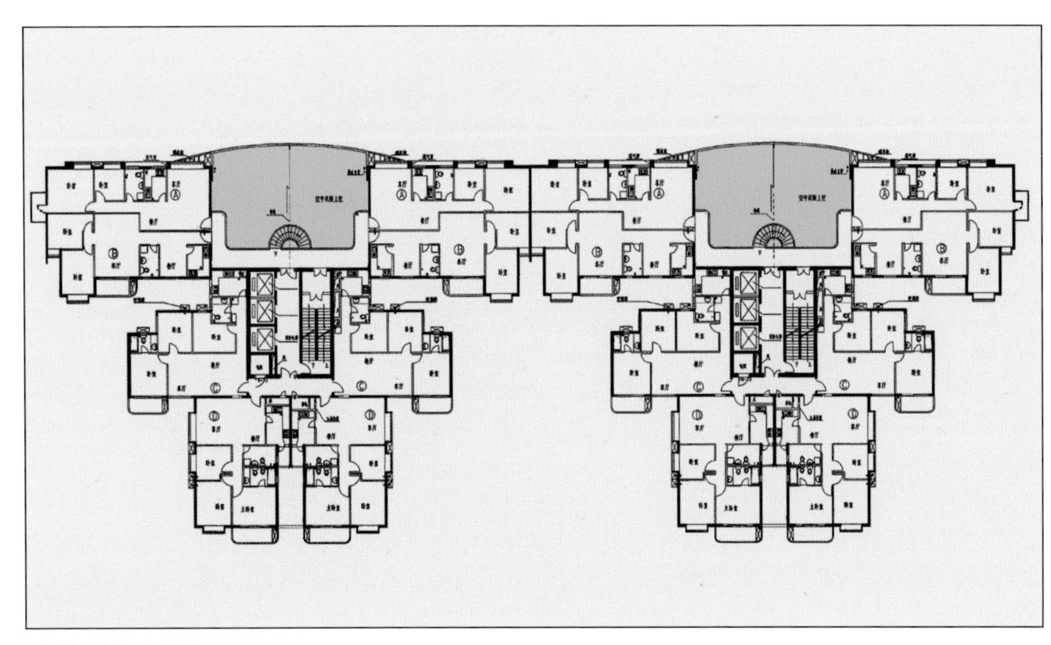

住宅标准层平面图

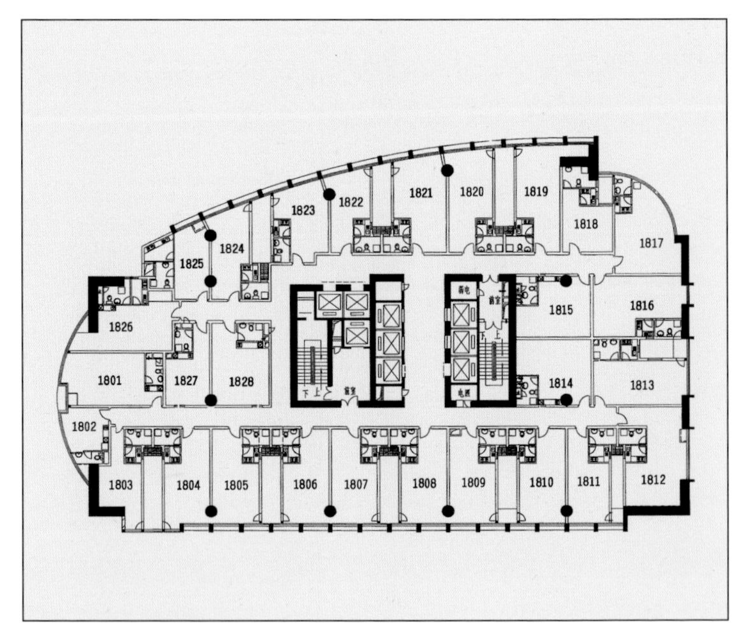

商务公寓标准层平面图

深圳群星广场

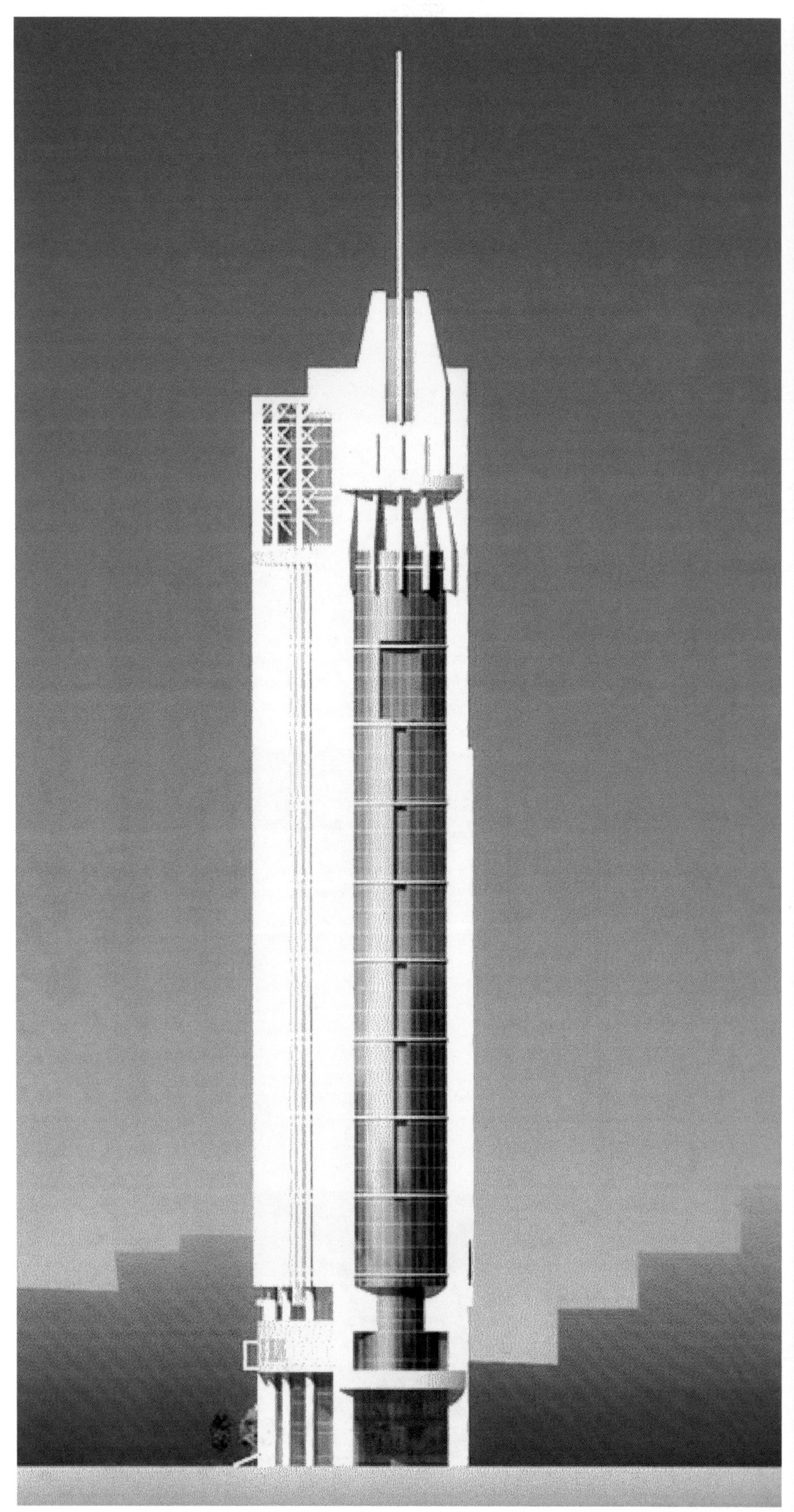

群星广场西立面（电脑图）

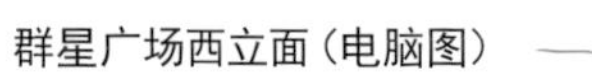

群星广场西立面

群星广场夜景

群星广场商场主进口

群星广场花园

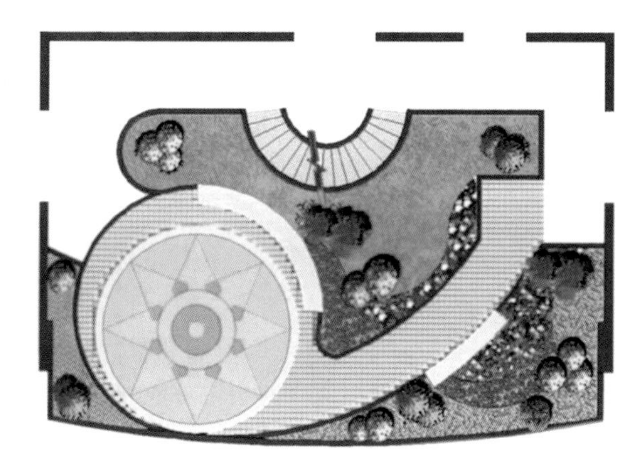

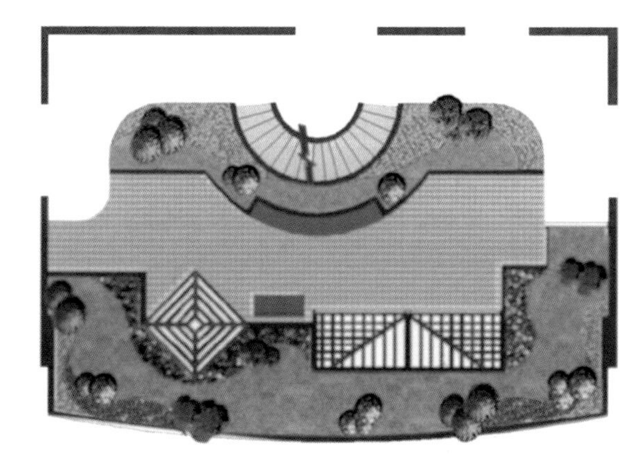

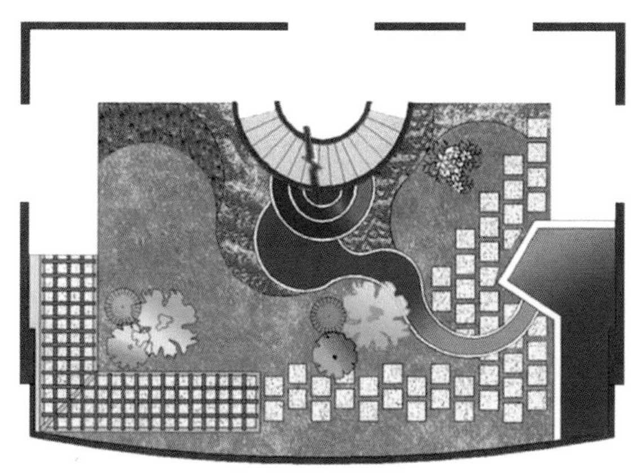

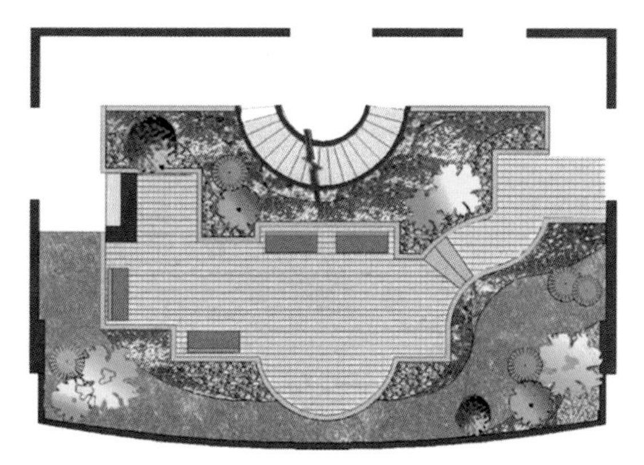

空中花园平面设计举例

空中花园之一

空中花园之二

空中花园之三

空中花园之四

空中花园之五

空中花园之六

空中花园之七

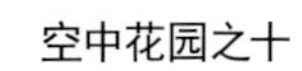

空中花园之十

空中花园之八

空中花园之十一

空中花园之九

空中花园之十二

40 深圳市振业海悦花园

方案设计　彭其兰　黄　敏　蔡　军
　　　　　黄　昕　何健恒　陈华明
　　　　　张秀萍　张文华　西　楠
功　　能　大型居住小区
用地面积　30万平方米
总建筑面积　80万平方米
居住面积　住宅65.18万平方米，住户6716户
设计时间　1998年12月

说明：振业海悦花园位于深圳市南山区南头联检站关内，占地300101.9平方米。深圳市三条交通大动脉——深南大道、北环大道、滨海大道交汇于此，是特区通往宝安、东莞、广州及机场的交通要冲。基地西面面向大海，有良好的自然景观。

这是一个面向二十一世纪的综合性大型居住区，规划中首先注重生态环境、城市文脉、景观绿化和无障碍设计。具体做法是：

1. 整个花园小区强调以步行为特征的邻里关系。

2. 区内多种类型的住宅以及各种设施，有助于加强社区的可持续性。

3. 提高主要道路的利用率，并把机动车置于建筑物下，以最大限度减少交通干扰和噪声干扰。以局部抬高建筑物的手法，形成立体交通组织底层行车，上层行人，做到人车分流，各成系统。

4. 建立中心广场，树立小区形象。面向南山区中心地带建立本社区中心广场，面积超过5万平方米，由低层及小高层建筑组成，它既是创造社区文化活动的中心，亦是社区居民聚会活动的文化中心。

5. 闹中取静，营造居住的伊甸园。尽量减少西部通道（滨海大道，西北立交桥和深南大道）的噪声干扰，营造一个独立、幽静、舒适、高尚、清新、

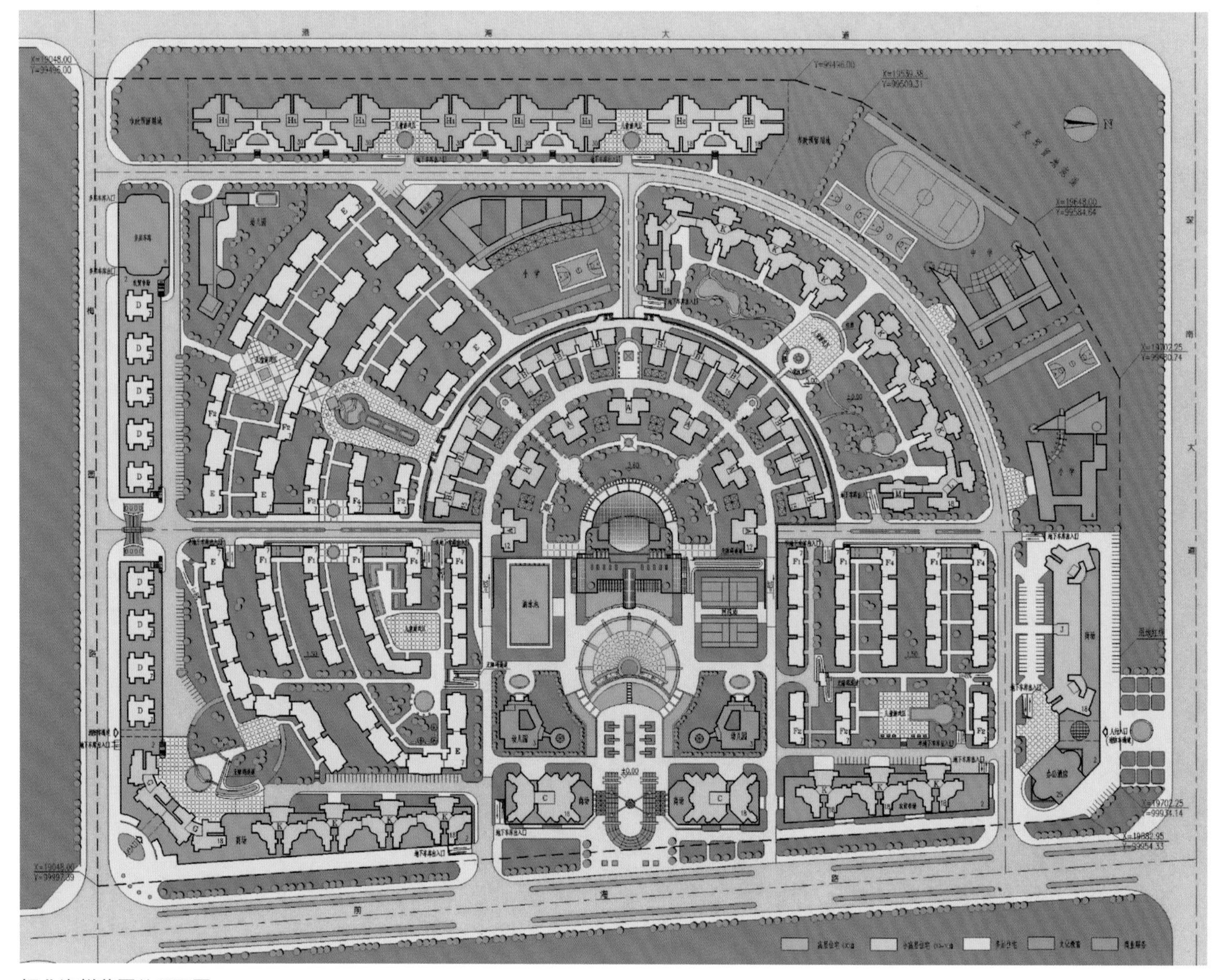

振业海悦花园总平面图

安全优美的居住环境。

小区公共建筑系统

中学和小学用地布置在小区西北角，利用学校的运动场地形成减弱干扰的屏障。小区配套公建则结合景观轴线布局，使住户在日常活动中均能欣赏到独具匠心的花园美景。在中心广场入口处布置有超市、菜市场等商业设施。沿轴线往西方向，对称布置了两所幼儿园，既方便了家长送孩子，也成了中心广场的一个极具吸引力的景点。沿轴线再往上是游泳池和网球场，在轴线的顶端是一覆土式的综合会所。会所内部设健身、桑拿、阅读、台球、棋牌室、医疗室等功能用房，是全社区的活动中心。四个居委会分别安排在各住宅组团的中心位置，每个组团里分布着点式商业据点，方便居民日常生活。

公共建筑指标

会所：4150 平方米

托幼：8650 平方米（三所）

小学：10000 平方米（两所）

中学：9100 平方米（一所）

商业（裙房）：42180 平方米

肉菜市场：9302 平方米（两处）

办公、酒店：26500 平方米

派出所：750 平方米

其他：500 平方米

以上总共 111132 平方米

另外，多层车库 11948 平方米，地下车库及设备用房 88612 平方米（其中占用人防 39515 平方米），半地下车库 33102 平方米，地面车库 27563 平方米。

小区主要入口（东大门）透视图，入口两旁为C型住宅（高18层）

住宅

小区内共有住宅152栋，其中多层83栋，小高层63栋，高层6栋。住宅层高2.8米。

住宅面积及户数安排

40~70平方米住宅1184户，占17.6%

70~90平方米住宅2142户，占31.7%

90~110平方米住宅1988户，占29.4%

110~130平方米住宅824户，占12.2%

130平方米以上住宅616户，占9.1%

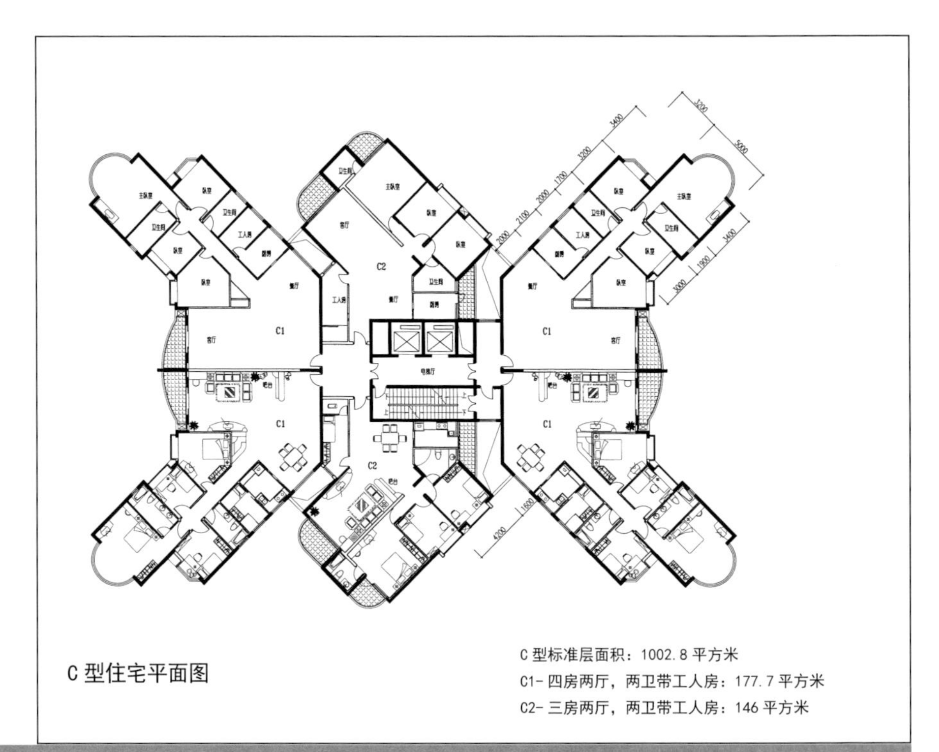

C型住宅平面图

C型标准层面积：1002.8平方米

C1-四房两厅，两卫带工人房：177.7平方米

C2-三房两厅，两卫带工人房：146平方米

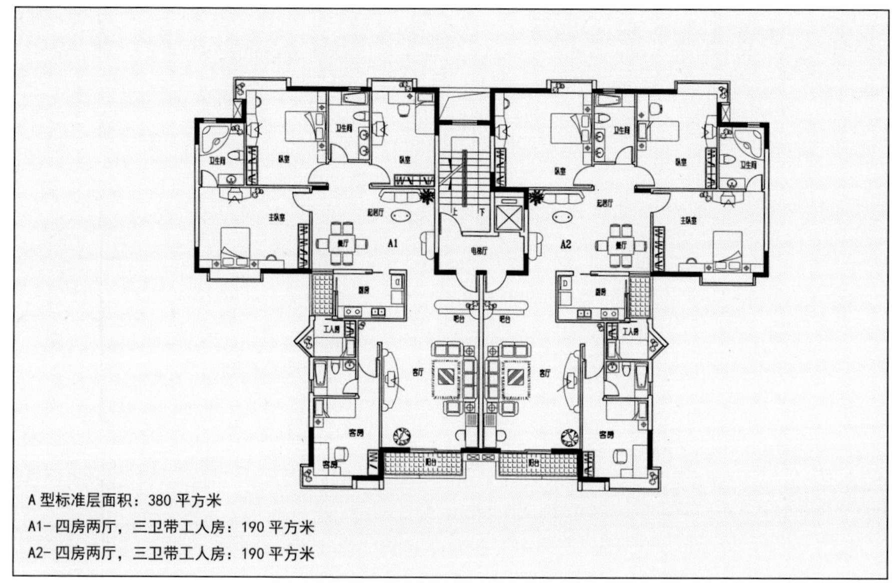

A 型标准层面积：380 平方米

A1- 四房两厅，三卫带工人房：190 平方米

A2- 四房两厅，三卫带工人房：190 平方米

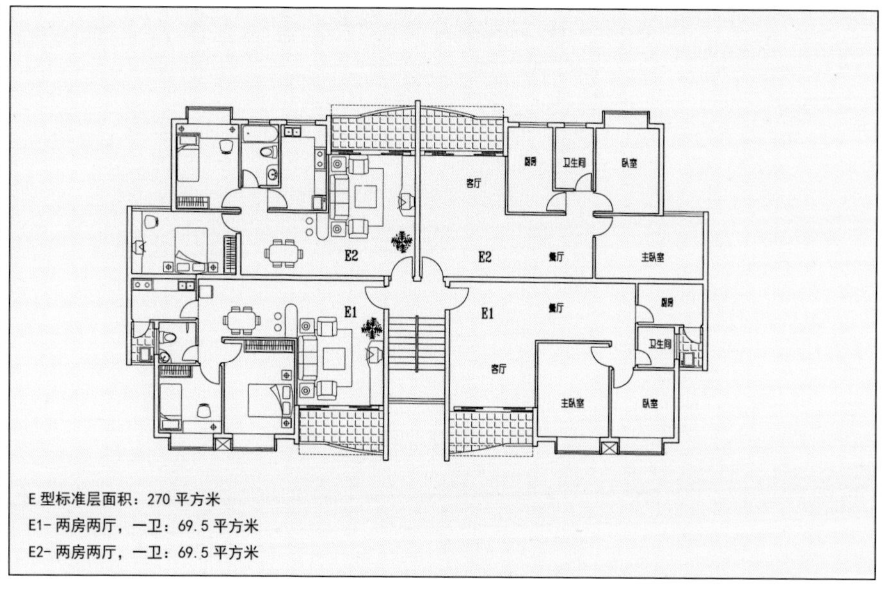

E 型标准层面积：270 平方米

E1- 两房两厅，一卫：69.5 平方米

E2- 两房两厅，一卫：69.5 平方米

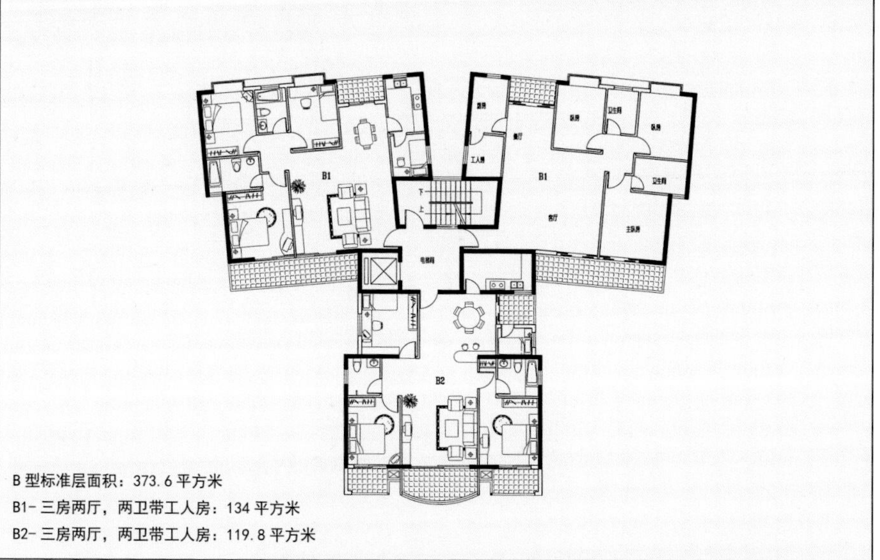

B 型标准层面积：373.6 平方米

B1- 三房两厅，两卫带工人房：134 平方米

B2- 三房两厅，两卫带工人房：119.8 平方米

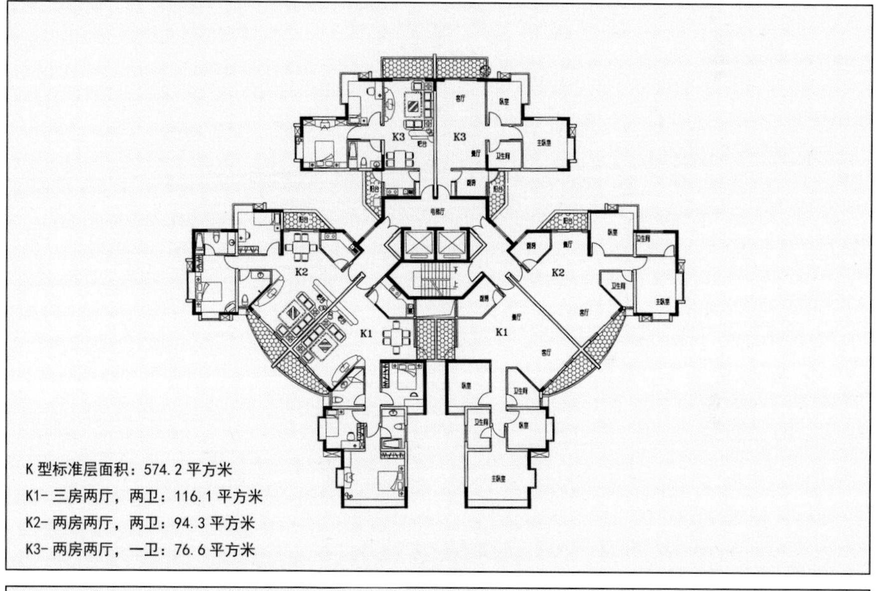

K 型标准层面积：574.2 平方米

K1- 三房两厅，两卫：116.1 平方米

K2- 两房两厅，两卫：94.3 平方米

K3- 两房两厅，一卫：76.6 平方米

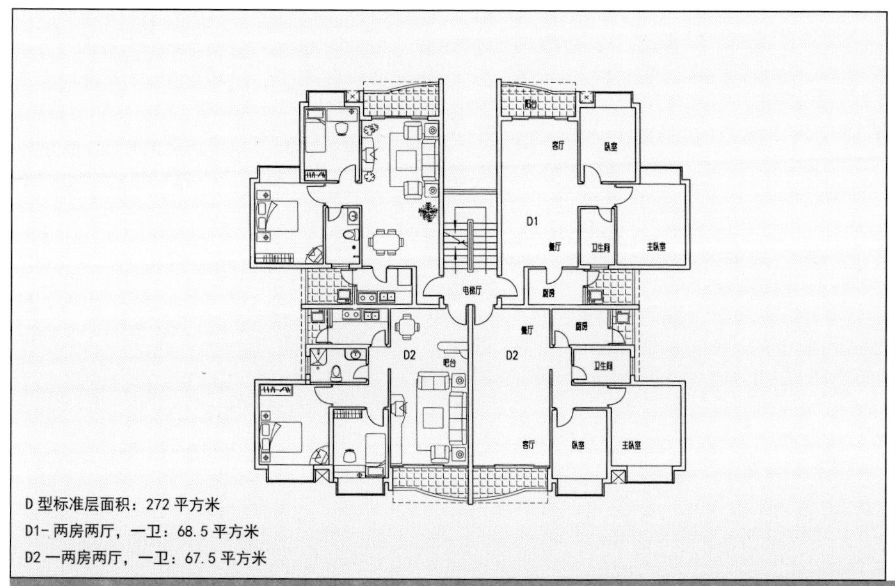

D 型标准层面积：272 平方米

D1- 两房两厅，一卫：68.5 平方米

D2 一两房两厅，一卫：67.5 平方米

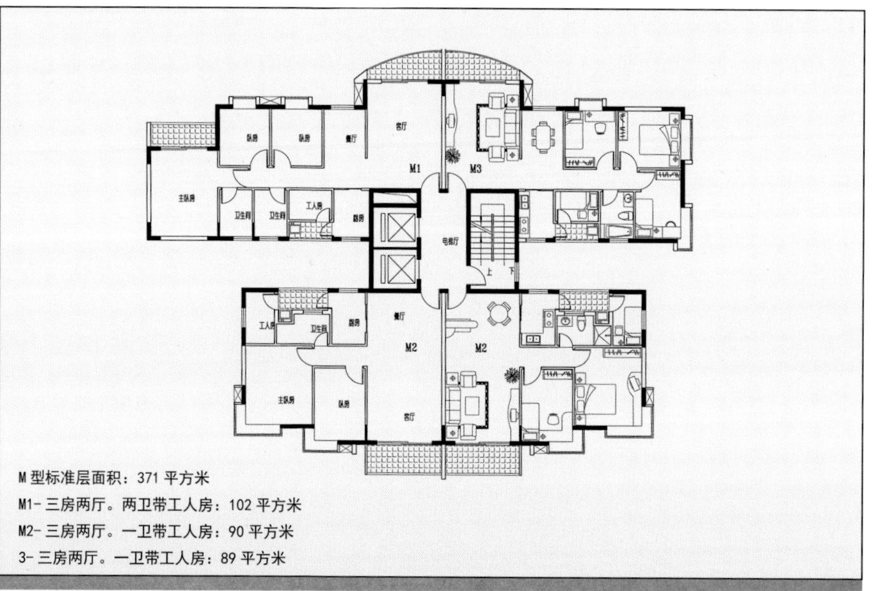

M 型标准层面积：371 平方米

M1- 三房两厅。两卫带工人房：102 平方米

M2- 三房两厅。一卫带工人房：90 平方米

3- 三房两厅。一卫带工人房：89 平方米

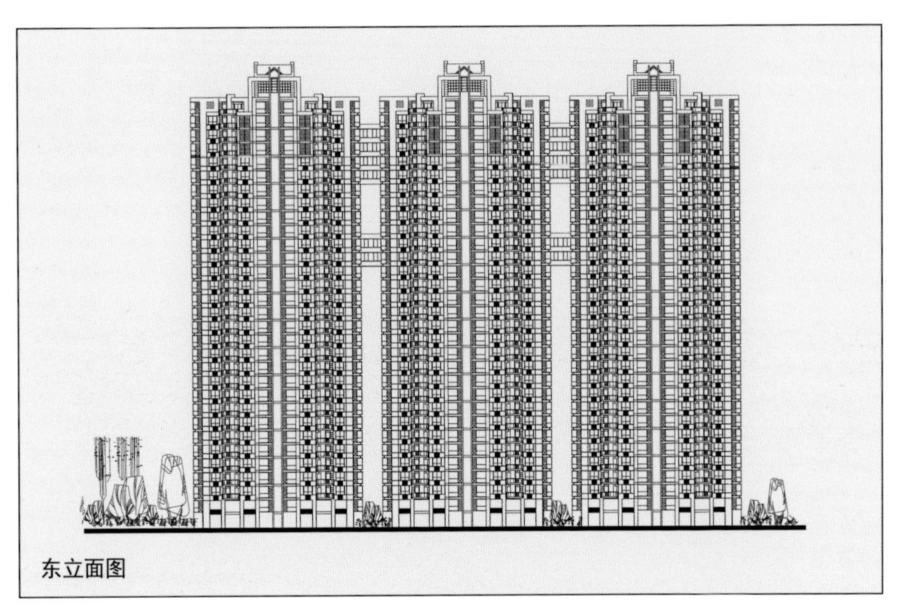

东立面图

正立面图

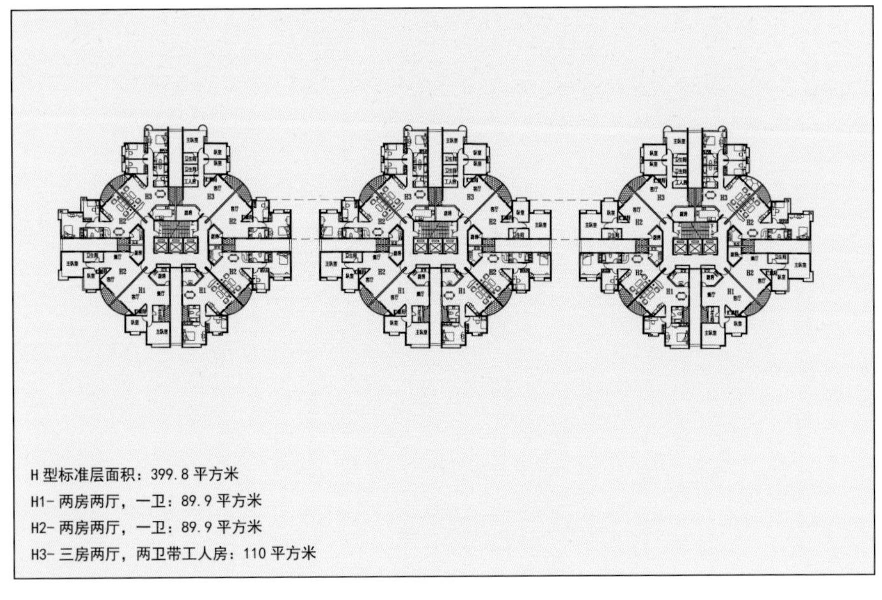

H 型标准层面积：399.8 平方米

H1- 两房两厅，一卫：89.9 平方米

H2- 两房两厅，一卫：89.9 平方米

H3- 三房两厅，两卫带工人房：110 平方米

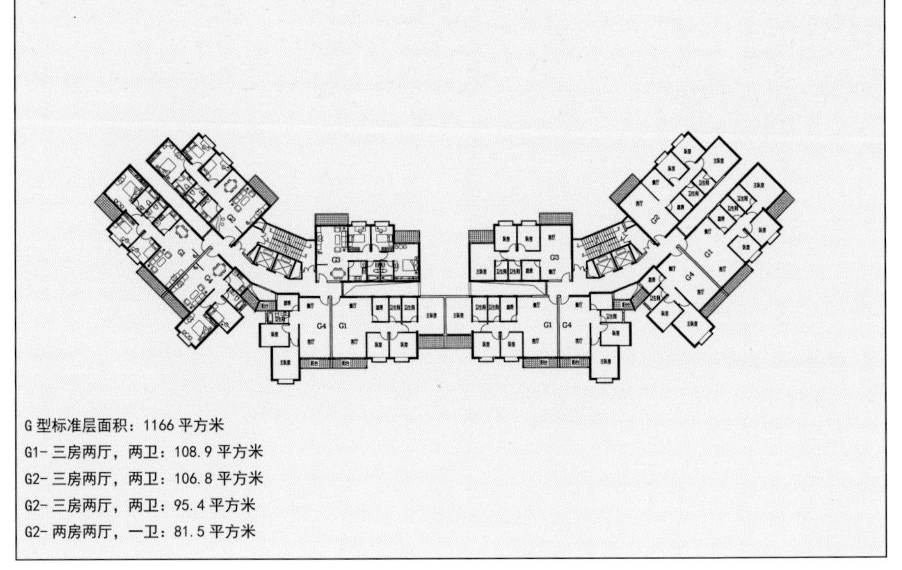

G 型标准层面积：1166 平方米

G1- 三房两厅，两卫：108.9 平方米

G2- 三房两厅，两卫：106.8 平方米

G2- 三房两厅，两卫：95.4 平方米

G2- 两房两厅，一卫：81.5 平方米

振业海悦花园西面临街之 H1 型高层住宅透视图

41 深圳市家乐园

方案设计　彭其兰　邢日瀚　彭东明
功　　能　住宅、办公、商业
用地面积　3618 平方米
住宅建筑面积　65993 平方米
住宅层数　16 层、20 层
总 户 数　960 户
设计时间　1999 年 12 月

说明：家乐园位于燕南路、振华路交界西南，其所属地块东临燕南路，北靠振华路，南近规划拟建的振中路，紧靠深南大道，位于深圳市城市中心地带。规划设计中贯彻“工薪乐园”、“购物天堂”的理念，以中小户型的高素质楼盘定位，让家乐园成为深圳市中心区高素质的花园式住宅区。

住宅设计着重塑造合理、舒适的居住环境，邻里间设置多种交往空间，单元入口设电梯厅、大堂，利用开口空间，形成平台花园，加强邻里交往。起居空间基本保持南北朝向，引入穿堂风，尽可能扩大起居空间，客厅大面的落地窗和卧室的外飘窗台，为住宅赢得了良好的采光通风和开阔的视野，充分利用地块南北向的有利因素。

居住环境绿化分为三个层次：第一类为宅旁小面积绿化，并将其延伸到架空层底部、阳台、窗台及屋面；第二类为组团路旁的花草树木，形成林荫；第三类为集中绿化，即组团的中心花园，为居民们特别是老人、儿童提供一个环境优美、空气清新的活动场所。

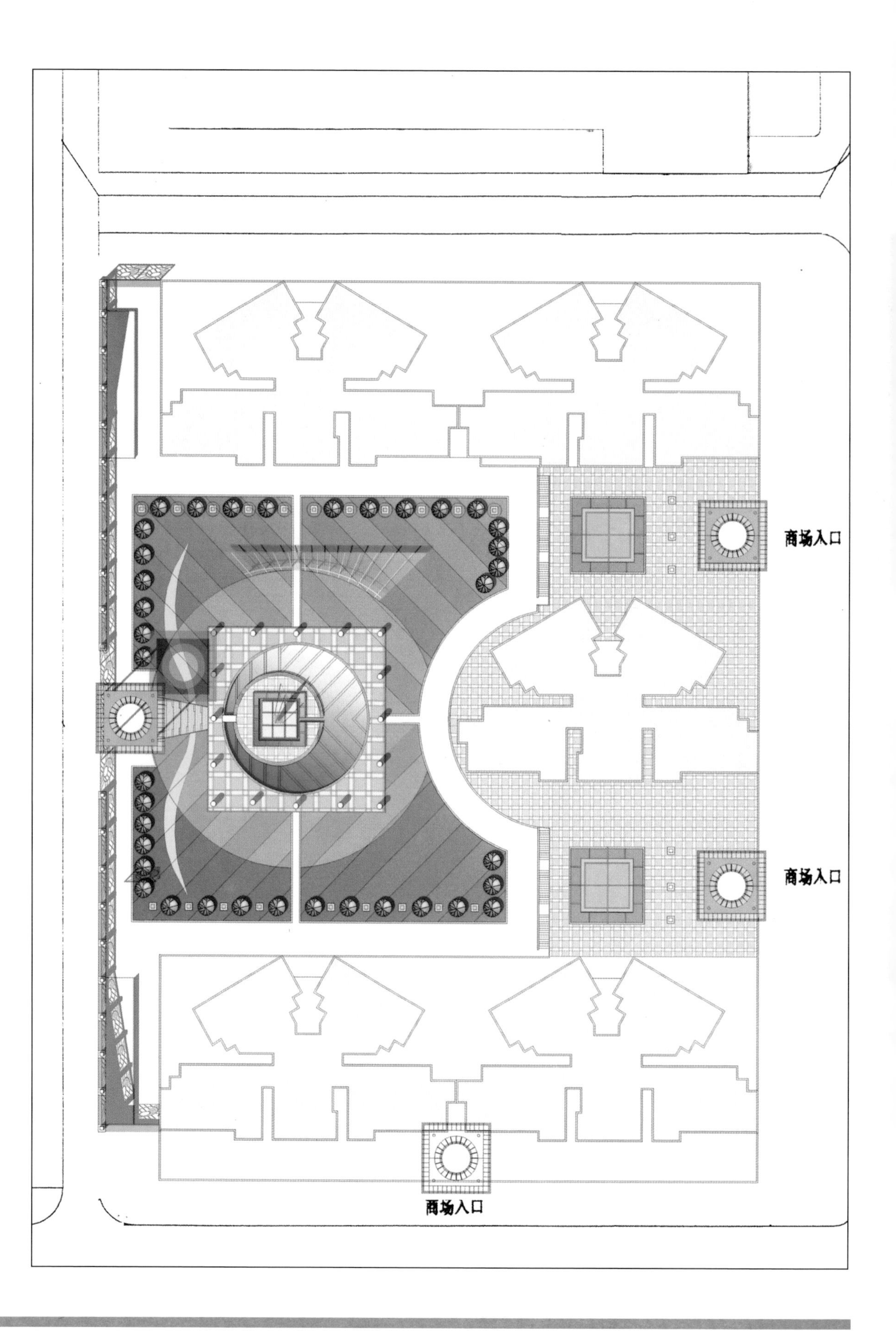

深圳市家乐园东向街景透视图

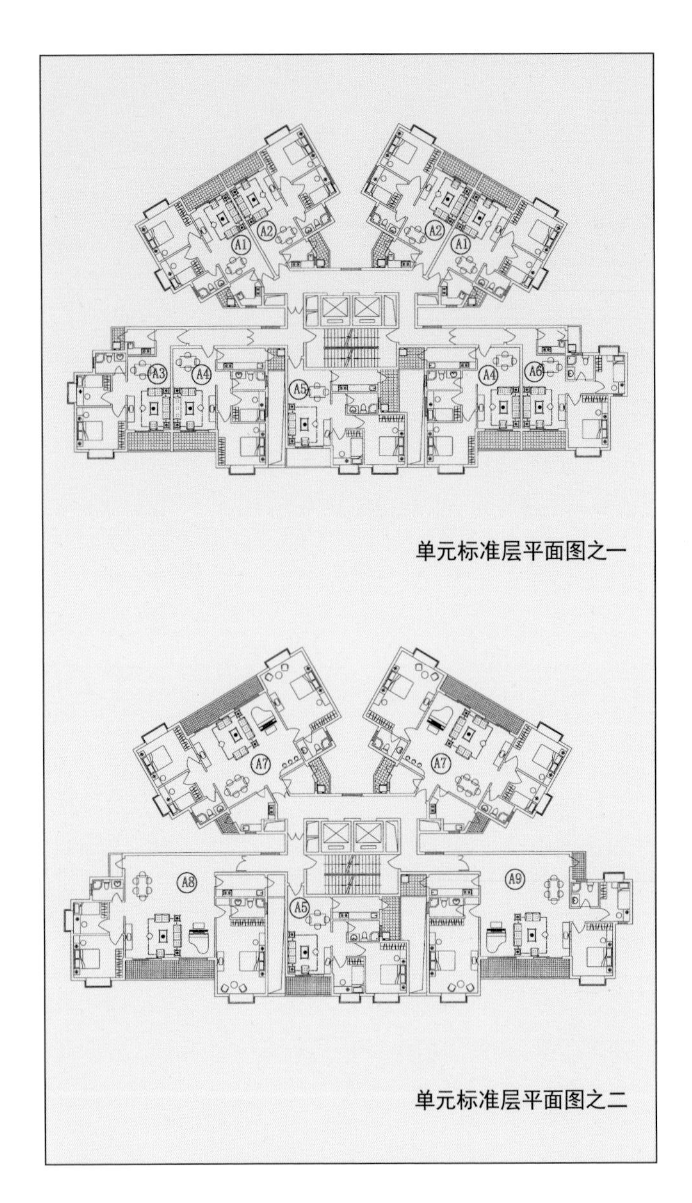

单元标准层平面图之一

单元标准层平面图之二

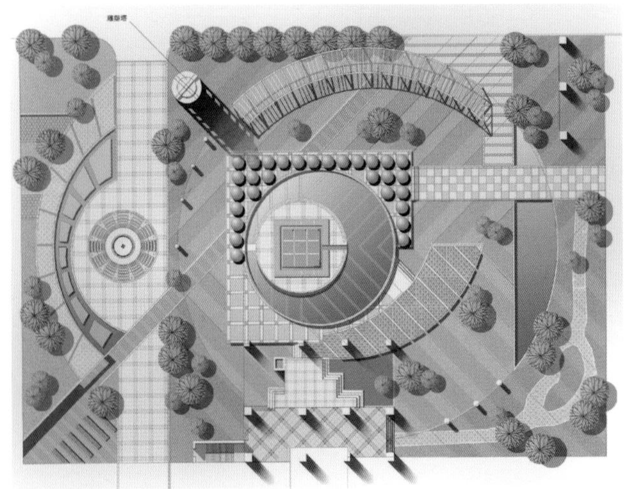

花园平面图

42 深圳市竹园大厦

方案设计　彭其兰　彭东明　张文华
　　　　　吴克峰　赖　旭
功　　能　住宅、商场、办公
设计时间　2000年4月

说明：竹园大厦建筑群由三幢大厦组成，其中两幢为高层单元式住宅楼，高29层，底下4层设商场和文化活动设施；另一幢为商办楼，高29层，二至十三层为公寓，十四至二十八层为办公用房。

首层商场入口（模型）

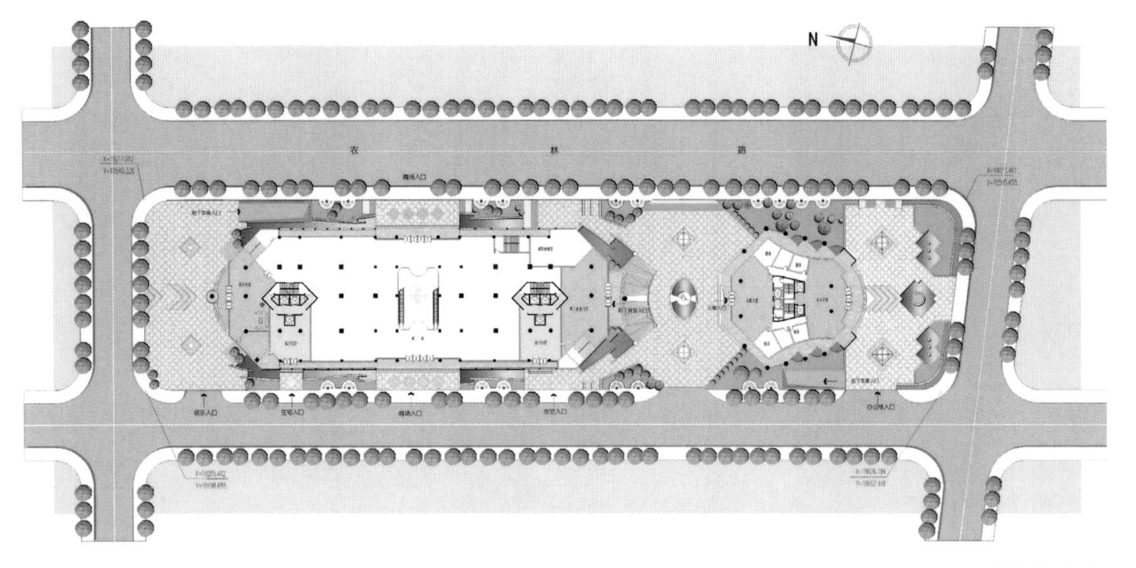
首层平面图

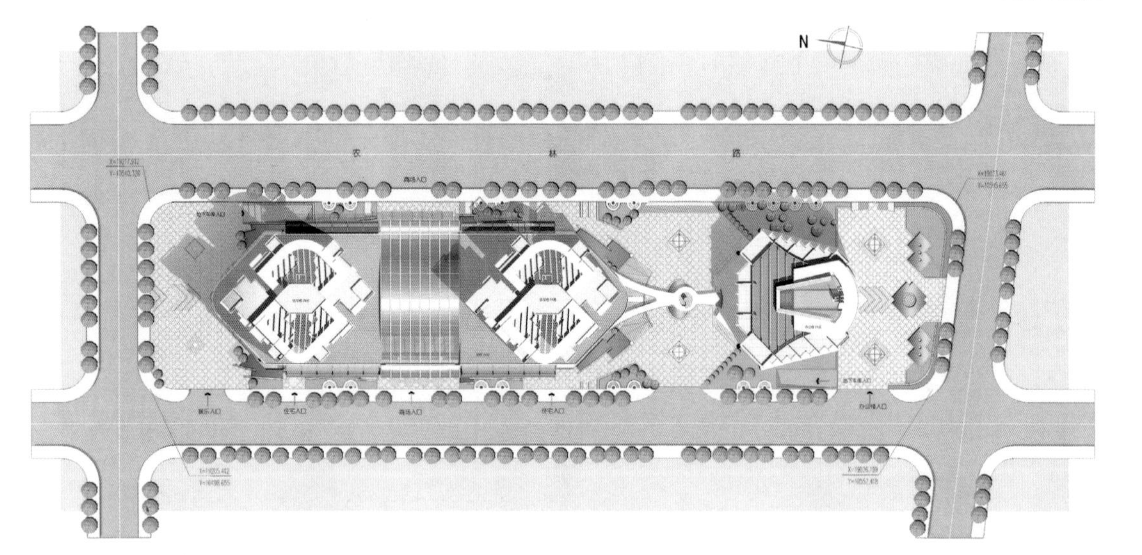
总平面图

模型鸟瞰图

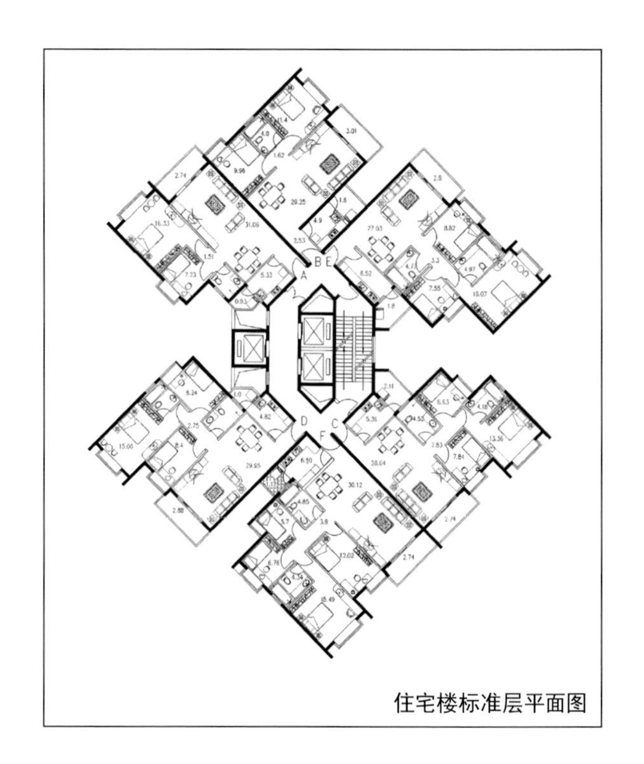
住宅楼标准层平面图

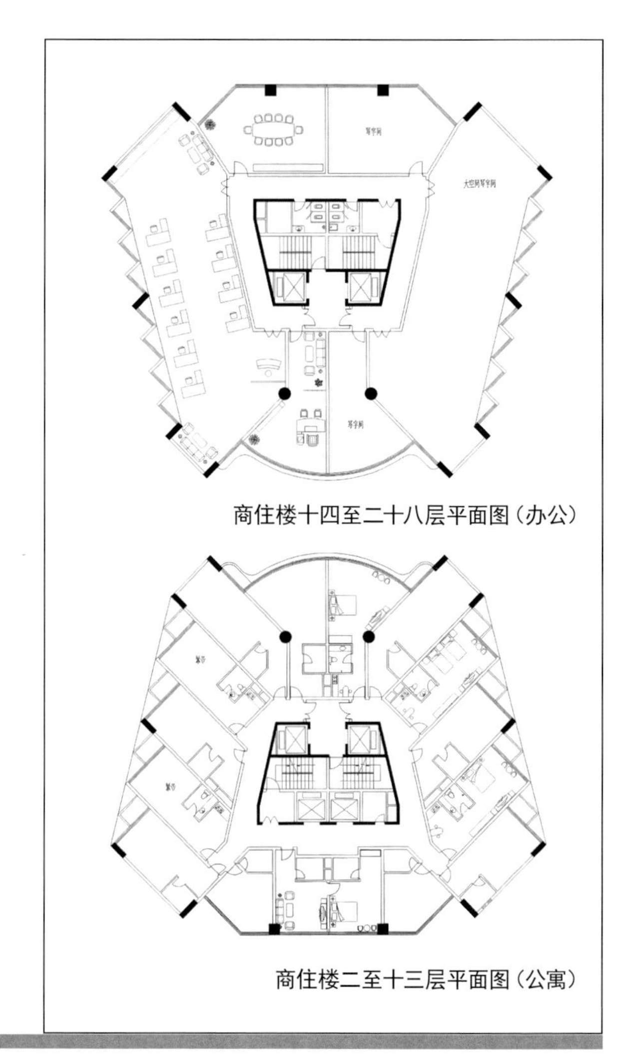
商住楼十四至二十八层平面图（办公）

商住楼二至十三层平面图（公寓）

深圳市竹园大厦东向街景透视图

43 深圳市皇达花园

方案设计　彭其兰　彭东明　张文华
　　　　　吴克峰　赖　旭
功　　能　住宅、办公、商场
用地面积　14868 平方米
总建筑面积　10.24 万平方米
层　　数　28~33 层
总 户 数　总户数 720 户
设计时间　2000 年 6 月

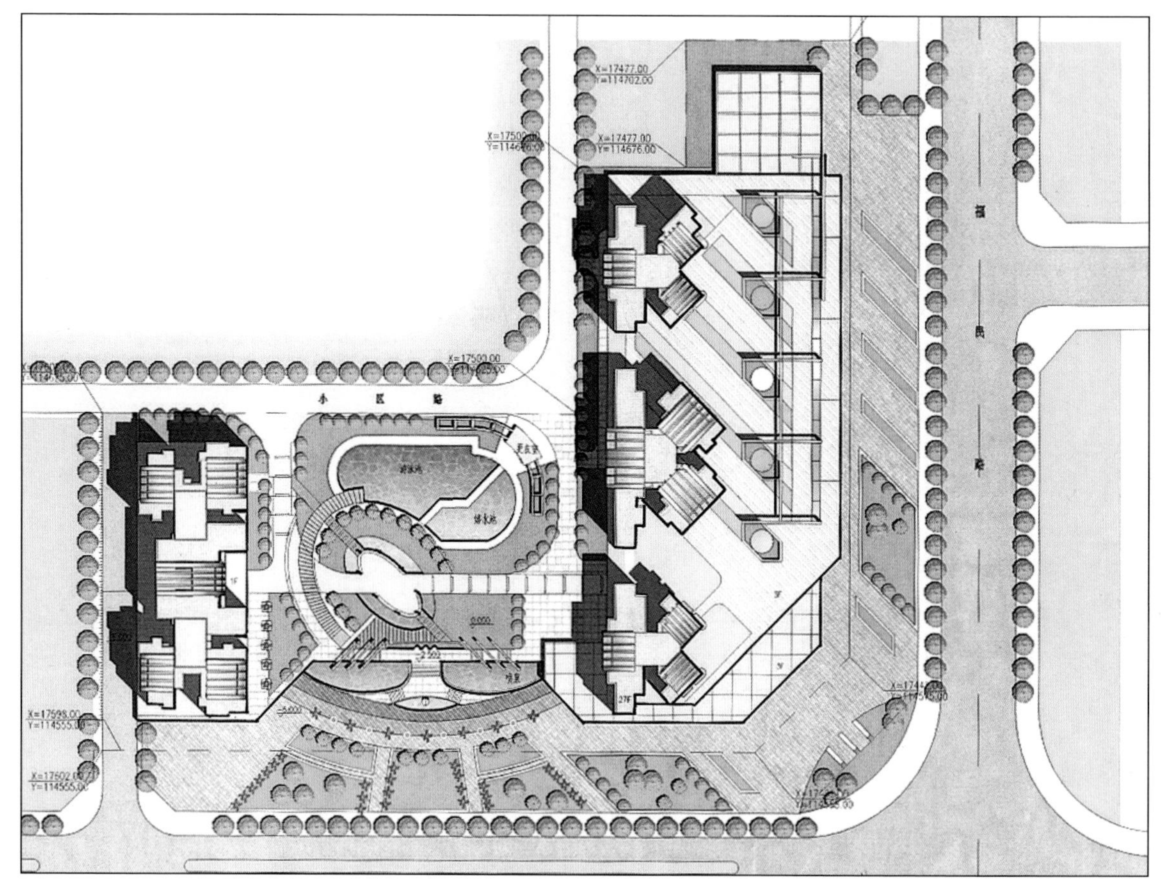

总平面

说明：皇达花园位于益田路与福民路交叉路口东北角，交叉路口东南方是城市永久性公共绿地—皇岗公园。用地东北面是皇岗村居民密集的多层住宅。在城市道路与皇岗村之间剩下的这小片用地上，规划方案以一个绿化广场为中心，布置南北两列（两幢）高层住宅楼（南楼与北楼）。南面住宅楼裙房扩大为商场，商场上面建屋顶花园。

总建筑面积：102353 平方米

其中住宅面积：56490 平方米

商场面积：23298 平方米

办公及其他：4198 平方米

地下车库：18367 平方米

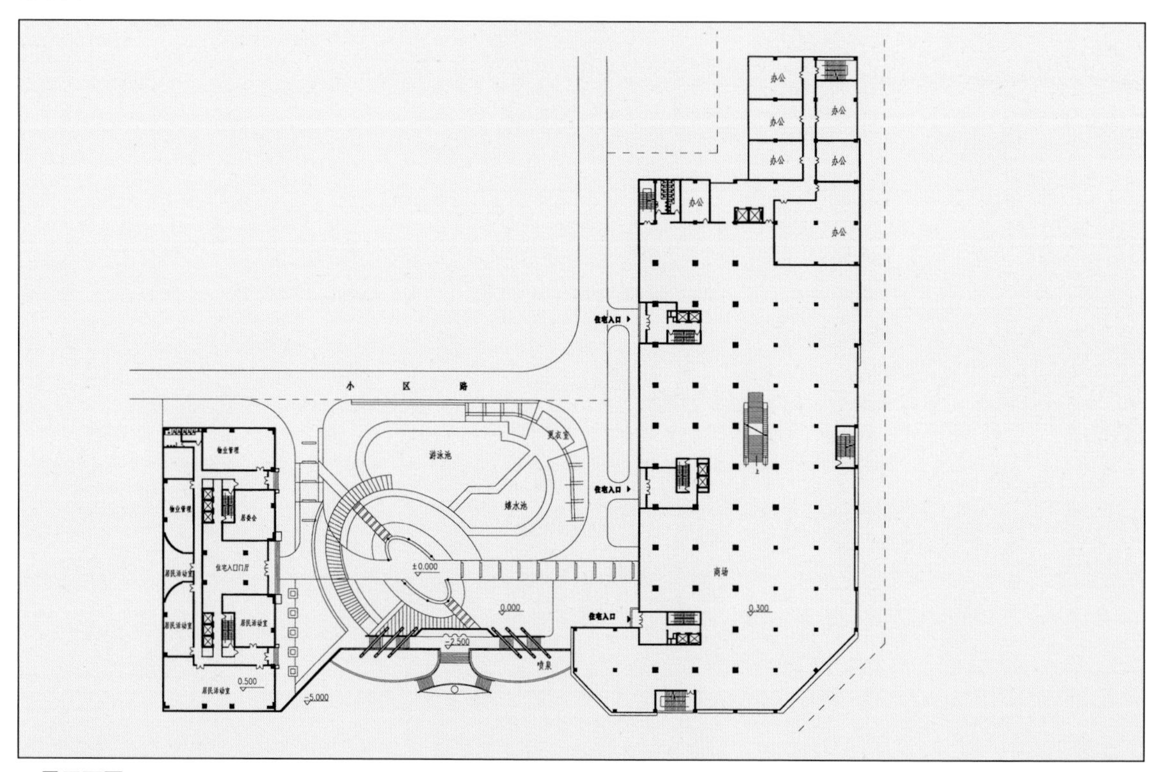

一层平面图

皇达花园鸟瞰图

44 深圳市龙岗区榭丽花园

方案设计　深圳市电子院设计有限公司
彭其兰　周栋良
广东省城乡规划设计院
张　毅　林子仪

注：张　毅，广东省规划院深圳院院长、总规划师
林子仪，主任规划师

功　　能　大型居住小区
总用地面积　15.25 万平方米
总建筑面积　33.49 万平方米
总 户 数　1876 户
设计时间　2000 年 7 月

说明：深圳市榭丽花园位于龙岗区南联村龙城大道以东，靠近惠深公路。用地西北侧紧临龙岗河，东南为龙园路，是一狭长地带。

龙岗是客家人的祖居地，这里至今还保存着许多优秀的客家土楼围龙屋。“土楼”是客家人历史上为抵抗外侮而逐渐形成的围合或半围合空间的集合住宅。

龙岗，是龙的故乡。整个花园住宅小区沿着龙岗河岸作带状延伸。受客家土楼的启示，又处于一狭长地段，在规划中，小区形成两条龙的气势。总入口位于两条龙头相向处，并设会所及广场。会所设计成水晶球的造型。这样，整个花园住宅小区就形成“二龙戏珠”的格局。

商业中心安排在地段南端，占地 58634 平方米，建筑面积 79520 平方米。分为两组，均为三层建筑，两组之间通过设于第二层的天桥相连接。其中一组为超市及商场。一组为餐饮、娱乐健身设施，在它的屋顶布置了两个网球场和一个游泳池。商业中心既为本区居民也为区外居民服务。

住宅楼高度 36.70 米，11 层，有多种户型。顶上两层必要时可改为复式。组团共占地 65410 平方米，住宅面积 142173 平方米。

在商业中心与上述两个组团之间的面积 21135 平方米地段上，现状已建四幢五层单元式住宅楼（建筑面积共有 20300 平方米），规划新建两幢小户型住宅（建筑面积 4126 平方米），十二班幼儿园一所（建筑面积 316 平方米），在住宅楼裙房中安排居委会、管理处和卫生站。

深圳市龙岗区榭丽花园主入口效果图

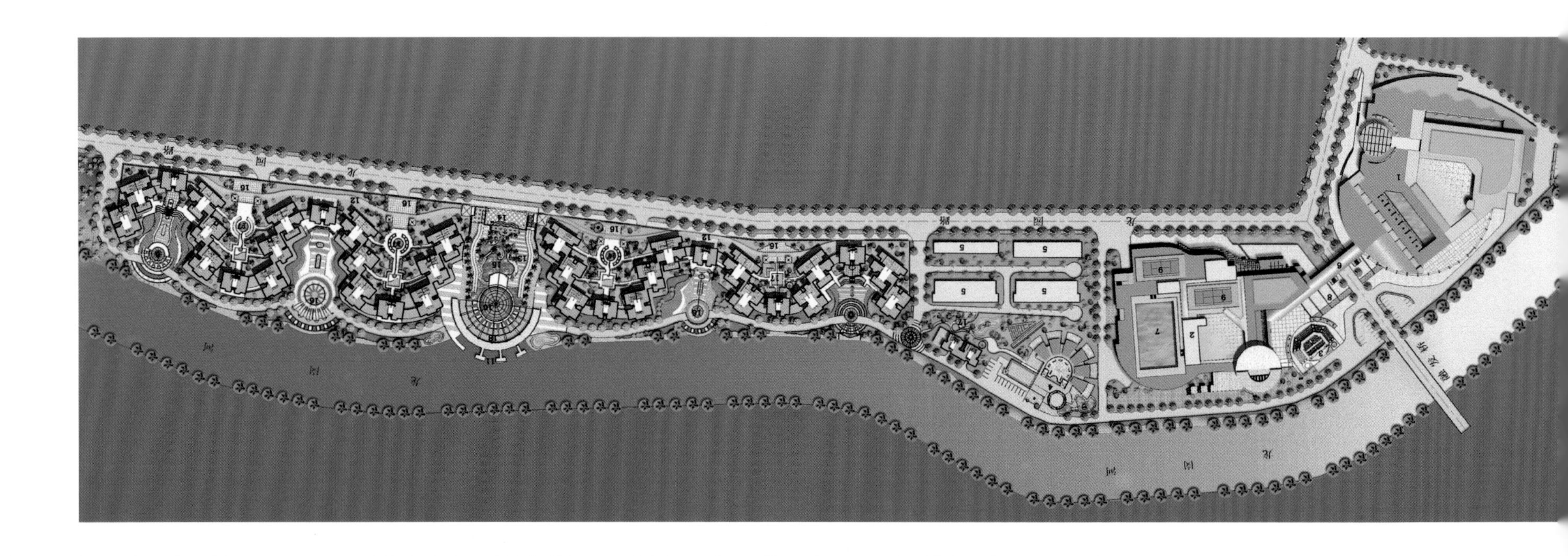

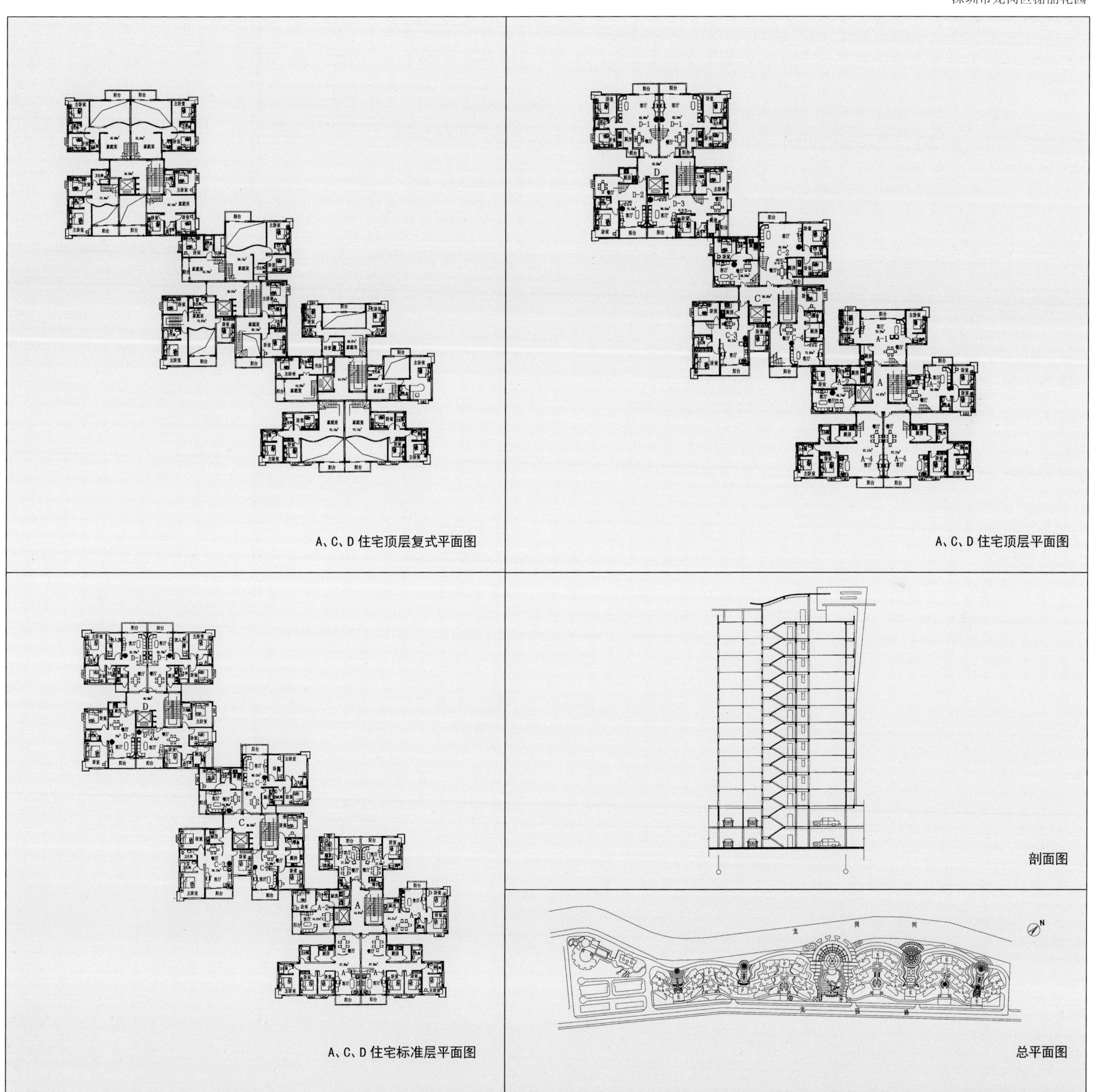

A、C、D 住宅顶层复式平面图

A、C、D 住宅顶层平面图

A、C、D 住宅标准层平面图

剖面图

总平面图

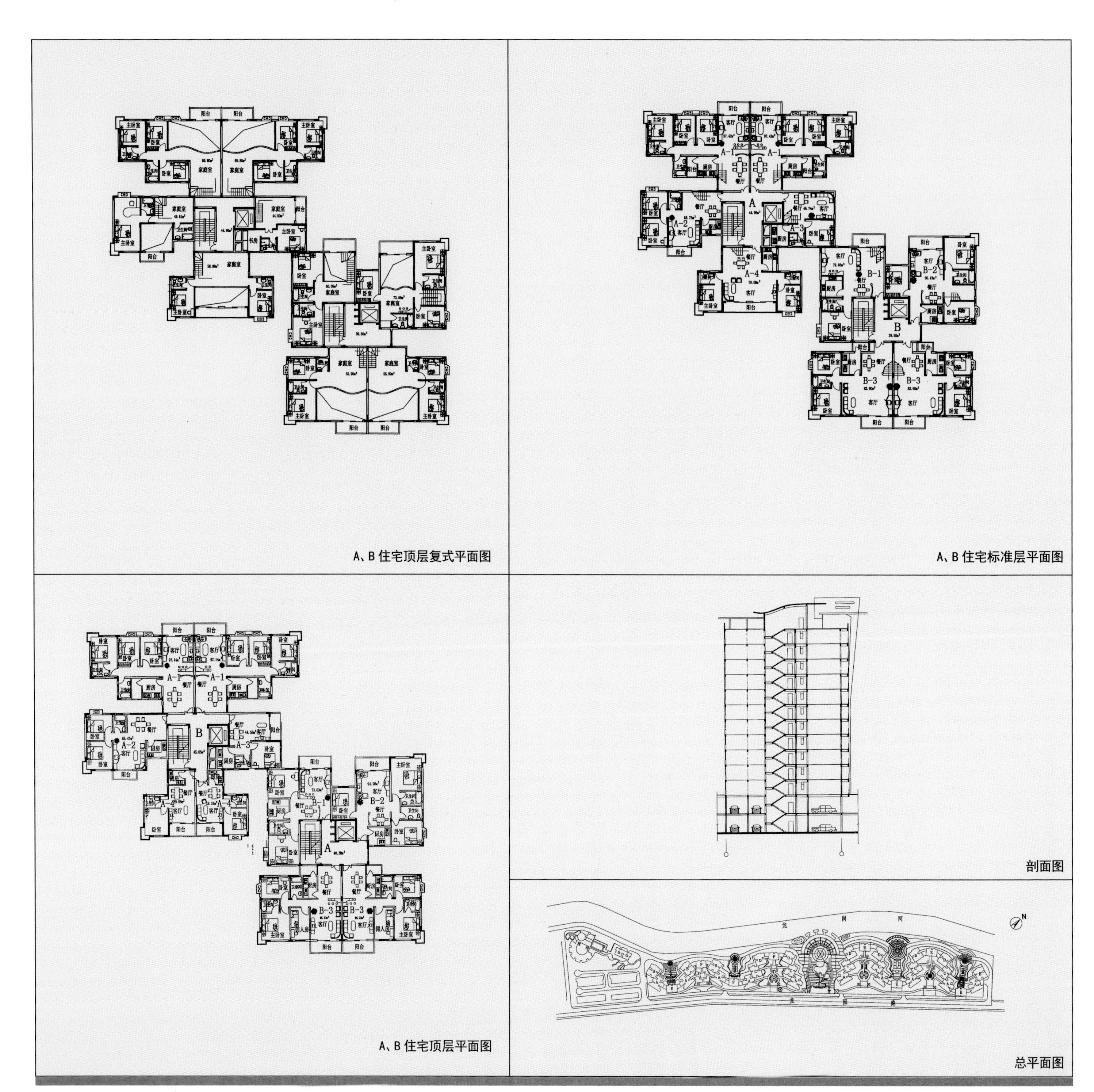

A、B 住宅顶层复式平面图

A、B 住宅标准层平面图

A、B 住宅顶层平面图

剖面图

总平面图

榭丽花园住宅组团

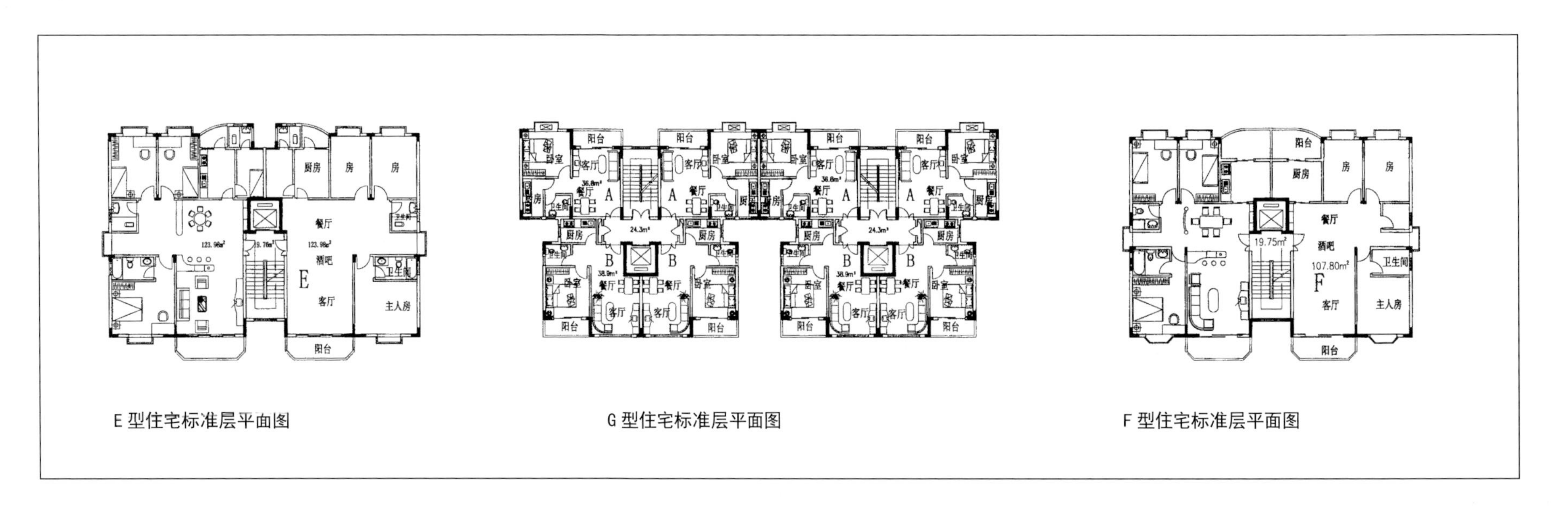

E 型住宅标准层平面图　　G 型住宅标准层平面图　　F 型住宅标准层平面图

榭丽花园商业建筑效果图之二

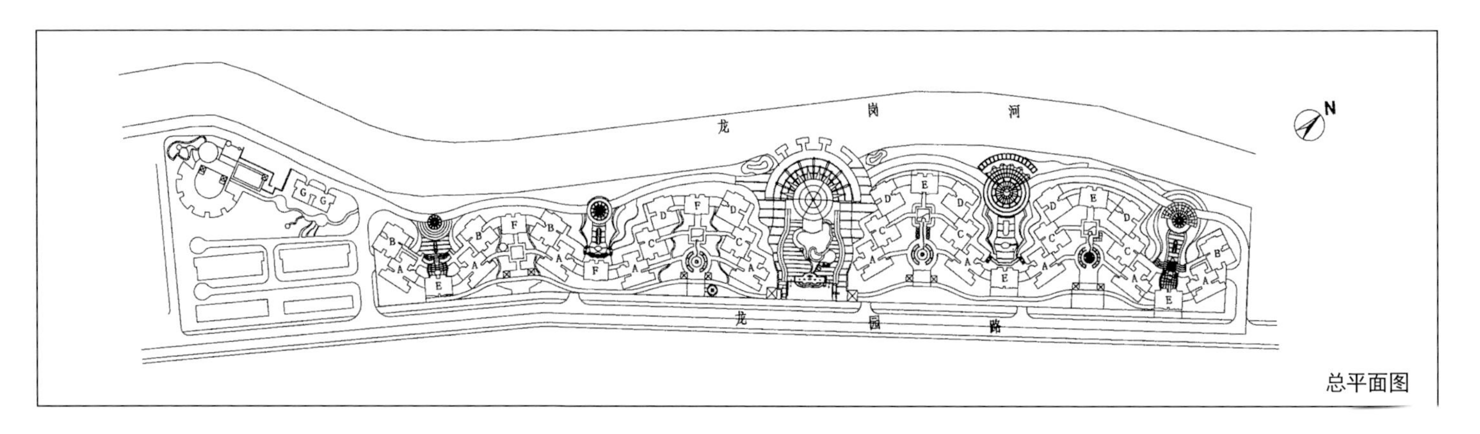

总平面图

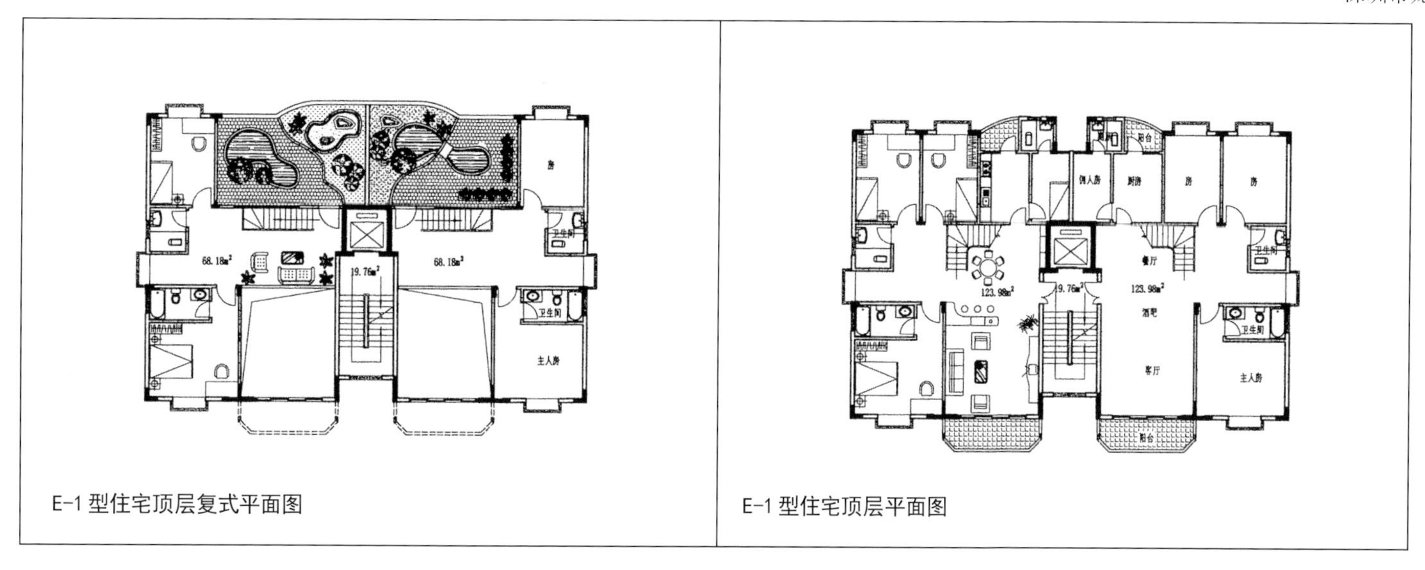

E-1 型住宅顶层复式平面图

E-1 型住宅顶层平面图

榭丽花园商业建筑效果图之一

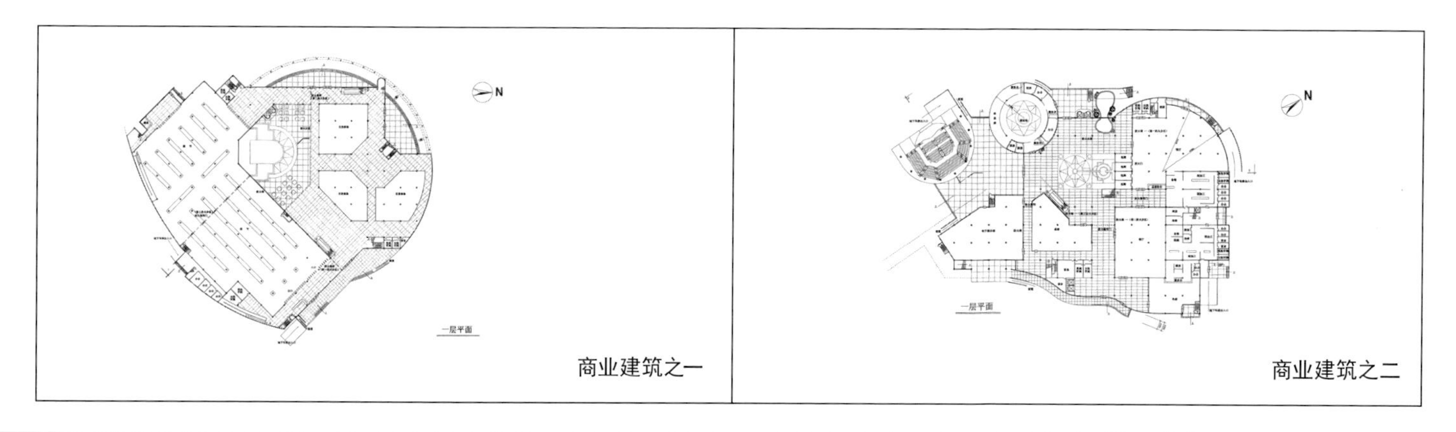

商业建筑之一

商业建筑之二

45 深圳市盈翠豪庭

方案设计	彭其兰　马旭生　邓　凡　欧阳颖
功　　能	住宅、商场
用地面积	12833 平方米
总建筑面积	12.8 万平方米
住宅层数	33、34 层，高度 99.2 米
总户数	1118 户
设计时间	2000 年

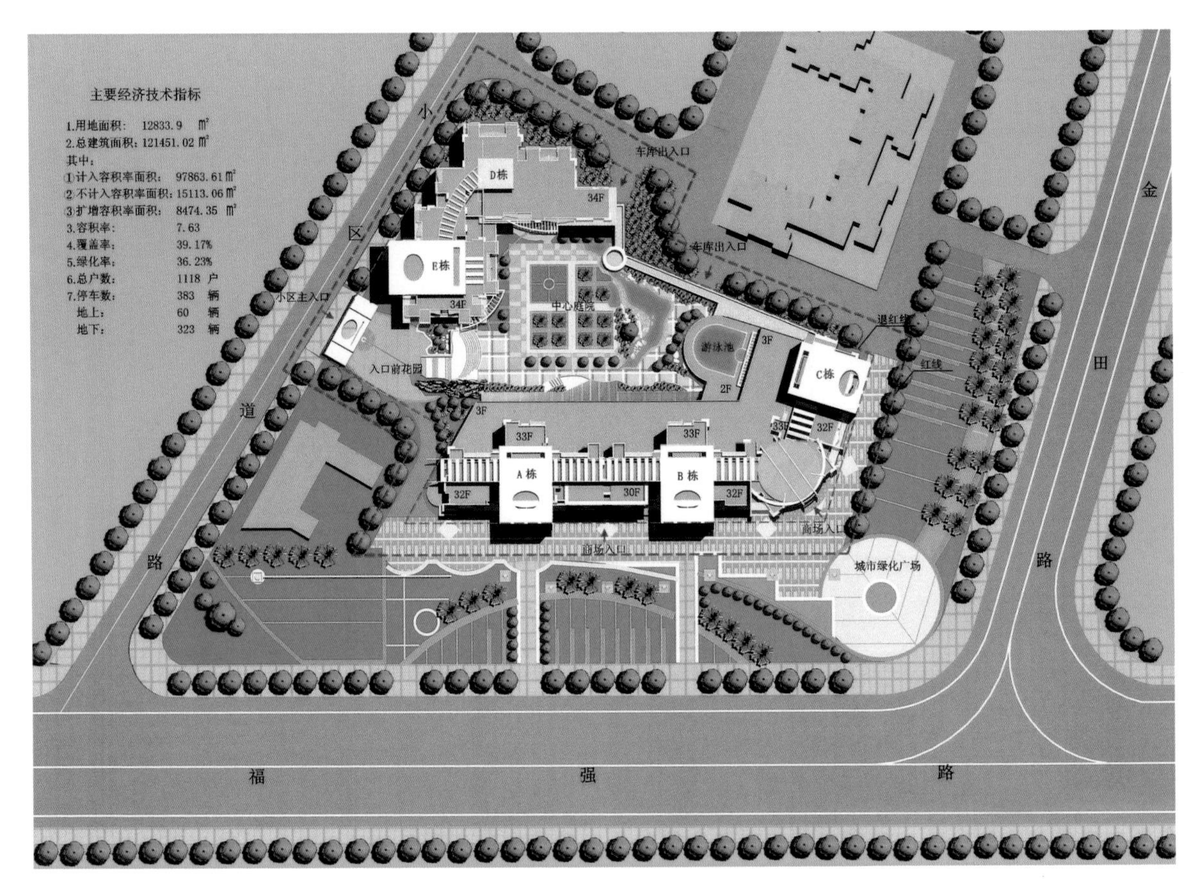

说明：盈翠豪庭位于皇岗口岸区域，金田路以西，福强路以北，是一个住宅、商业服务、会所配套的商住楼群。由于用地较为狭窄且不规整，规划时尽可能将建筑物沿用地周边布置，留下较为完整的内部空间。沿福强路和金田路布置一幢 33 层板式住宅楼（分为 A、B、 C 三个单元），并将 11000 平方米商业裙房布置在它的三层裙房中。在用地西北角布置一幢 34 层“L”型住宅楼（分为 D、E 两个单元）。两幢住宅楼均安排了空中花园。

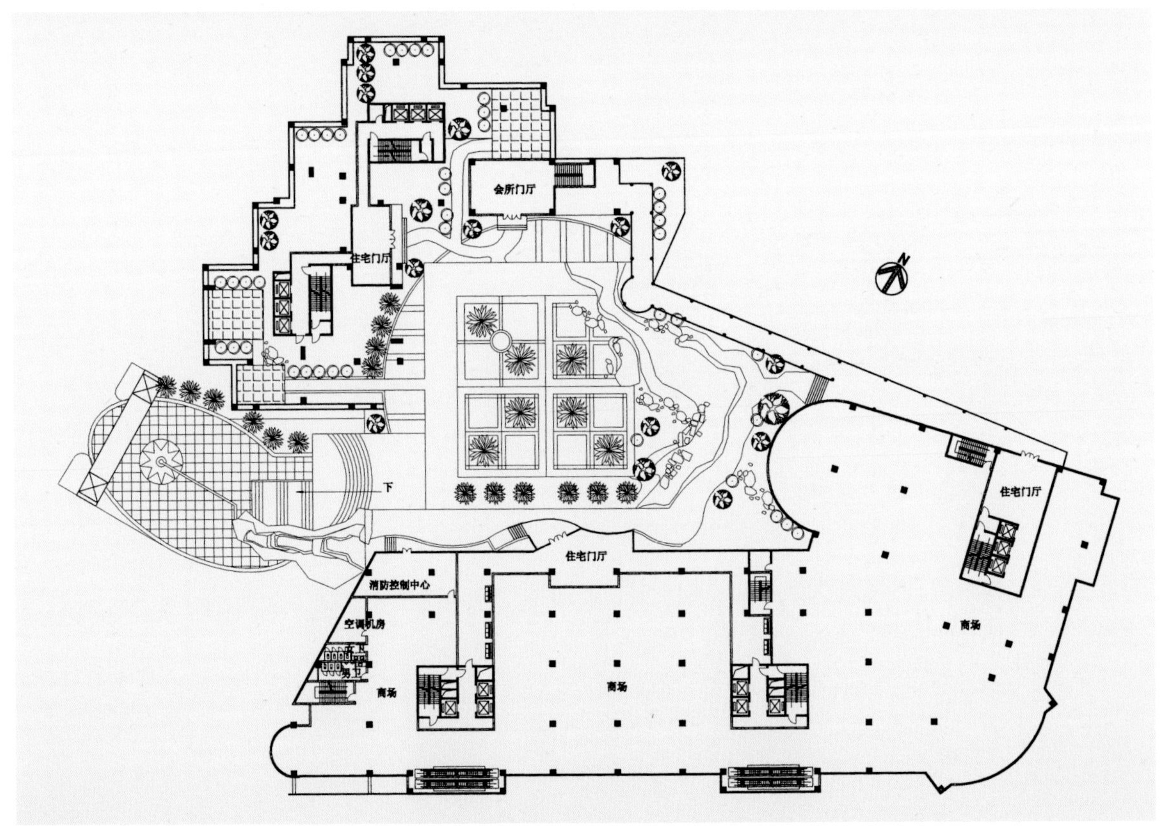

首层平面图

盈翠豪庭东南面沿街透视图

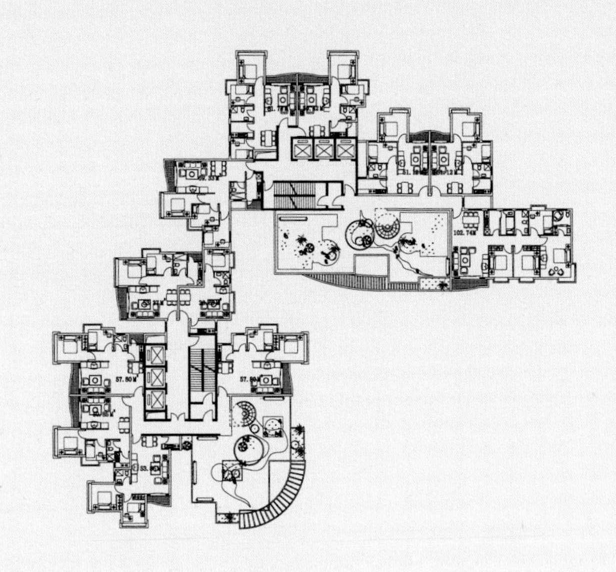

D、E 单元,十四、十五、二十二、二十三、三十、三十一层平面图

剖面图

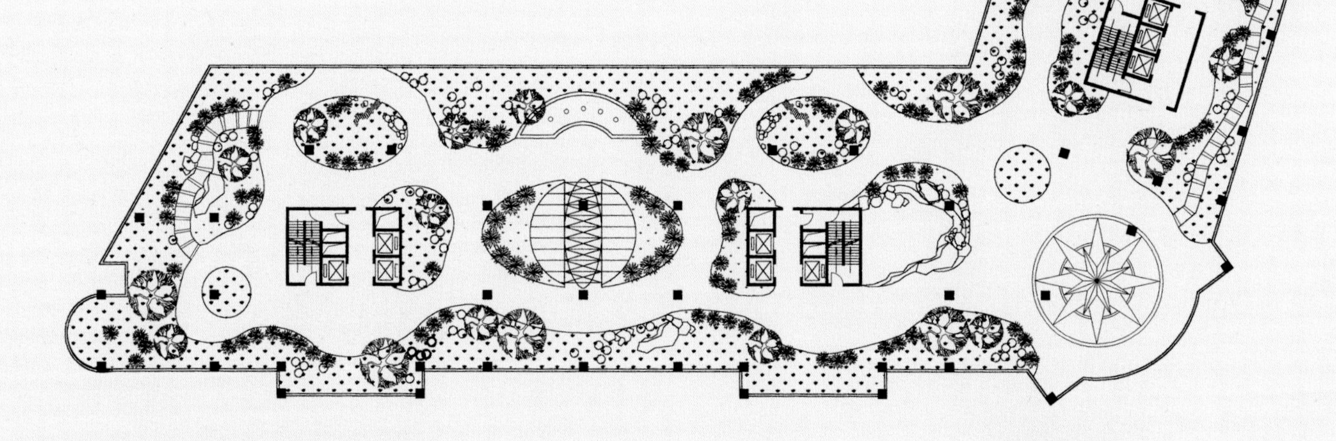

A、B、C 单元裙楼房屋顶花园平面图

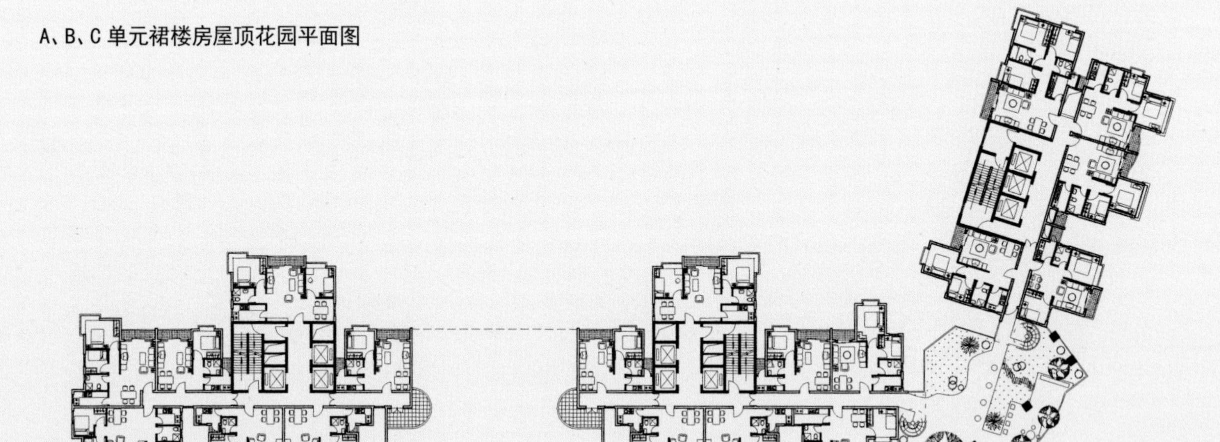

A、B、C 单元十、十一层平面图

盈翠豪庭内庭园

46 深圳市 TCL 研发大厦第一方案

方案设计	彭其兰　蔡军　张涛　西楠
功　　能	办公
用地面积	15147 平方米
总建筑面积	81320 平方米
总　高　度	80.7 米，20 层
设计时间	2000 年 6 月

说明：TCL 办公大厦位于深圳科技工业园南区，是一座高科技、智能型的科研办公大厦。北临深南大道，南临经纬路，东为小区干道。它将是高新村的一座标志性建筑。整幢大厦由东西两大体块连接而成。东塔楼平面 39 米 ×37 米，西塔楼 75 米 ×37 米。

建筑布局：

1. 在连接两幢塔楼的共享空间内部设置新产品展示空间。

2. 裙房：一层东侧部分为职工餐厅及接待餐厅，二、三层设置了部分多功能空间及康乐设施、小型报告厅和高级会所。

3、四至二十层为办公空间，其间有多功能生态空间穿插在内。

4. 在两塔楼上部相连三层大空间，利用大跨度结构体系，设置国际会议中心和高级学术报告厅等。具有极佳景观效果。

5. 顶层屋面上设置长达 150 米的空中休息长廊。

6. 在建筑东侧设置晨练广场，南侧主入口部分设置景观平台、景观水池，一片斜墙穿插其间。

7. 建筑底部设置两层地下室，作为设备用房和停车库，战时是人防地下室。

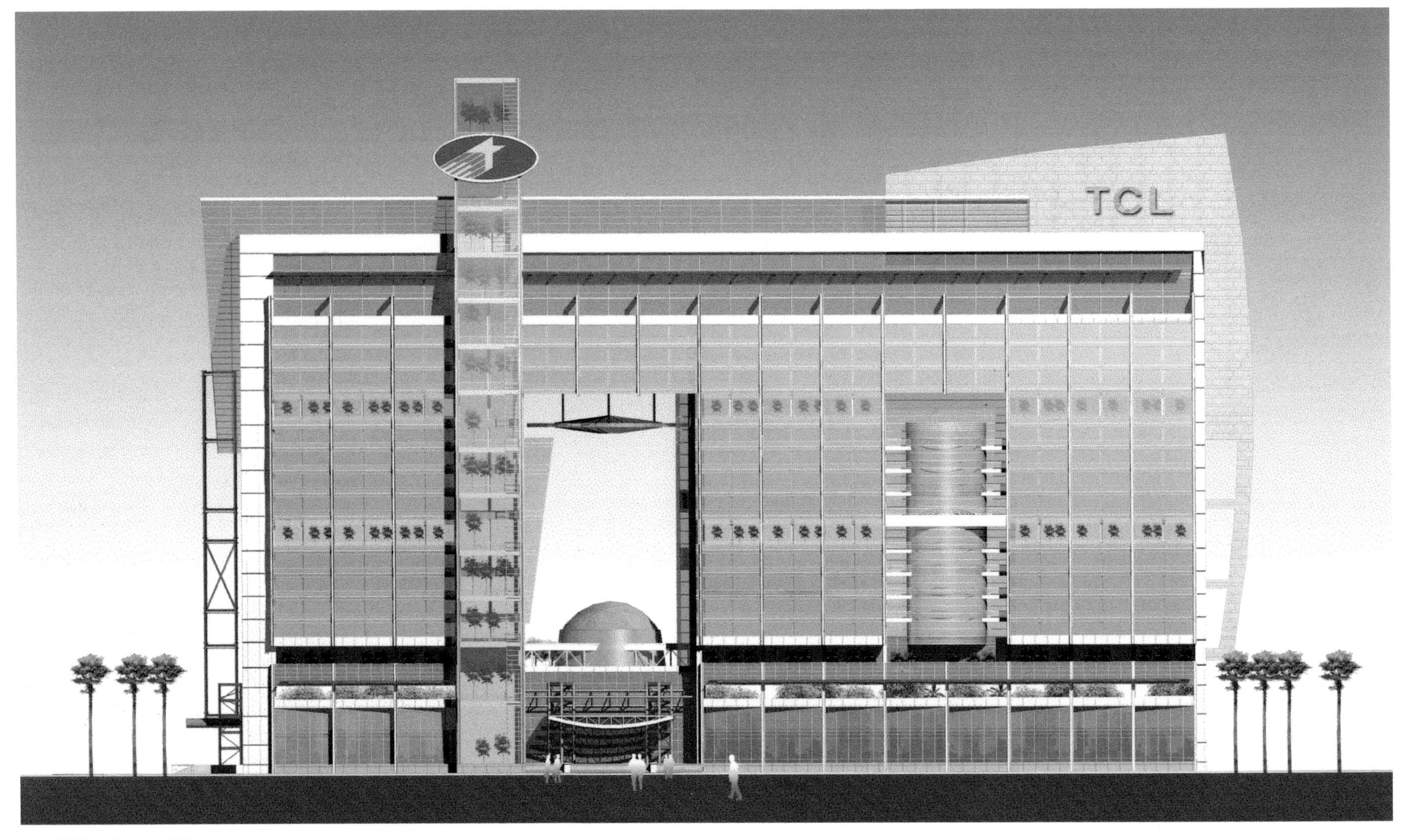

TCL 研发大厦北立面图

TCL 研发大厦东立面图

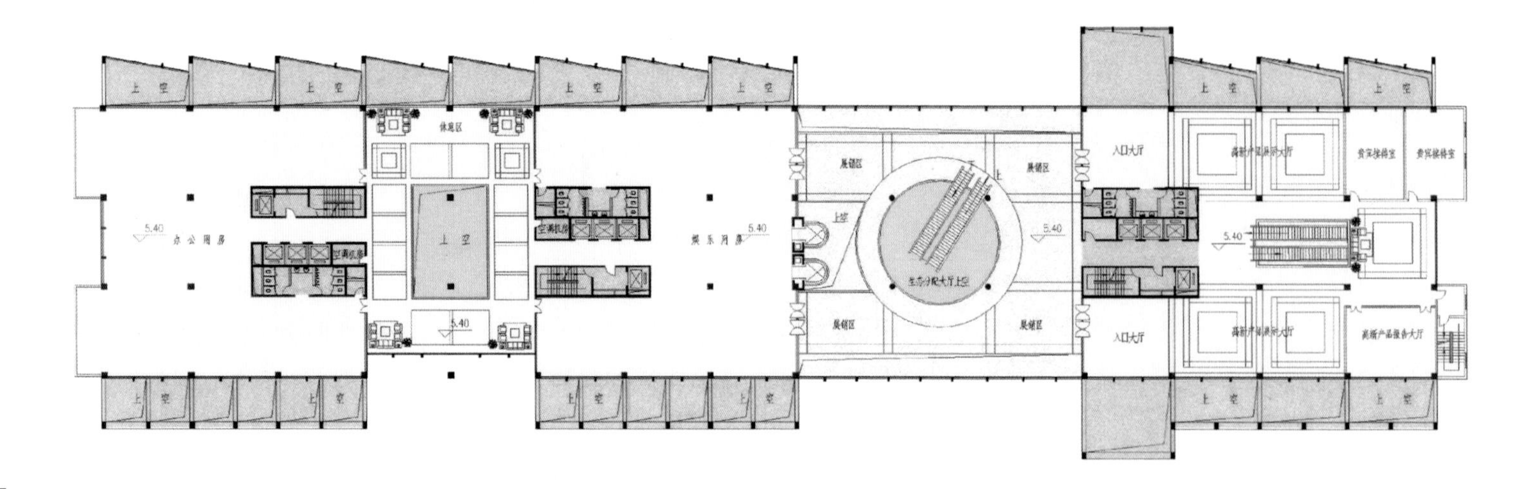

二层平面图

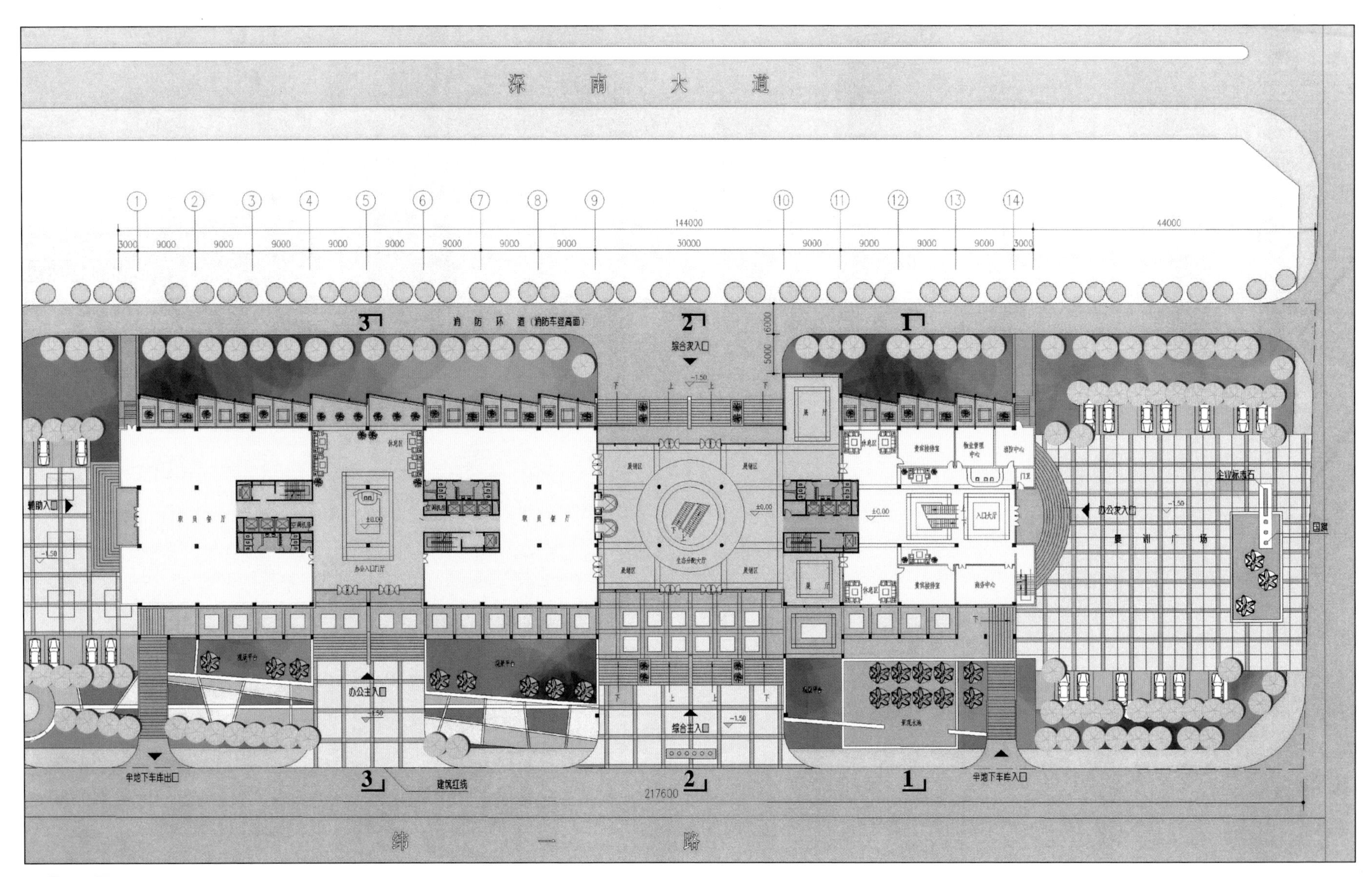

深 南 大 道
消 防 环 道（消防车登高面）
综合次入口
办公次入口
企业标志石
国旗
景 观 广 场
办公主入口
综合主入口
半地下车库出口
半地下车库入口
建筑红线
217600
144000
44000
30000
纬 一 路

一层平面图

TCL 研发大厦南立面图

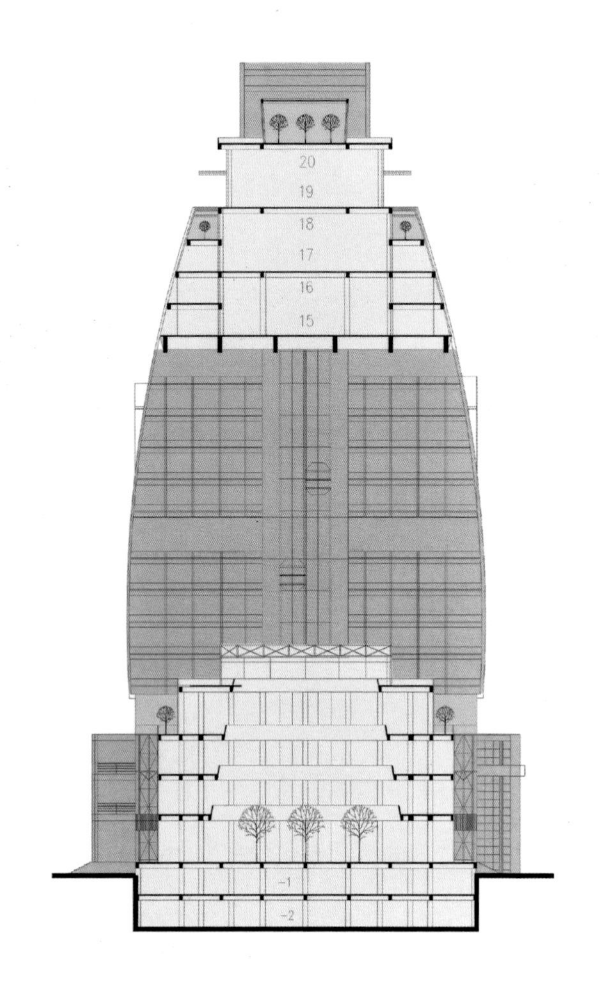

剖面图 1-1

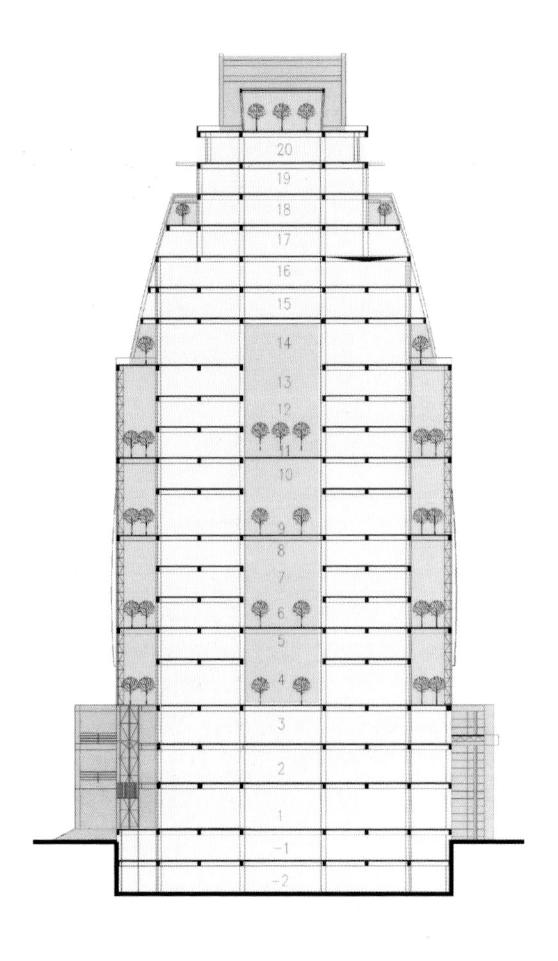

剖面图 2-2

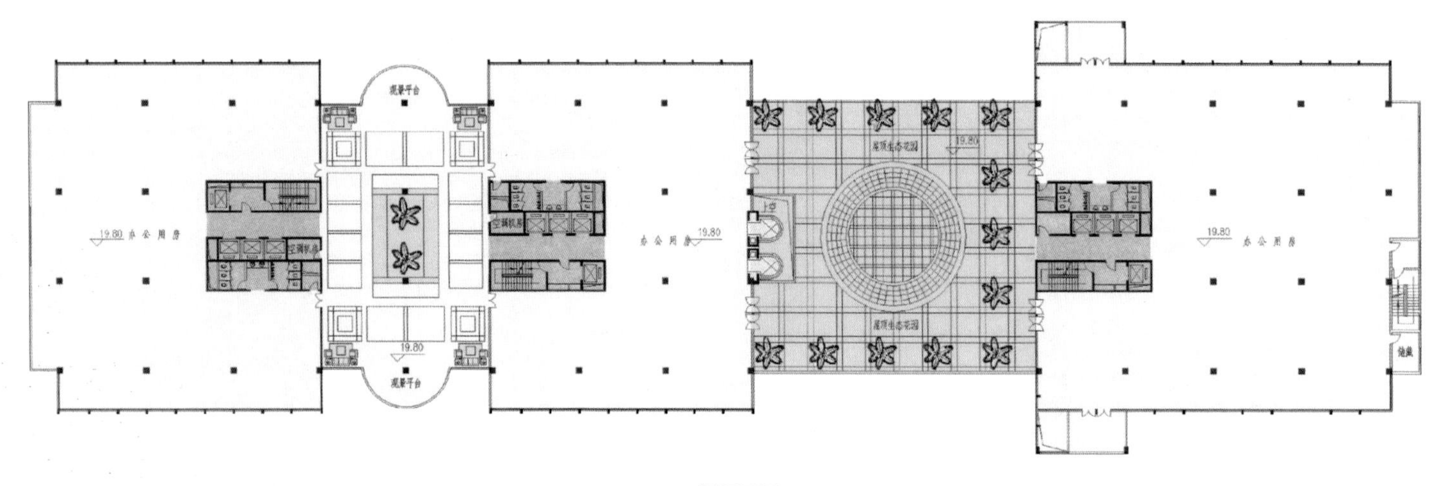

五层平面图

TCL 研发大厦透视图

47 深圳市 TCL 研发大厦第二方案

方 案 设 计　彭其兰　马旭生　邢日瀚　朱 丹

功　　　能　办公

用 地 面 积　15147 平方米

总建筑面积　7.4 万平方米

设 计 时 间　2001 年 3 月

注：邢日瀚　香港日瀚国际文化有限公司总经理、高级建筑师

说明：当人们在快速干道上快速移动着欣赏干道两边的建筑时，总有一种朦胧美的感受，这是现代交通工具的发展，为人们所提供的一种欣赏建筑艺术的特殊环境。时间，也即速度，影响了人们对建筑的观感。作为一个建筑师，在进行建筑艺术创作时，我们是否应该把这个时间概念，也即四维空间，作为影响建筑形象创作的一个因素考虑进去？多一个四维空间的考虑因素，多一个制约条件，如能较好地诠释和解决这个制约因素，也许可以创作出全新的建筑空间形象来。如何把时间四维空间因素应用在建筑创作上，这是我多年来经常思考的一个问题。

每当我坐车在深南大道上快速奔驰观赏路边的建筑时，这个时间四维空间的概念，总在我心中跳动。终于，这个机会出现了。TCL 办公楼就将建在快速干道深南大道南侧，应用时间四维空间的概念，我同我的伙伴们终于构思出具有动感的建筑形象（见图）。当人们快速前进在深南大道上，欣赏 TCL 办公大楼时，将会有一番新的感受。当然，我们也特别注意建筑的细部的设计，以便人们在人行道上慢速度欣赏 TCL 大楼时，仍然可以感受到现代建筑技术在细部设计上的精巧。建筑作为凝固的音乐，在新的历史条件下将会变成流动的音乐，动感的音乐。

这是我们运用四维空间概念在建筑创作上的一个新尝试、新设计。

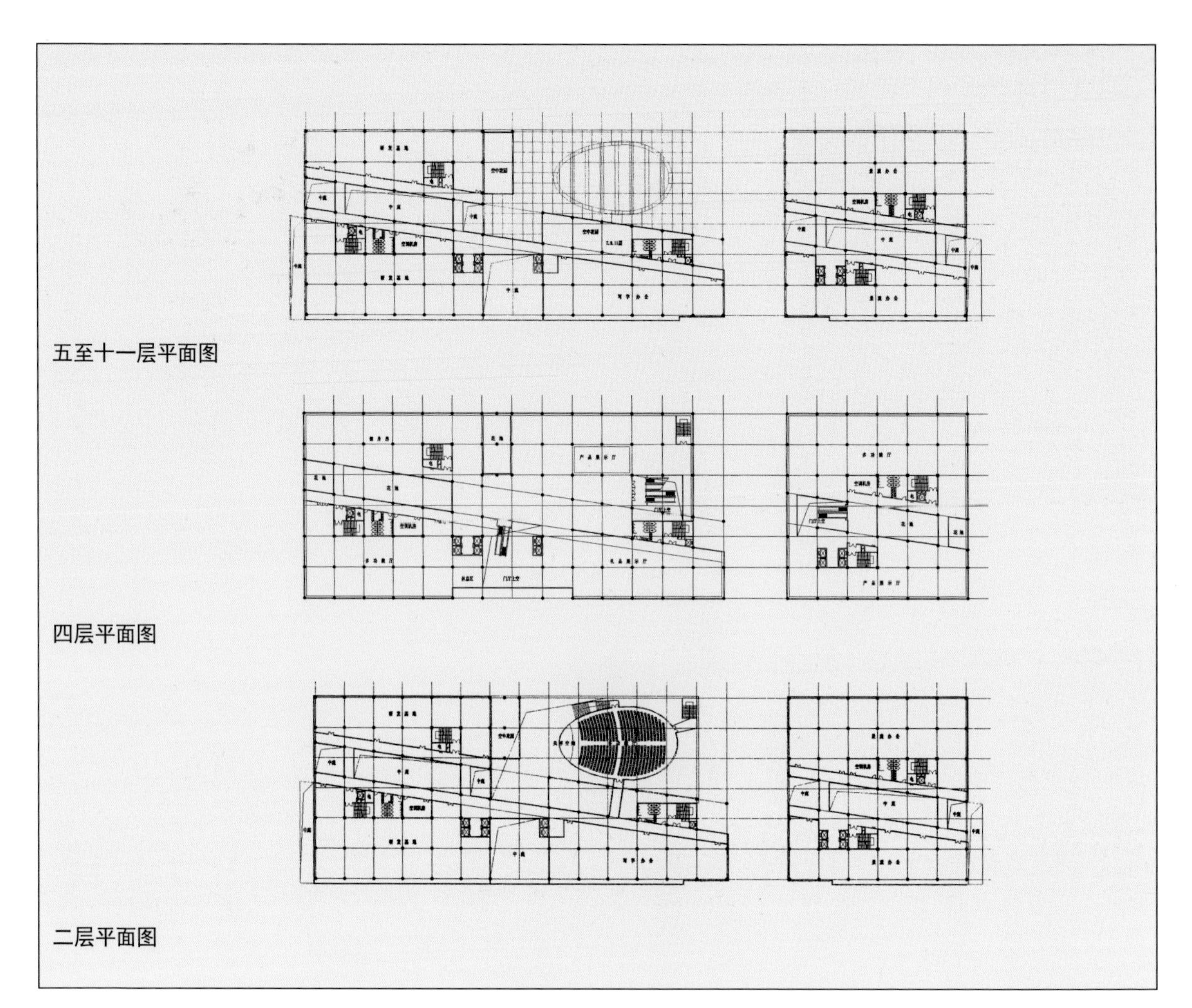

五至十一层平面图

四层平面图

二层平面图

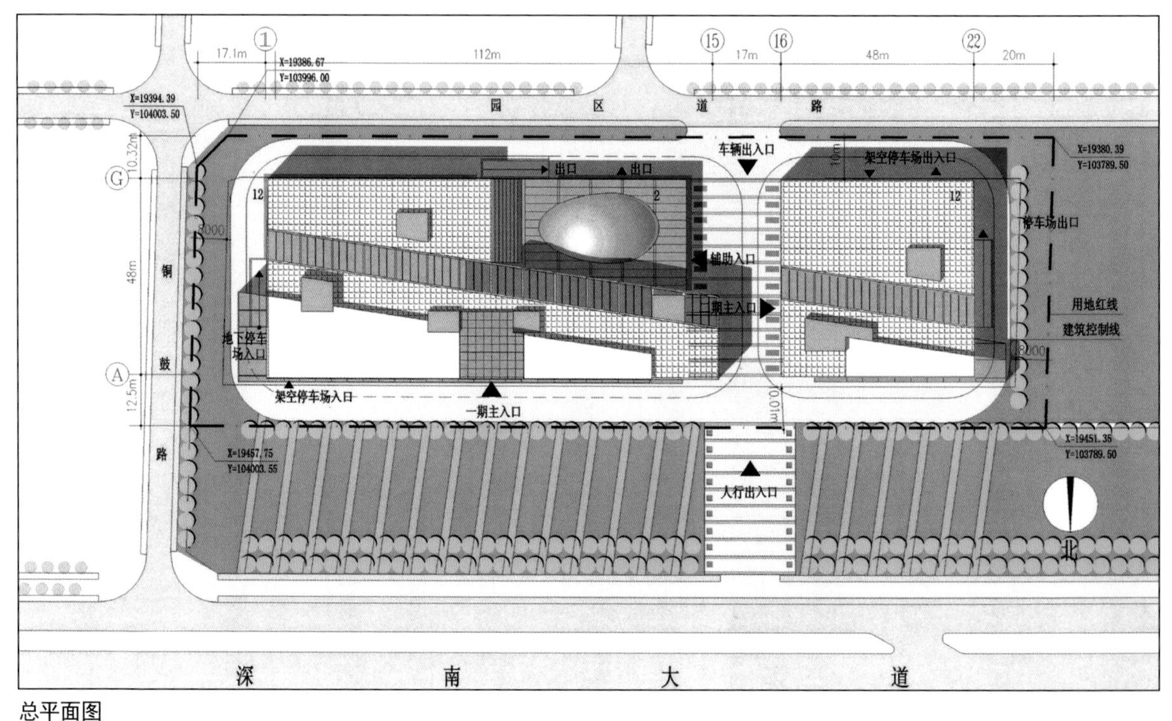

总平面图

TCL 第二方案北向透视图

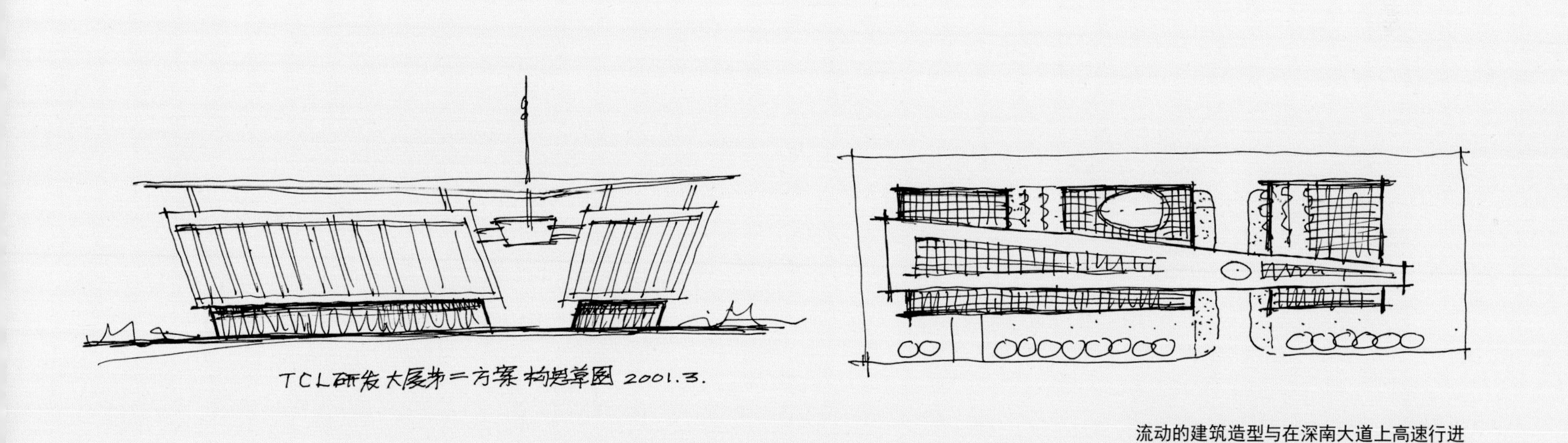

流动的建筑造型与在深南大道上高速行进的观赏者的欣赏环境相协调。动感建筑应该是时代的产物。

南立面夜景图

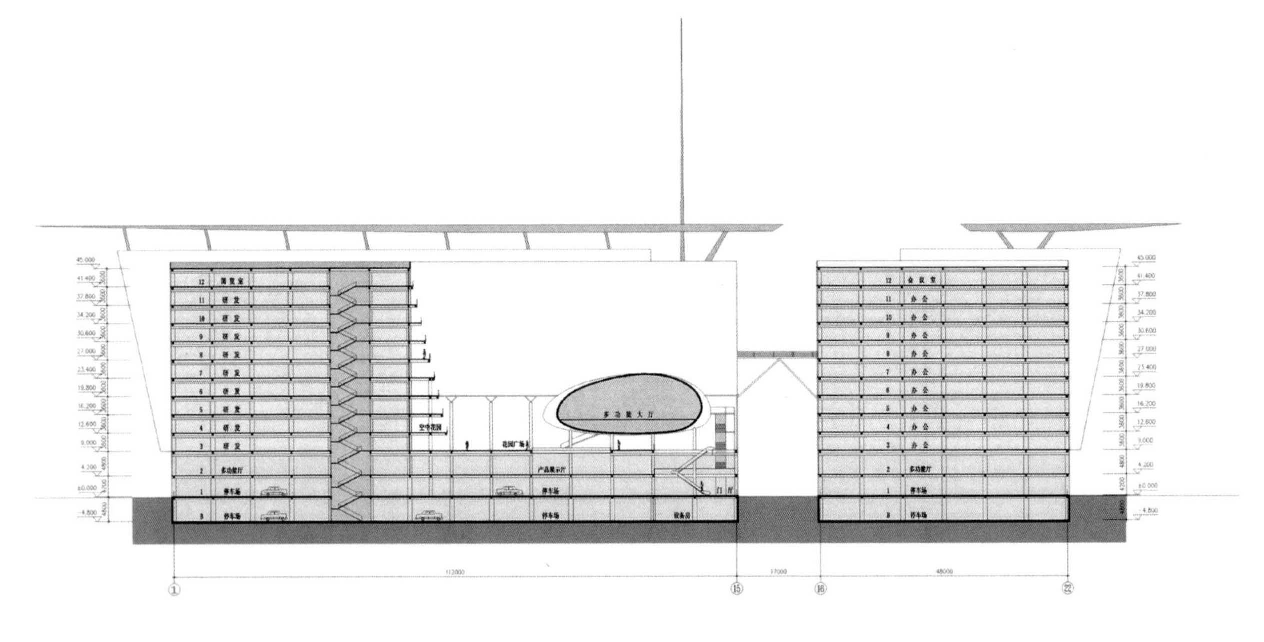

剖面示意图

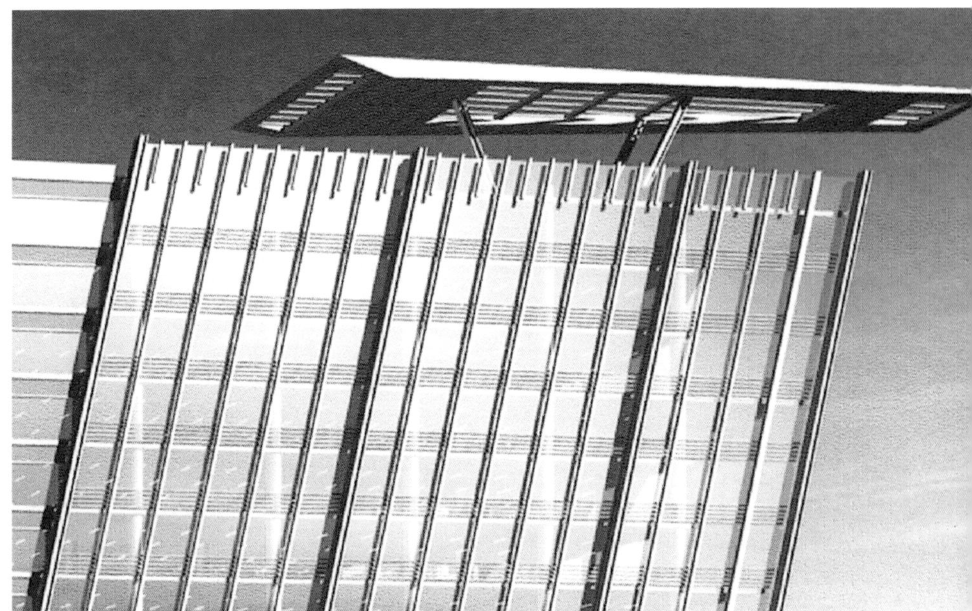

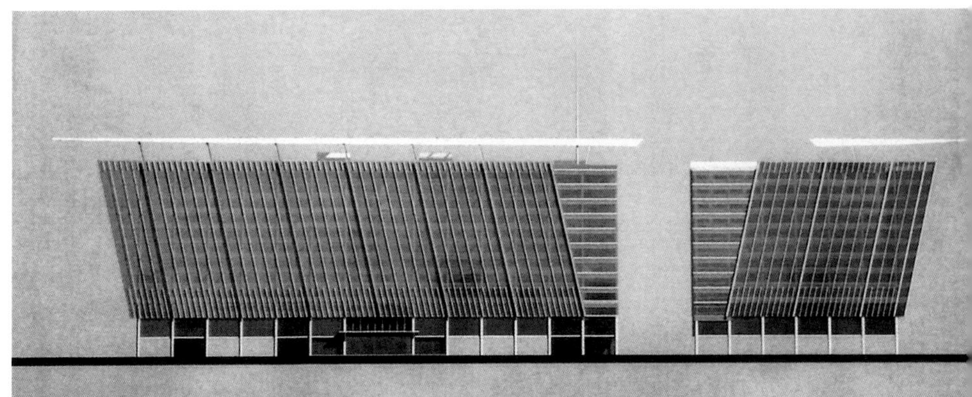

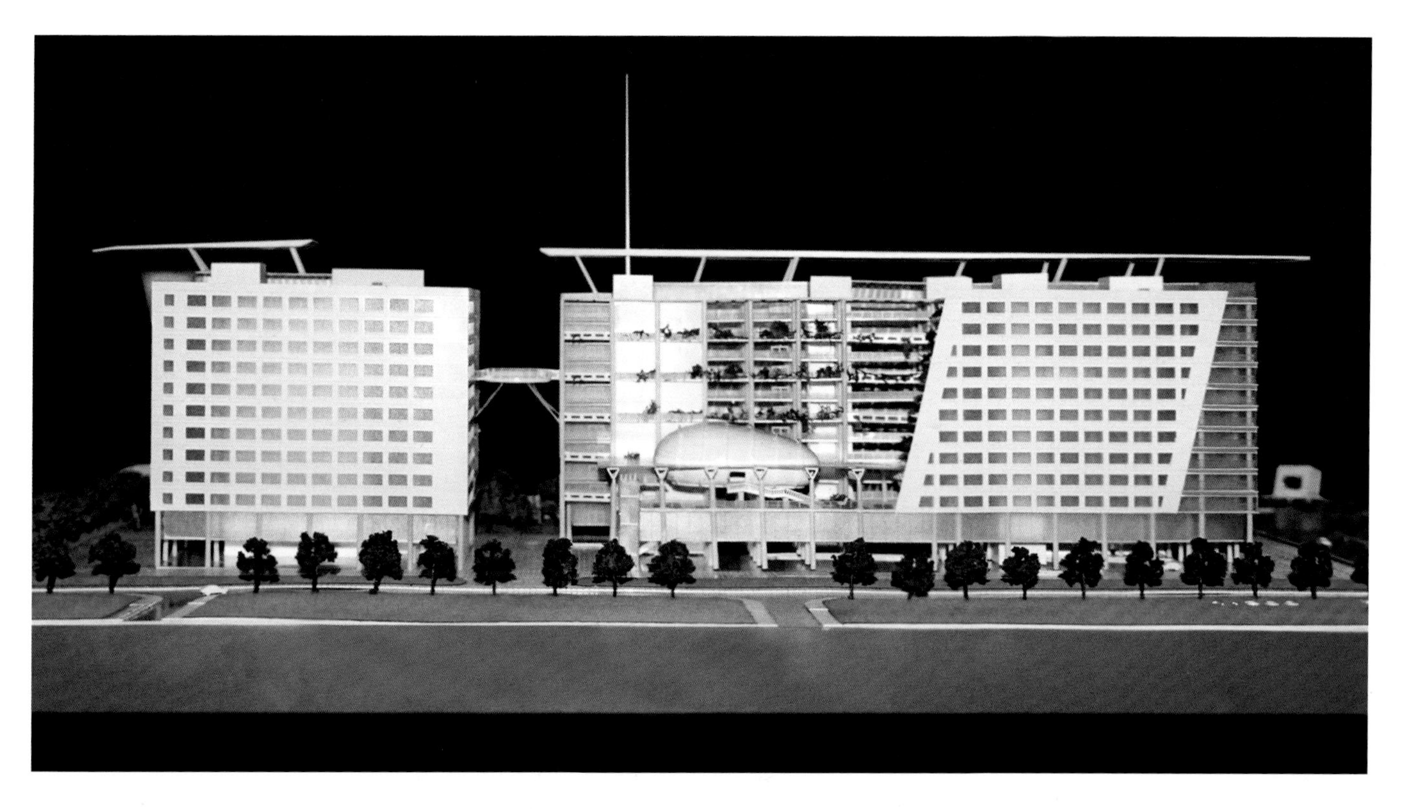

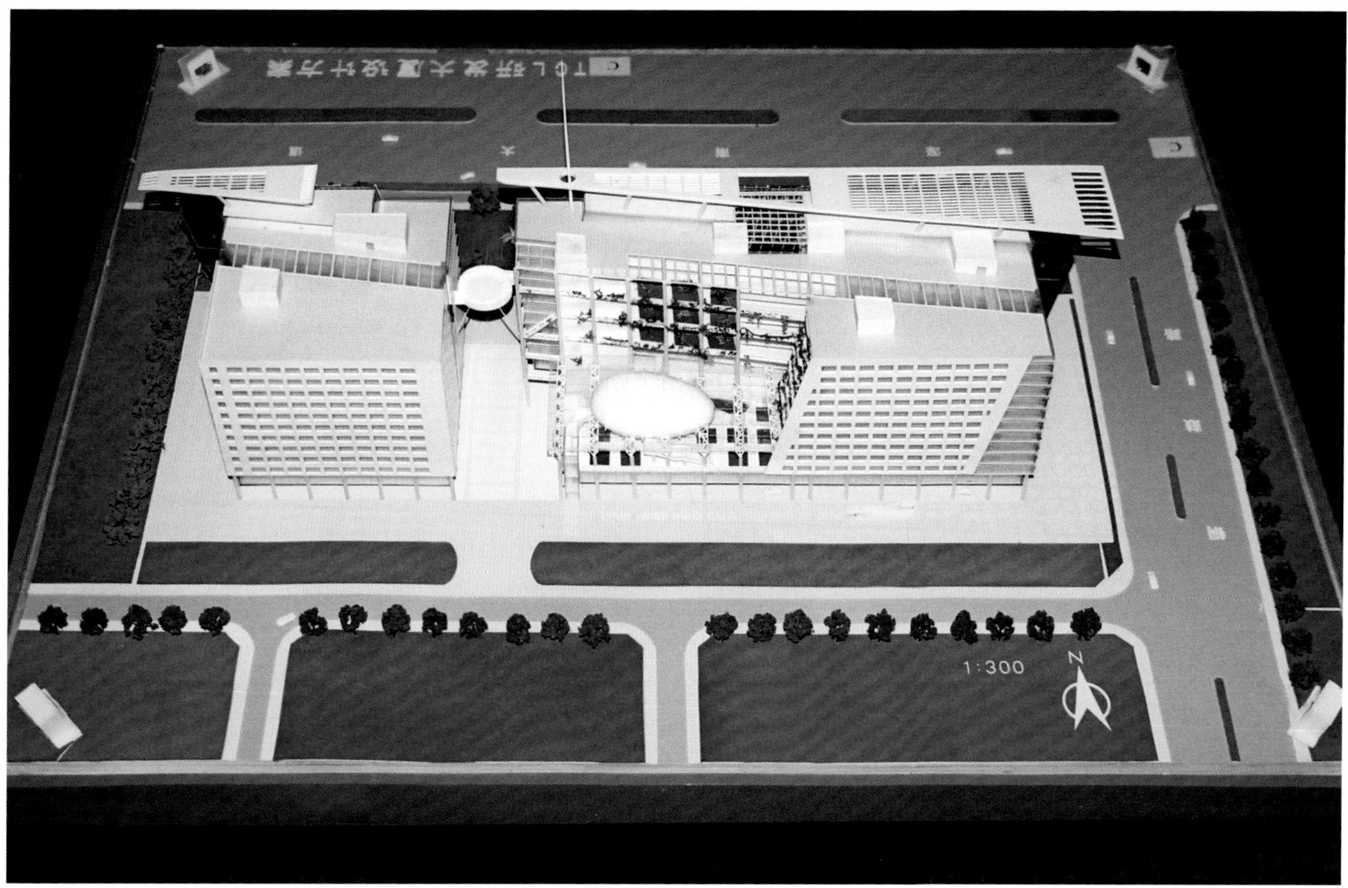
TCL研发大厦设计方案
1:300
N

48 珠海演艺文化中心设计方案

方案设计　彭其兰　张　涛　黄　昕
功　　能　演艺中心、综艺中心、市民广场中心
建筑面积　7.7万平方米
设计时间　2000年3月

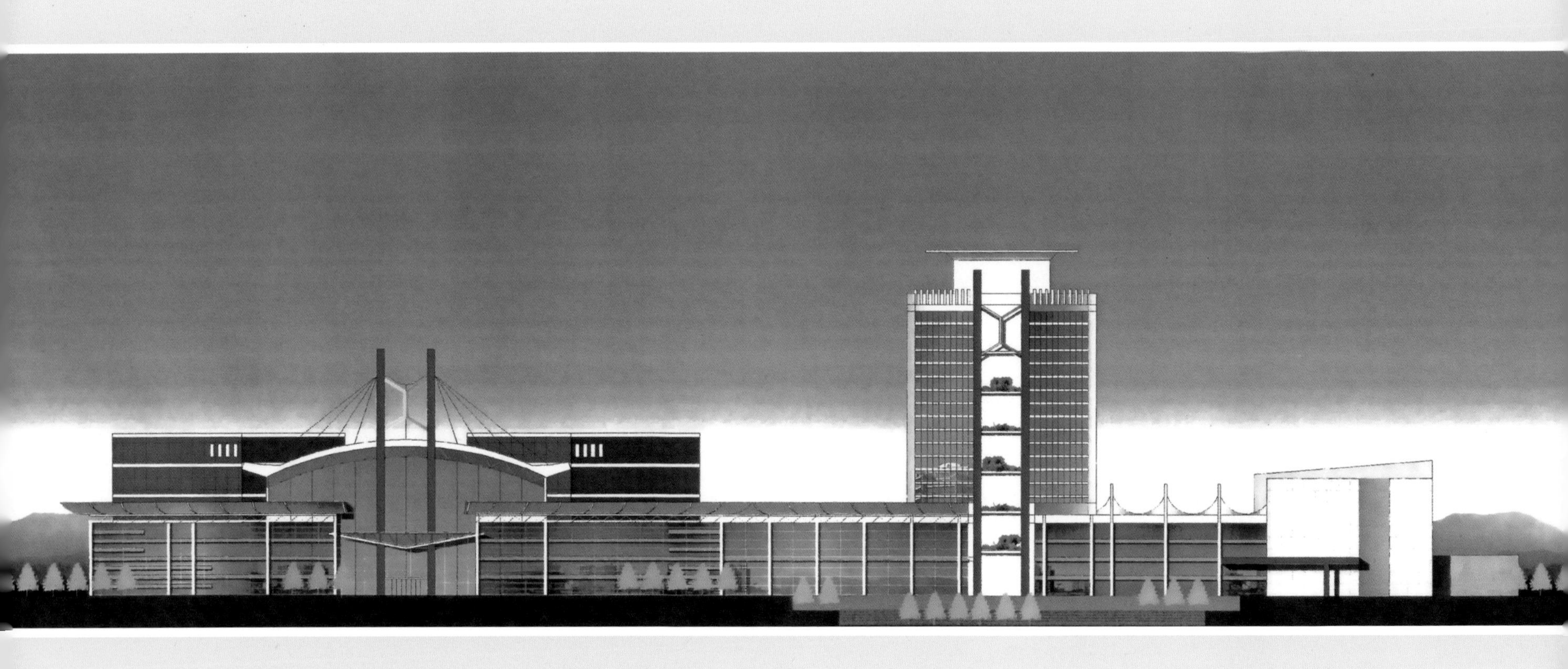

演艺中心立面图

说明：珠海文化中心位于香洲银华路以北。文化中心建成后必将成为珠海标志性建筑。

珠海文化中心有演艺中心（大剧院、音乐厅、多功能厅、小型电影院等构成）；

综艺中心（酒店、舞蹈学校、行政办公大楼等组成）；

广场中心（市民文化娱乐广场）

占地面积：8.5万平方米

总建筑面积：7.8万平方米

其中演艺中心：3.1万平方米

综合中心：4.7万平方米

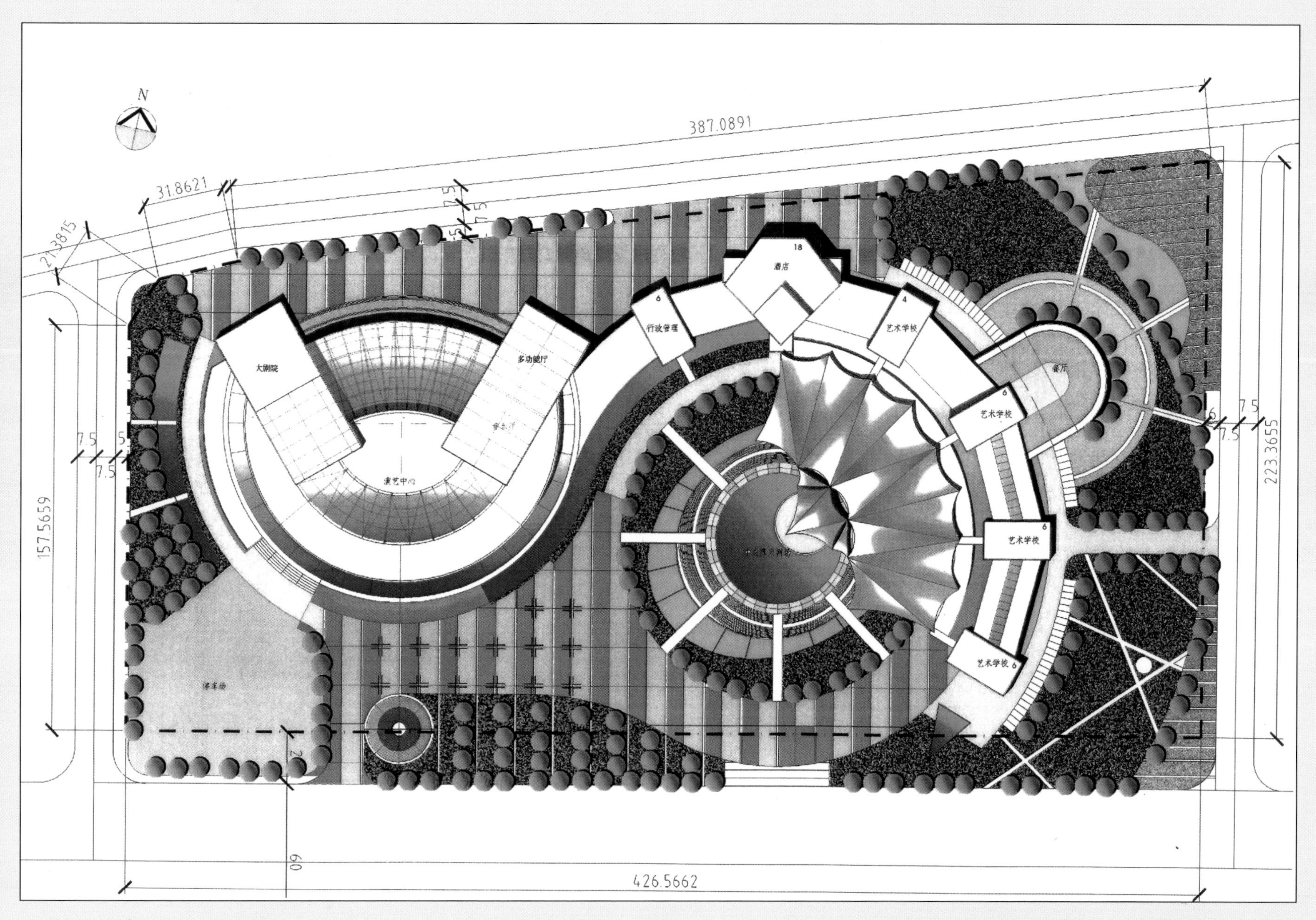
N
387.0891
31.8621
大剧院
多功能厅
演艺中心
行政管理
酒店
艺术学校
艺术学校
艺术学校
艺术学校
餐厅
157.5659
223.3655
426.5662
60

演艺文化中心总平面图

49 珠海扬名 商业·住宅娱乐广场方案

方案设计　彭其兰　彭东明　张文华

　　　　　吴科峰

功　　能　商业、娱乐、住宅

建筑面积　18 万平方米

设计时间　2000 年 10 月

说明：珠海市扬名商业、住宅娱乐广场位于珠海市香洲繁华商业区地段。其设计特点：顺应城市文脉，顺应环境生态发展趋势，与周边建筑环境交流融合，有机协调，形成优美的海岸线立面，丰富香洲海湾城市空间。海滨住宅每户均有良好的景观与视野，最大限度利用海景资源。高层住宅设计了多个有生活情趣的空中花园，营造良好的居住生态环境。全海景的住户与会所均与步行高架系统连接，形成灵活有趣的活动空间。

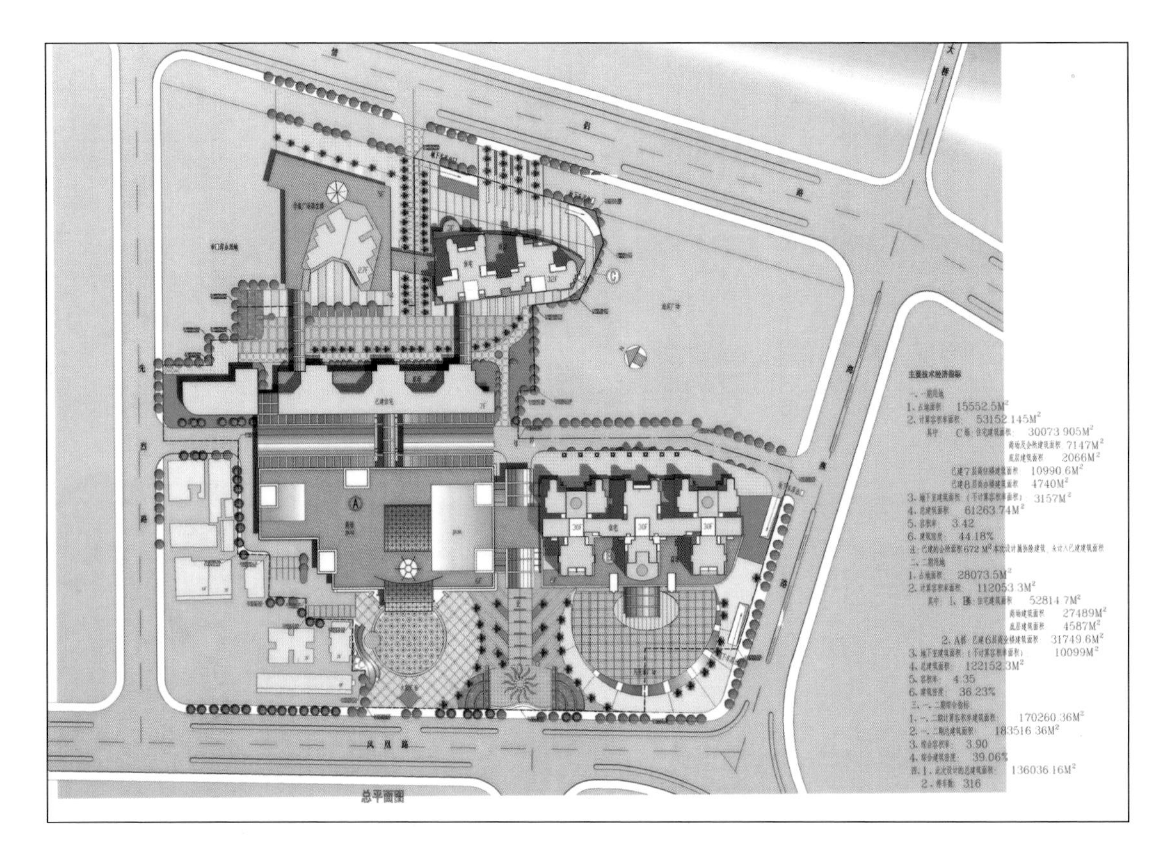

珠海扬名商业住宅楼总平面图

珠海扬名商业夜景图

商业娱乐广场效果图

商场透视图

商场内景图

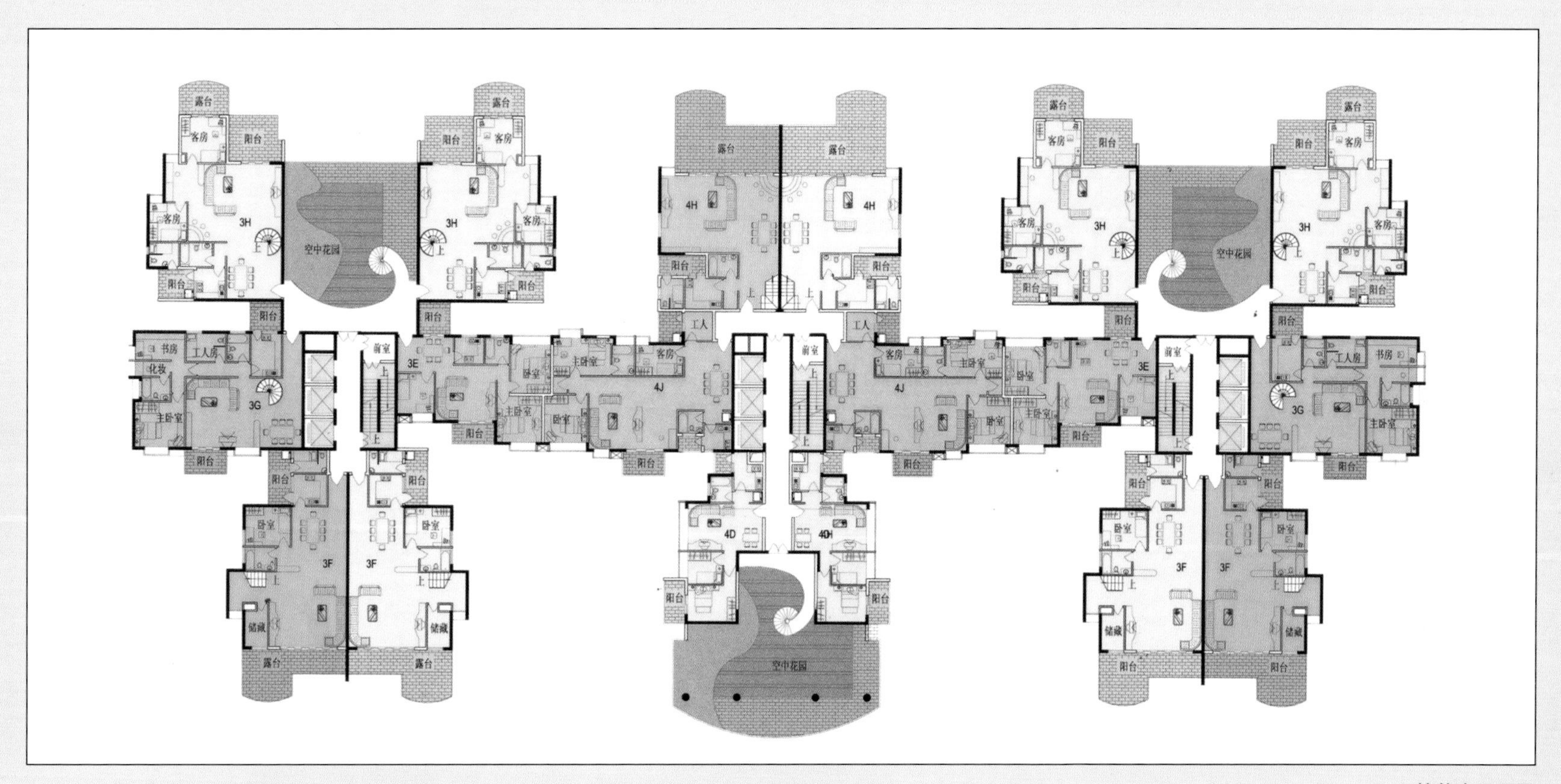

B 栋住宅平面图

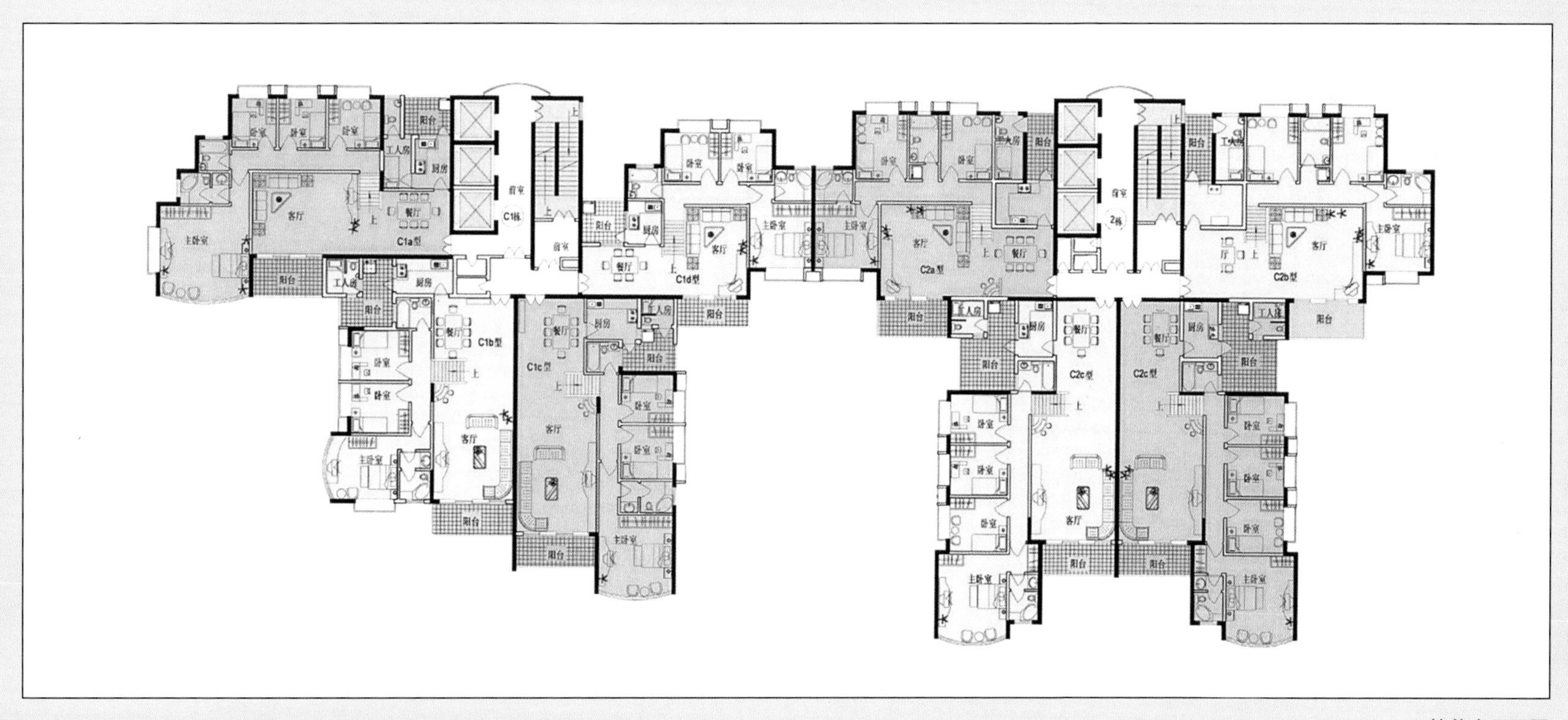

C 栋住宅平面图

50 深圳市 绿景蓝湾半岛

方案设计　彭其兰　陈炜　高旭东
　　　　　彭琛　潘磊　吴琪东
建施设计　陈炜　何健恒　彭琛
　　　　　潘磊　吴琪东
结构设计　张涛　陈察　何海峻
电　　气　郑立群
给 排 水　张迎军
空　　调　朱勇
功　　能　住宅小区
用地面积　44407 平方米
总建筑面积　23.2 万平方米
其中住宅建筑面积　15.2 万平方米
层　　数　30 层
容 积 率　4.57
覆 盖 率　20%
总 户 数　1468 户
设计时间　2001 年 3 月

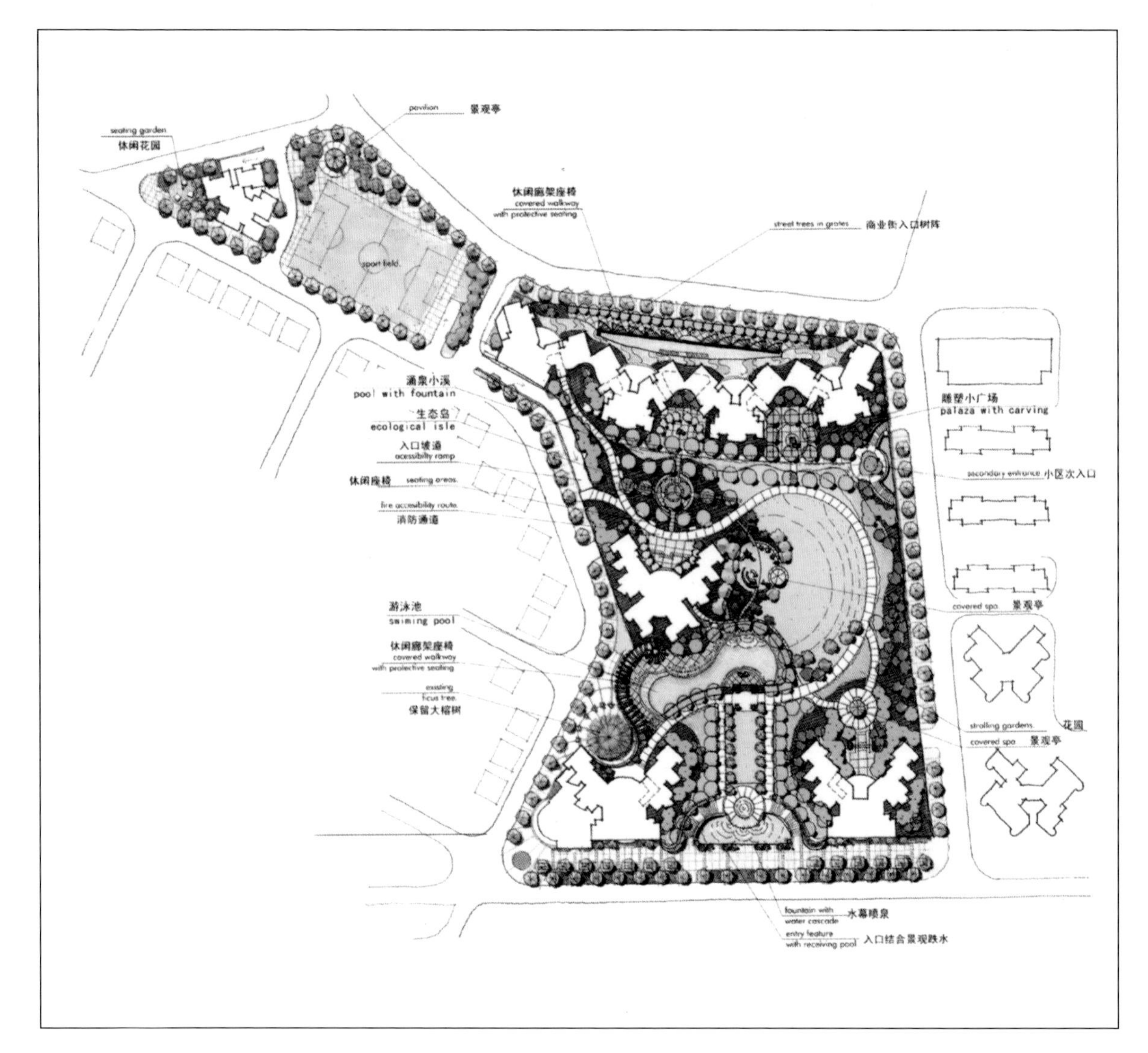

总平面图（中标后修改的实施方案）

中标方案

绿景蓝湾半岛地处福田区新洲路以西，福荣路以北。地段南临红树林自然保护区，面对深圳湾海景，百鸟齐飞，海天一色。

规划设计以海景为依托，以争取更多的海景为重点，成“S”状的南侧住宅楼有更多的面海机会，朝向也更为理想。两排住宅楼均靠用地边缘布置，并设置架空层，尽量扩大庭院空间。用地东南角的圆形建筑物中安排了商场及会所，既为居民生活所需，建筑本身也成为绿景花园住宅小区的醒目标志。

用地现状标高较周边道路低 1.5 米左右，规划设计地坪标高比道路高出 2.5 米，形成一个架空平台。平台上营造花园庭院。人行集中于平台之上，车行则在平台之下（消防车可上平台），实现人车分流，并安排了地下车库。

住宅采用一梯四户、大面宽、小进深模式（必要时可改为大户型一梯两户），采光通风及视野条件相当优越。建筑外观的横线条形成连续、层叠曲线。实墙及玻璃用淡绿色，与环境融为一体，呈现海景与绿景的和谐统一。（此为投标方案的设计说明）。

实施方案透视图

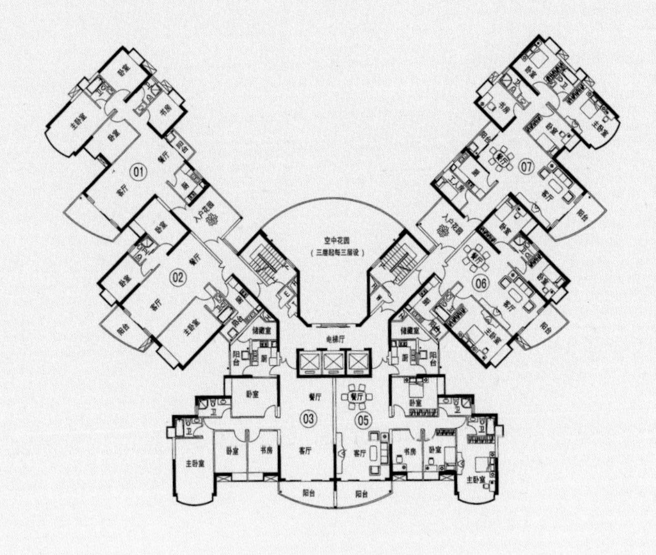

A 型标准层平面图

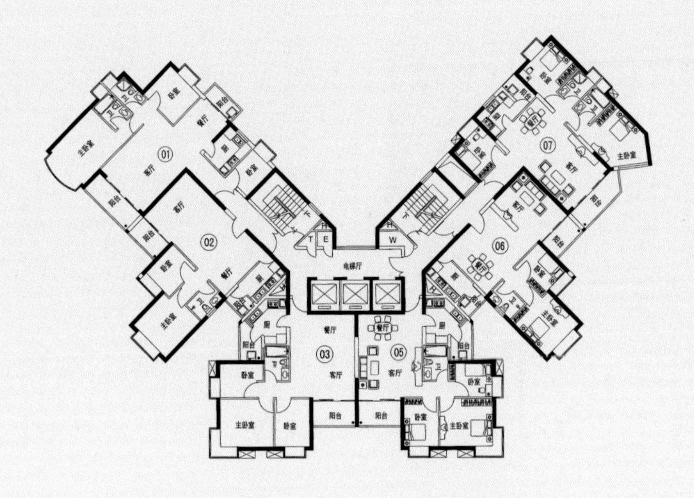

D 型标准层平面图

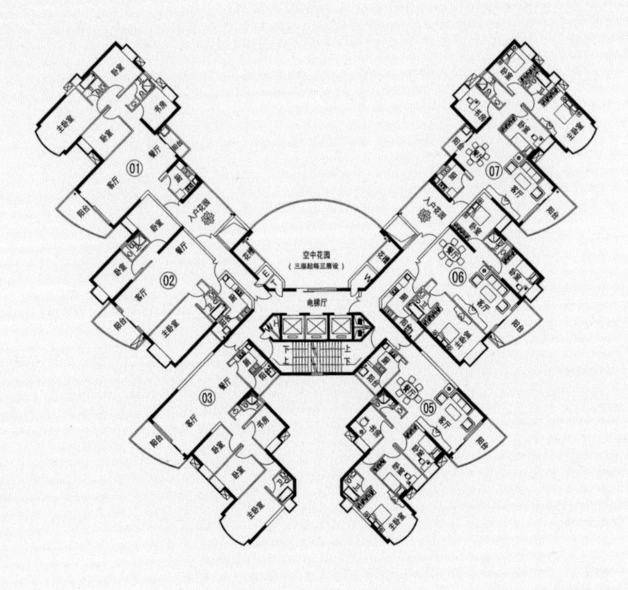

C 型标准层平面图

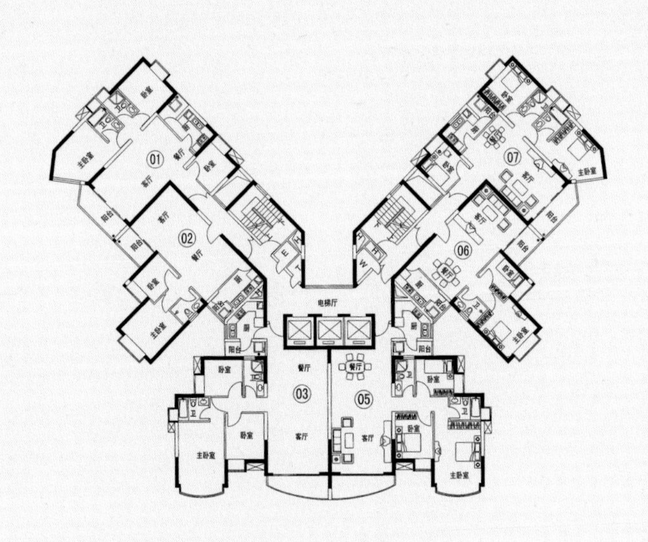

E 型标准层平面图

蓝湾半岛南向透视图

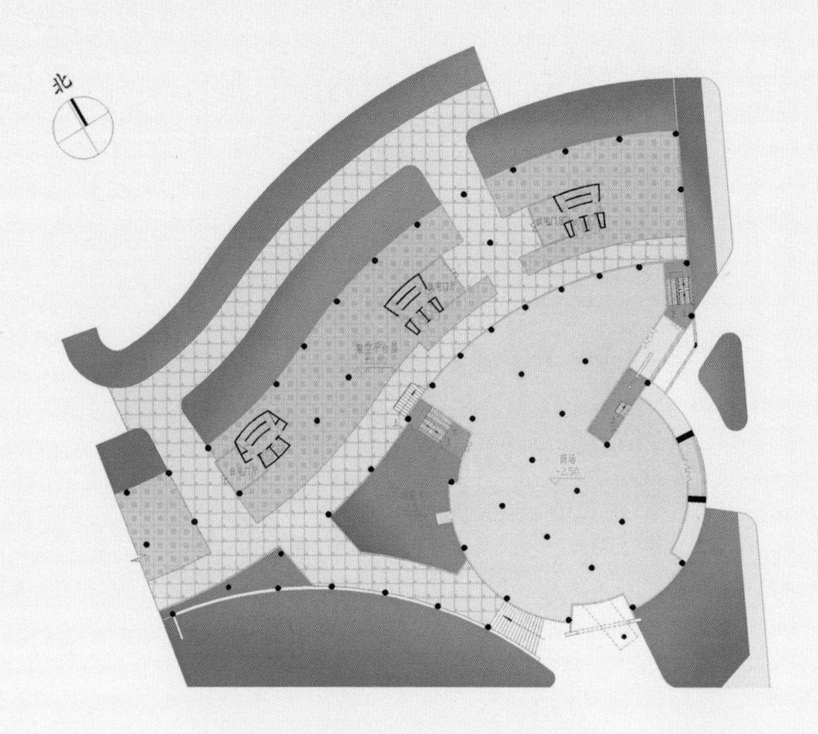

会所一层平面图（中标方案的会所平面图）

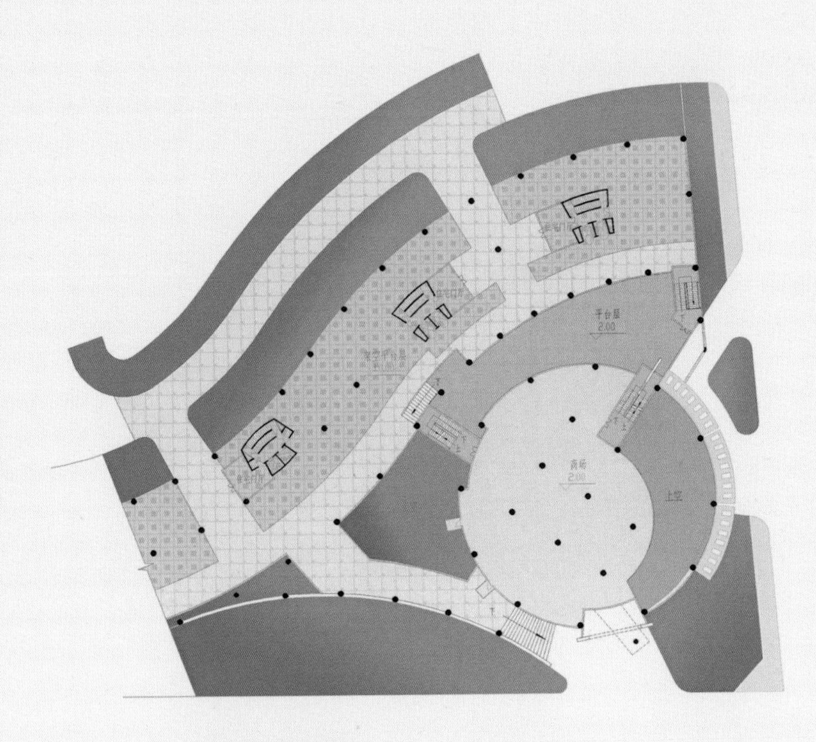

会所二层平面图

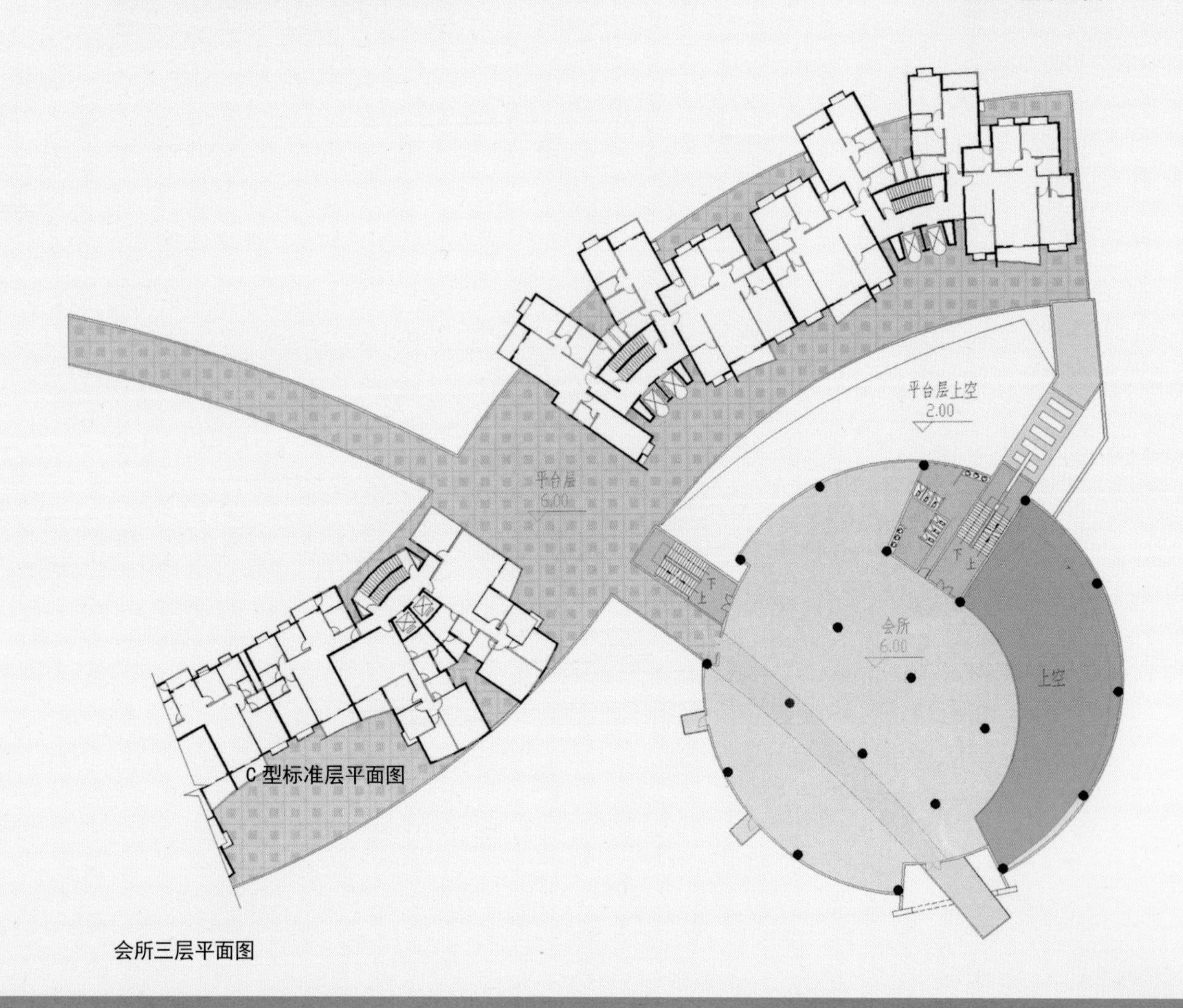

会所三层平面图

中标方案会所透视图

最终实施方案小区庭园规划图

51 北京师范大学珠海校园总体规划

方案设计　彭其兰　蔡　军　冯文欣　黄　昕　吴琪东
功　　能　大学校园
总用地面积　333.3 万平方米
可建设用地面积　112.9 万平方米
总建筑面积　69.5 万平方米
设计时间　2001 年 6 月

概况

北师大珠海校园位于珠海市香洲区金鼎镇，总体规划用地面积 333.3 公顷，可建设用地面积约 112.69 公顷（25 米等高线以下）。该校园为超大规模高校，建设规划学生人数 18000 人，师生比例 1：15。A 区为一期建设，规划用地约 22 万平方米，学生人数 3000 人，建设面积 10 万平方米。

总体规划构思

(1) 整体规划体现现代化、国际化、区域化、网络化、特色化原则，规划思想及理念超前新颖，具有前瞻性。

(2) 充分依托现有自然资源，结合利用现有地形，强调特定地形下的特殊规划产物，强调自身特色。

(3) 充分体现“以人为本，以学生为本”的规划思想，考虑教学及学生日常学习、生活、运动、休息等诸多要素，满足使用者物质和精神上的要求。

(4) 创造最优美的校园环境、校园景观，提出园林化的环境设计，充分体现环境意念和绿色文化的内涵。提出“城中之园，园中之校”的理念，达到“生态高校”境界，作为我们整个设计的主题。

(5) 响应党的教育改革的要求，做到“学科分流，资源共享”，提出“细胞系统及网络模块布局”模式。

(6) 交通组织合理，基地道路层次分明，秩序井然，强调人行交流式路径，人车尽量分流，并最低限度减少道路噪音对教学及学习的影响，体现以人为本的思想。道路交通使人能方便快捷到达学校每一部分。

(7) 可持续发展战略，整体规划具有灵活性，适应高校发展不确定性，具有发展上的可持续性、可变性、可操作性。

单体平面与造型设计

单体平面与造型充分体现时代感、现代感、超前式、社会化、特色化、区域化相统一原则。造型现代新颖，简洁大方，利用大面积的虚实对比，注重细部，体现高科技感及现代感，体现人文品质。单体平面，强调中庭交往空间，底层架空体现岭南及亚热带气候特色，细胞式及网络模块式设计体现最新设计理念。由于基地两侧均有高山，所以我们更加注重第五立面的设计，以柔和曲线及大面积湖面为核心，体现浪漫主义手法，整个第五立面图案感极强，像一只展翅高飞的神鹰，喻义着北师大珠海校区必将在二十一世纪大鹏展翅，大展宏图。

总体规划经济技术指标

一、总用地面积：333.30 公顷

1. 教工区用地面积：137323 平方米
2. 学生宿舍用地：299984 平方米
3. 教学区用地面积：440826 平方米
4. 后勤用地面积：81513 平方米
5. 体育用地：16725 平方米

二、可建设用地面积：12.69 公顷（25 米等高

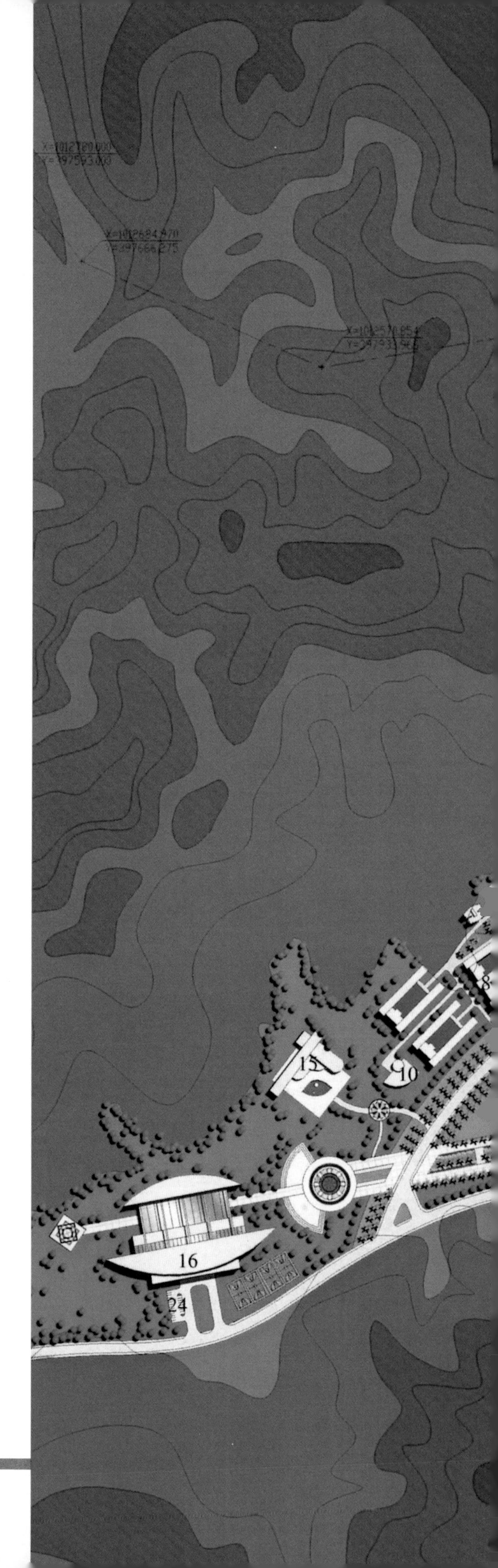

金
凤
路
N
1. 主入口
2. 中心广场
3. 图书信息中心
4. 行政办公楼
5. 学术交流中心
6. 大礼堂
7. 教学楼
8. 基础教育及实验室
9. 学生宿舍
10. 学生食堂
11. 多功能体育馆
12. 大学生活动中心
13. 游泳池
14. 体育场
15. 医疗保健中心
16. 产研中心
17. 招待所
18. 教师住宅
19. 教师会所
20. 幼儿园
21. 观景台
22. 桃李亭
23. 次入口
24. 停车场
25. 教工区入口

线以下）

三、总建筑面积：694960 平方米

四、教学科研区面积：248000 平方米

1. 教学楼：14000 平方米

2. 基础教育及实验楼 24000 平方米

3. 学术交流中心：21000 平方米

4. 图书馆及信息中心：29000 平方米

5. 产研中心：30000 平方米

五、学生生活区面积：237760 平方米

1. 宿舍：210760 平方米

2. 食堂（多功能）：27000 平方米

六、文体活动区面积：35000 平方米

1. 学生活动中心：15000 平方米

2. 多功能体育馆：10000 平方米

3. 大礼堂：10000 平方米

七、教工生活区面积：153000 平方米

1. 教工宿舍：138000 平方米

2. 会所（多功能）：12000 平方米

3. 幼儿园：2000 平方米

4，其他：1000 平方米

八、学生服务中心：6000 平方米

九、医疗保健中心：5000 平方米

十、招待所：7200 平方米

北京师范大学珠海校园鸟瞰图

北京师范大学珠海校园总体规划

行政办公楼及学术交流中心透视图

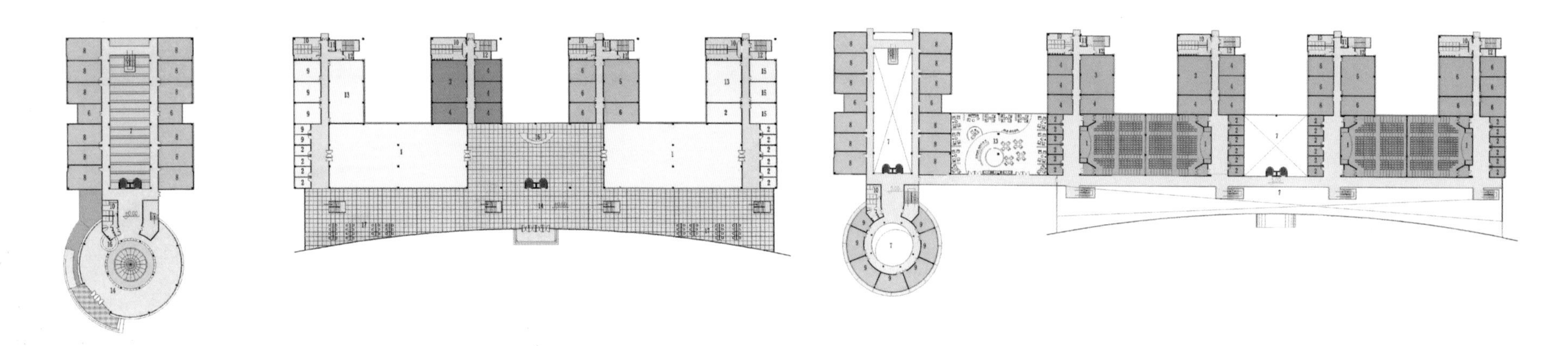

行政办公楼及学术交流中心二层平面图

行政办公楼及学术交流中心一层平面图

学术交流中心行政大楼夜景图

教学楼透视图

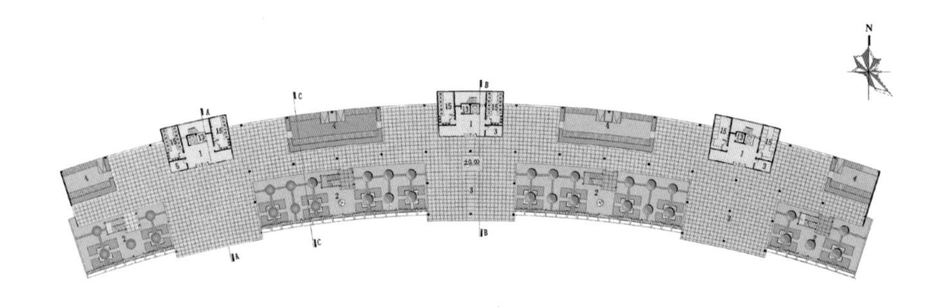

教学楼二、三层平面图

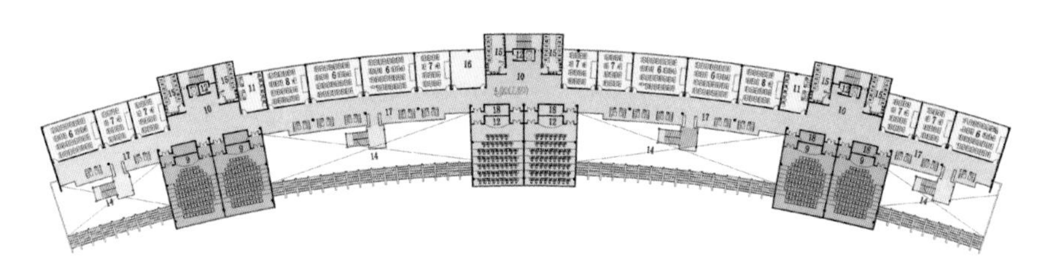

教学楼首层平面图

学生宿舍透视图

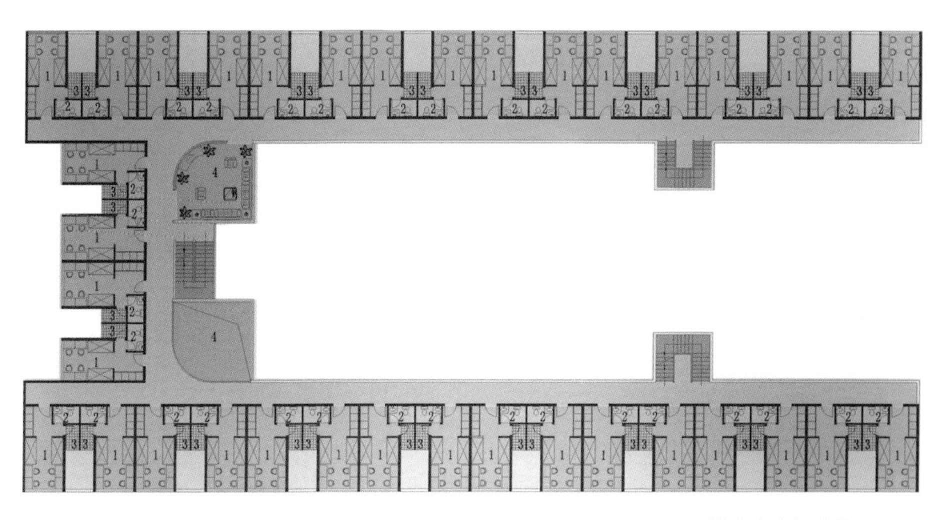

学生宿舍标准层平面图

52 北京市松林里居住小区方案

方 案 设 计	彭其兰 陈 炜 冯文欣
	藩 磊 何健恒
功 能	大型商住小区
总用地面积	8.6万平方米
总建筑面积	40万平方米
设 计 时 间	2002年

说明：设计本着“回归自然，以人为本”的宗旨，从城市空间脉络的角度出发，采用了错置、围合的布局，在充分考虑居住建筑朝向、景向、功能及与周边环境关系的基础上，努力创造出一个生态优美，空间形态丰富，多层次主体绿化与城市喧嚣相对隔绝的世内“桃源”。最大限度地增加小区的绿化含量和环境附加值，力求在众多住宅区之中脱颖而出，成为人们欢乐生活的理想家园。

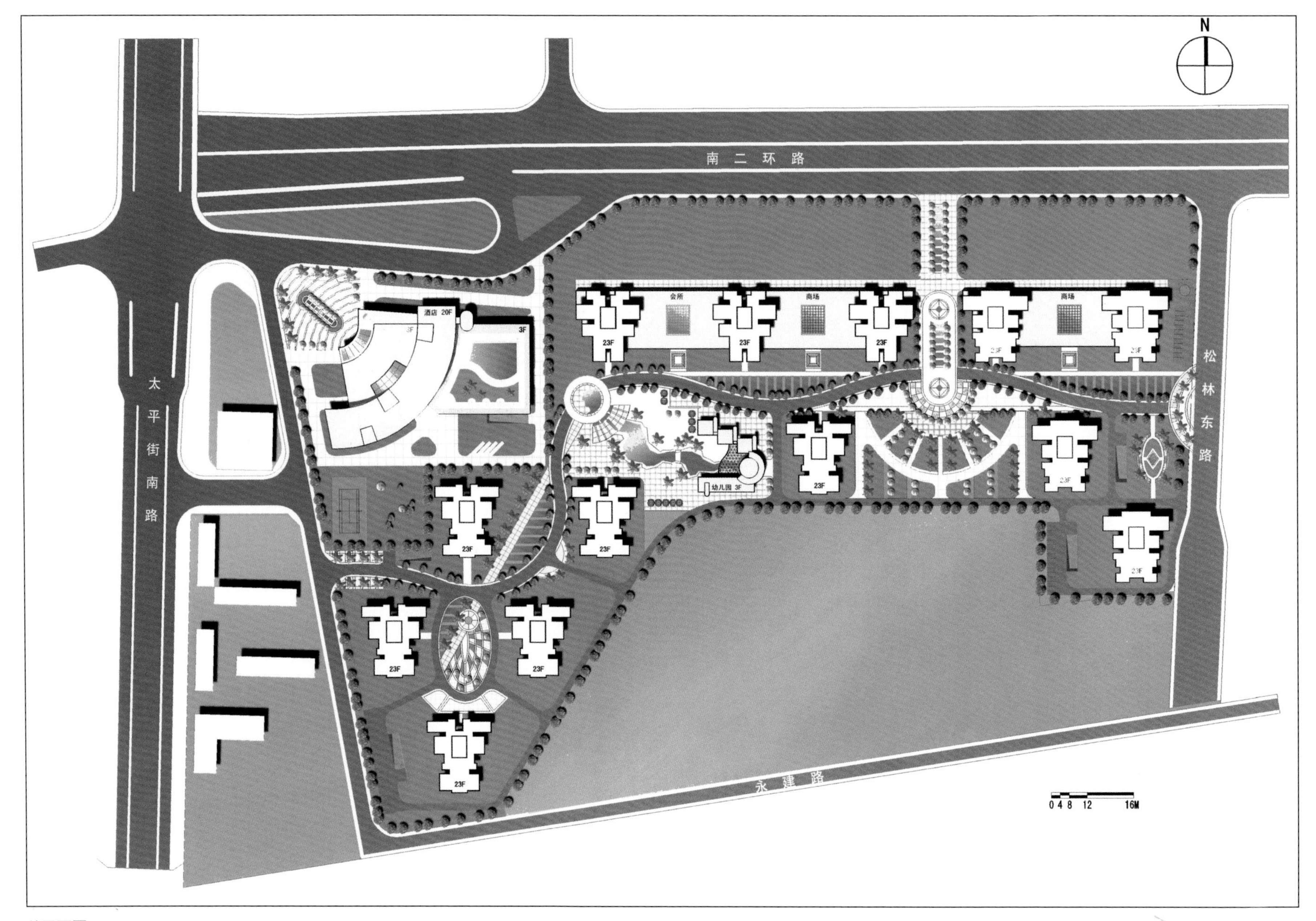

总平面图

鸟瞰图

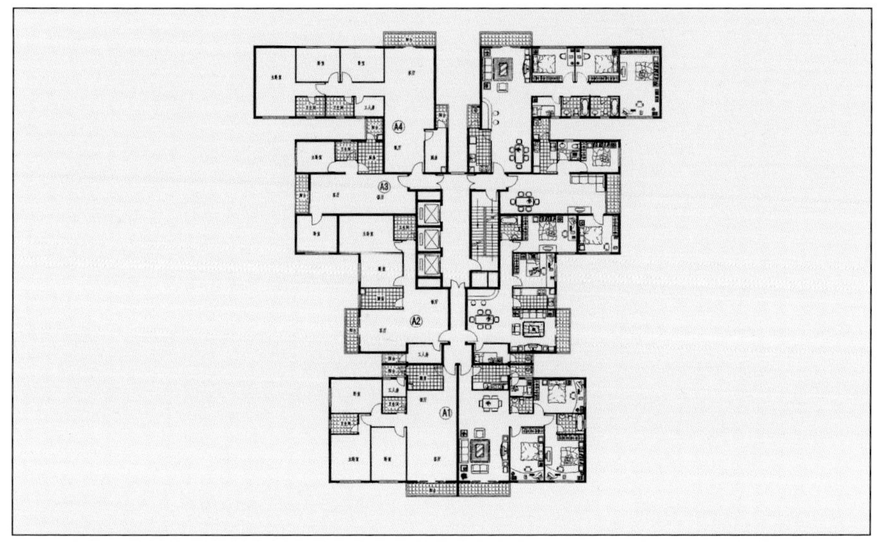

A 型住宅标准层平面图

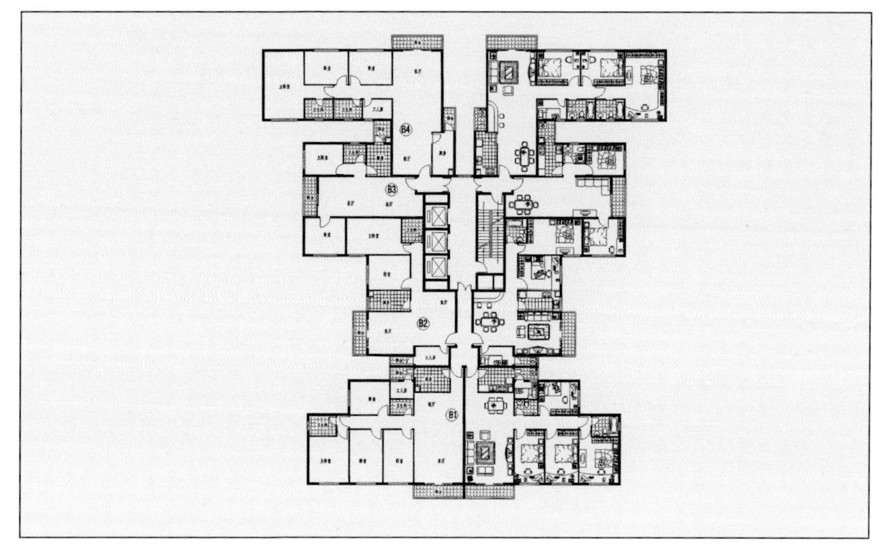

B 型住宅标准层平面图

53 北京理工大学珠海校园规划方案

方案设计　彭其兰　张　涛
　　　　　黄　昕　钟　乔
建设用地面积　330.0 万平方米
可建设用地面积　200.5 万平方米
总建筑面积　90.5 万平方米
容积率　0.45
　　　　（按可建设用地面积计算）
设计时间　2004 年

中选实施方案

总体规划构思

高校的总体规划要体现现代化、国际化、地域化、网络化、特色化的原则。

一、体现“以人为本、以学生为本”和可持续发展的规划思想。

二、以“学科分流，资源共享”的教育改革的新要求，在总平面规划中用“细胞系统及网络模块布局”的模式进行总体组合。

三、在总体规划中提出“域中之园，园中之校”的理念。以现有的自然资源为依托，结合现有的地形地貌，荔枝园林、山野绿林等的生态特点，创造优美的校园环境以达到“生态高校”的境界。

四、科学合理地进行交通组织，强调人行交流路径、安全可靠的人车分流，并尽量减少交通噪音对教和学习的干扰。

总平面图

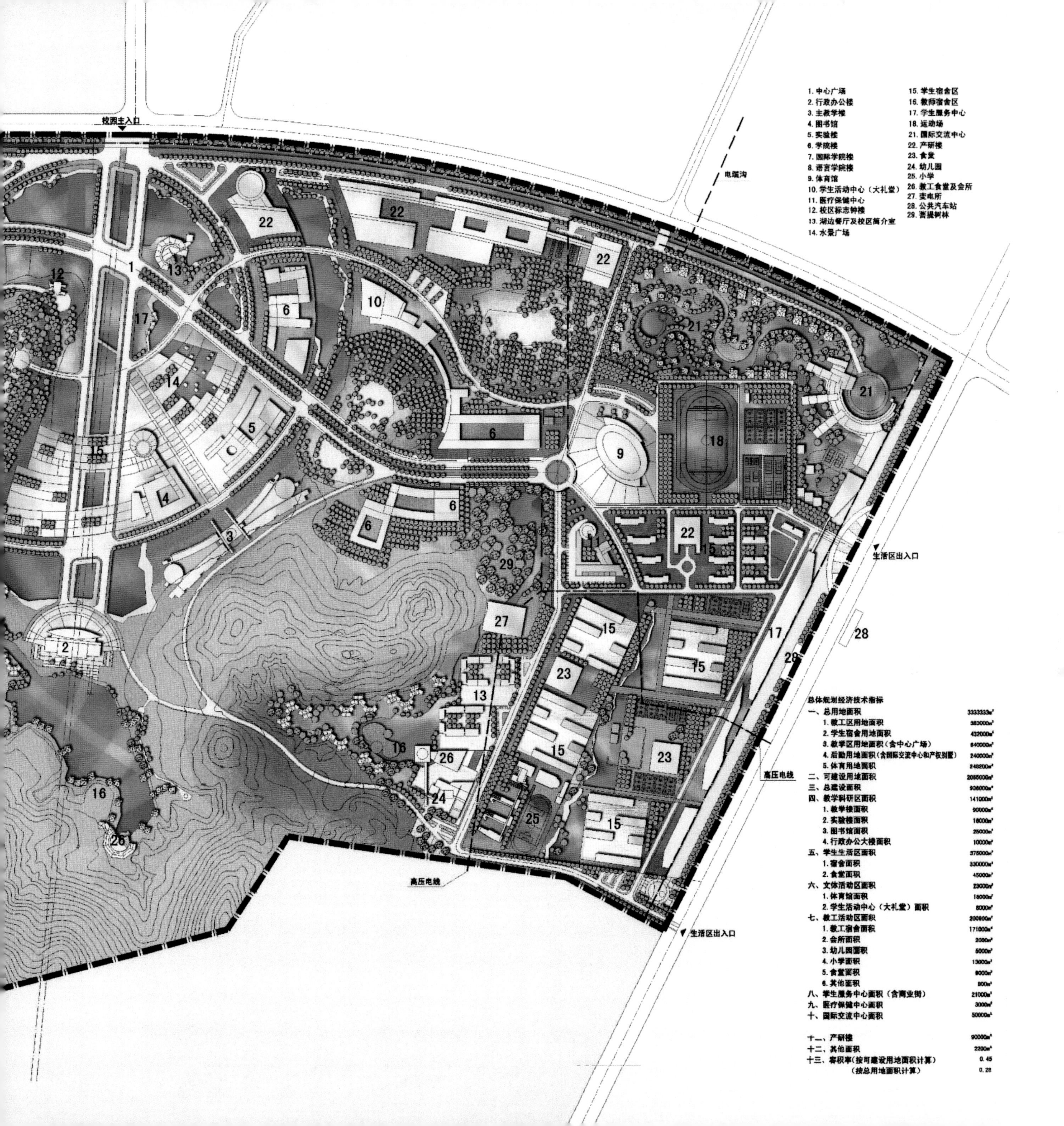
校园主入口
电缆沟
生活区出入口
高压电线
高压电线
生活区出入口
1. 中心广场
2. 行政办公楼
3. 主教学楼
4. 图书馆
5. 实验楼
6. 学院楼
7. 国际学院楼
8. 语言学院楼
9. 体育馆
10. 学生活动中心（大礼堂）
11. 医疗保健中心
12. 校区标志钟楼
13. 湖边餐厅及校区简介室
14. 水景广场
15. 学生宿舍区
16. 教师宿舍区
17. 学生服务中心
18. 运动场
21. 国际交流中心
22. 产研楼
23. 食堂
24. 幼儿园
25. 小学
26. 教工食堂及会所
27. 变电所
28. 公共汽车站
29. 菩提树林
总体规划经济技术指标
一、总用地面积 3333333m²
1. 教工区用地面积 383000m²
2. 学生宿舍用地面积 432000m²
3. 教学区用地面积（含中心广场） 640000m²
4. 后勤用地面积（含国际交流中心和产权别墅） 240000m²
5. 体育用地面积 248200m²
二、可建设用地面积 2085000m²
三、总建设面积 936000m²
四、教学科研区面积 141000m²
1. 教学楼面积 90000m²
2. 实验楼面积 16000m²
3. 图书馆面积 25000m²
4. 行政办公大楼面积 10000m²
五、学生生活区面积 375000m²
1. 宿舍面积 330000m²
2. 食堂面积 45000m²
六、文体活动区面积 23000m²
1. 体育馆面积 16000m²
2. 学生活动中心（大礼堂）面积 8000m²
七、教工活动区面积 200800m²
1. 教工宿舍面积 171000m²
2. 会所面积 2000m²
3. 幼儿园面积 5000m²
4. 小学面积 13000m²
5. 食堂面积 9000m²
6. 其他面积 800m²
八、学生服务中心面积（含商业街） 21000m²
九、医疗保健中心面积 3000m²
十、国际交流中心面积 50000m²
十一、产研楼 90000m²
十二、其他面积 2200m²
十三、容积率（按可建设用地面积计算） 0.45
（按总用地面积计算） 0.28

54 深圳南澳凯旋湾别墅区方案

方案设计　彭其兰　张　涛　黄　昕
功　　能　高档别墅区
建筑面积　8万平方米
设计时间　2006年12月

说明：本项目位于龙岗南澳镇滨海北路西侧，为南北走向的条形地块（长约600米，宽约160米），基地基本为单坡自然山体。基地主方向面临南海大鹏湾，海景资源十分丰富，背向山林奇景十分壮观。在总体规划上做到了户户均能观赏海景。别墅与海景自然融合，和谐统一，视野开阔，显示了海滨高级别墅豪华特征和高贵气派，为居民创造了美好的居住生活环境。

南澳别墅区鸟瞰图

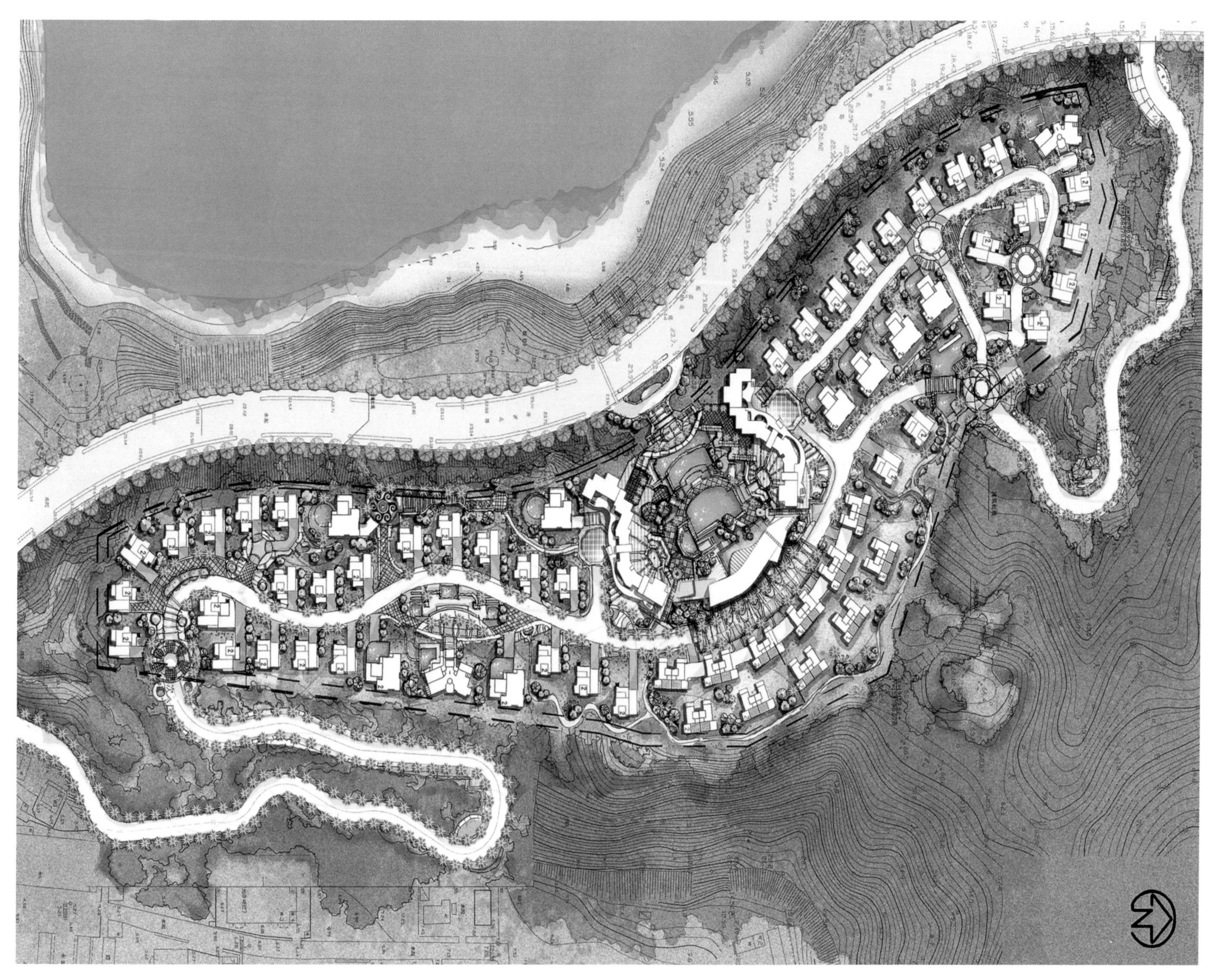

别墅小区总平面图

别墅小区夜景图

别墅立面方案的不同选择

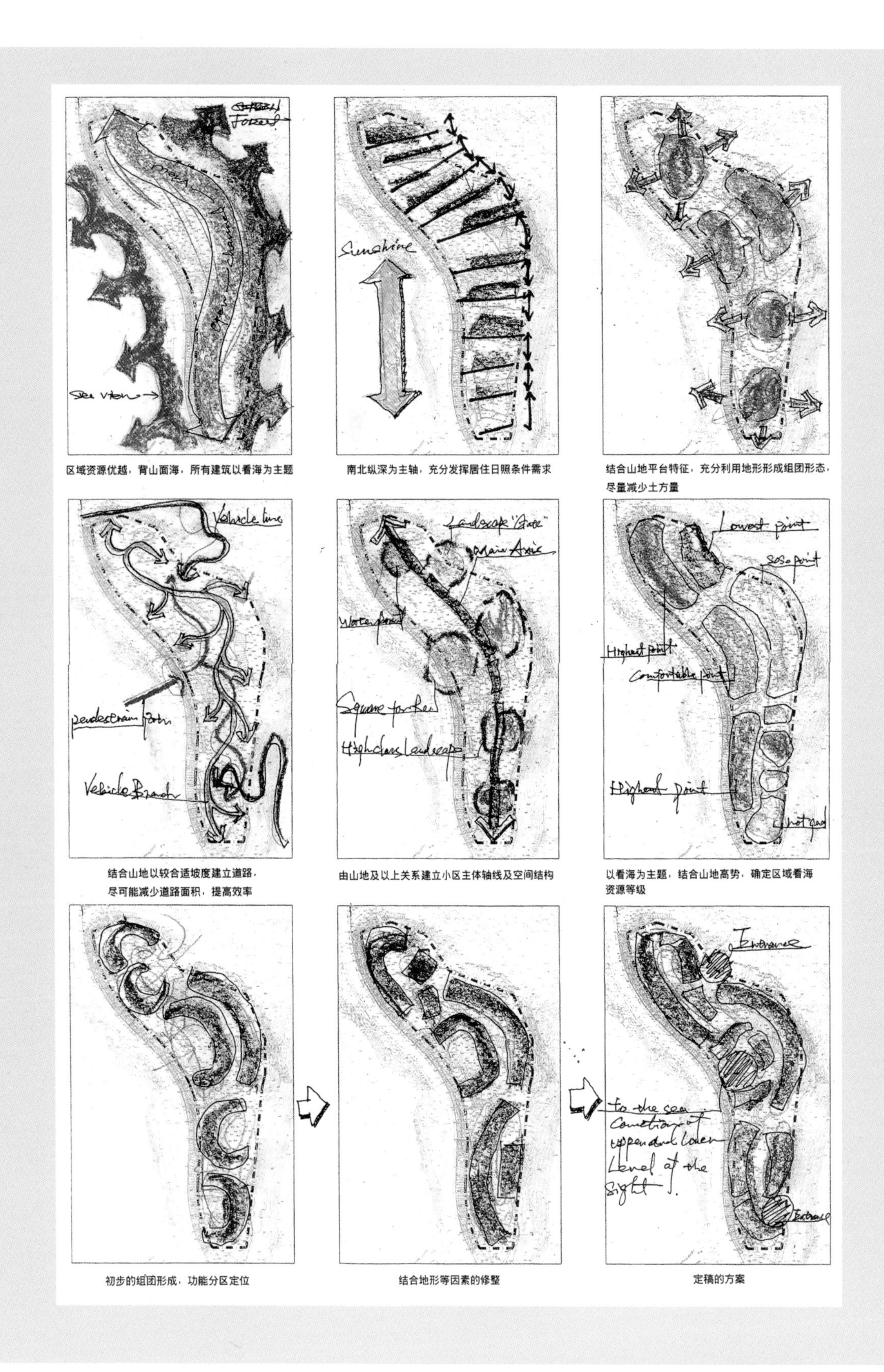

区域资源优越，背山面海，所有建筑以看海为主题

南北纵深为主轴，充分发挥居住日照条件需求

结合山地平台特征，充分利用地形形成组团形态，尽量减少土方量

结合山地以较合适坡度建立道路，尽可能减少道路面积，提高效率

由山地及以上关系建立小区主体轴线及空间结构

以看海为主题，结合山地高势，确定区域看海资源等级

初步的组团形成，功能分区定位

结合地形等因素的修整

定稿的方案

规划构思及架构

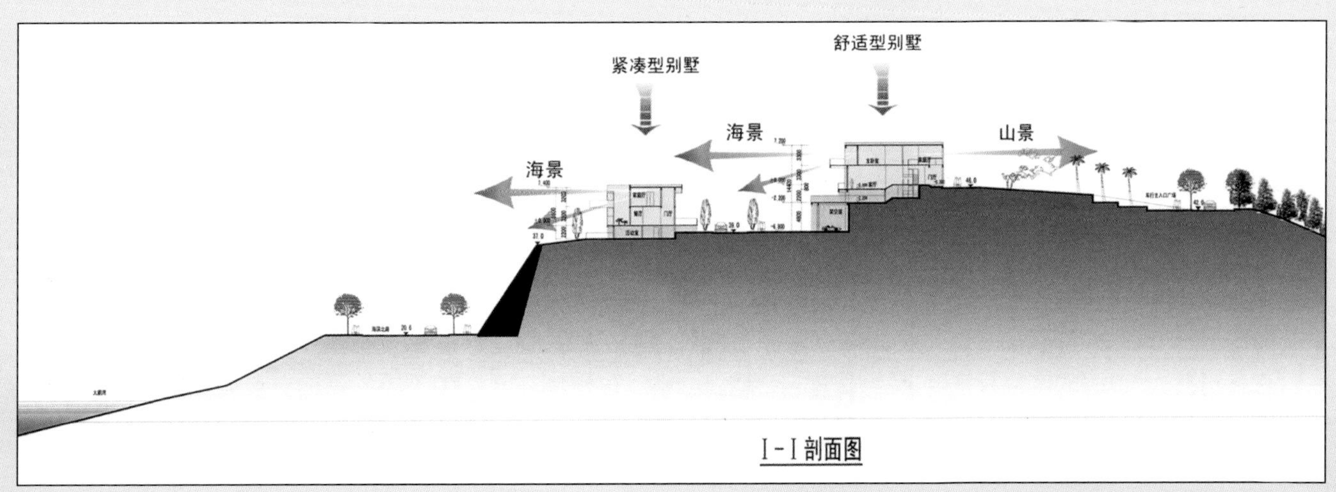
舒适型别墅
紧凑型别墅
海景
山景
海景
Ⅰ-Ⅰ剖面图

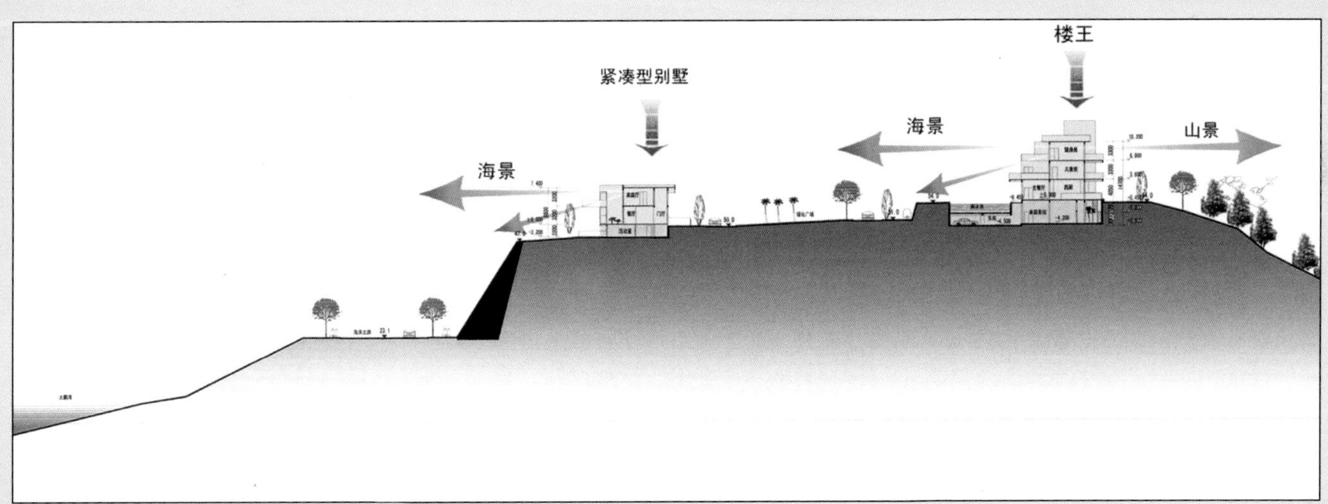
楼王
紧凑型别墅
海景
山景
海景

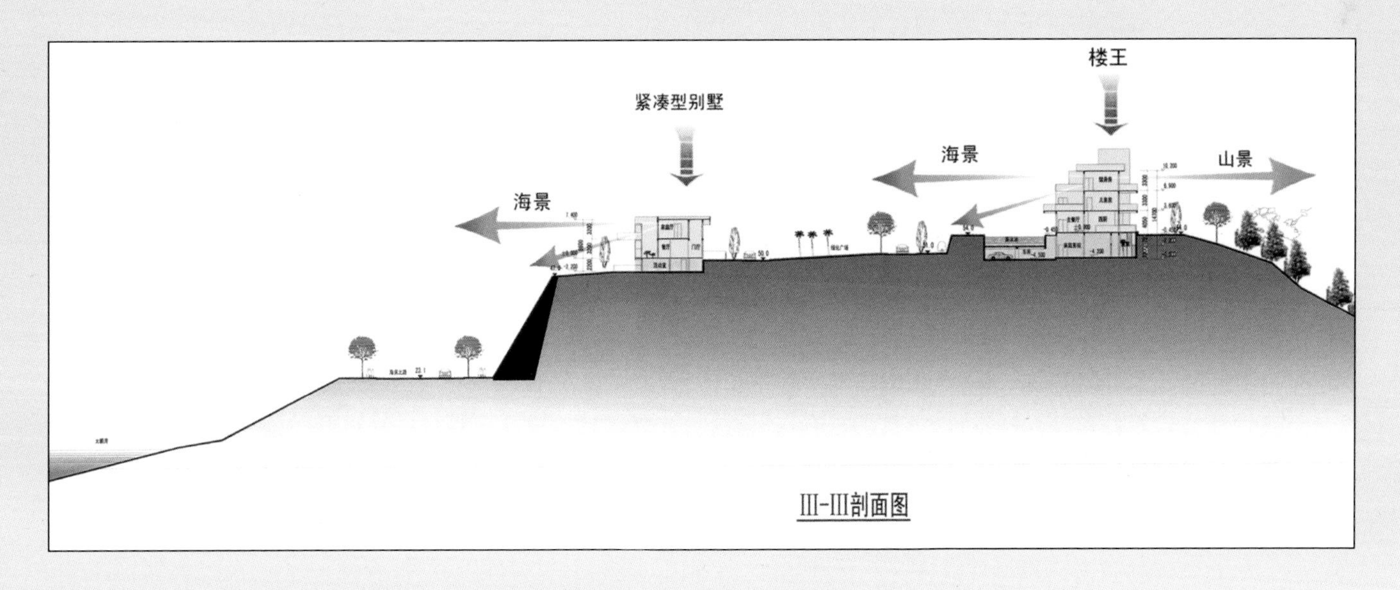
楼王
紧凑型别墅
海景
山景
海景
Ⅲ-Ⅲ剖面图

剖面图

楼王别墅效果图

双拼别墅效果图

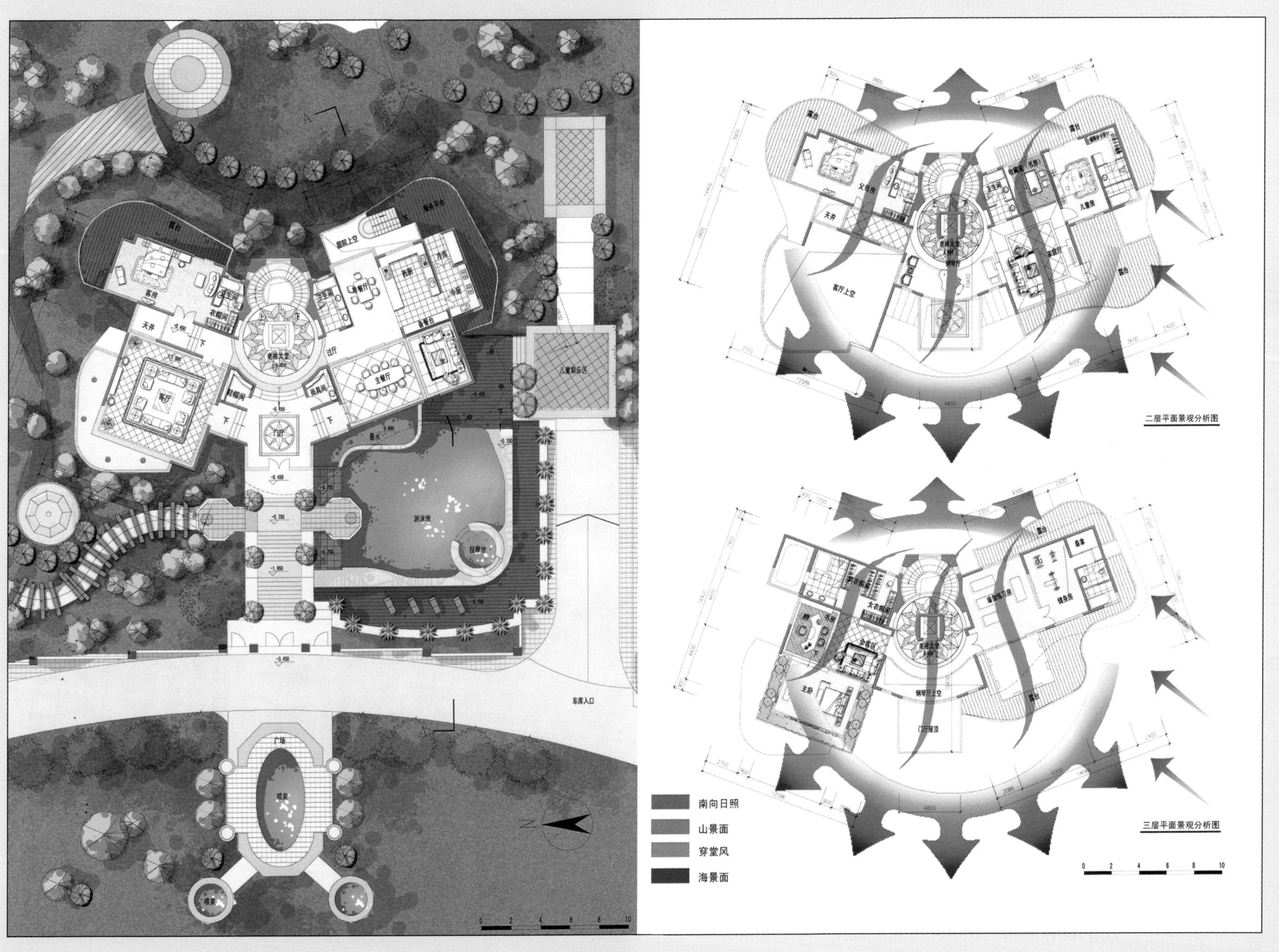

楼王一层平面图

楼王二层及三层景观分析图

紧凑型别墅效果图

舒适型别墅效果图

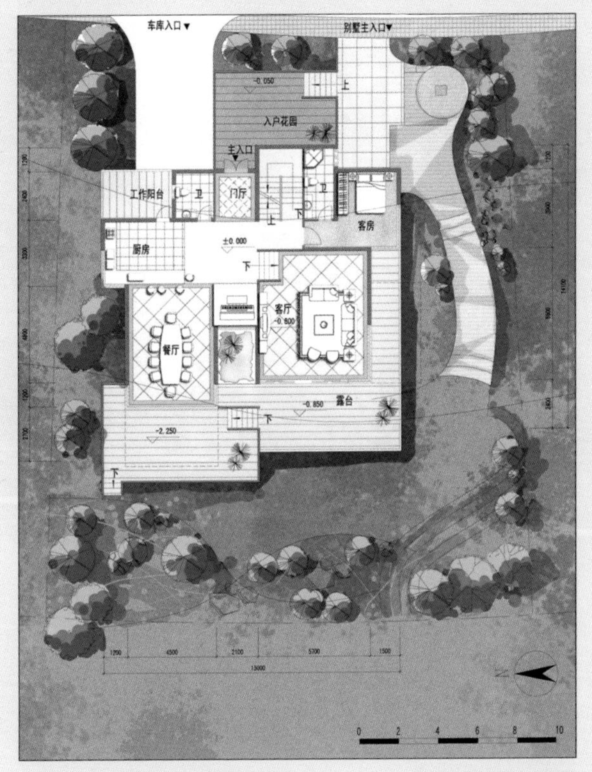

紧凑型别墅平面图

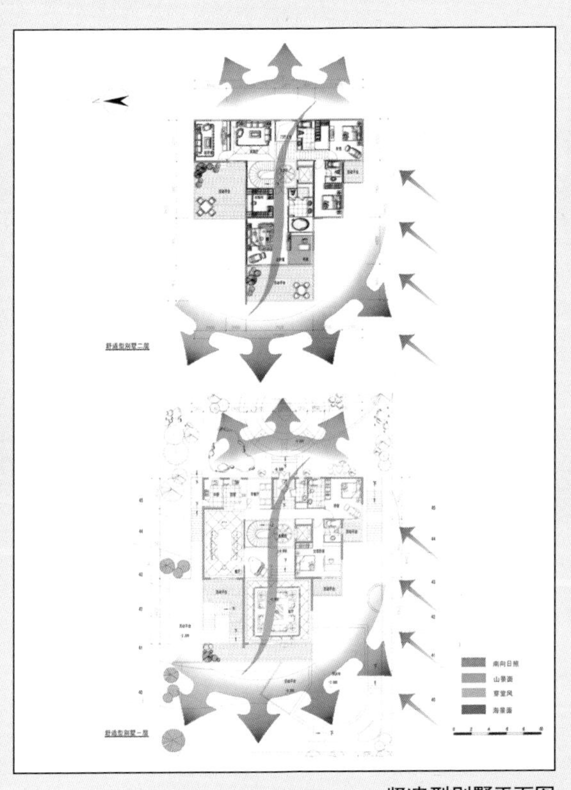

紧凑型别墅平面图

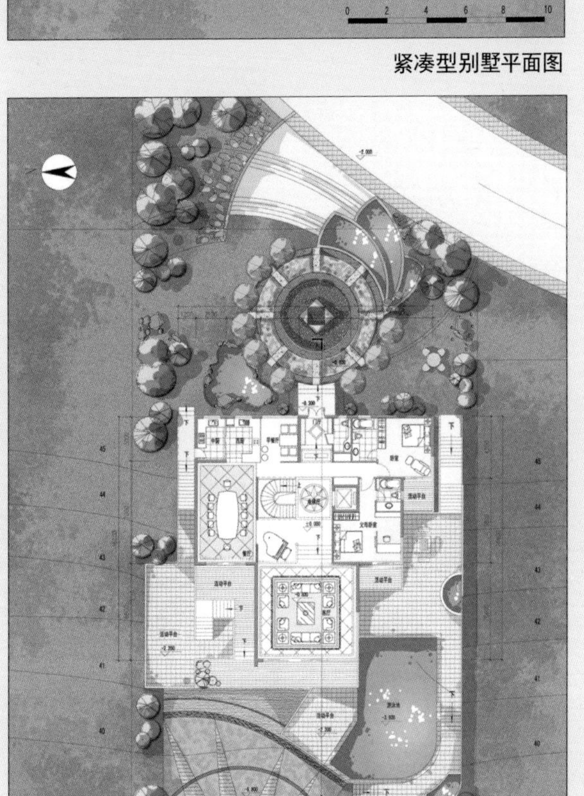

舒适型别墅平面图

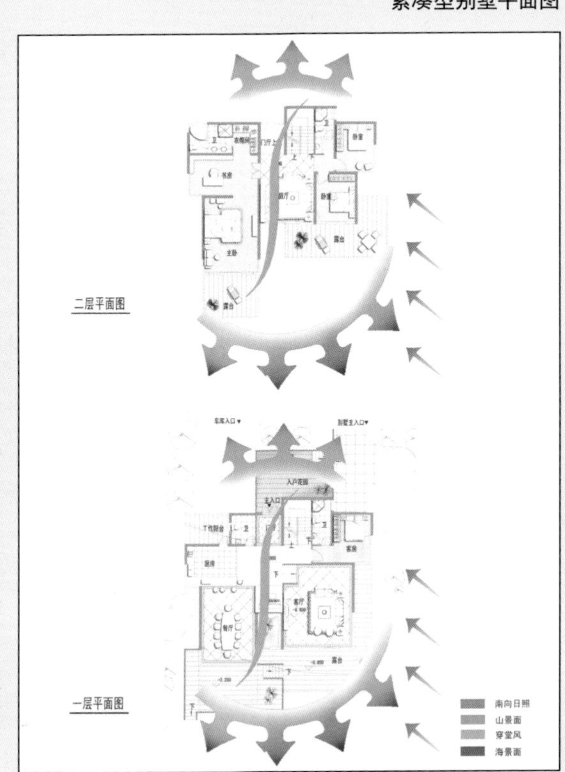

舒适型别墅平面图

别墅小区立面图

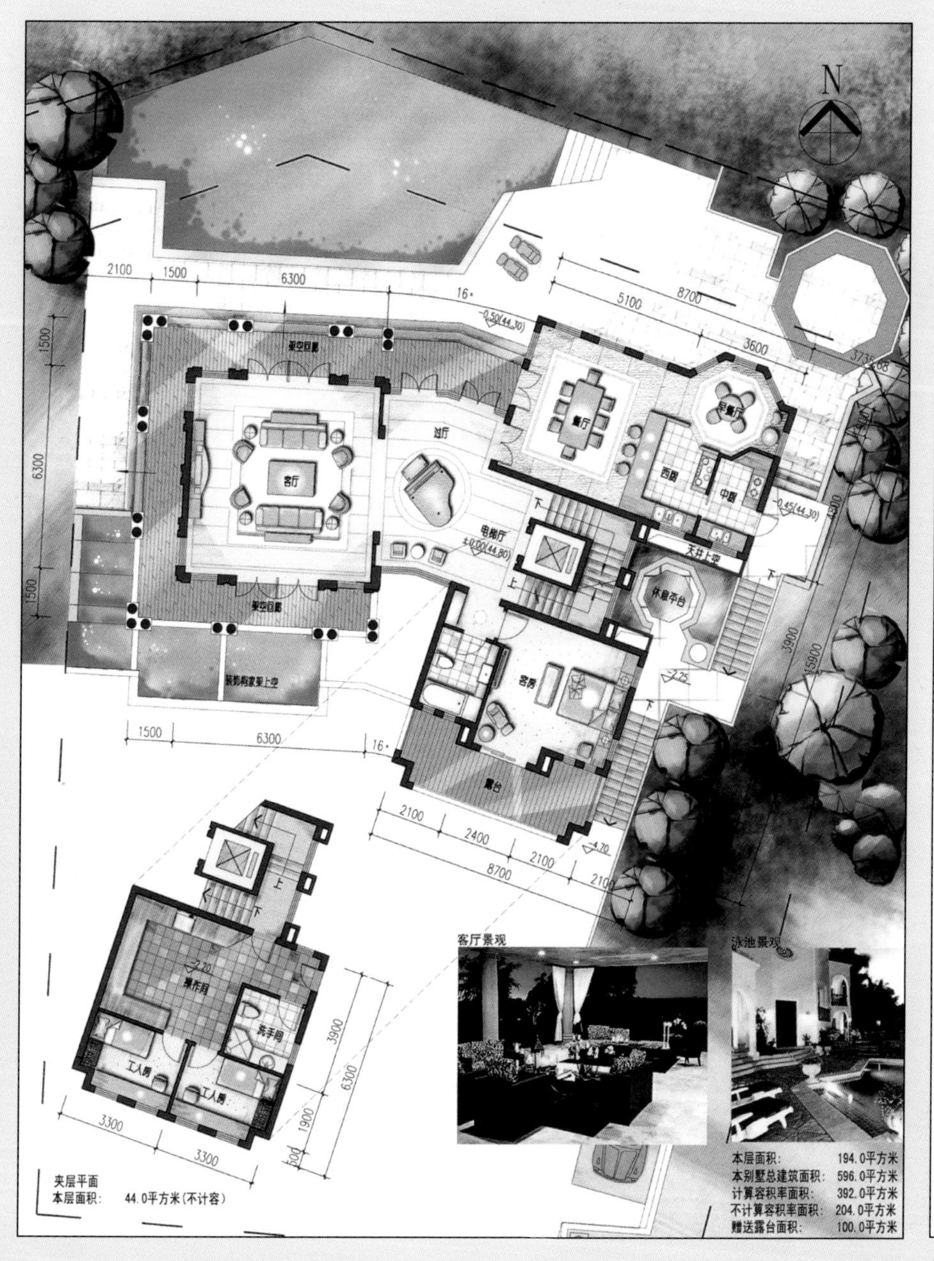

11A 一层平面图

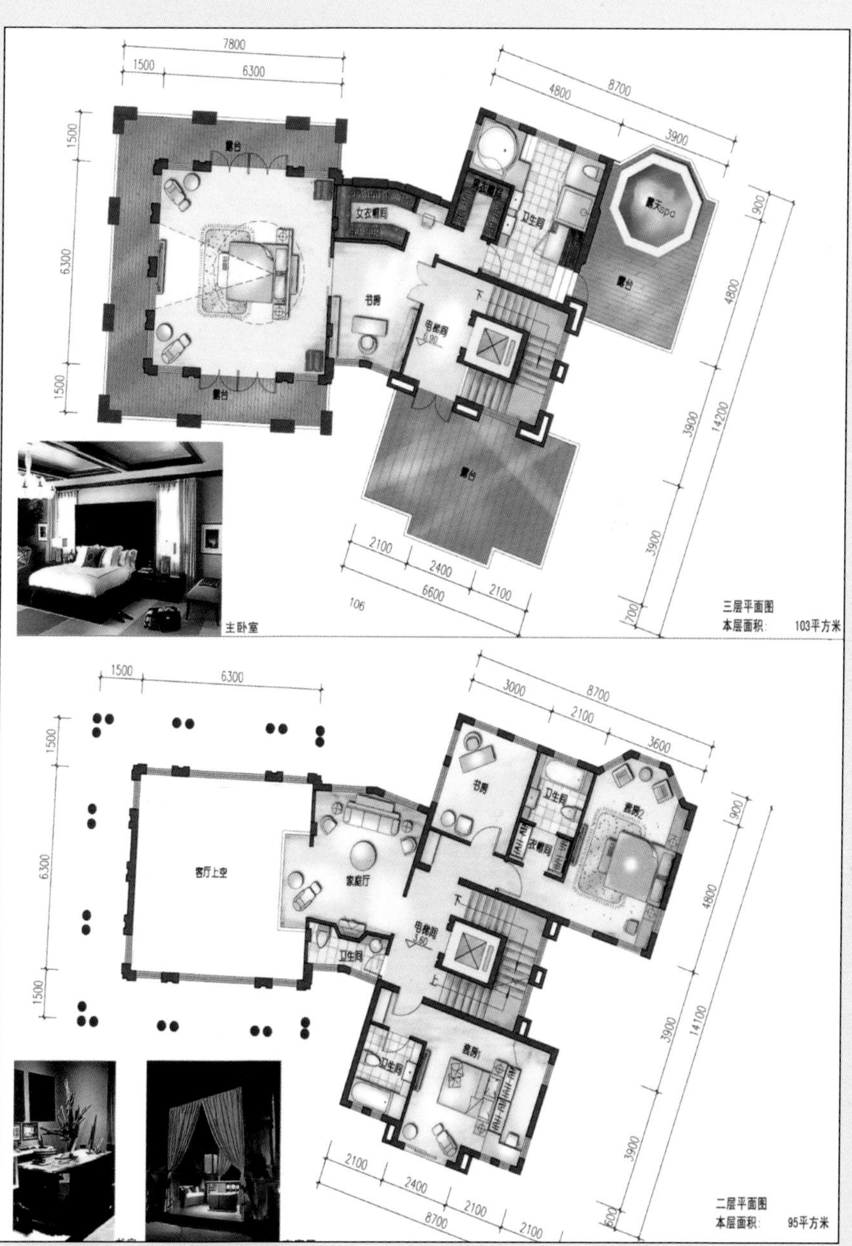

11A 二、三层平面图

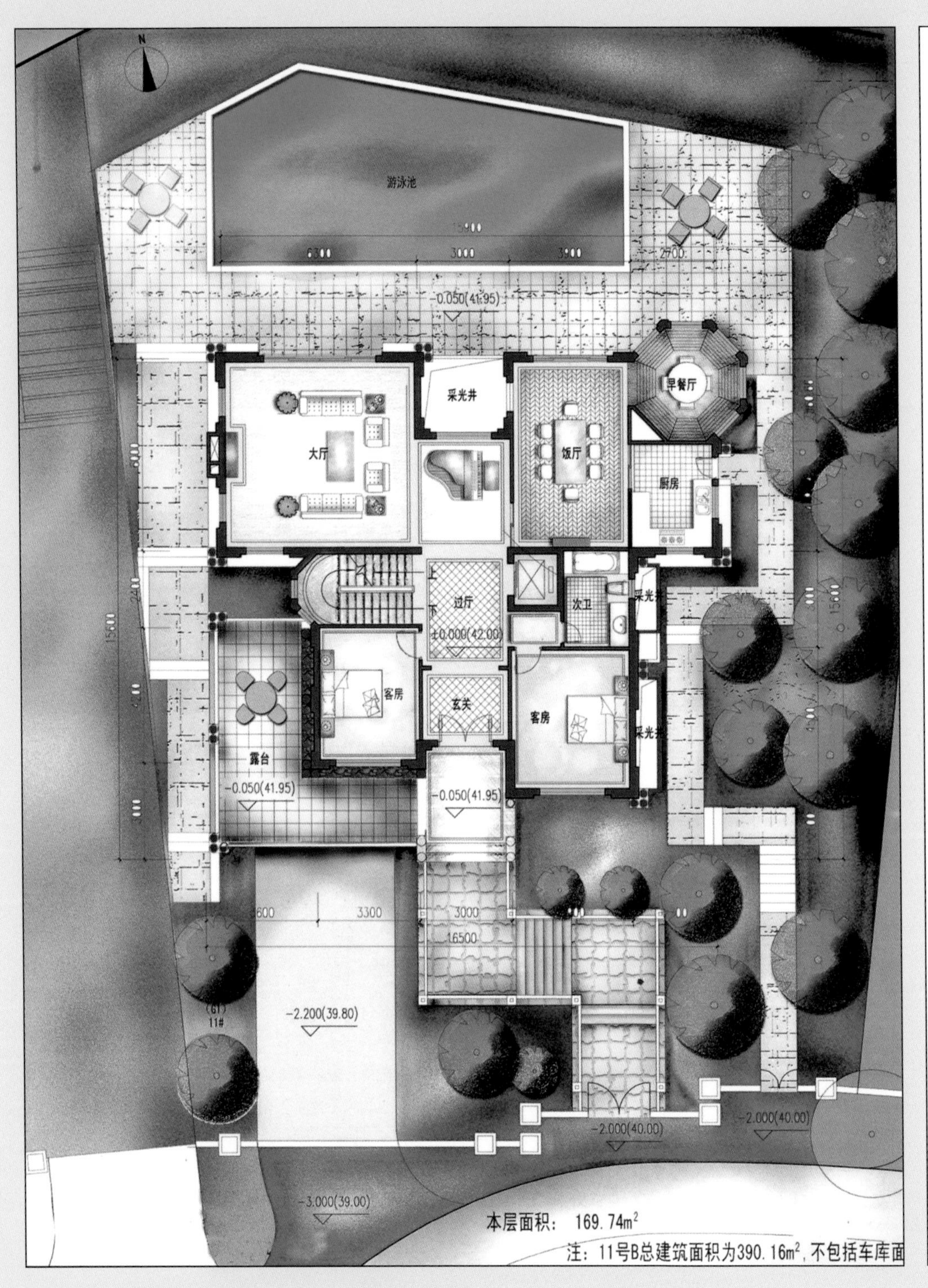

11B 方案一层平面图

大厅上空
露台
套间
衣帽间
家庭厅
过厅
3.300(45.30)
露台
3.300(45.30)
玄关上空
套卧
阳台

11B 方案二层平面图

阳台
主卧
衣帽间
书房
化妆间
主卫
淋浴
干蒸房
过厅
6.600(48.60)
露台
6.600(48.60)
5.300(47.30)

11B 方案三层平面图

10A 一层平面图

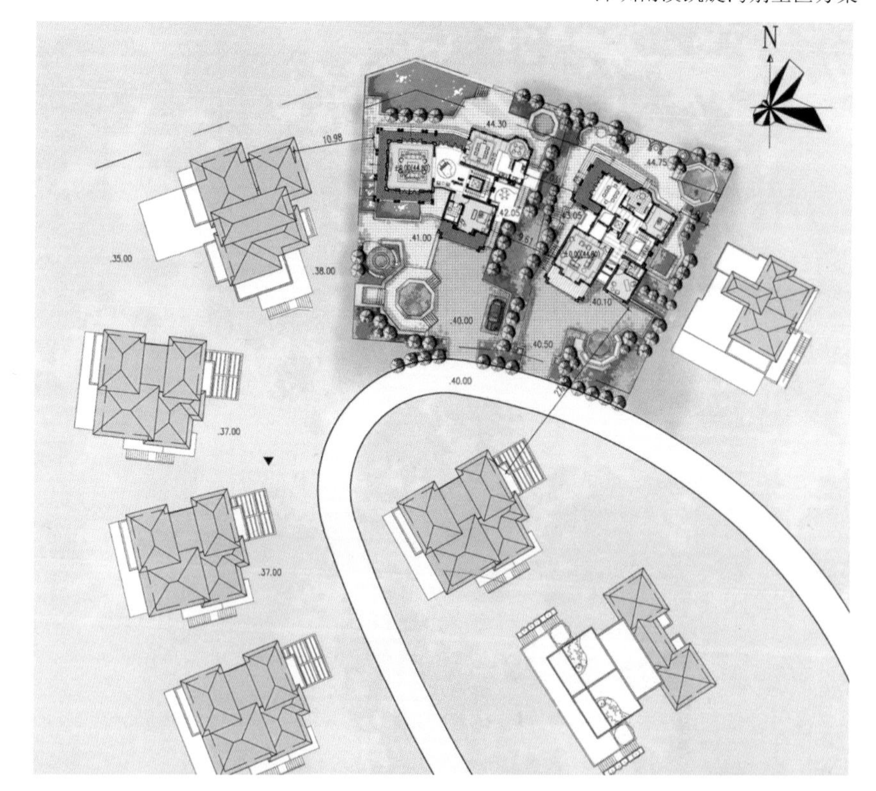

10A 二层平面图

A 系总平面图

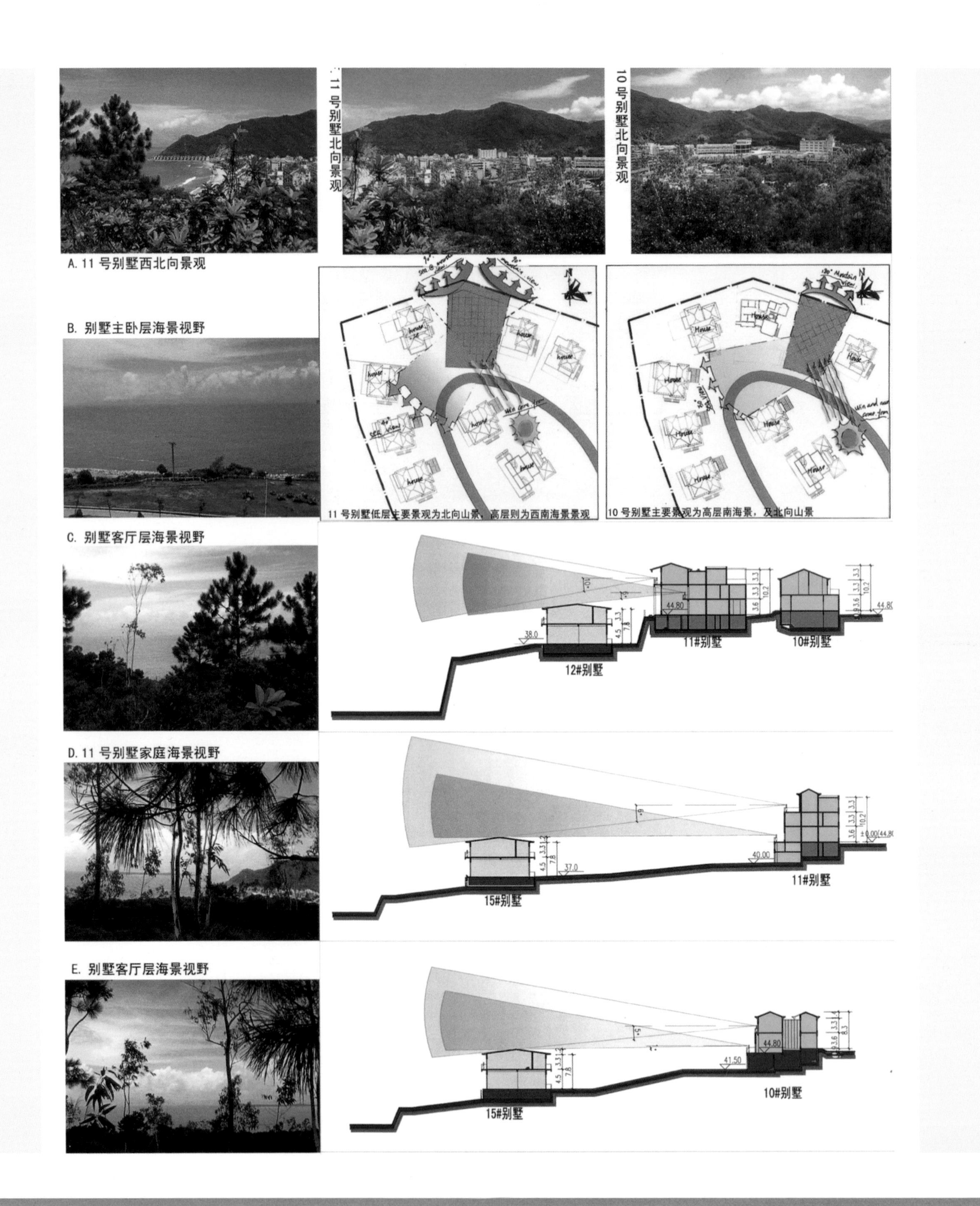
11号别墅北向景观
10号别墅北向景观
A. 11 号别墅西北向景观
B. 别墅主卧层海景视野
11 号别墅低层主要景观为北向山景，高层则为西南海景景观
10 号别墅主要景观为高层南海景，及北向山景
C. 别墅客厅层海景视野
12#别墅
11#别墅
10#别墅
D. 11 号别墅家庭海景视野
15#别墅
11#别墅
E. 别墅客厅层海景视野
15#别墅
10#别墅

会所效果图

会所及整体效果图

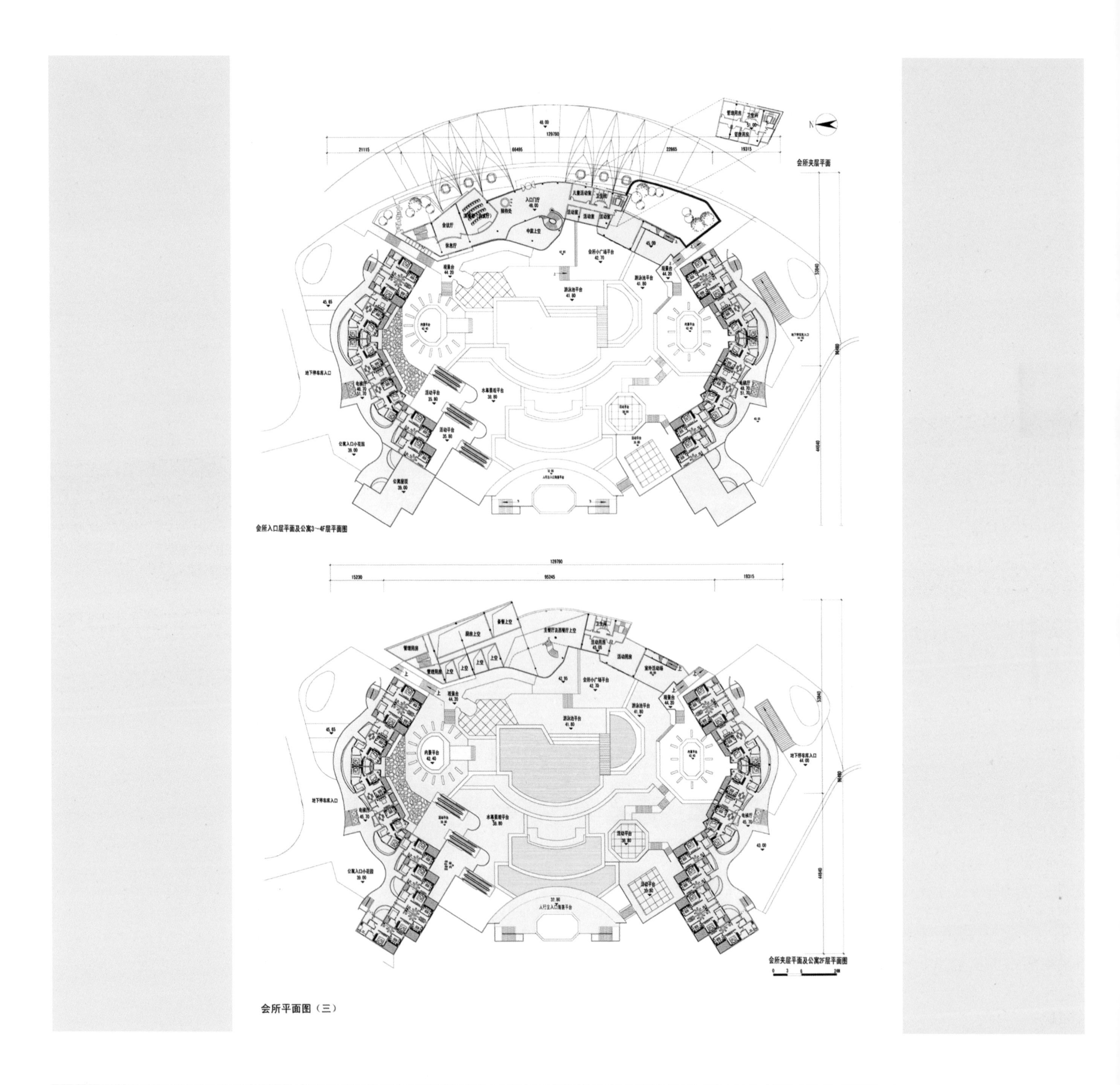

会所平面图（三）

55 陆丰市教育园区概念规划方案

方案设计	彭其兰　臧勇建　张　茜 杨　志　蒋宣清	用地面积	1732000 平方米（约 2590 亩）
		总建筑面积	288000 平方米
功　　能	教育园区	设计时间	2010 年 11 月

前中共中央政治局委员、全国人大常委会副委员长谢非同志（陆丰人）为母校龙山中学题字。

注：龙山中学是在清朝时期建立的，称为龙山书院，建立到现在已有 277 年历史。

二百七十多年来为国家培养了众多人才，是广东省粤东地区的名校。

说明：陆丰市地处广东省南部碣石湾中，北面和陆河县、普宁市交界，东与汕尾市华侨管理区及惠来县接壤，西与汕尾市城区为邻，南濒浩瀚南海，毗邻港澳，介于深圳市和汕头市两个经济特区之间，全市陆地面积 1168 平方公里，海岸线长 116.5 公里，海域面积 1256 平方公里。

陆丰市具有悠久的历史和文化，人杰地灵，人才辈出。陆丰人民具有光荣的革命传统，大革命时期，中国共产党人彭湃同志在海陆丰领导农民运动，1927 年 10 月建立了东方第一个苏维埃政权。陆丰人民为中国革命做出了巨大的牺牲和贡献。在改革开放的今天，陆丰人民一定会为实现中国梦，振兴中华做出新的贡献。

自改革开放以来，陆丰市委、市政府带领全市人民认真落实教育优先发展的战略决策，全市教育事业蓬勃发展，呈现出一派欣欣向荣、蒸蒸日上的景象。

陆丰市教育园地位于深汕高速霞湖出口右侧，规划用地 1732000 平方米（约 2598 亩），拟由 6 个园区组成，分别是（1）新建龙山中学高中部园区；（2）第二职业技术学校；（3）新建陆丰市高级职业技工学校；（4）陆丰市青少年活动基地。总建筑面积 288000 平方米。规划总建筑面积：约 27 万平方米。

其中：

（1）龙山中学高中部新校区

用地面积：252085 平方米（约 386.9 亩）

总建筑面积：79900 平方米

计划招生：6000 人

（2）陆丰第二职业技术学校

用地面积：207680 平方米（约 312 亩）

总建筑面积：100386 平方米

招生人数：10000 人

（3）陆丰高级技术学校

用地面积：247904 平方米（约 334 亩）

总建筑面积：89300 平方米

招生人数：8000 人

（4）陆丰青少年活动中心

用地面积：93200 平方米（约 40 亩）

总建筑面积：4000 平方米

陆丰市教育园区概念性规划设计方案总体规划鸟瞰效果图

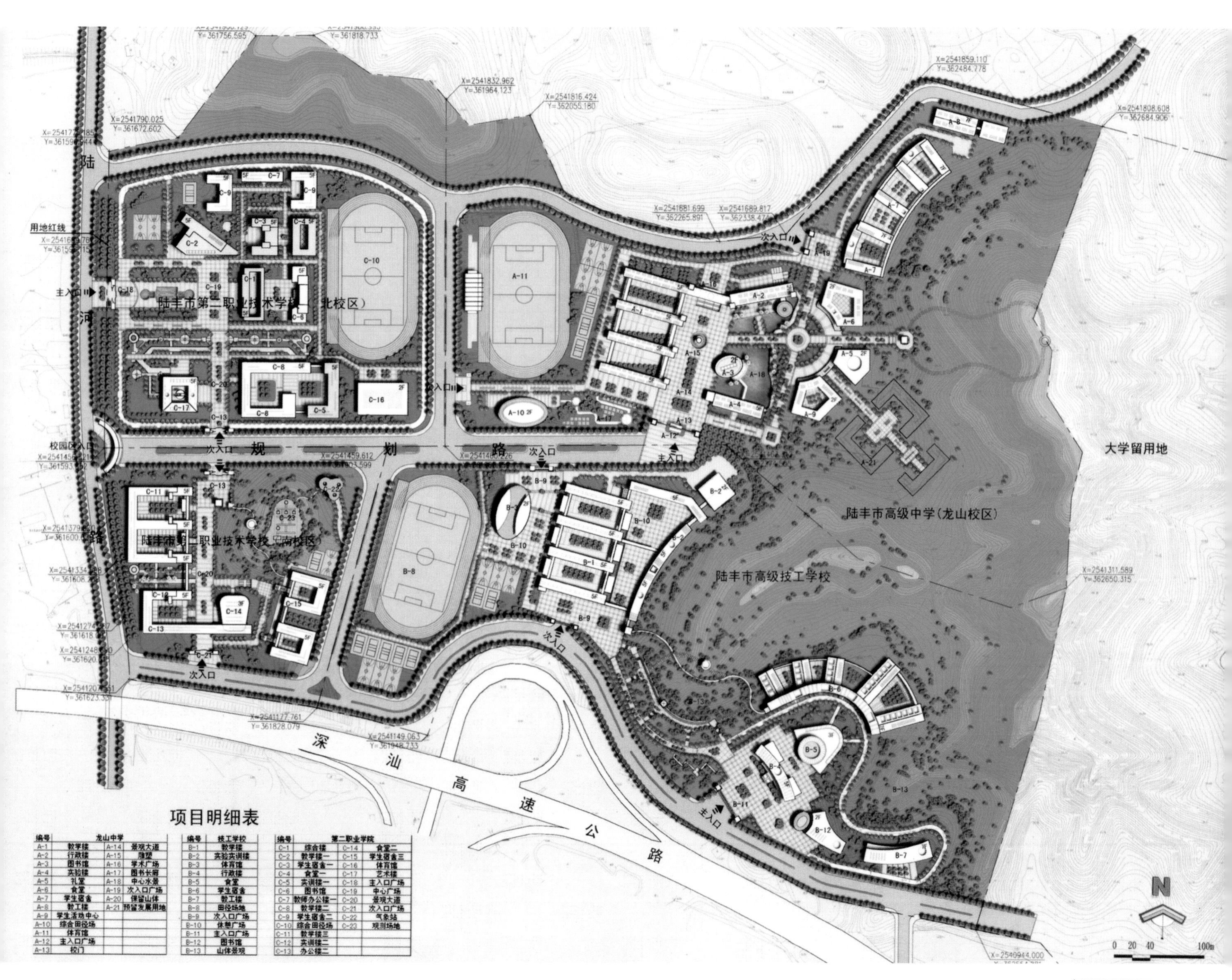

项目明细表

编号	龙山中学		
A-1	教学楼	A-14	景观大道
A-2	行政楼	A-15	雕塑
A-3	图书馆	A-16	学术广场
A-4	实验楼	A-17	图书长廊
A-5	礼堂	A-18	中心水景
A-6	食堂	A-19	次入口广场
A-7	学生宿舍	A-20	保留山体
A-8	教工楼	A-21	预留发展用地
A-9	学生活动中心		
A-10	综合田径场		
A-11	体育馆		
A-12	主入口广场		
A-13	校门		

编号	技工学校
B-1	教学楼
B-2	实验实训楼
B-3	体育馆
B-4	行政楼
B-5	食堂
B-6	学生宿舍
B-7	教工楼
B-8	田径场地
B-9	次入口广场
B-10	休憩广场
B-11	主入口广场
B-12	图书馆
B-13	山体景观

编号	第二职业学院		
C-1	综合楼	C-14	食堂二
C-2	教学楼一	C-15	学生宿舍三
C-3	学生宿舍一	C-16	体育馆
C-4	食堂一	C-17	艺术楼
C-5	实训楼一	C-18	主入口广场
C-6	图书馆	C-19	中心广场
C-7	教师办公楼一	C-20	景观大道
C-8	教学楼二	C-21	次入口广场
C-9	学生宿舍二	C-22	气象站
C-10	综合田径场	C-23	观测场地
C-11	教学楼三		
C-12	实训楼二		
C-13	办公楼二		

规划总平面图

龙山中学鸟瞰效果图

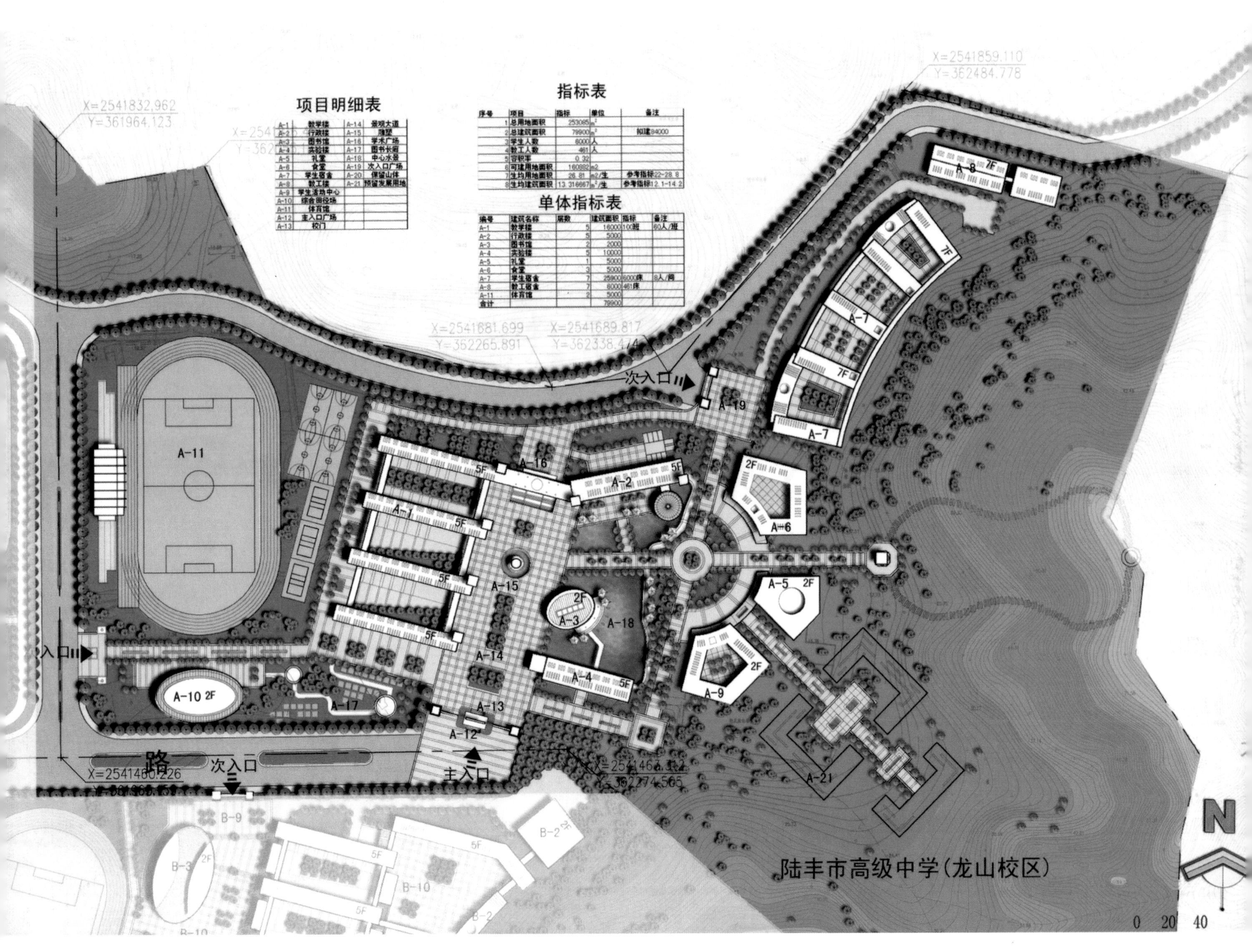

项目明细表

A-1	教学楼	A-14	景观大道
A-2	行政楼	A-15	雕塑
A-3	图书馆	A-16	学术广场
A-4	实验楼	A-17	图书长廊
A-5	礼堂	A-18	中心水景
A-6	食堂	A-19	次入口广场
A-7	学生宿舍	A-20	保留山体
A-8	教工楼	A-21	预留发展用地
A-9	学生活动中心		
A-10	综合田径场		
A-11	体育馆		
A-12	主入口广场		
A-13	校门		

指标表

序号	项目	指标	单位	备注
1	总用地面积	253085	m^2	
2	总建筑面积	79900	m^2	拟建84000
3	学生人数	6000	人	
4	教工人数	461	人	
5	容积率	0.32		
6	可建用地面积	160882	m2	
7	生均用地面积	26.81	m2/生	参考指标22~28.8
8	生均建筑面积	13.316667	m^2/生	参考指标12.1~14.2

单体指标表

编号	建筑名称	层数	建筑面积	指标	备注
A-1	教学楼	5	16000	100班	60人/班
A-2	行政楼	5	5000		
A-3	图书馆	2	2000		
A-4	实验楼	5	10000		
A-5	礼堂	1	5000		
A-6	食堂	3	5000		
A-7	学生宿舍	7	25900	6000床	8人/间
A-8	教工宿舍	7	6000	461床	
A-11	体育馆	2	5000		
合计			79900		

龙山中学总平面图

龙山中学老校门

《青出于蓝》著名书法家赖少其为龙山母校题字

龙山中学新校区透视效果图

主入口迎宾广场

龙山中学老校门

山体景观

“山不在高，有仙则灵，水不在深，有龙则灵”，水体的引入赋予了园区灵气，山水相依，人杰地灵

中心水体景观

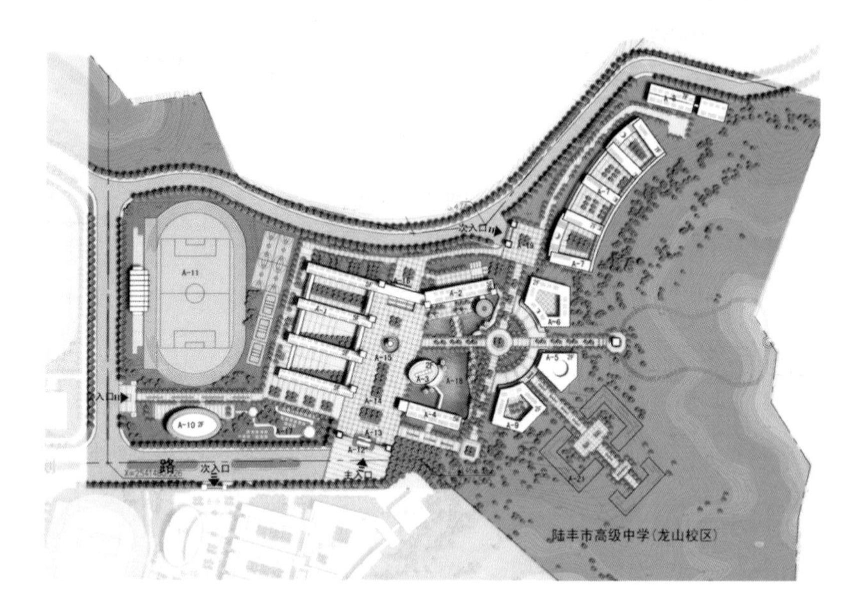

拱桥

休闲广场

入口广场

火红的凤凰树

在通往山顶的步道中加入龙山书院，让学子们感受到学校的历史文化，奋发向上。

登山步道

龙山中学景区示范图

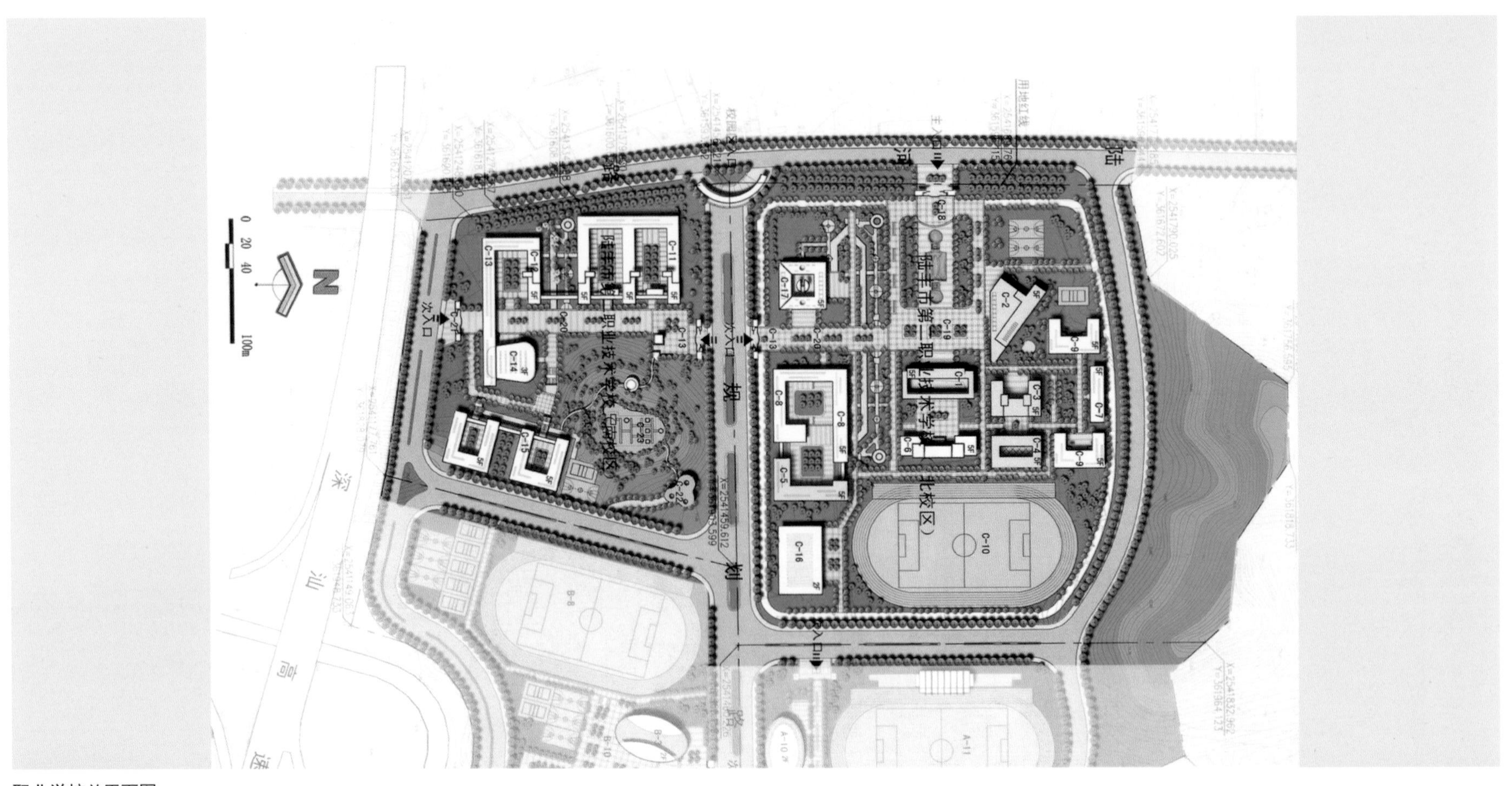

职业学校总平面图

职业学校透视效果图

技工学校鸟瞰效果图

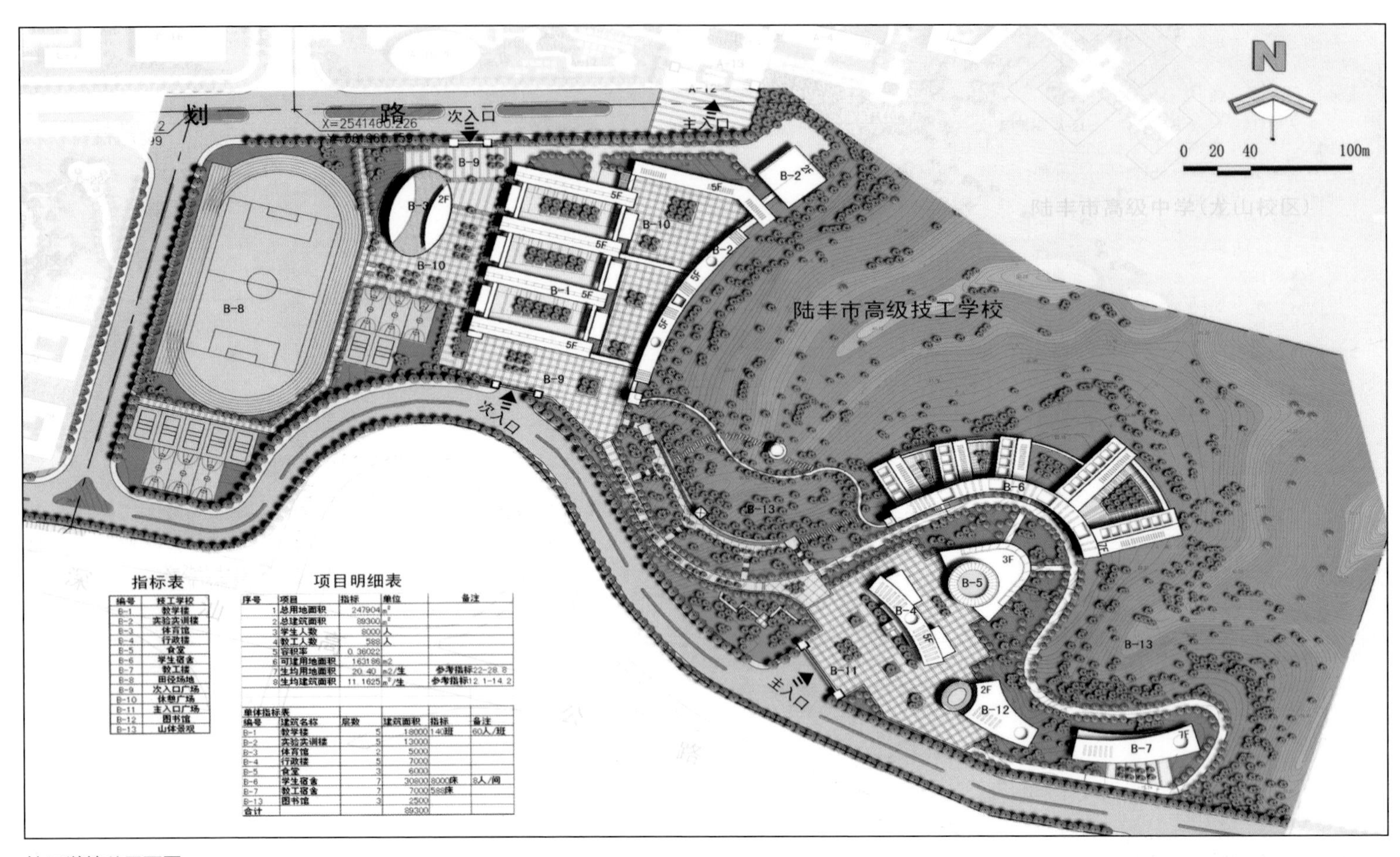

指标表

编号	技工学校
B-1	教学楼
B-2	实验实训楼
B-3	体育馆
B-4	行政楼
B-5	食堂
B-6	学生宿舍
B-7	教工楼
B-8	田径场地
B-9	次入口广场
B-10	休憩广场
B-11	主入口广场
B-12	图书馆
B-13	山体景观

项目明细表

序号	项目	指标	单位	备注
1	总用地面积	247904	m^2	
2	总建筑面积	89300	m^2	
3	学生人数	8000	人	
4	教工人数	588	人	
5	容积率	0.36022		
6	可建用地面积	163186	m2	
7	生均用地面积	20.40	m2/生	参考指标22-28.8
8	生均建筑面积	11.1625	m^2/生	参考指标12.1-14.2

单体指标表

编号	建筑名称	层数	建筑面积	指标	备注
B-1	教学楼	5	18000	140班	60人/班
B-2	实验实训楼	5	13000		
B-3	体育馆	2	5000		
B-4	行政楼	5	7000		
B-5	食堂	3	6000		
B-6	学生宿舍	7	30800	8000床	8人/间
B-7	教工宿舍	7	7000	588床	
B-13	图书馆	3	2500		
合计			89300		

技工学校总平面图

技工学校效果图

56 建筑设计构思方案 -1
宝安县城四区规划方案

方案设计　彭其兰
功　　能　行政、文化、科技
建筑面积　15 万平方米
设计时间　1985 年 5 月

说明：宝安县城四区为宝安县的行政文化区，区内有行政办公大楼、博物馆、图书馆、科学馆、中央银行、百货大楼等二十栋建筑。

当时有好几个设计院共设计了五套方案，经评选，选取了我的设计方案。此为模型照片。

宝安县城四区规划（中标方案：1985 年设计 模型照片）

57 建筑设计构思方案 -2

深圳市蛇口海洋俱乐部

方案设计　彭其兰　　建筑面积　1.2万平方米

功　　能　海洋俱乐部　　设计时间　1985年5月

深圳市赤湾港海洋俱乐部构思方案（一）（彩色水笔 1985年）彭其兰绘

58 建筑设计构思方案 -3
深圳市蛇口海洋俱乐部

方案设计	彭其兰	建筑面积	1.2万平方米
功　　能	海洋俱乐部	设计时间	1985年

深圳市蛇口海洋俱乐部构思方案（二）（彩色水笔 1985年）彭其兰绘

59 建筑设计构思方案 -4
深圳市彩色显像管厂

方案设计	彭其兰	建筑面积	3万~4万平方米
功　　能	工厂车间	设计时间	1976年　1988 年

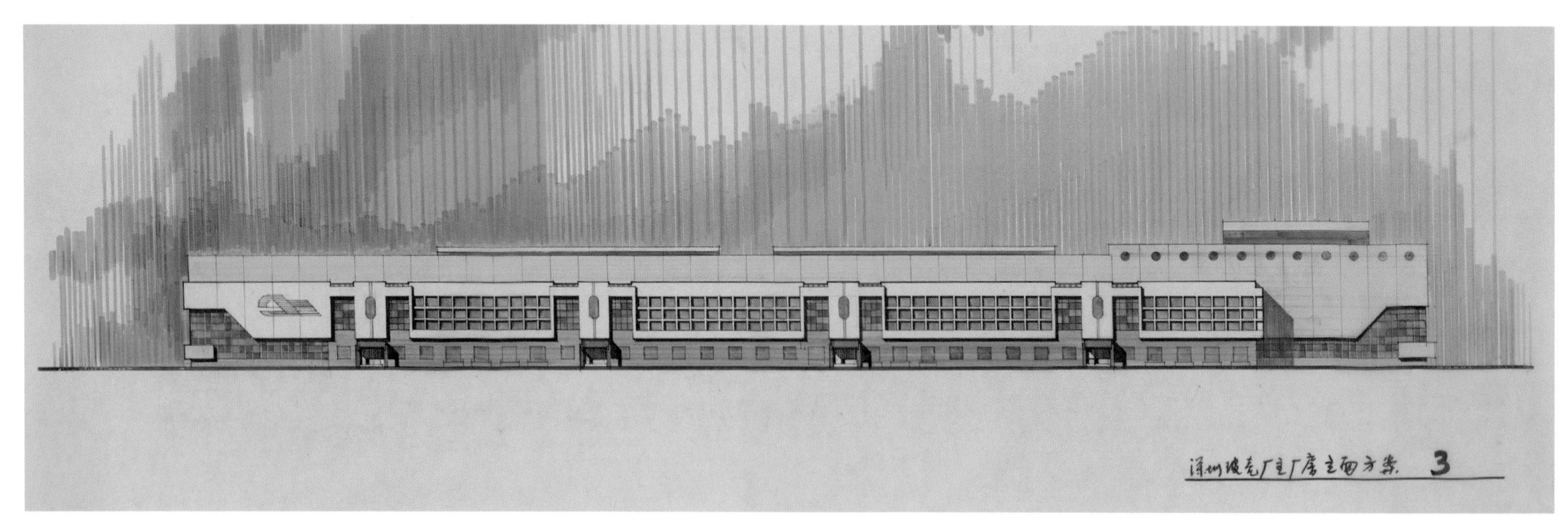

深圳市彩色显像管厂玻壳制造车间立面方案（钢笔、马克笔　1987 年）彭其兰绘

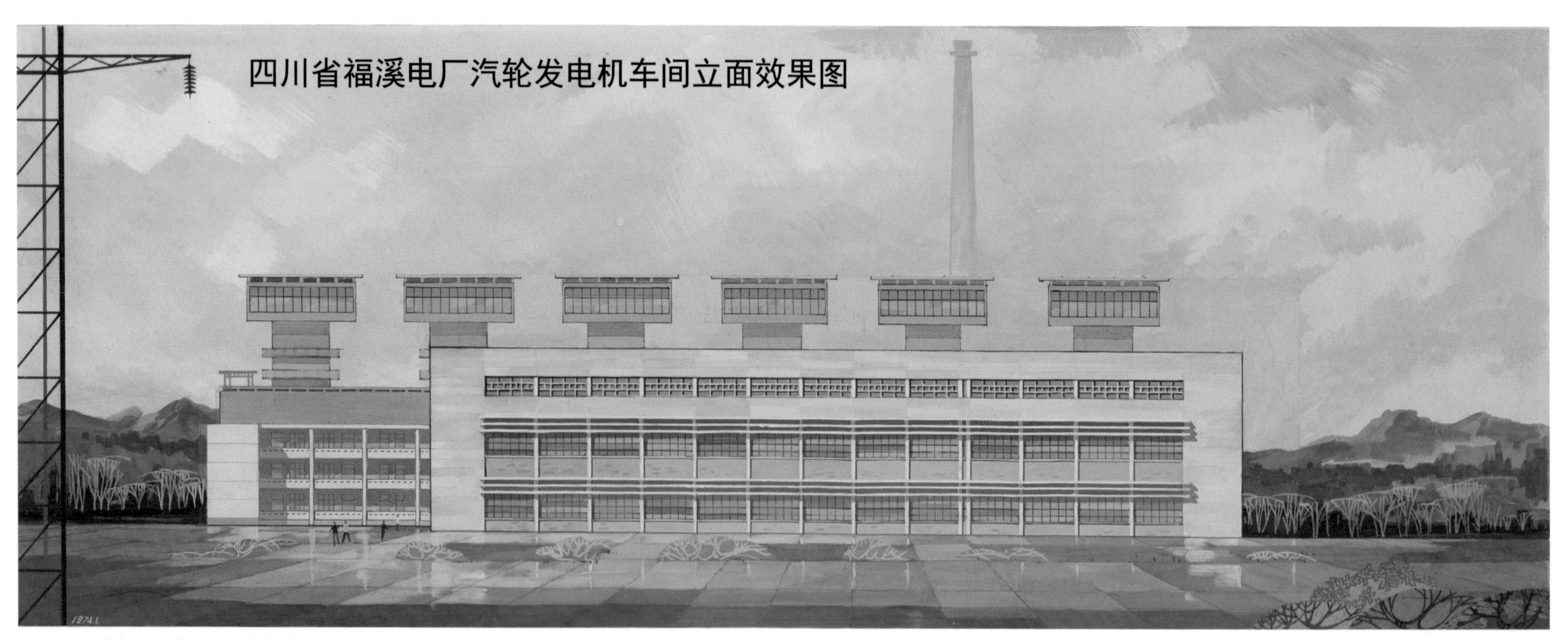

四川省福溪电厂汽轮发电机车间立面图（水粉画　1976 年）彭其兰绘

设计单位：电力部西南电力设计院

60 建筑设计构思方案 -5
成都东风电影院

方案设计　彭其兰　　建筑面积　1500座
功　　能　电影院　　设计时间　1982年

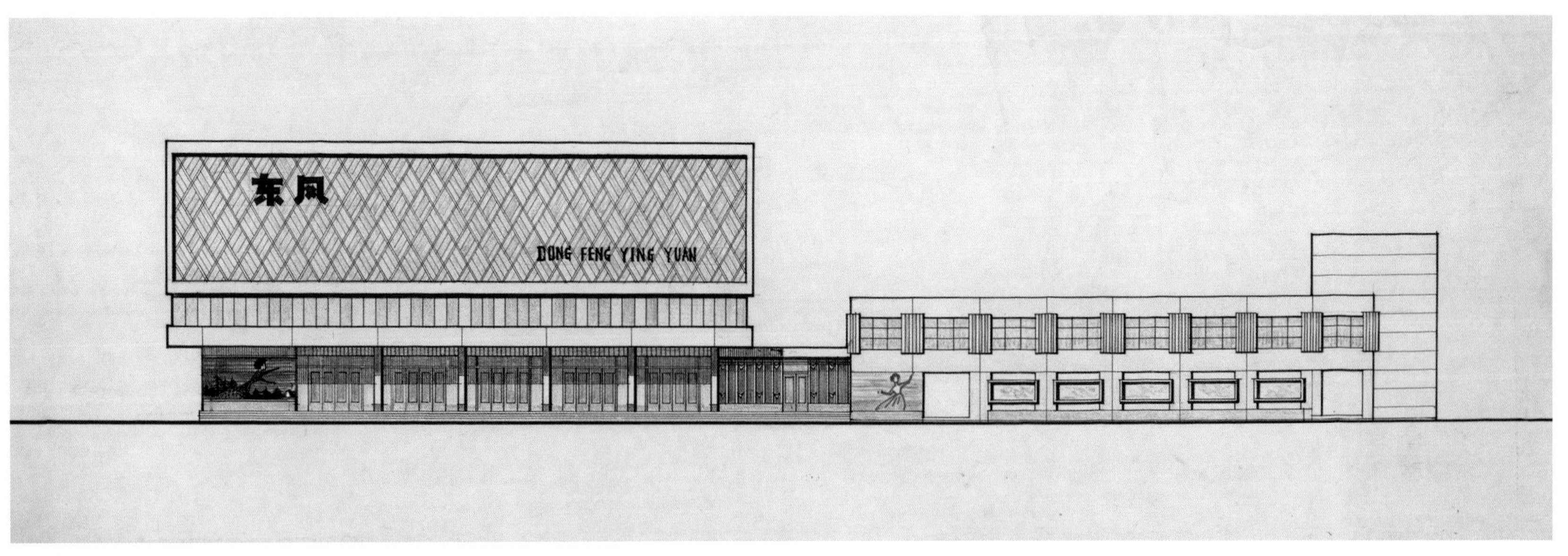

设计单位：电力部西南电力设计院

成都东风电影院构思方案（一）（钢笔、彩色铅笔　1982年）彭其兰绘

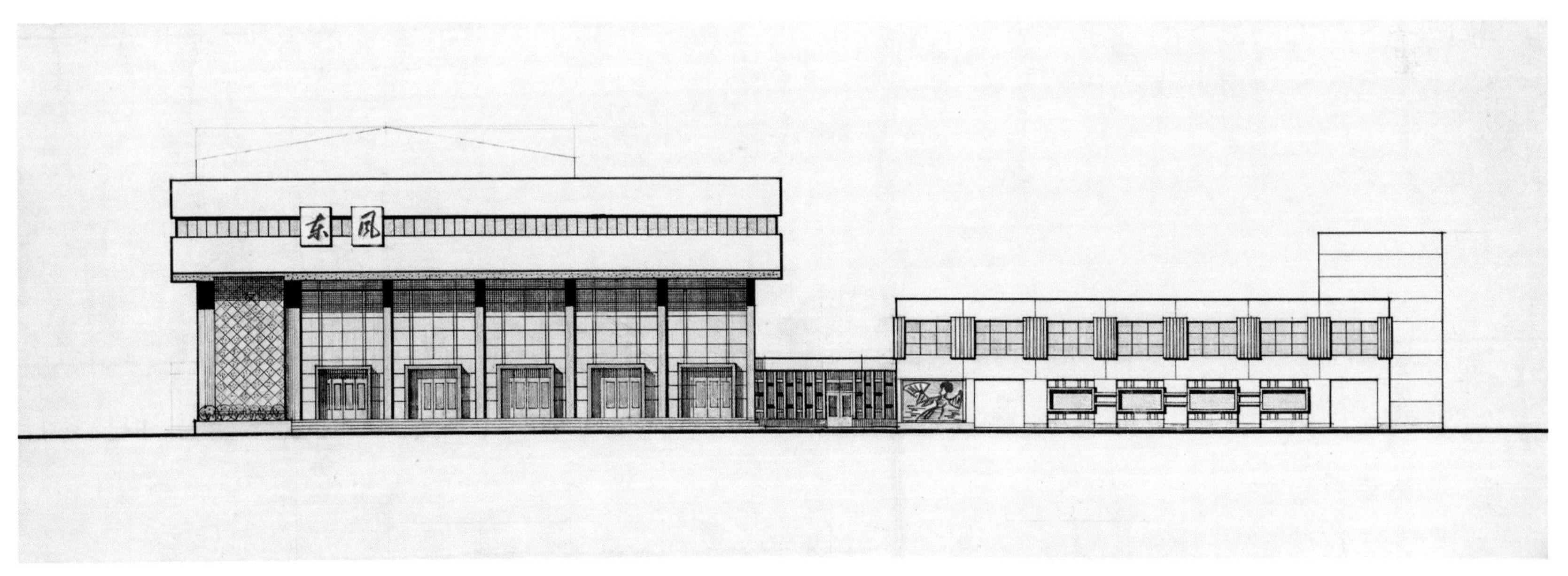

设计单位：电力部西南电力设计院

成都东风电影院构思方案（二）（钢笔、彩色铅笔　1982年）彭其兰绘

61 建筑设计构思方案 -6

上海市华达大厦

方案设计	彭其兰	建筑面积	4.2 万平方米
功　　能	办 公	设计时间	1986 年 7 月

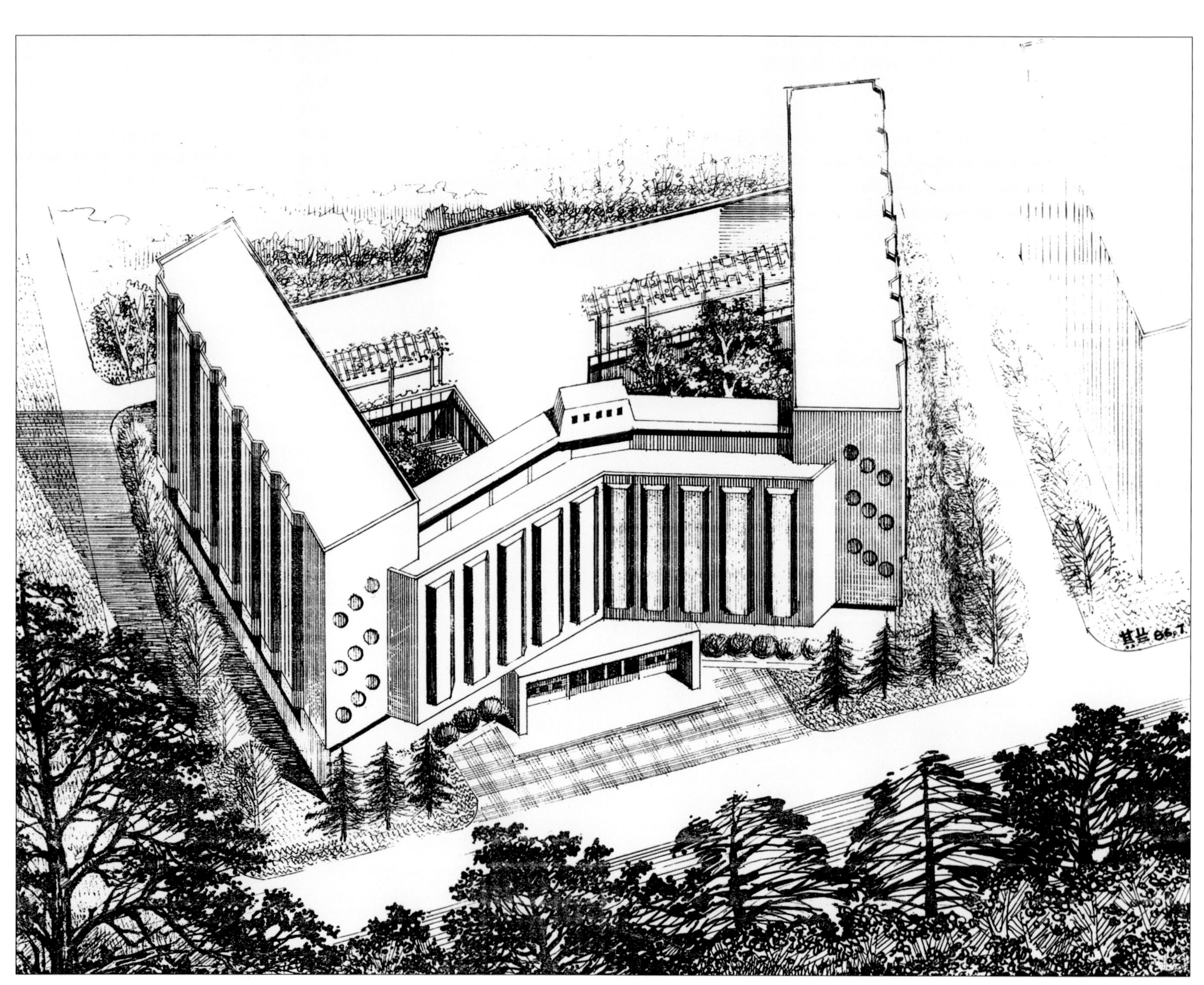

上海华达大厦构思方案透视图（钢笔画 1986 年）彭其兰绘

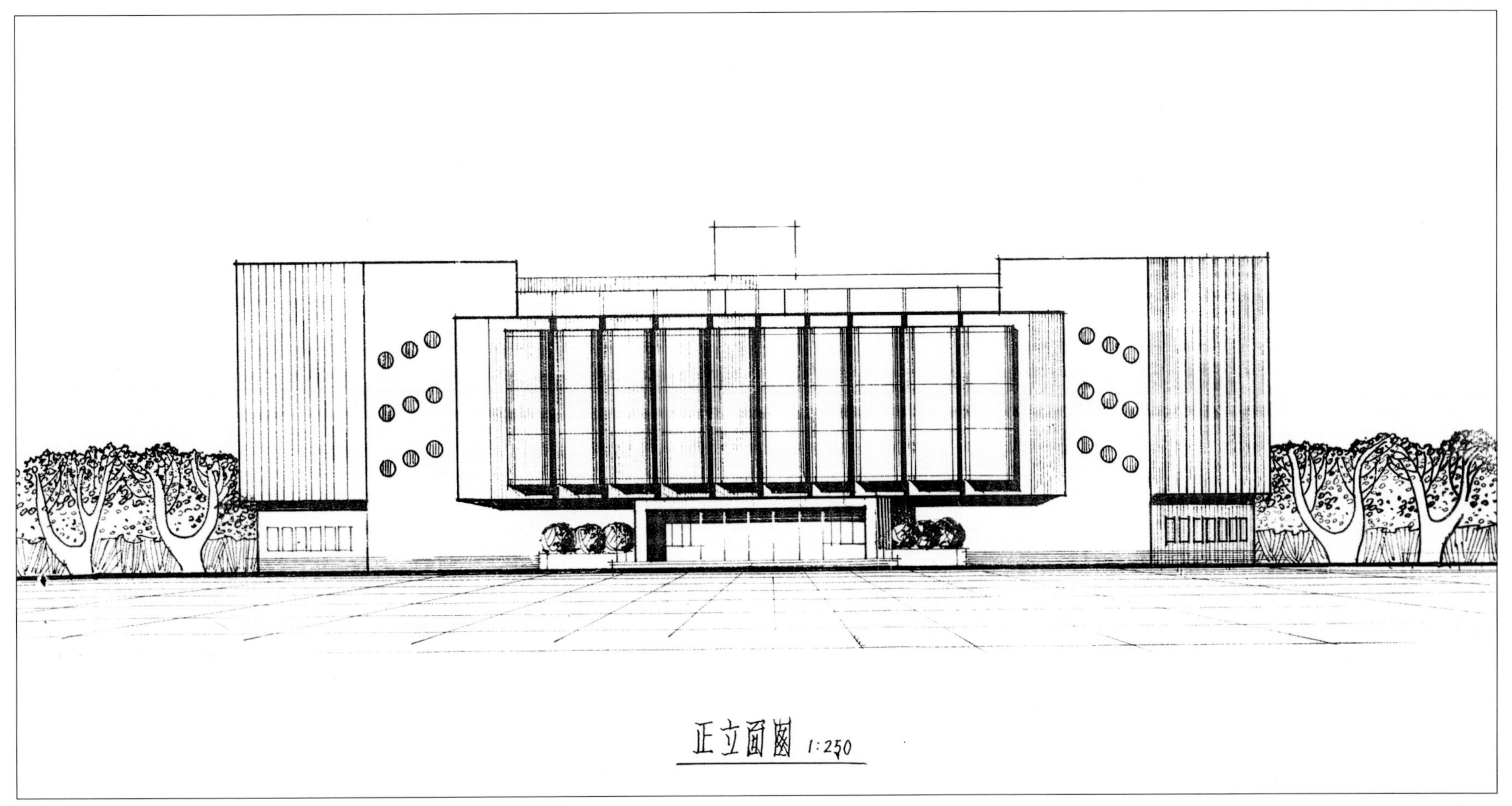

正立面图

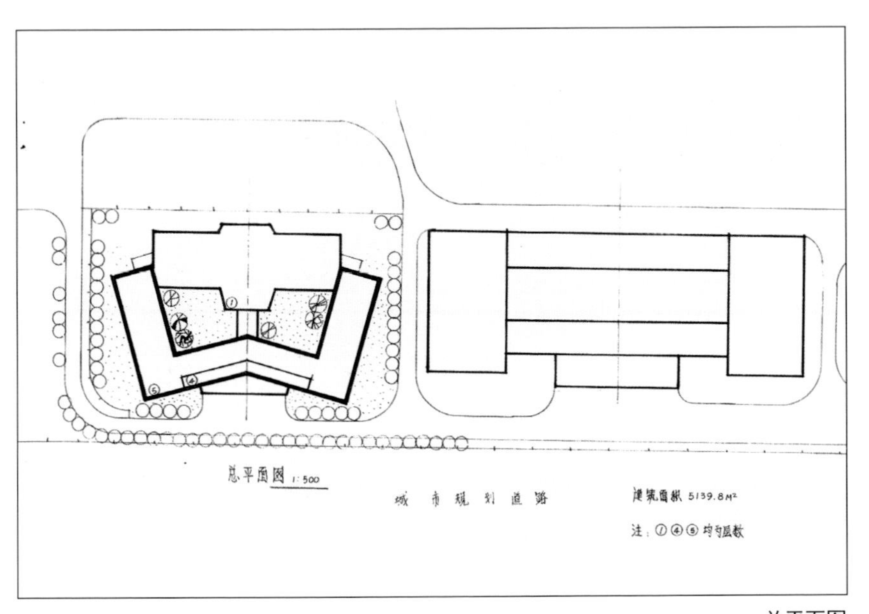

总平面图

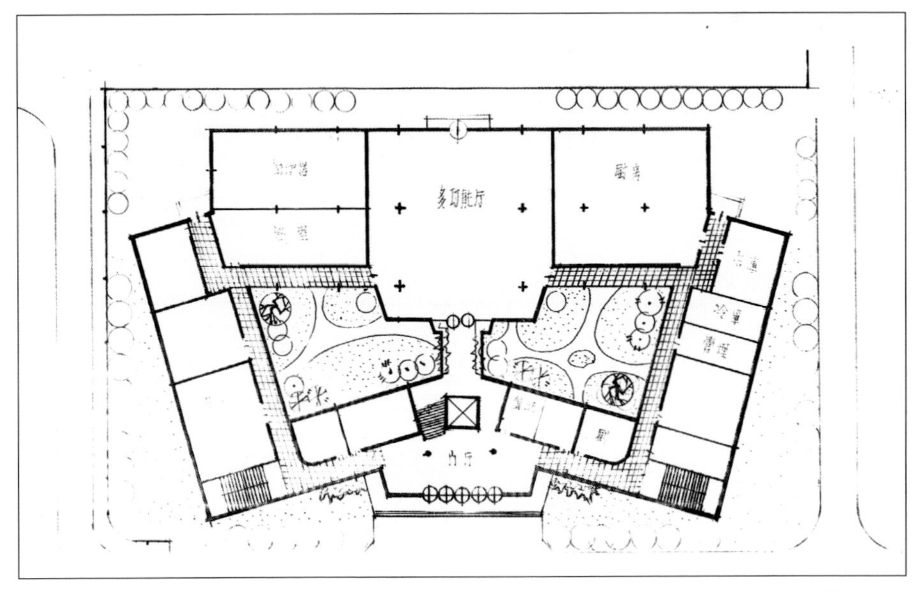

首层平面图

62 建筑设计构思方案 -7

陆丰县海滨度假村宾馆

方案设计　彭其兰
功　　能　小型宾馆
建筑面积　1万平方米
设计时间　1986年

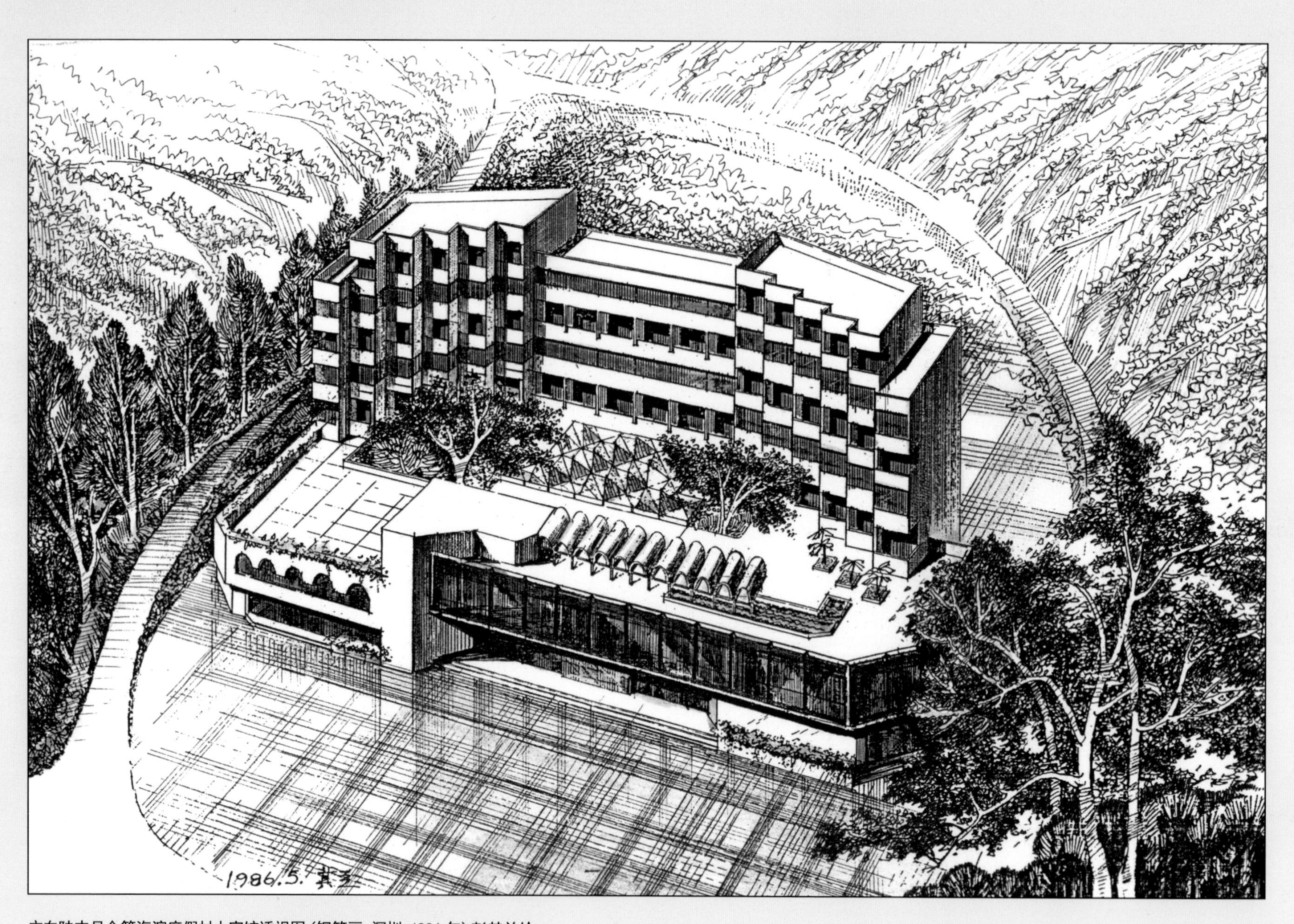

广东陆丰县金箱海滨度假村小宾馆透视图（钢笔画　深圳　1986年）彭其兰绘

63 建筑设计构思方案 -8
陆丰海滨度假村综合楼

方案设计　彭其兰
功　　能　综合楼
建筑面积　1万平方米
设计时间　1987年7月

广东陆丰县金箱海滨度假村综合楼透视图（钢笔画　深圳　1987年）彭其兰绘

64 建筑设计构思方案 -9

上海市控江路宾馆大厦

方案设计　彭其兰
功　　能　办　公
建筑面积　9万平方米
设计时间　1987年8月

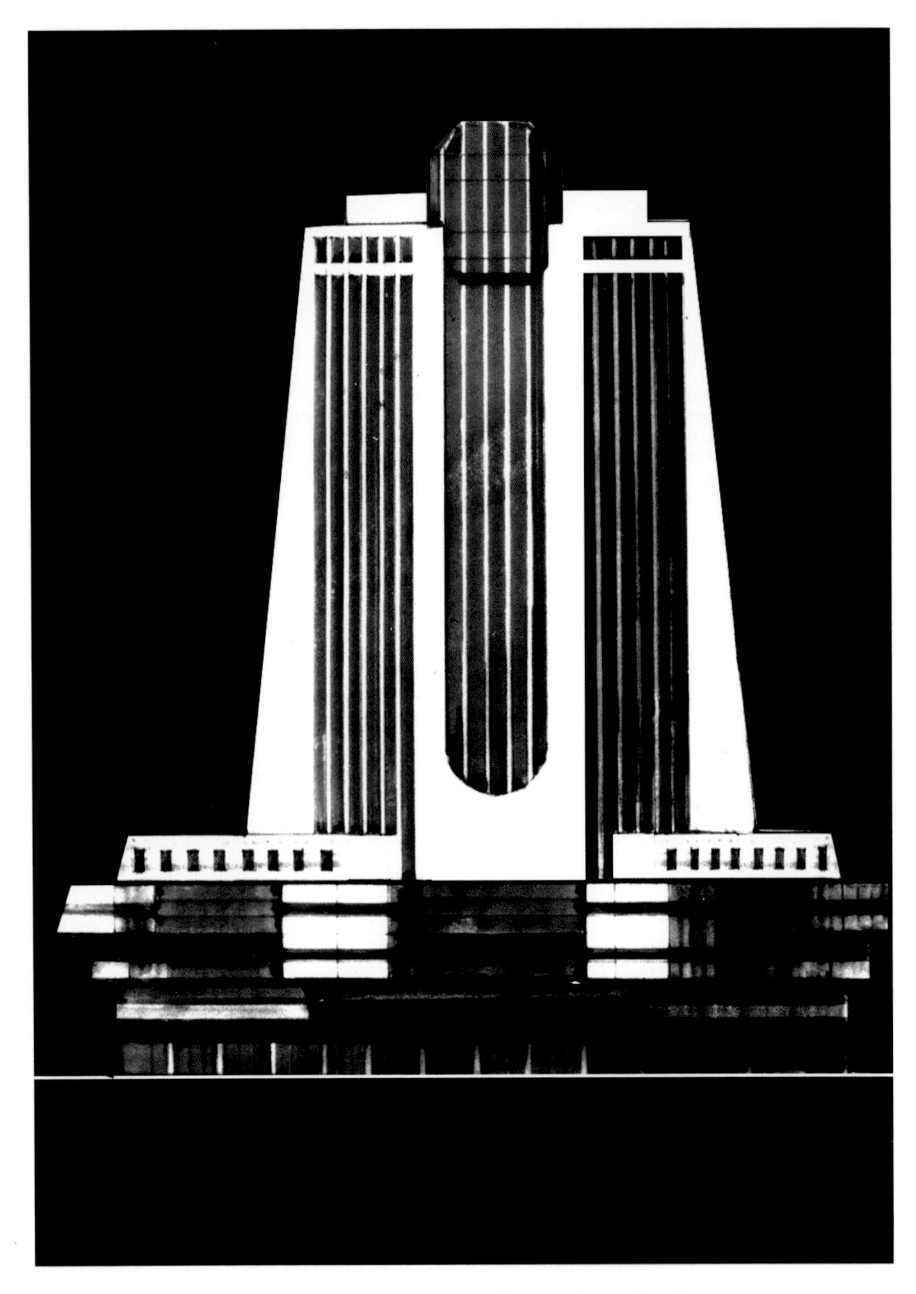

上海控江路宾馆大厦构思方案立面图（钢笔、马克笔 1987年）彭其兰绘

上海控江路宾馆大厦构思方案透视图（钢笔、马克笔 1987年）彭其兰绘

65 建筑设计构思方案 -10

广州市电子科技大厦

方 案 设 计　彭其兰
功　　　能　办 公
建 筑 面 积　5.8 万平方米
设 计 时 间　1987 年 5 月

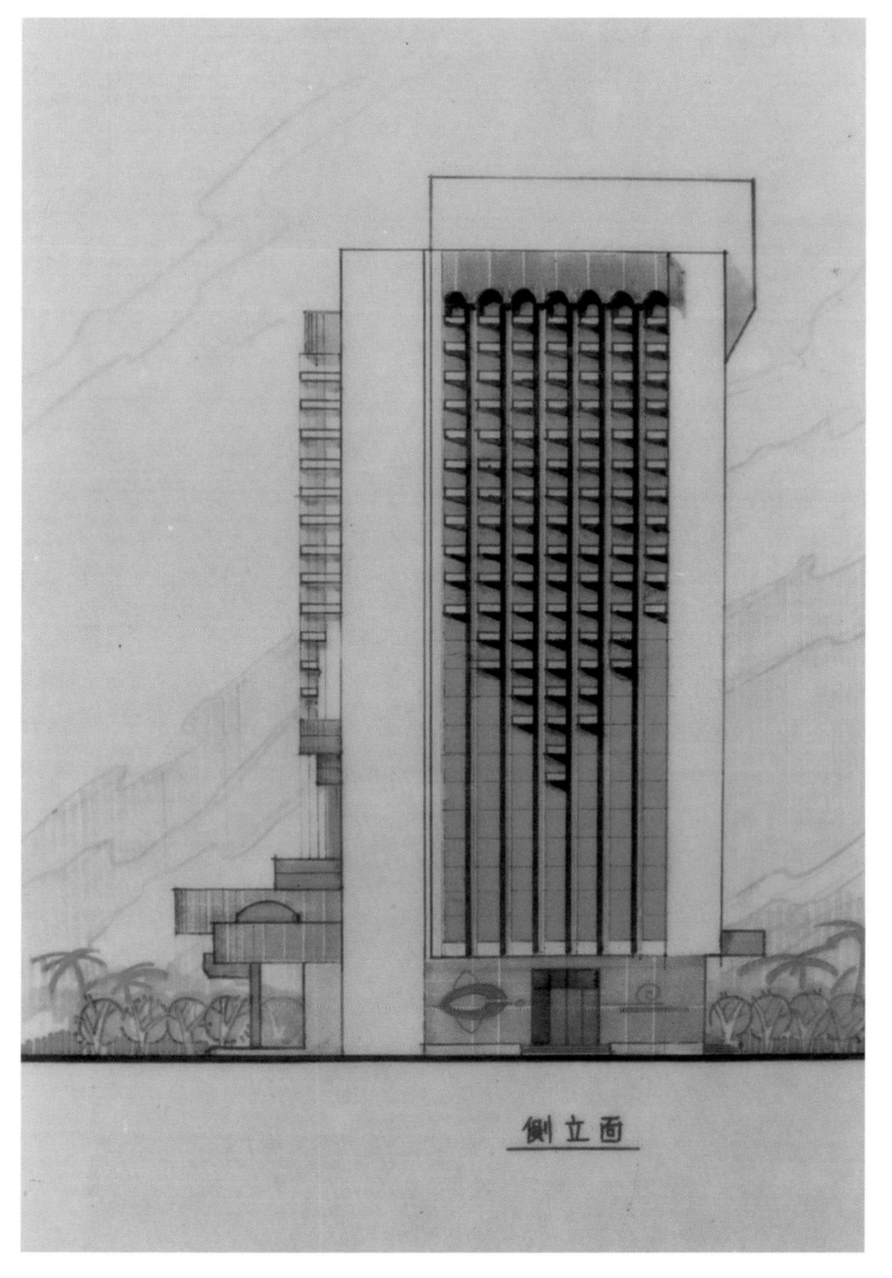

广州市电子科技大厦侧面图（钢笔、马克笔 1987 年）彭其兰绘

广州市电子科技大厦正立面图（钢笔、马克笔 1987 年）彭其兰绘

66 建筑设计构思方案 -11

深圳福田保税区管理大厦

方案设计　彭其兰
功　　能　办公、酒店
建筑面积　20 万平方米
设计时间　1992 年 5 月

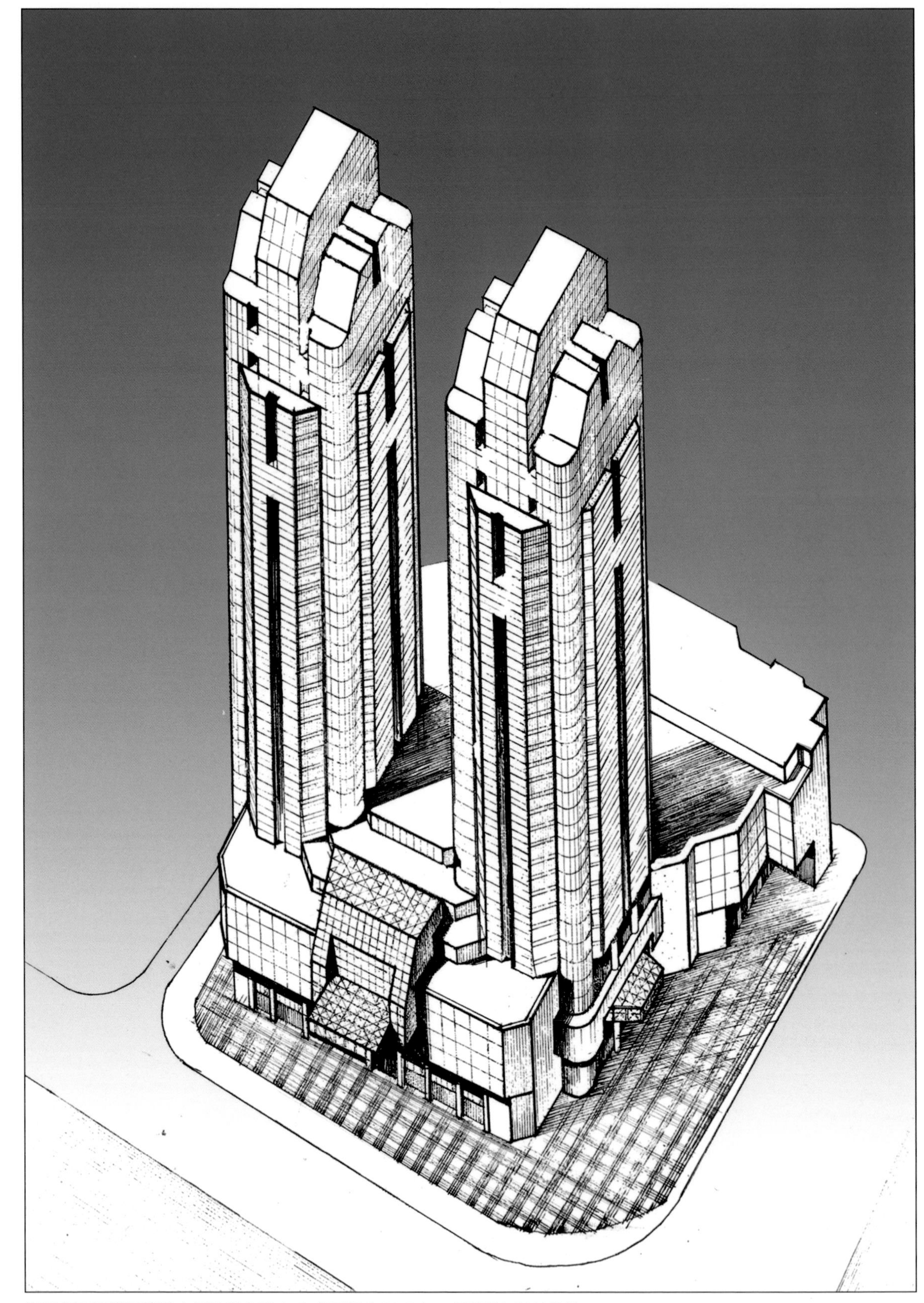

深圳福田保税区管理大厦构思方案（一）（钢笔画 2019 年 5 月重绘）彭其兰绘

67 建筑设计构思方案 -12

深圳福田保税区管理大厦

方案设计　彭其兰

功　　能　办公、酒店

建筑面积　20 万平方米

设计时间　1992 年 5 月

深圳福田保税区管理大厦构思方案（二）（钢笔画 2019 年 5 月重绘）彭其兰绘

68 建筑设计构思方案 -13

深圳福田保税区管理大厦

方案设计　彭其兰
功　　能　办公、酒店
建筑面积　20万平方米
设计时间　1992年5月

深圳福田保税区管理大厦构思方案（四）

69 建筑设计构思方案 -14
上海市南阳经贸大厦

方案设计　彭其兰
功　　能　办公、酒店
建筑面积　20 万平方米
设计时间　1987 年 8 月

上海南阳经贸大厦构思方案（钢笔画 1987 年 8 月）彭其兰绘

70 建筑设计构思方案 -15
深圳市 TCL 研发大厦（一）

方案设计　彭其兰
功　　能　研发、办公
建筑面积　20 万平方米
设计时间　1992 年

深圳 TCL 研发大厦构思方案（钢笔画 1992 年）彭其兰绘

71 建筑设计构思方案 -16
深圳市 TCL 研发大厦（二）

方 案 设 计　彭其兰
功　　　能　研发、办公
建 筑 面 积　10 万平方米
设 计 时 间　1992 年

深圳 TCL 研发大厦构思方案（二）（钢笔彩色铅笔 1992 年）彭其兰绘

72 建筑设计构思方案 -17

成都市商业大厦

方 案 设 计　彭其兰
功　　　能　办公、酒店
建 筑 面 积　8 万平方米
设 计 时 间　1995 年

成都商业大厦构思方案（钢笔画 深圳 1995 年）彭其兰绘

73 建筑设计构思方案 -18

成都市西南国贸大厦

方 案 设 计　彭其兰
功　　　能　办公、商业
建 筑 面 积　8 万平方米
设 计 时 间　1994 年

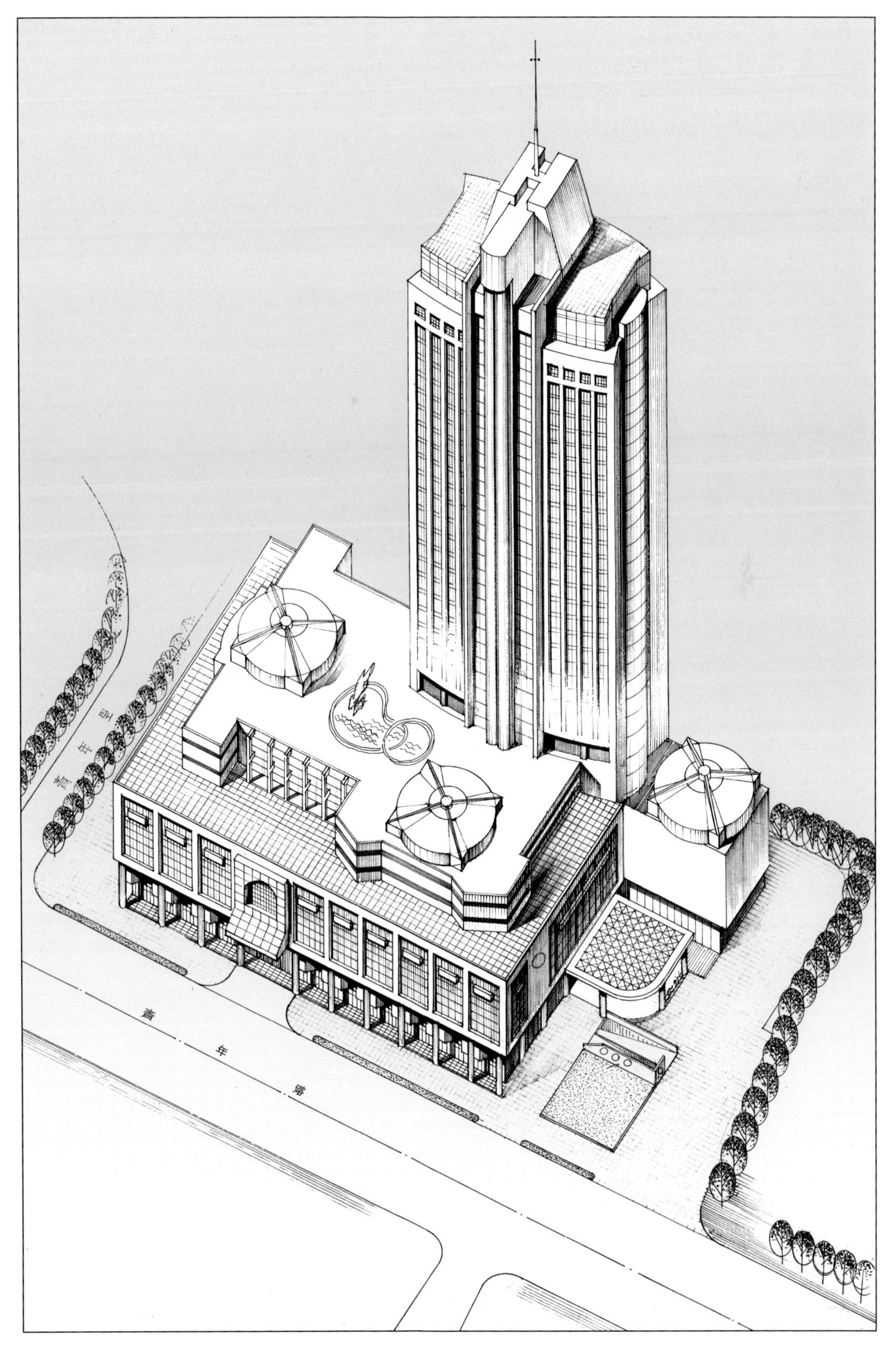

成都市西南国贸大厦构思方案（钢笔画 1994 年）彭其兰绘

74 建筑设计构思方案 -19
深圳市税务大厦 / 长城大厦

方案设计　彭其兰
功　　能　办公、宾馆
建筑面积　10 万平方米 • 12 万平方米
设计时间　1993 年 • 1996 年

深圳市税务大厦构思方案（钢笔画 1993 年）彭其兰绘

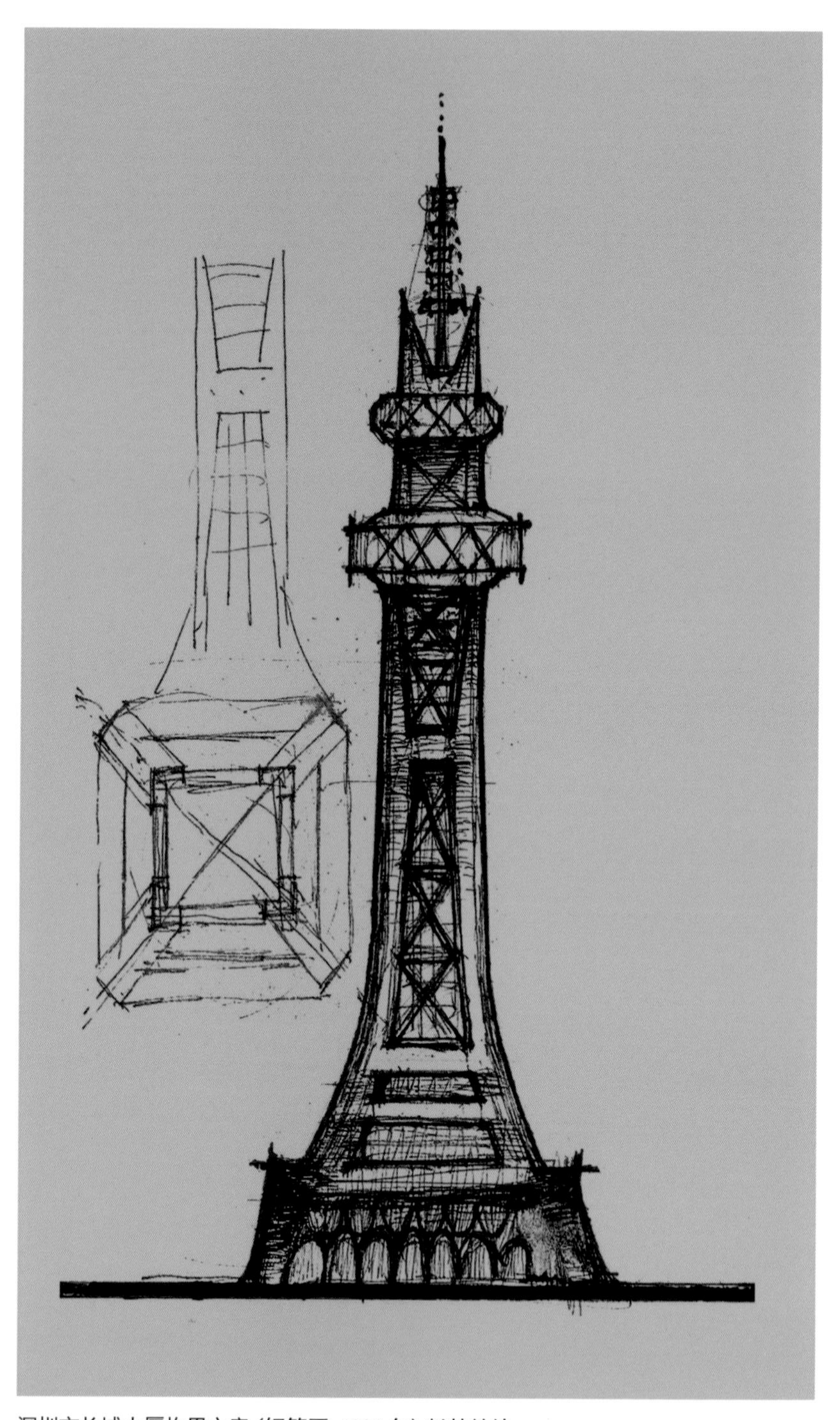

深圳市长城大厦构思方案（钢笔画 1996 年）彭其兰绘

75 建筑设计构思方案 -20
惠州市宾馆

方案设计　彭其兰
功　　能　办公、酒店
建筑面积　16 万平方米
设计时间　1995 年

惠州市宾馆设计构思方案（一）（钢笔画 1995 年）彭其兰绘

惠州市宾馆设计构思方案（二）（钢笔画 1995 年）彭其兰绘

76 建筑设计构思方案 -21

深圳市宝安宾馆

方案设计　彭其兰
功　　能　办公、宾馆
建筑面积　4 万平方米
设计时间　1993 年

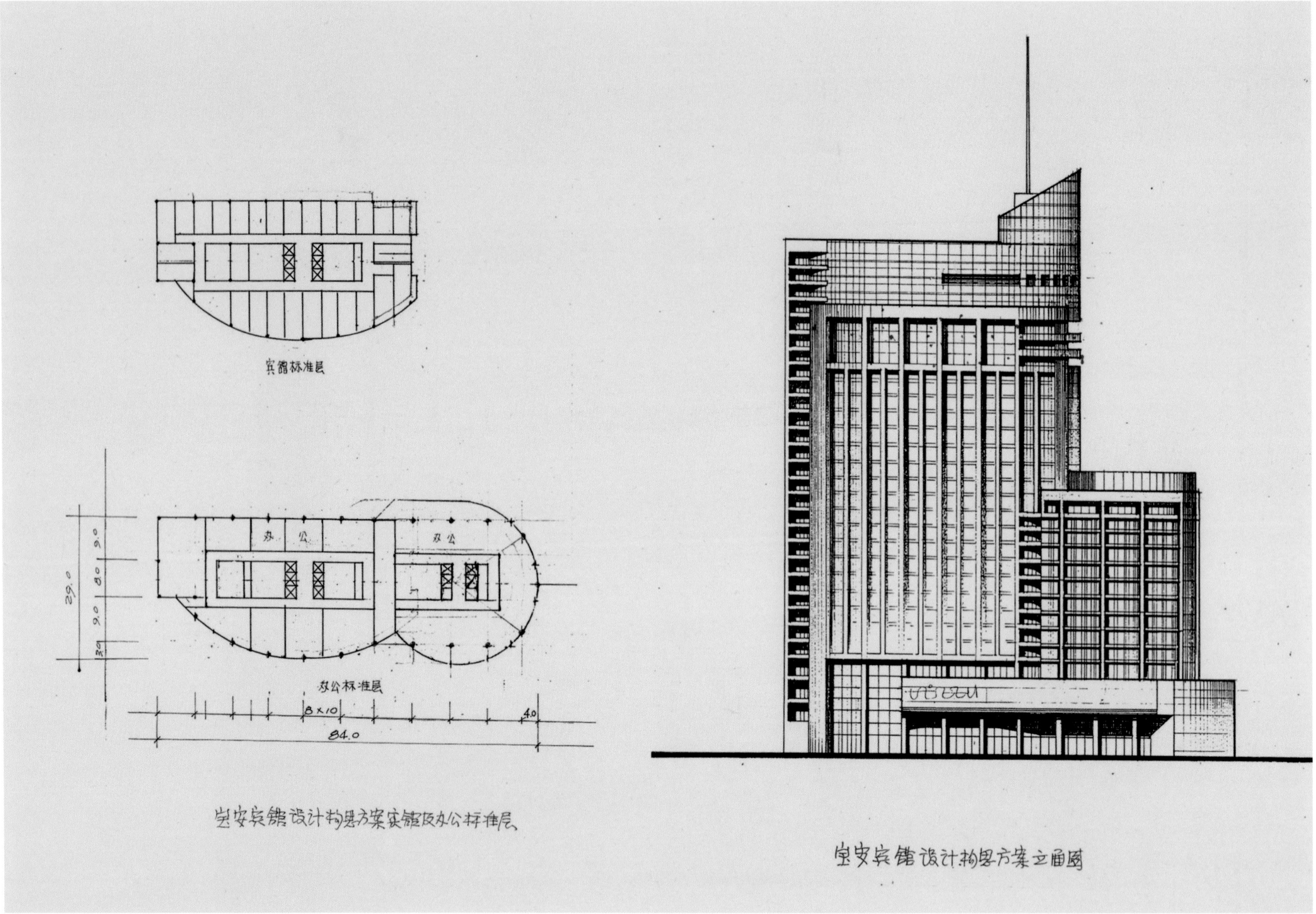

宾馆标准层

办公标准层

宝安宾馆设计构思方案宾馆及办公标准层

宝安宾馆设计构思方案立面图

深圳宝安宾馆设计构思方案（钢笔画 1993 年）彭其兰绘

77 建筑设计构思方案 -22

深圳市宝安大厦

方案设计　彭其兰
功　　能　办 公
建筑面积　6万平方米
设计时间　1993年

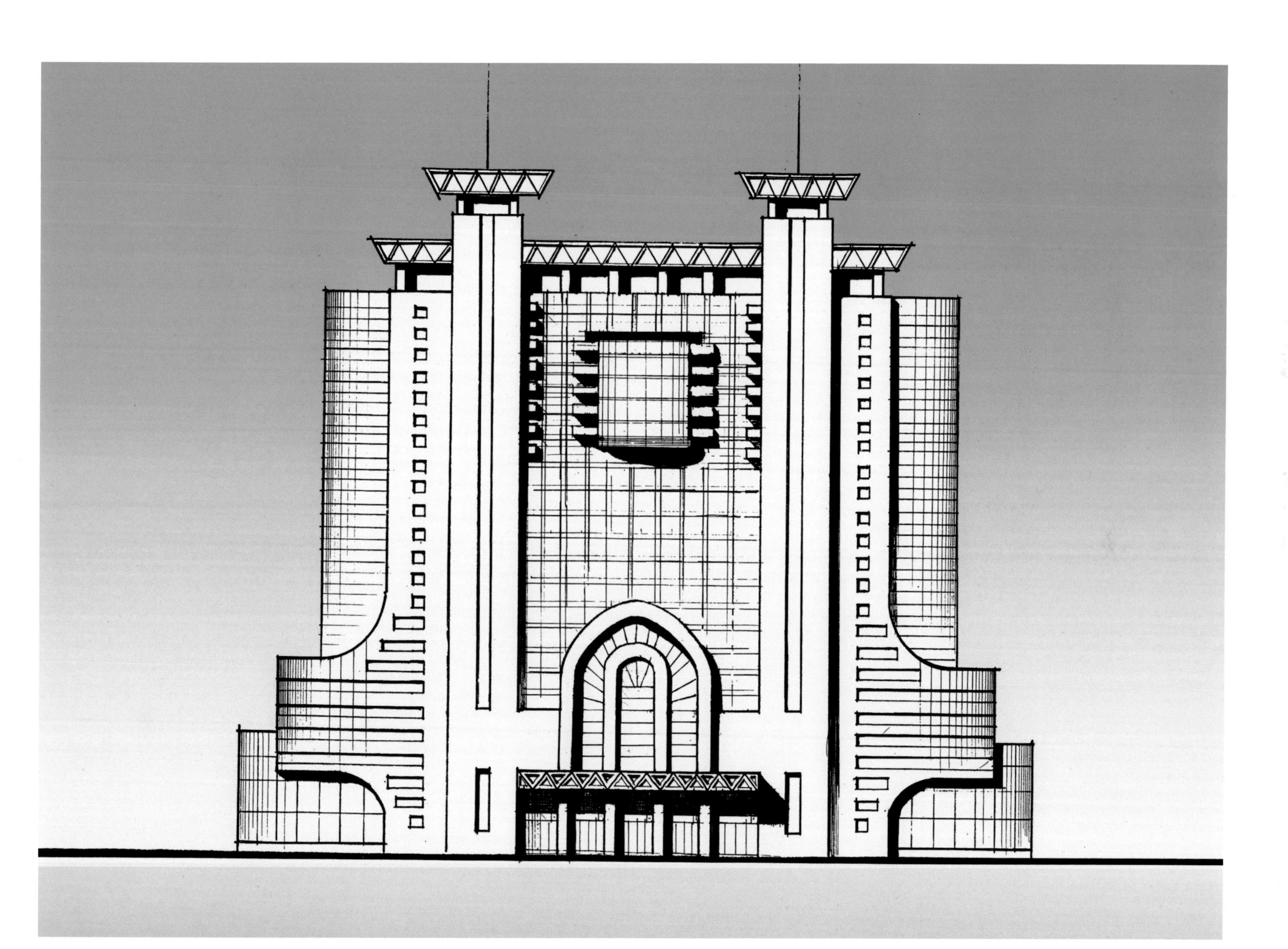

深圳市宝安大厦构思方案立面图（钢笔画 1993 年）彭其兰绘

78 建筑设计构思方案 -23

深圳市东海大厦（一）

方案设计　彭其兰
功　　能　办公、宾馆
建筑面积　10 万平方米
设计时间　1993 年 5 月

深圳市东海大厦构思方案透视图（一）（钢笔画 2019 年 5 月重绘）彭其兰绘

79 建筑设计构思方案 -24

深圳市东海大厦（二）

方 案 设 计　彭其兰
功　　　能　办公、酒店
建 筑 面 积　8 万平方米
设 计 时 间　1993 年 5 月

深圳市东海大厦构思方案透视图（二）（钢笔画 2019 年 5 月重绘）彭其兰绘

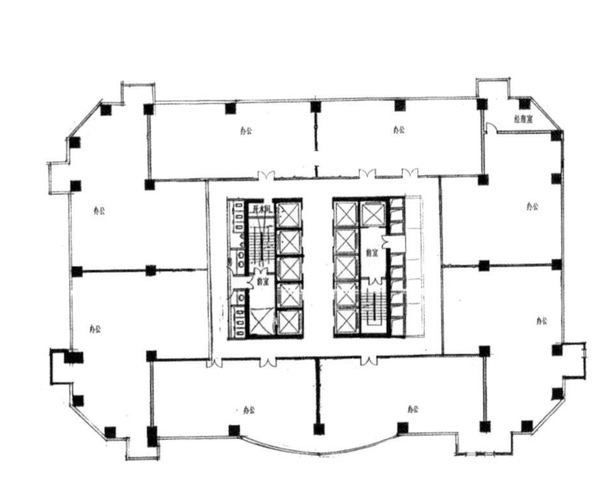

80 建筑设计构思方案 -25

广州市电讯大厦

方案设计 彭其兰
功　　能 办　公
建筑面积 12 万平方米
设计时间 1990 年 8 月

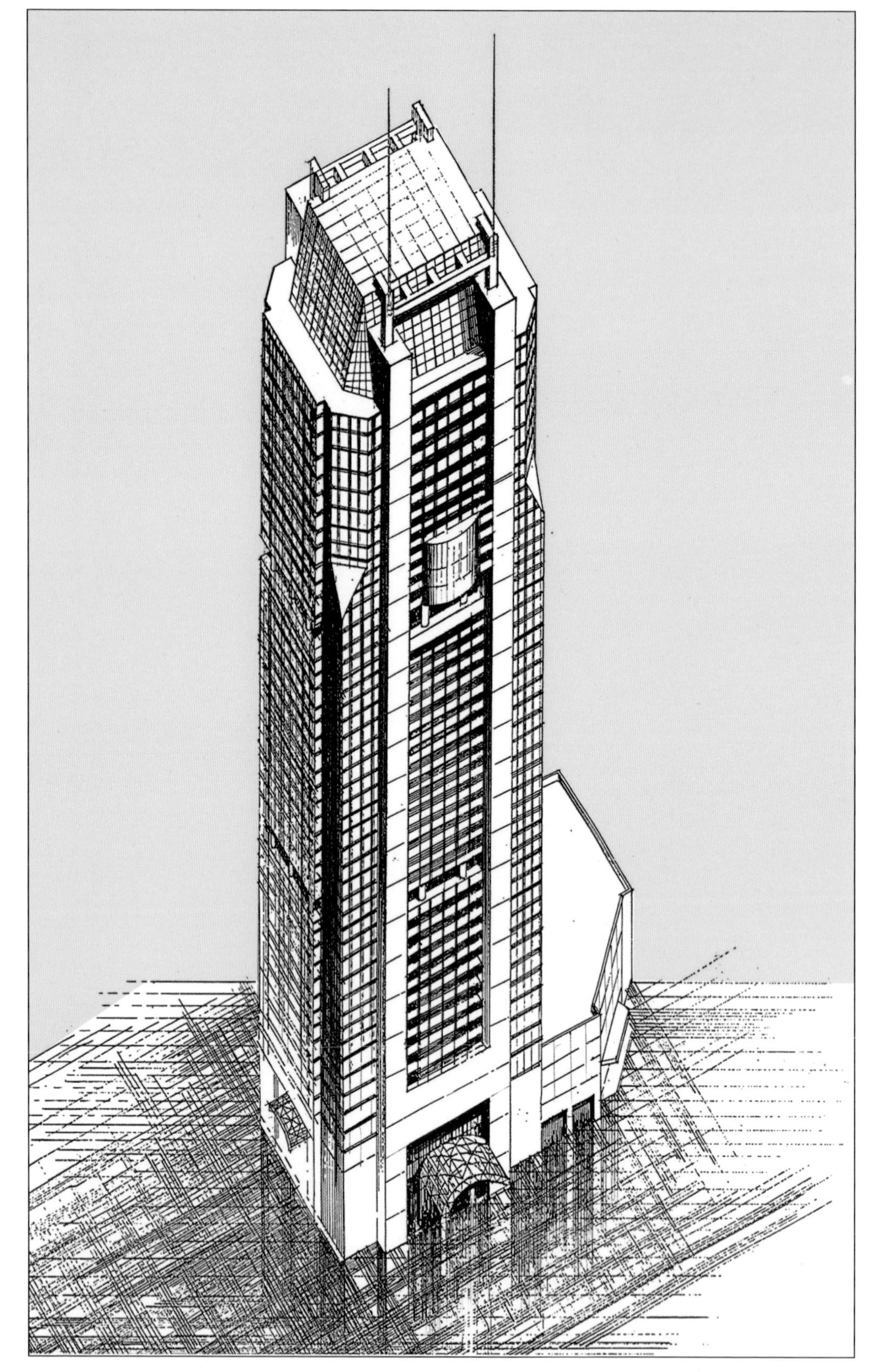

广州市电讯大厦构思方案（钢笔画 2019 年 5 月重绘）彭其兰绘

81 建筑设计构思方案 -26
深圳市赛格塔楼

方案设计　彭其兰
功　　能　办 公
建筑面积　16 万平方米
设计时间　1995 年

深圳市赛格塔楼构思方案透视图（钢笔、马克笔 1995 年）彭其兰绘

82 建筑设计构思方案 -27

深圳市规划局办公楼

方案设计　彭其兰
功　　能　办 公
建筑面积　3 万平方米
设计时间　1996 年

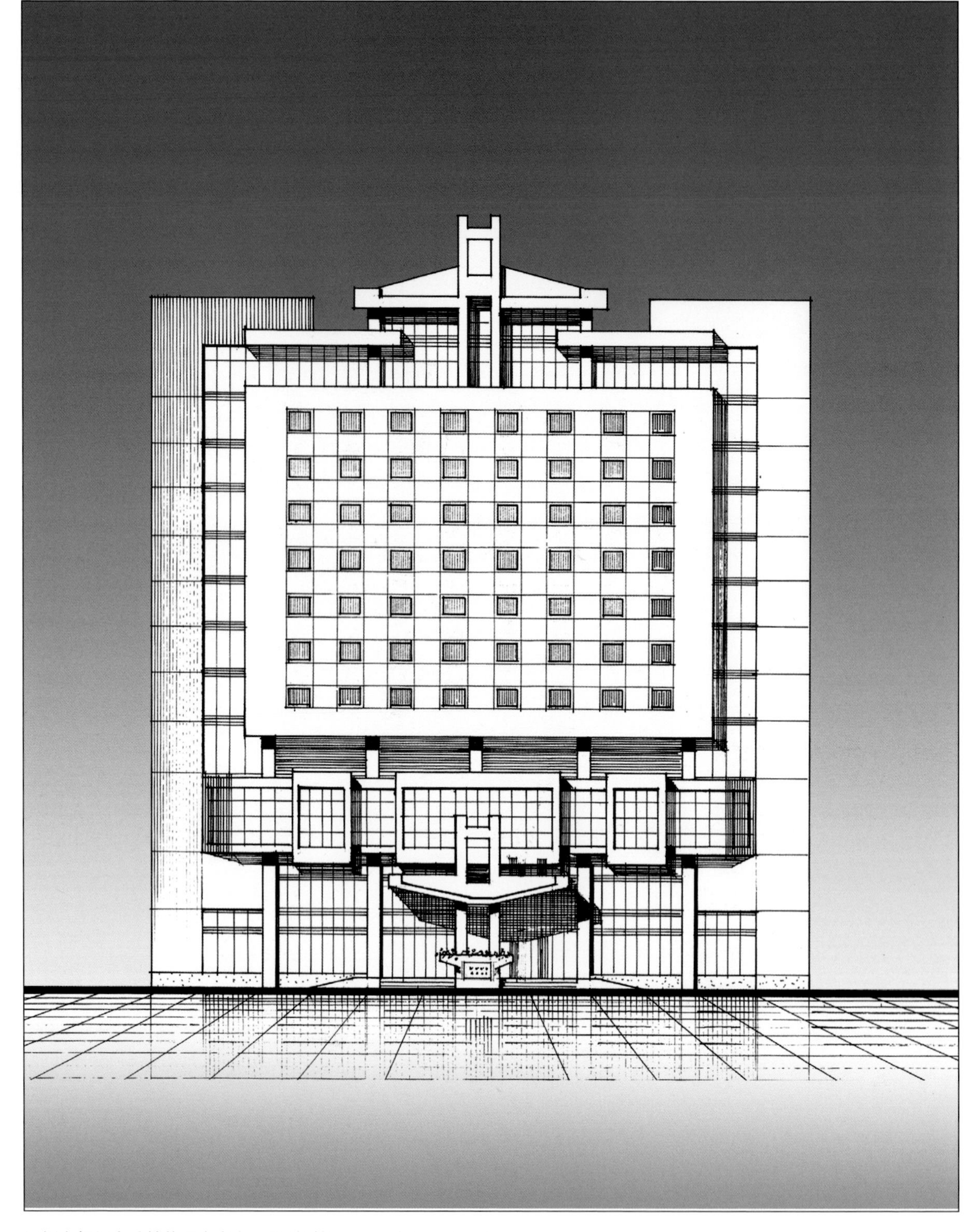

深圳市规划办公楼构思方案立面图（钢笔画 1996 年）彭其兰绘

83 建筑设计构思方案 -28
深圳市新华书店

方案设计　彭其兰
功　　能　图书销售　办　公
建筑面积　3万平方米
设计时间　1996年

深圳市新华书店构思方案立面图（钢笔画 1996年）彭其兰绘

84 建筑设计构思方案 -29
深圳南山国际文化交流中心

方案设计　彭其兰
功　　能　南山文化中心
建筑面积　3.8万平方米
设计时间　1997年6月

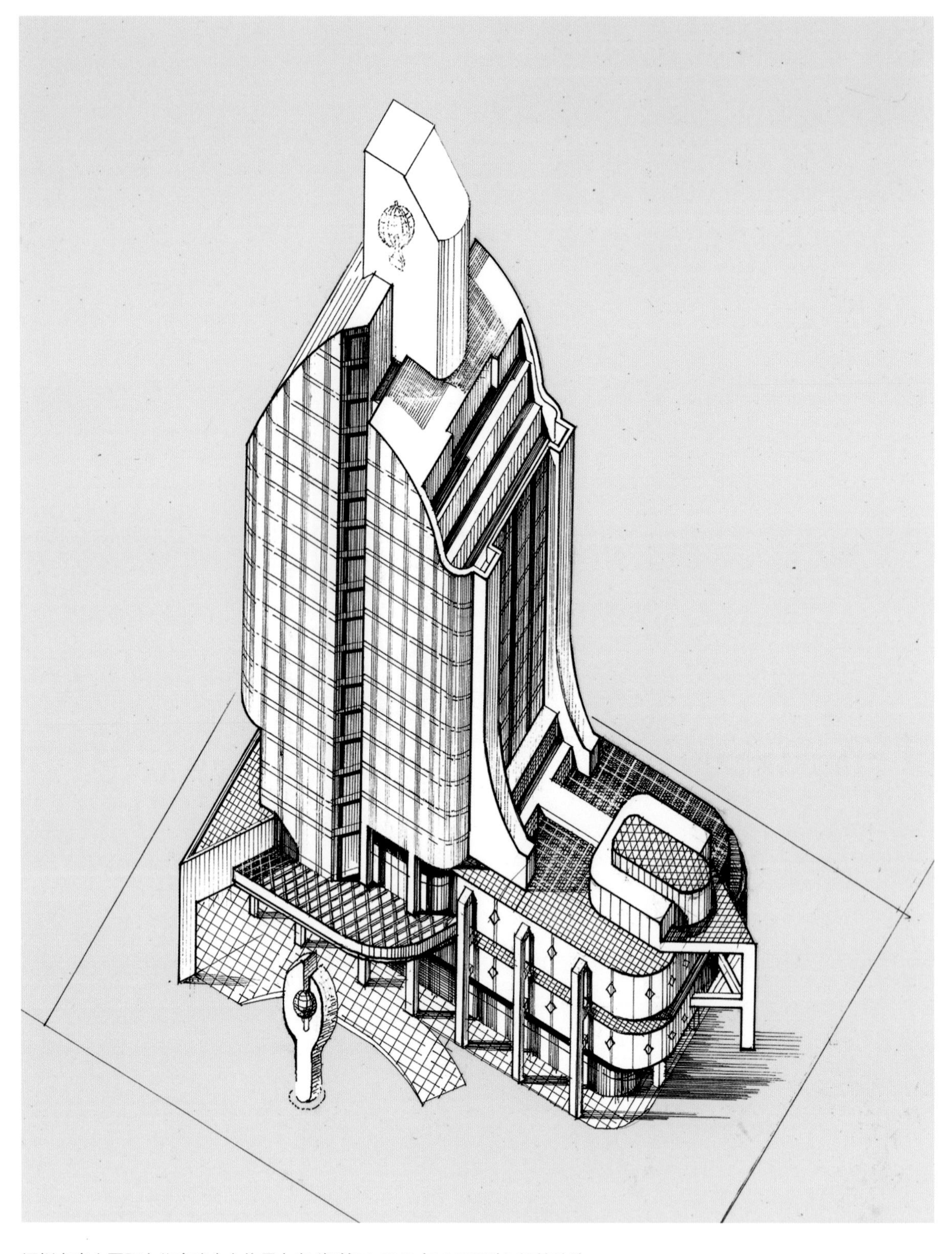

深圳市南山国际文化交流中心构思方案（钢笔画 2019年5月重绘）彭其兰绘

85 建筑设计构思方案 -30

深圳市上埗邮电所

方案设计　彭其兰　　　建筑面积　1.2万平方米

功　　能　办公　　　　设计时间　1985年5月

深圳市上步邮电所构思方案（彩色水笔 深圳 1985 年）彭其兰绘

86 建筑设计构思方案 -31

成都西南国贸大厦（一）

方 案 设 计　彭其兰 彭东明

功　　　能　办公、商业、酒店

建 筑 面 积　16 万平方米

设 计 时 间　1994 年

成都市西南国贸大厦方案之一（彭东明 彭其兰画）

87 建筑设计构思方案 -32

成都西南国贸大厦（二）

方 案 设 计　彭其兰 彭东明
功　　　能　办公、商业、酒店
建 筑 面 积　16 万平方米
设 计 时 间　1994 年

成都市西南国贸大厦方案之二（彭东明 彭其兰画）

88 建筑设计构思方案 -33

成都西南国贸大厦（三）

方 案 设 计　彭其兰 彭东明

功　　　能　办公、商业、酒店

建 筑 面 积　16 万平方米

设 计 时 间　1994 年

成都市西南国贸大厦方案之三（彭东明 彭其兰画）

89 建筑设计构思方案 -34
深圳市 TCL 研发大厦（1-5）

方 案 设 计　彭其兰
功　　　能　办公
建 筑 面 积　7.4 万平方米
设 计 时 间　2001 年 3 月

深圳市 TCL 研发大厦设计方案的最初构思

任何一幢建筑的设计，不论其规模大小，我们都要做出不同的几个构思方案，进行分析比较，择优而从。我们特别喜欢请不同专业、不同经历的同事来评论，经综合研究之后，再作修改，以求做出最优秀的方案。

构思方案 1：平面及造型具有流动感。

构思方案 2：端部留空，开敞活泼。中部空间层次较为丰富。

构思方案 3：整体协调，造型较为雄伟。

构思方案 4：具有体积感、雕塑感，利用斜面把绿化引进屋面平台。立体绿化的方式体现亚热带建筑特色。

构思方案 5：强调建筑的体积感。

终于融合孕育出被认为较满意的方案。

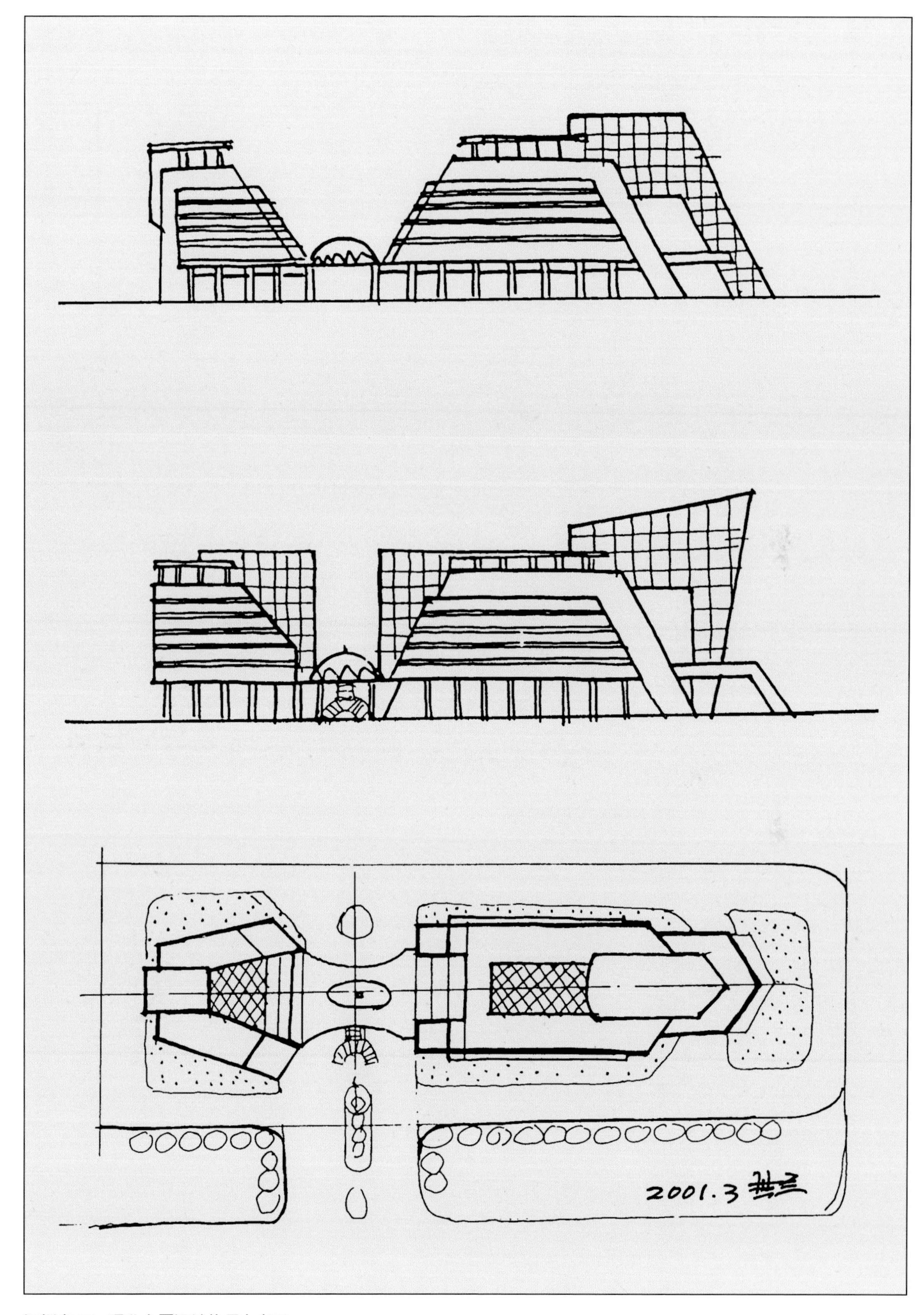

深圳市 TCL 研发大厦设计构思方案三

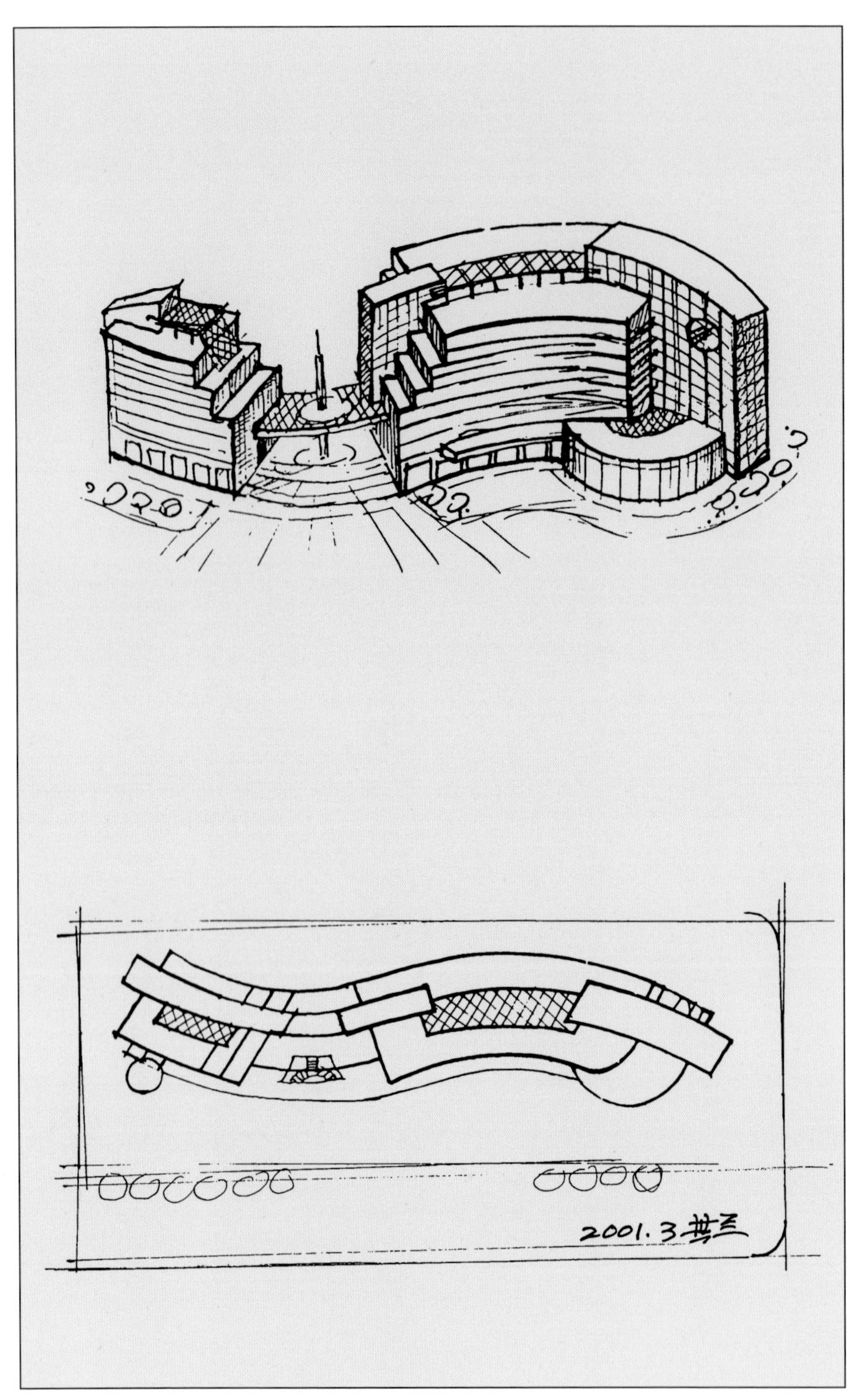

深圳市 TCL 研发大厦设计构思方案一

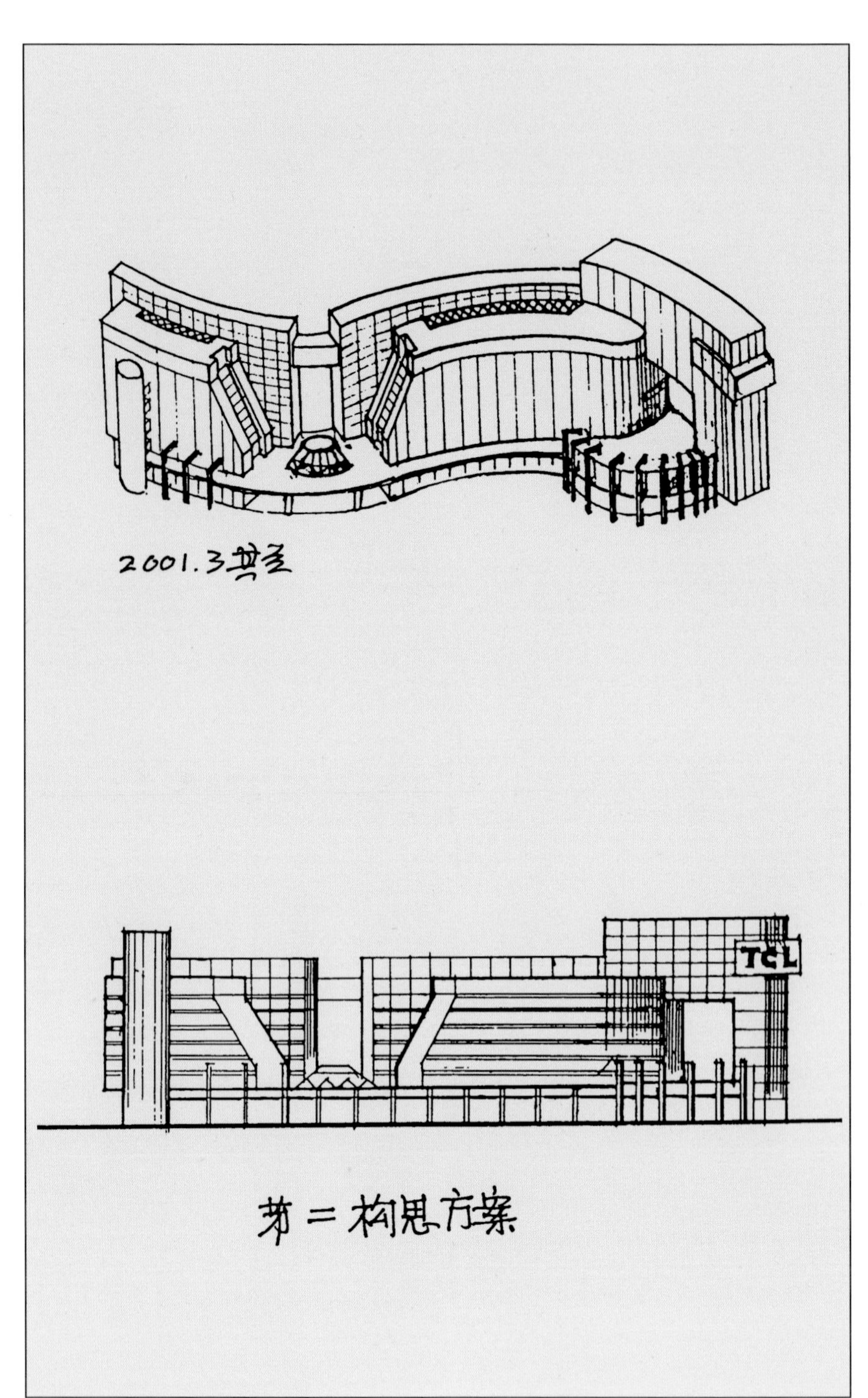

深圳市 TCL 研发大厦设计构思方案二

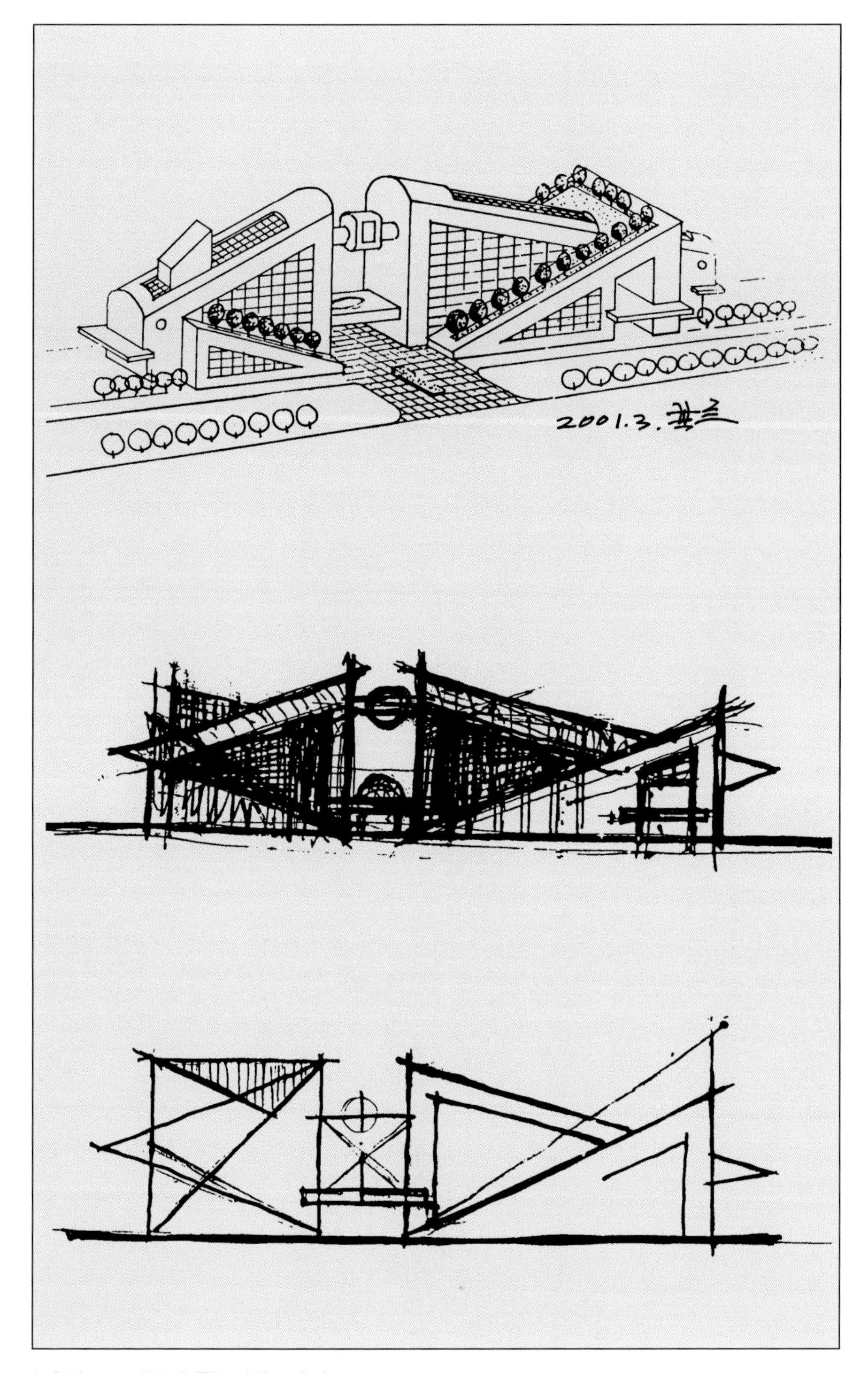

深圳市 TCL 研发大厦设计构思方案四

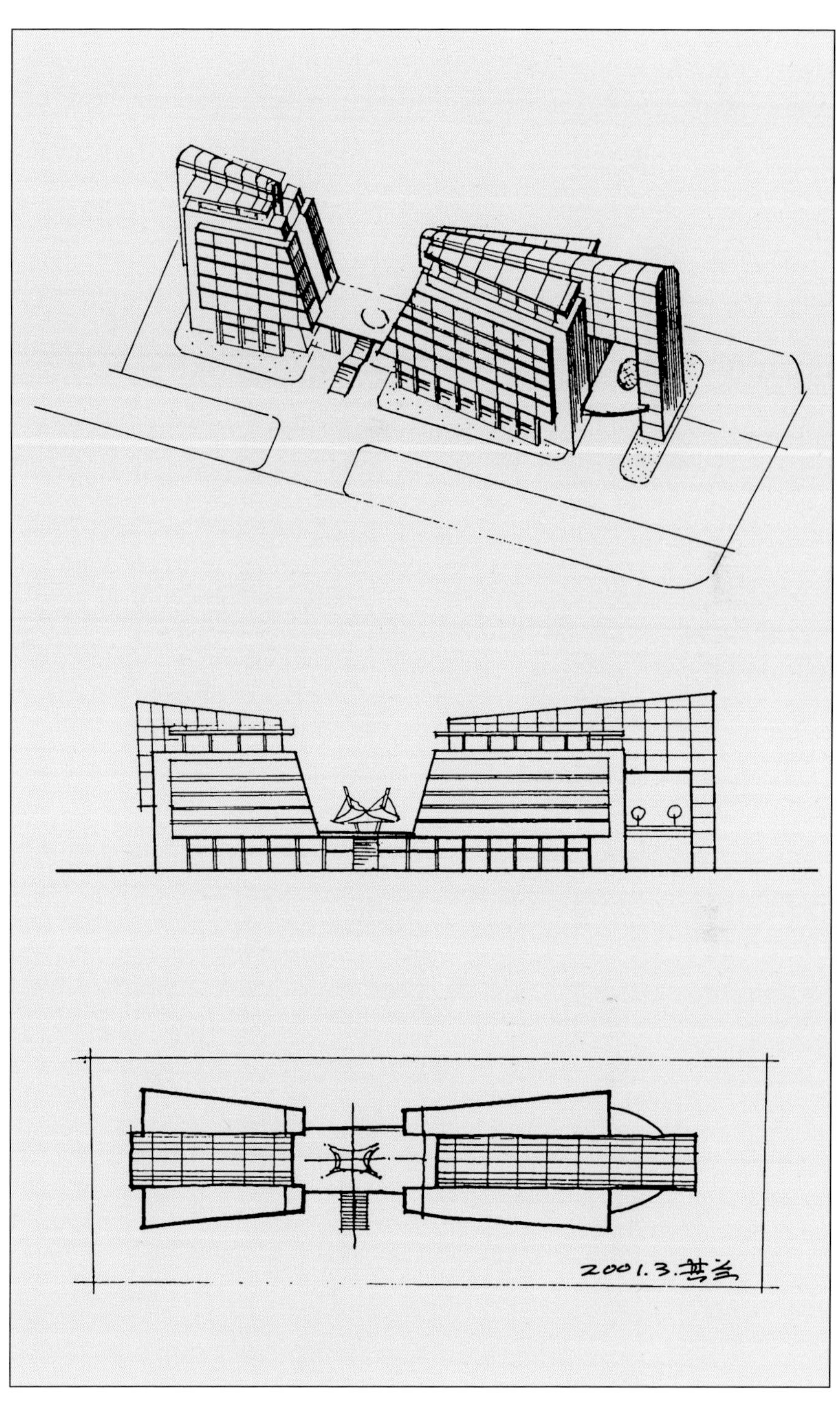

深圳市 TCL 研发大厦设计构思方案五

90 建筑设计构思方案 -35

深圳市赛格广场

方案设计　彭其兰

功　　能　办公、商业、酒店

建筑面积　16 万平方米

设计时间　1991 年

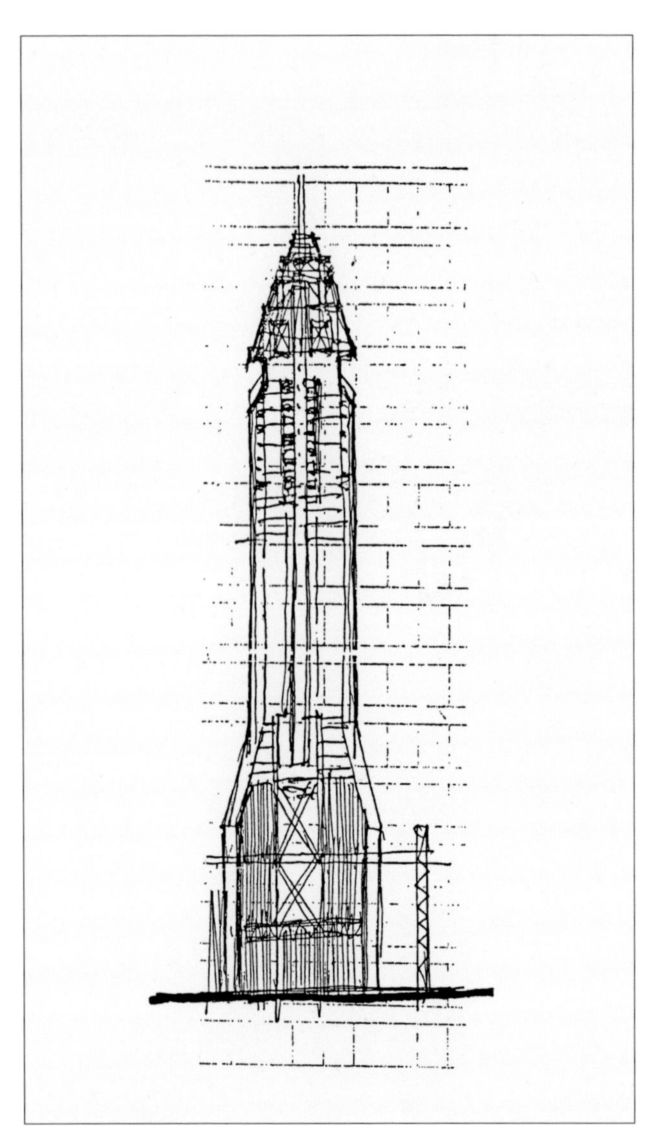

1990 年方案草图

深圳赛格广场构思方案草图（1991 年）

91 建筑设计构思方案 -36

深圳市蛇口招商大厦

深圳宝安商业大厦构思方案草图（1992 年）

方案设计　彭其兰
功　　能　办公、商业
建筑面积　15 万平方米
设计时间　1993 年

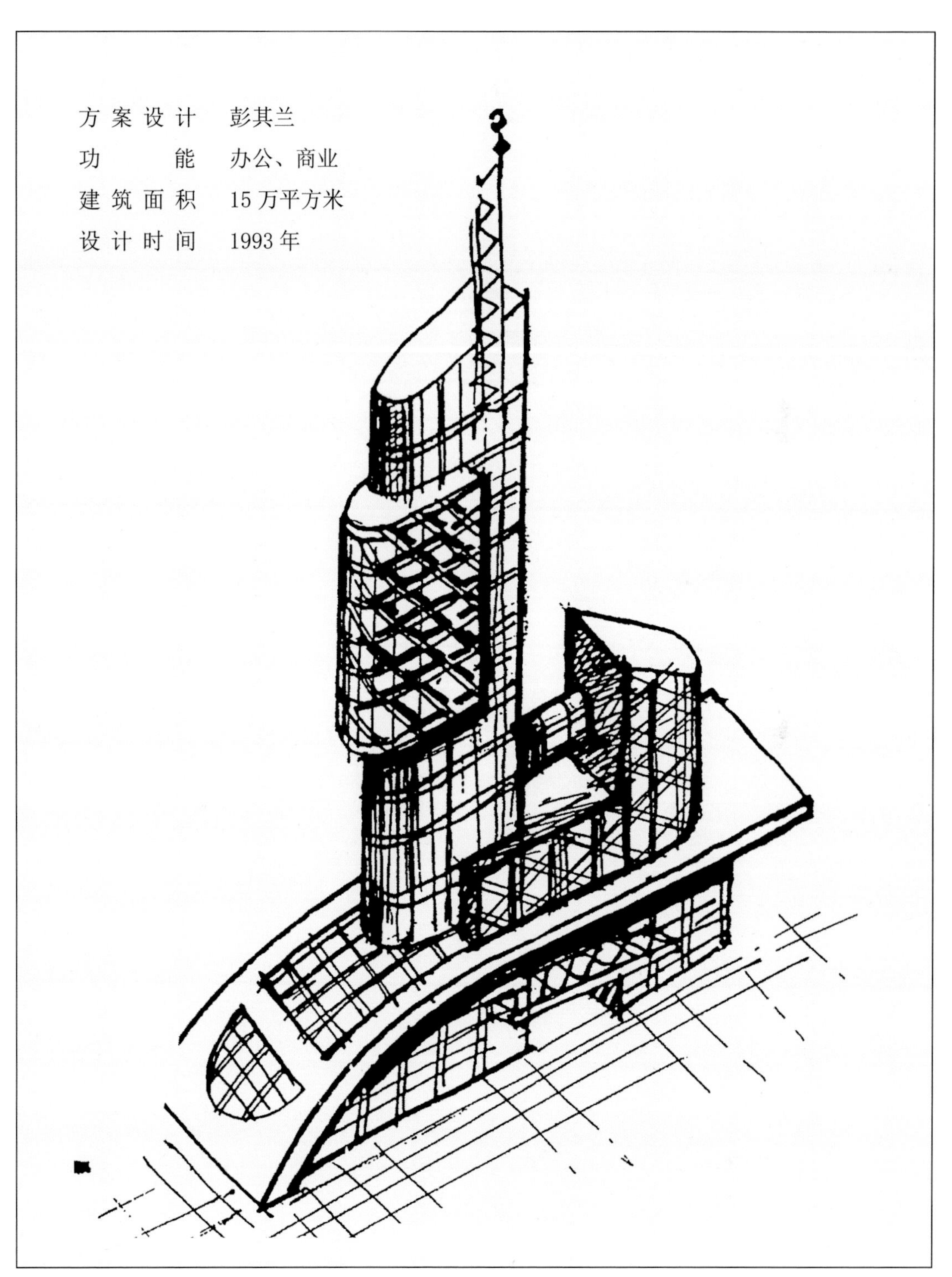

深圳蛇口招商大厦构思方案草图（1993 年）

92 建筑设计构思方案 -37

深圳市振华大厦

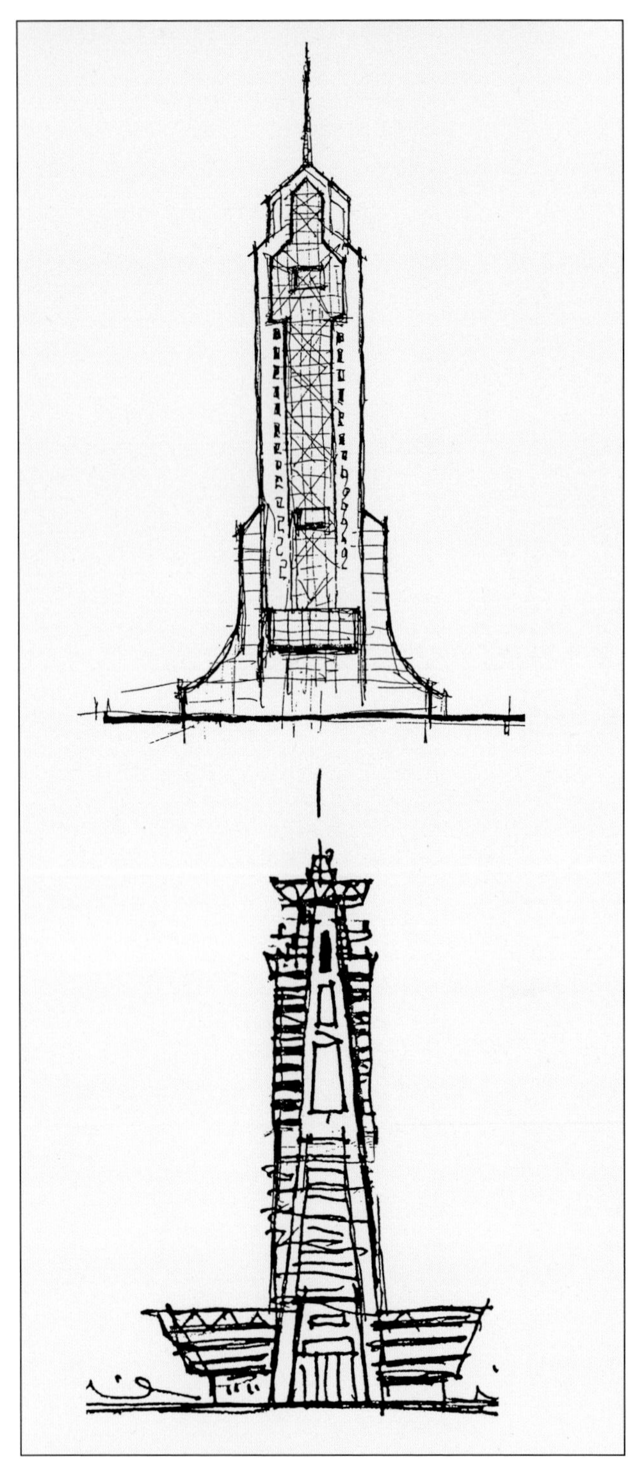

深圳振华大厦构思方案草图之二（1996 年）

方案设计　彭其兰

功　　能　办公、商业

建筑面积　16 万平方米

设计时间　1996 年

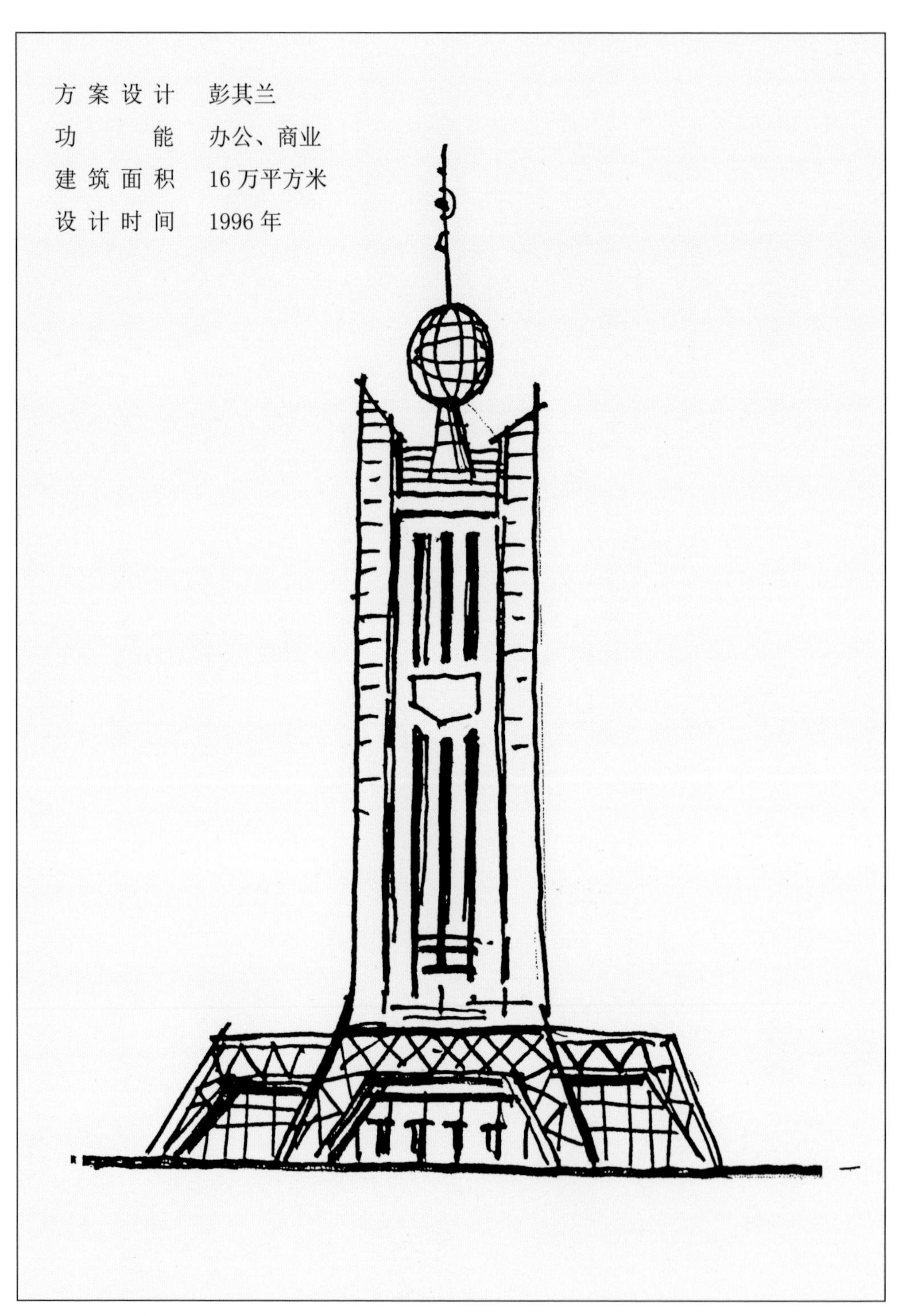

深圳振华大厦构思方案草图之一（1996 年）

93 建筑设计构思方案 -38
深圳市奥意设计大厦

方案设计　彭其兰　　建筑面积　16万平方米
功　　能　办公、商业　设计时间　1990年

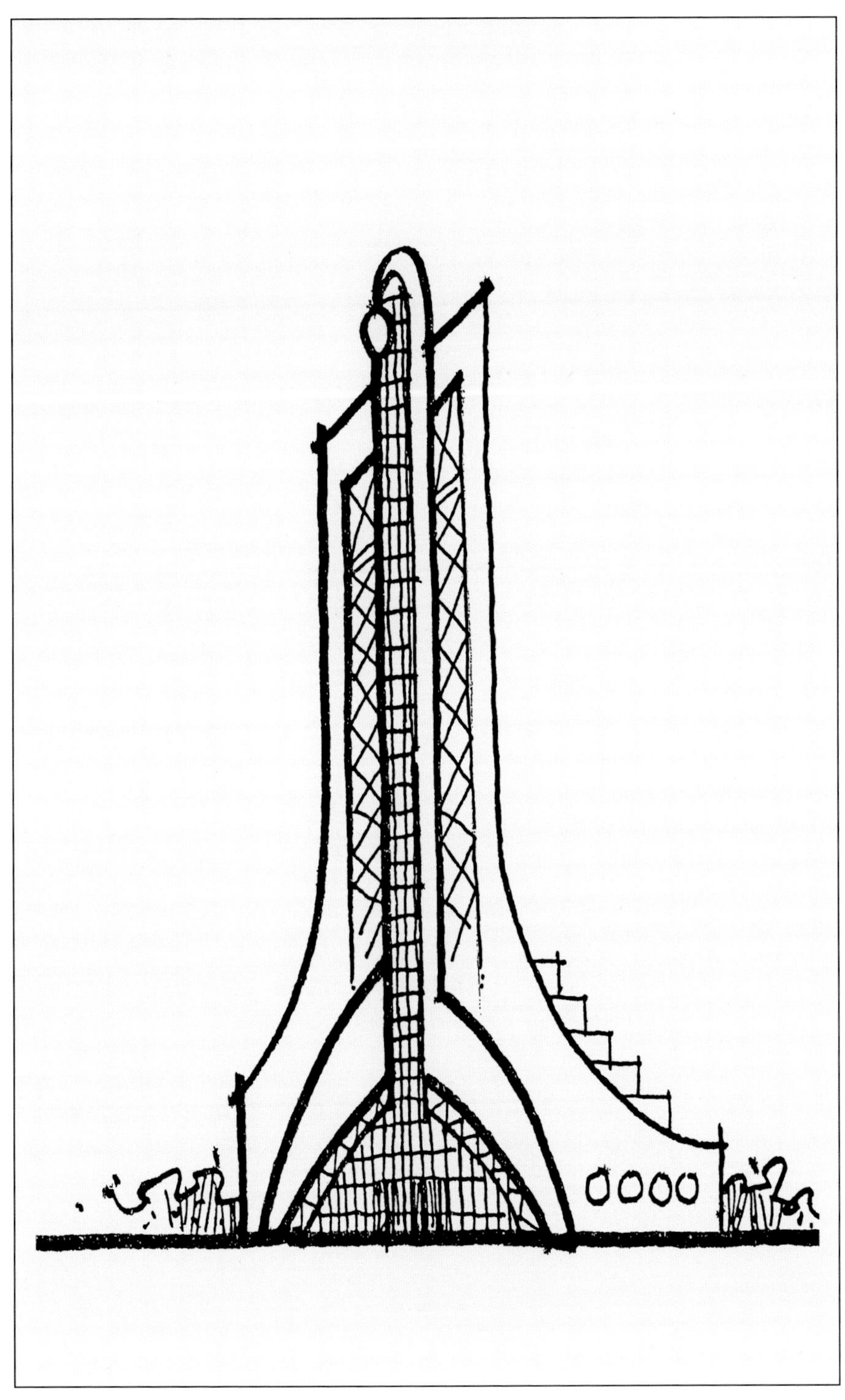
深圳奥意大厦构思方案草图之一（1990年）

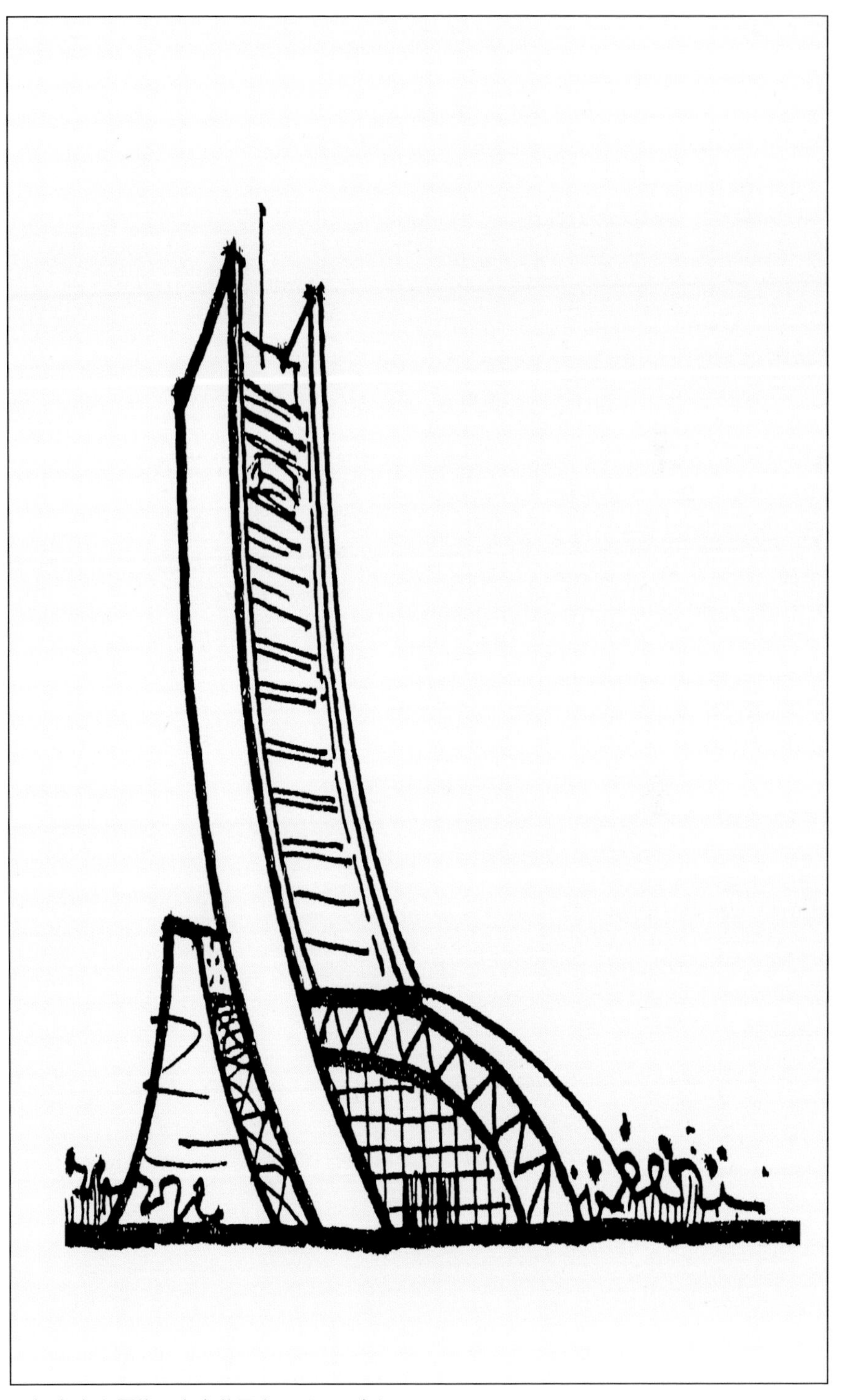
深圳奥意大厦构思方案草图之二（1990年）

94 建筑设计构思方案-39

深圳蛇口海港港务大楼

方案设计　彭其兰
功　　能　港务办公
建筑面积　3万平方米
设计时间　1995年

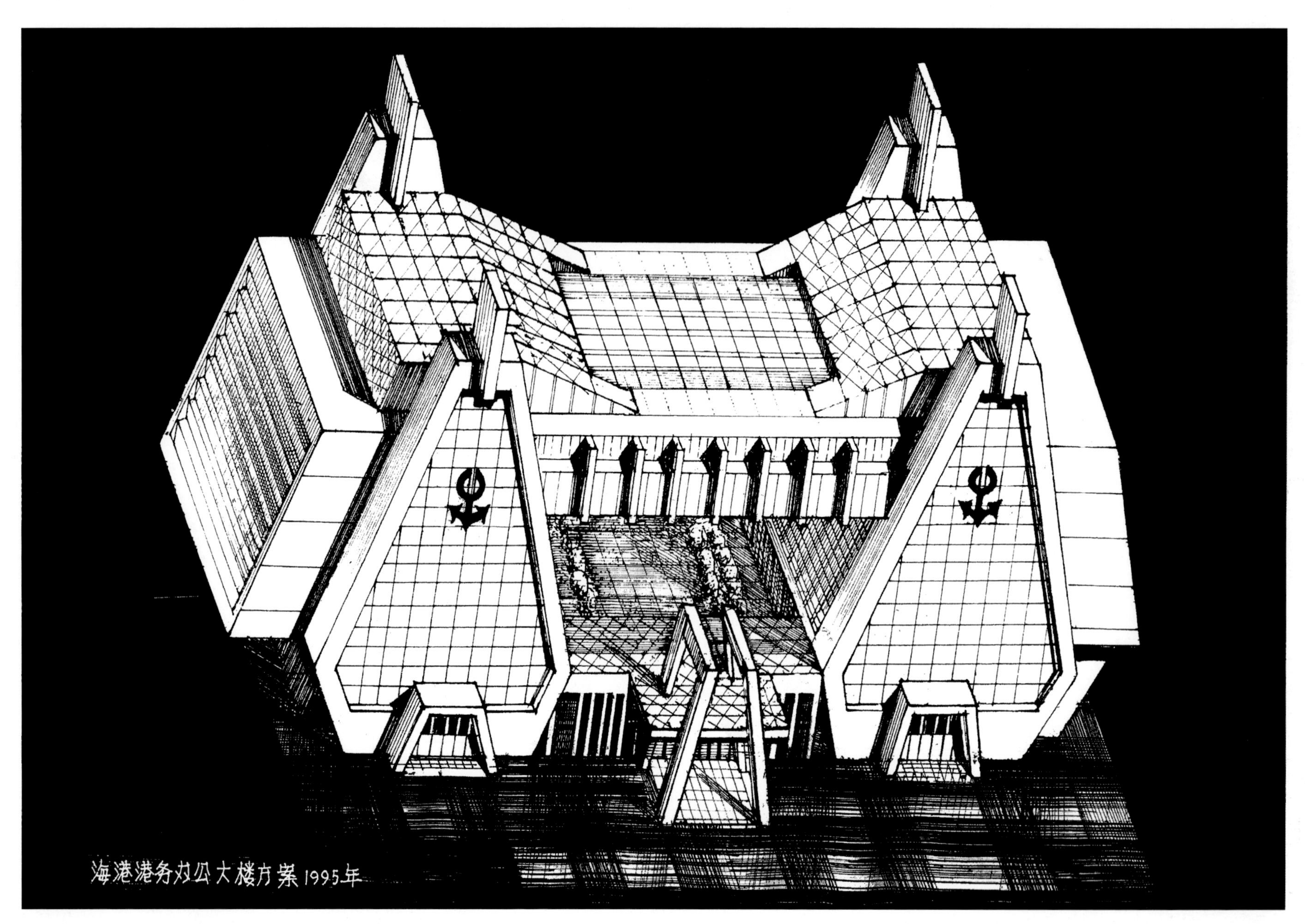

海港港务办公大楼方案（钢笔画　深圳　1995年）彭其兰绘

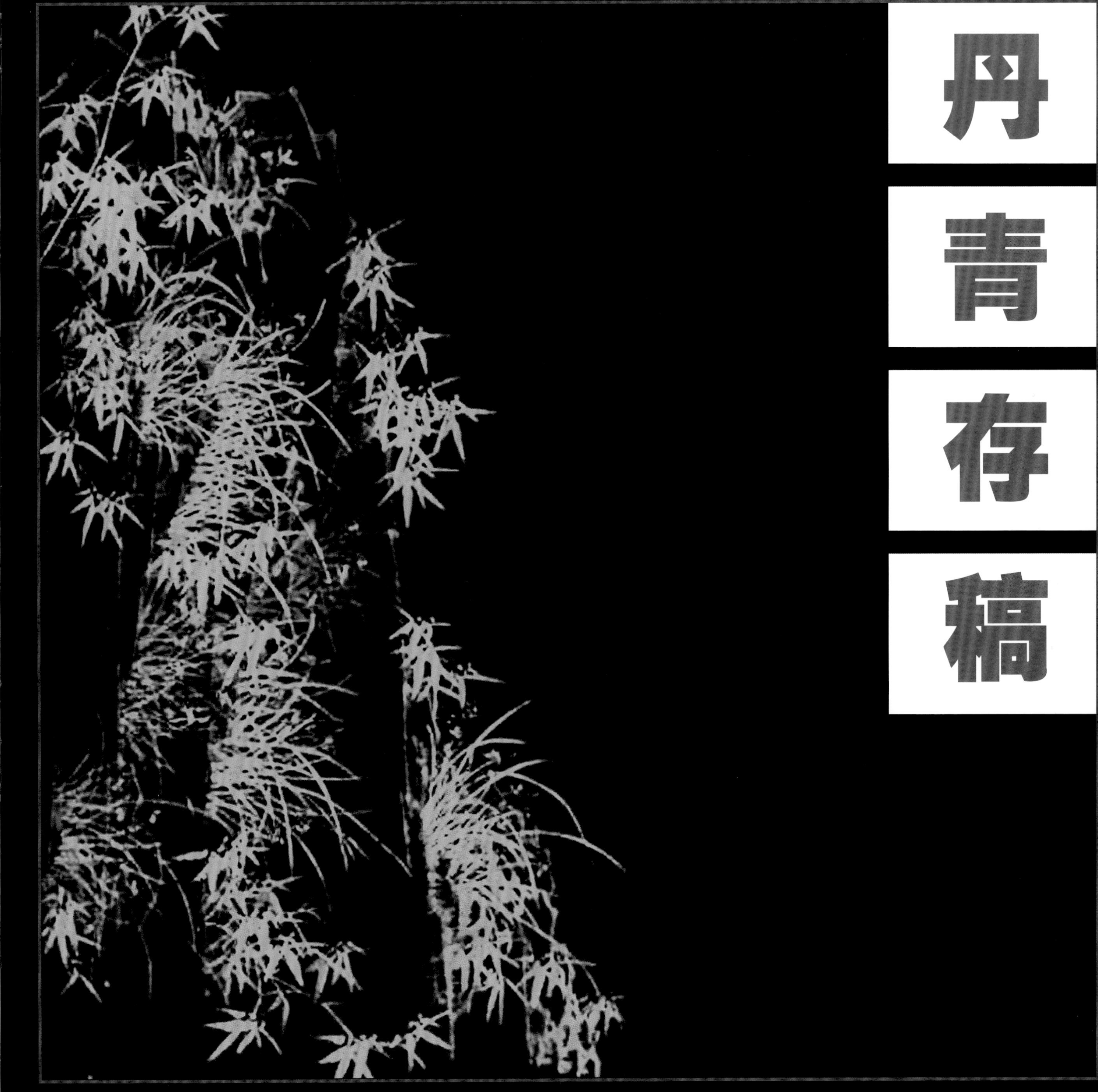
丹
青
存
稿

河南省首阳山电厂设计鸟瞰图（水粉 成都 1977 年）彭其兰 熊绮兰绘

注：熊绮兰 电力部西南电力设计院主任建筑师、教授级高级建筑师、首阳山电厂建筑专业主设计人。

四川省资阳变电站设计鸟瞰图（水粉 成都 1978 年）彭其兰 赵配彬绘
注：赵配彬 电力部西南电力设计院教授级高级建筑师，资阳变电站建筑专业主设计人。

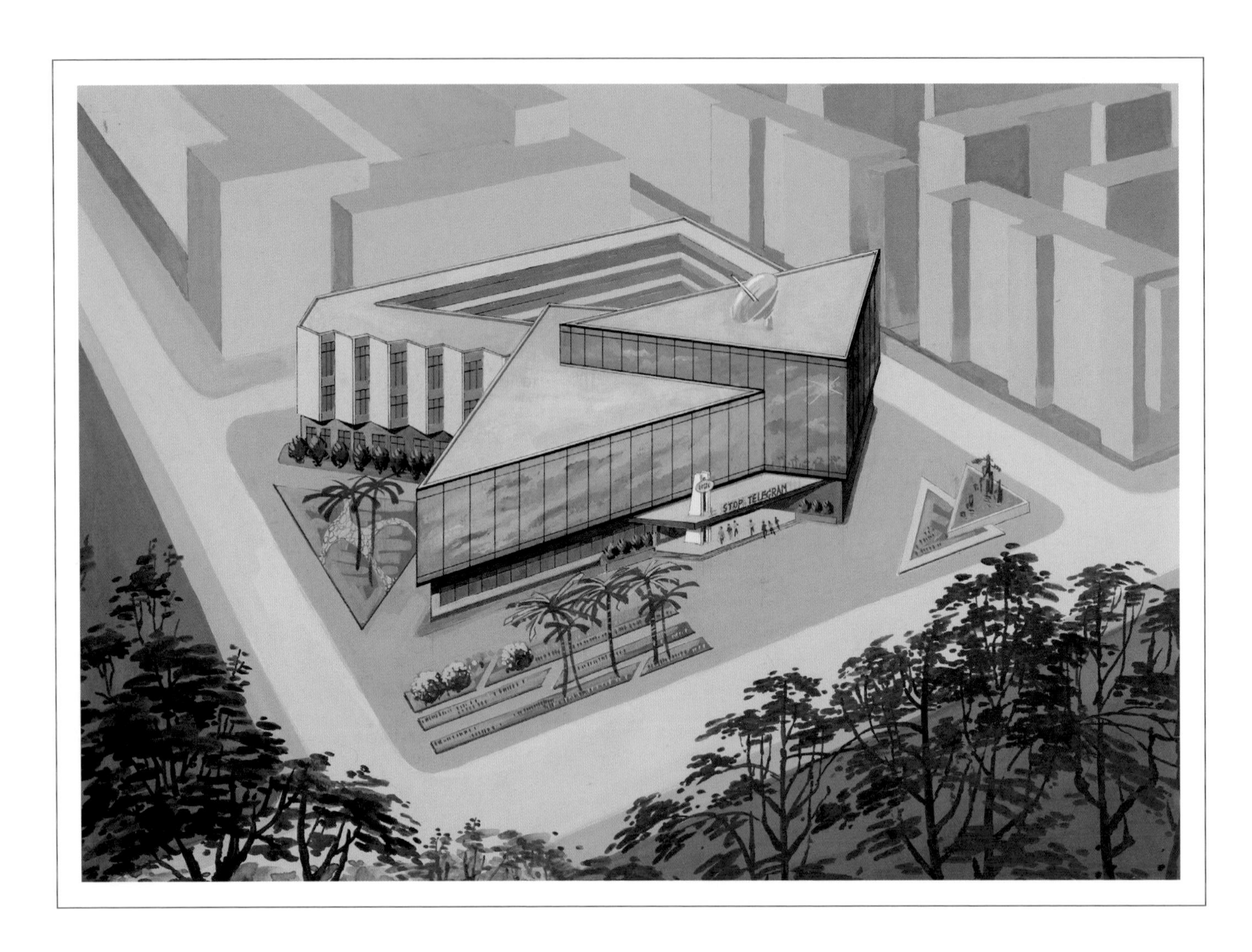

深圳市上步邮电所构思方案 （水粉画 1985 年 6 月）

深圳市福田保税区管理大厦构思方案（水粉画 深圳 1992 年）

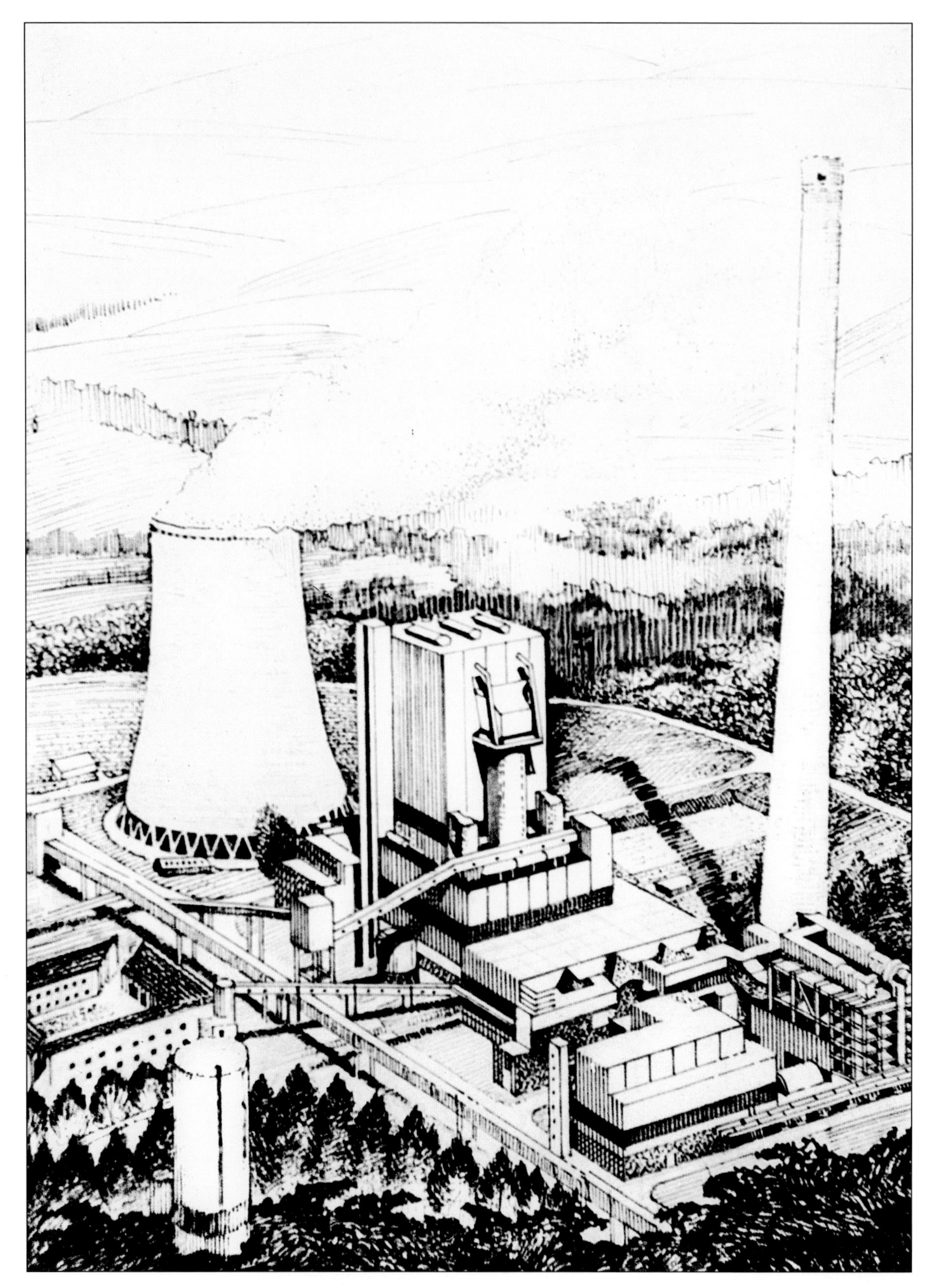

外国电厂主题之一（根据外国电厂照片绘制 钢笔画 成都 1981 年）

外国电厂主题之二(根据外国电厂照片绘制 钢笔画 成都 1981年)

外国电厂主题之三（根据外国电厂照片绘制 钢笔画 成都 1981 年）

深圳市宝安铁岗游乐城规划方案鸟瞰图（钢笔画 深圳 1984 年 5 月）

注：宝安铁岗游乐城规划方案设计者是深圳市咨询公司总建筑师陈本善先生，陈先生是一位辛勤笔耕一世，有作为有成就的建筑师，是我学习的楷模。本人在绘制鸟瞰图的过程中征得他的同意作了部分修改。

02 长江三峡组画

《长江三峡组画》创作说明：

我用五年又三个月的时间，成功创作了三峡组画。

我从 1978 年至 1982 年的五年时间，从重庆下游武汉，一年一次，三次共三年；又从武汉上游重庆，一年一次，两次共两年。

上下游五年，五次经游长江三峡，每次经游长江三峡地界（三峡从西向东由瞿塘峡、巫峡、西陵峡组成，全长近 200 公里）。我坐在船头写生，五年五游时间，我积累了丰富的绘画素材。然后于 1982 年秋天，用了三个月时间进行整理创作。终于成功画制了《长江三峡组画》。画作从三峡神奇的早晨画起，到绚丽的三峡夜景结束，画了长江三峡从早到晚的壮丽景观。

由于祖国建设事业需要，建成了值得中华民族骄傲的特大型长江三峡水电站。在地球上存在了多少万年的长江三峡，已经永远在地球上消失了。感恩上天护佑，让我有幸记录了长江三峡历史，这是我值得自豪的人生经历。

敬请大家观赏《长江三峡组画》。谢谢！

长江三峡组画之一（水粉 1982 年）

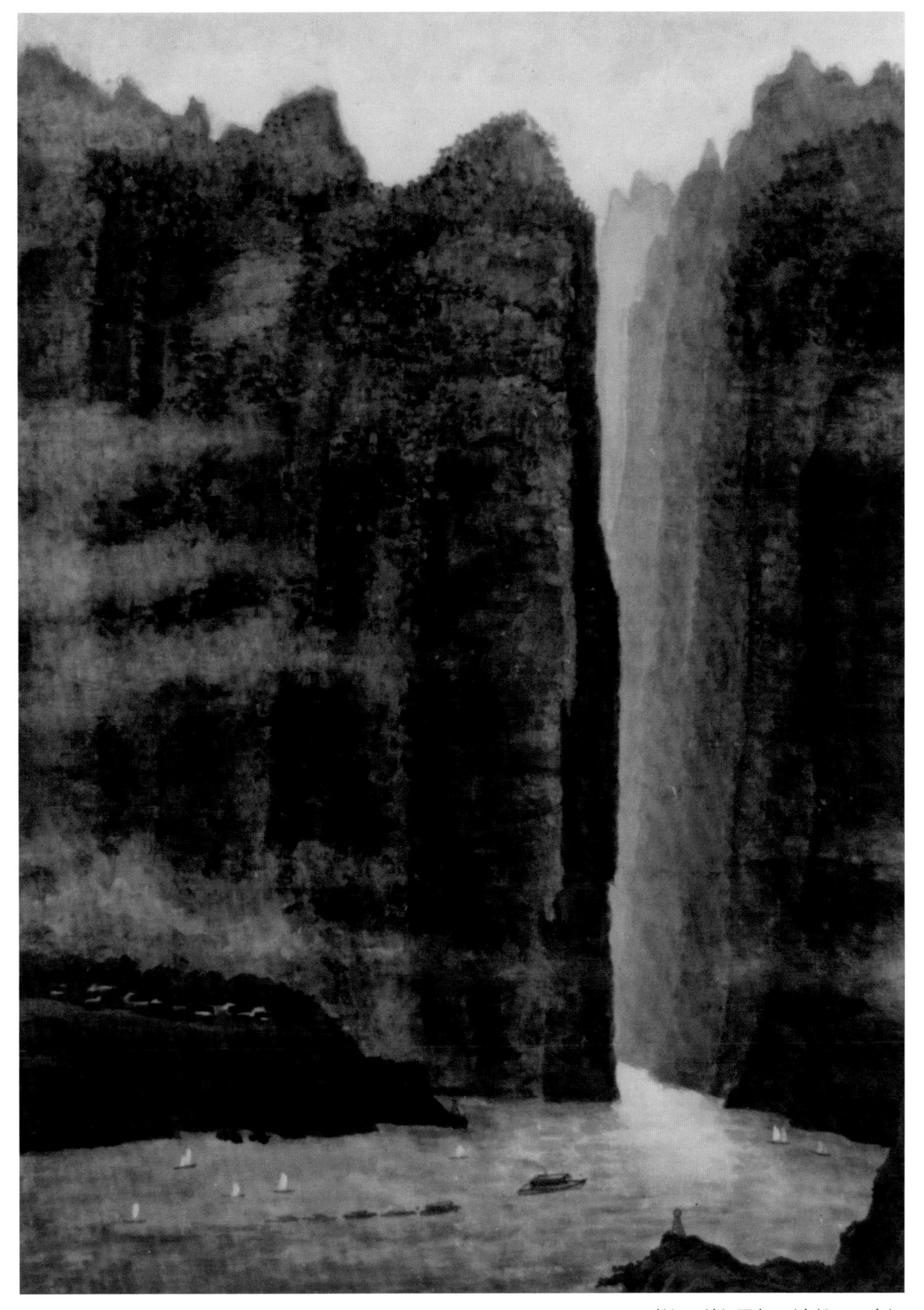

长江三峡组画之二（水粉 1982 年）

长江三峡组画之三（水粉 1982 年）

长江三峡组画之四（水粉 1982 年）

长江三峡组画之五（水粉 1982 年）

长江三峡组画之六（水粉 1982 年）

吴世钦（诗）
出峡楚天阔，
云纾江水长。
极目观青山，
松风绕清泉。

诗作者：吴世钦，广东陆丰古寨人。船长、水产工程师。诗歌爱好者，一生诗作甚多，广受赞赏。

感谢世钦学友为本书画作配诗。

万峰竞秀 听松鸣泉（国画 深圳 2019年5月）

吴世钦（诗）

山水谁为先，
川前问盘仙。
猿猴自知趣，
轻舟万重山。

秋山 秋水 松风帆影（国画 深圳 2019 年 6 月）

吴世钦（诗）

遥望春山翠，更喜水天流。江上竞帆影，山水共相求。

奇峰胜景（国画　深圳　2006 年）

巴山蜀水（国画 四川宜宾 1983 年）

说明：印度舞蹈“女神”，是一位名画家的舞台速写杰作。在工学院读书时很喜欢舞台速写，为了提高自己的速写水平，临摹了不少舞台速写作品，这是其中的一幅。

本人是自学绘制国画，平时只要见到喜欢的画，或是临摹或是默绘，就向谁学习，不师一家，不拘一格，像蜜蜂一样走博采之路，不断提高自己的艺术水平。

几十年过去了，遗憾的是忘记了这幅原画的作者名字，在此，向尊敬的作者表示歉意。

人物临摹习作（国画　广州华南理工大学 1963 年）

高山遥闻踏歌声（国画　广东大埔 1962 年）

山村小溪边（国画 华南理工大学 1961 年）

农村赶集（国画　华南理工大学 1961 年）

大学生到农村锻炼（国画 广东惠东县 1958 年 中学生）

说明：刚进华南理工大学，全部建筑系新生跟着老师和高班同学到农村进行人民公社规划，并在农村劳动锤炼三个月。

雁南飞（国画　华南理工大学 1963 年）

说明：此幅画作，是学习名家的习作。记得是 1963 年的事吧！看过一位名家的类似作品，心中有感，创作了此画。

珠江景色（国画 广东东莞 1961 年 学习名家笔法）

说明：绘此画时，正在华南理工大学读书，是个穷学生，5 角钱一张的宣纸都买不起，只能用一毛钱买五张吸水纸。此画就是用四张吸水纸拼合画成（每张吸水纸长宽是 7cm×20cm）。

南粤村道（国画 广州增城 1960 年）

南海舟上所见（国画　南海 1961 年）

峨眉之春（国画 四川峨眉 1983 年）

一路顺风（国画　广东韩江 1963 年）

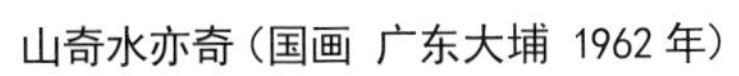
山奇水亦奇（国画 广东大埔 1962 年）

珠江帆影（国画 广州 1962 年）

潮州湘子桥（国画 广东潮州 1963 年）

农忙（国画 广东梅州 1963 年）

梅州客家女（国画　广东梅州 1963 年）

满江春色（国画　广东韩江 1963 年）

闹春意（国画　成都 1965 年春节）

映日荷花（国画 成都 1966 年春节）

注：这是我画给女朋友钟曼娜的贺年片，一年后曼娜成为我的妻子。

（钢笔画 1996 年）彭其兰绘

蜀国松峰（国画 四川剑阁 1990 年）

云贵高原（国画 贵州六盘水 1982 年）

山水相依（国画　深圳　2000 年）

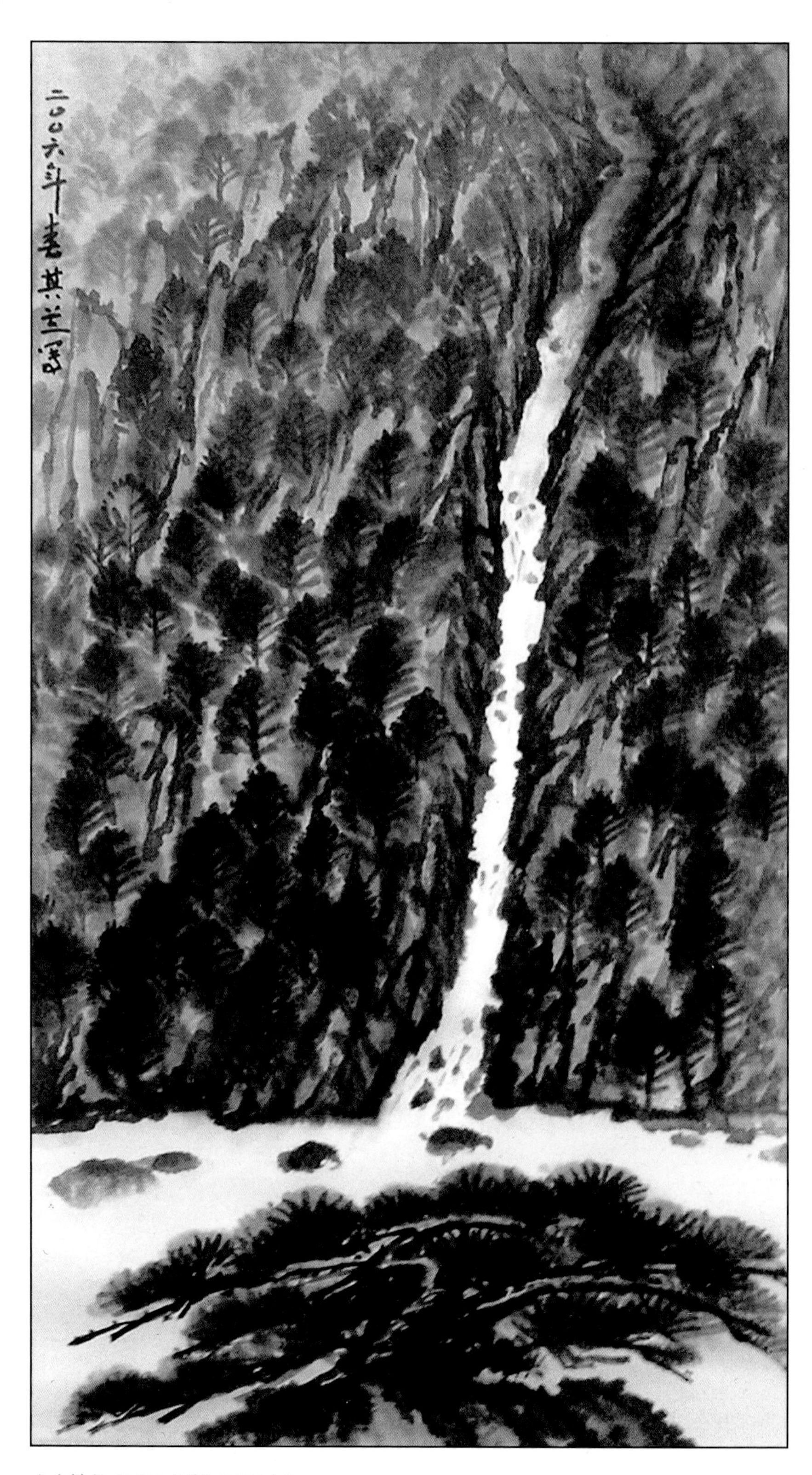

山水情长（国画　深圳　2006 年）

松风图（国画 云南保山 1983 年）

清音阁牛心亭（国画 四川峨眉山 1983 年）

峨眉山报国寺（国画 四川峨眉山 1983 年）

乌尤之夜（国画 四川乐山 1983 年）

青峦瀑水（国画 云南宣威 1983 年）

剑门山景（国画　成都 1980 年）

04 峨眉山组画

峨眉山组画之一　古冷杉（水彩　四川　1983 年）

峨眉山组画之二　日出　（水彩　四川　1983 年）

峨眉山组画之三 月夜（水彩 四川 1983 年）

峨眉山组画之四 一线天（水彩 四川 1983 年）

峨眉山组画之五 飞瀑（水彩 四川 1983 年）

峨眉山组画之六 春雨（水彩 四川 1983 年）

05 水彩画

深圳市小梅沙度假村全景（水彩 深圳 1986 年）彭其兰 袁春亮绘

南海红霞（水彩 广东湛江 1960 年）

雏鸡图（水彩 广州郊区 1960 年）

美人蕉（水彩 昆明 1964 年）

浣溪岸边（水彩画　成都郊区 1964 年）

山花烂漫（水彩 四川巴山 1978 年）

粤东农村小景（水彩　广东陆丰 1961 年）

茂名市建筑构件预制厂（水彩　广东茂名 1960 年）

南方的冬天（水彩 华南理工大学 1962 年 12 月）

南方的秋天（水彩 华南理工大学 1962 年 10 月）

韩江之晨（水彩 广东大埔 1963 年 5 月）

梅县乡村小景（水彩　广东梅州　1963 年）

乡村小景（水彩　广东梅州　1963 年）

云山画意（依据照片画成　水彩　深圳 1999 年）

古寺青柏（水彩 昆明 1964 年）

深山绿林有钟声（水彩 云南 1980 年）

春江水暖（水彩 成都 20世纪70年代）

注：此画是根据画报上的一幅照片，用水彩再现画境。同行们都说此画很有情趣，水彩技法也有特点。现亮相于此，以求方家赐教。并望照片的作者（未记尊姓大名）见谅。

蜀乡晨曲（水彩 成都郊区 1965 年）

天府农民积肥忙 （水彩 四川 1974 年）

长江夜色（水彩 重庆 1983 年）

蓉城晨曦（油画　成都龙泉驿　1965 年）

重庆大学民主湖（油画　重庆　1970 年）

山城雾霁（油画 重庆 1973 年）

07 木刻

木棉花香（木刻习作 华南理工大学 1959 年 4 月）

08 舞台人物速写

福建京剧团演出《穆桂英挂帅》中之人物（速写 广东兴宁 1963 年）

汉剧《宇宙风》中之赵艳容（速写 华南理工大学 1962 年）

福建京剧团演出《红娘》中之红娘（速写 广东兴宁 1963 年）

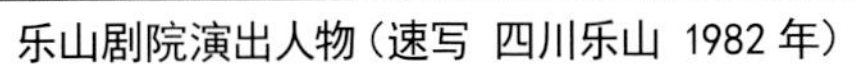
乐山剧院演出人物（速写 四川乐山 1982 年）

大提琴

舞台速写之一（华南理工大学 1962 年）

乐队合奏

舞台速写之二（华南理工大学 1962 年）

独奏

舞台速写之三（华南理工大学 1962 年）

小站等火车

生活速写（华南理工大学 1959 年）

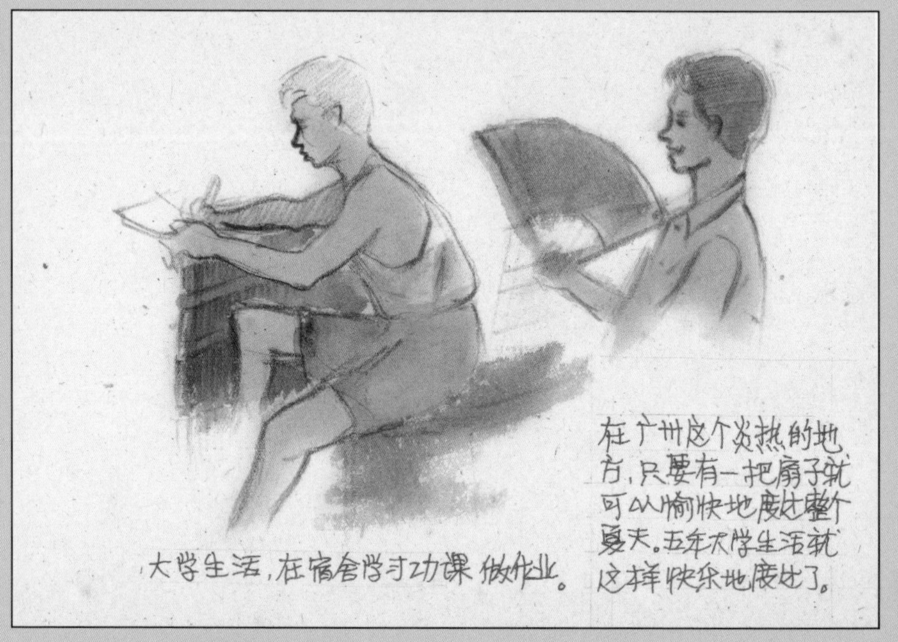

大学生活，在宿舍学习功课做作业。
在广州这个炎热的地
方，只要有一把扇子就
可以愉快地度过整个
夏天。五年大学生活就
这样快乐地度过了。

大学生在宿舍（华南理工大学 1959 年）

新疆舞（华南理工大学 1962 年）

孔雀舞（1962 年）

“古巴必胜”（1962 年）

朝鲜鼓舞（华南理工大学 1962 年）

新疆舞（1962 年）

蔡花舞（1962 年）

广东茂名市预制场（1962 年）

广东茂名市油页岩矿山（1962 年）

云南开远小景（1963 年）

峨眉小景（1979 年）

成都南郊公园（1983 年）

云南开远农村小景（1964 年）

四川乐山乌尤寺（1980 年）

龙江渡口（国画　广东阳江　1962 年）

乐山青松之二（1982 年）

南郊公园（1983 年）

川江（炭笔 乐山市 1980 年）

峨眉小景之一（炭笔 1980 年）

青衣江（炭笔 1982 年）

山口（炭笔 1980 年）

山中木屋（炭笔 1980 年）

峨眉山中（炭笔 四川 1983 年）

蜀国多仙山（炭笔 四川 1982 年）

峨眉第一寺（钢笔淡彩 1979 年）

峨眉小景之二（1982 年）

乐山大佛（1982 年）

峨眉小瀑布（1982 年）

峨眉一线天（1982 年）

峨眉小景之三（1982 年）

广东民间建筑装饰图案（木雕 华南理工大学 1963 年）

都江堰小景（国画 四川都江堰 1981 年）

乐山青松之一（1982 年）

10 张家界组画

张家界组画之一（国画 湖南 2003 年）

张家界组画之二（国画 湖南 2003 年）

张家界组画之三（国画 湖南 2003 年）

张家界组画之四（国画 湖南 2003 年）

张家界组画之五（钢笔画 湖南 2000 年）

张家界组画之六（炭笔画 湖南 2000 年）

张家界组画之七（炭笔画 湖南 2000 年）

张家界组画之八（钢笔画 湖南 2000 年）

张家界组画之九（水彩 湖南 2002 年）

张家界组画之十（水彩 湖南 2002 年）

张家界组画之十一（水彩 湖南 2002 年）

张家界组画之十二（水彩 湖南 2002 年）

张家界组画之十三（国画 湖南 2003 年）

其兰自述

我的经历与体会

彭其兰

1984年5月摄于香港

“龙山之阳，东海之光”这是我的母校——龙山中学校歌的开头两句。东海者——广东省陆丰市东海镇也，是我可爱的家乡。我就出生在东海镇的龙山脚下，汇流南海的螺河岸边。父亲是个勤劳敦厚的客家人，母亲是个贤惠的潮州女。

在龙山校园中漫步，极目所至，是绿油油的田野，向南眺望是壮丽浩瀚的南海景色。有山、有河、有大海，稻谷飘香，佳果满园，鱼虾海鲜任你品尝。我的家乡美得出奇。

我的家乡还有看不完、听不厌的西秦、白字等地方戏剧、潮州音乐、客家山歌、渔民歌谣，还有我一生都陶醉其中的民俗文化……多么让人神往的家乡！

我的家乡是大革命时期农民运动的根据地，留下许多可歌可泣的革命故事。谁都知道革命先烈彭湃在海陆丰大搞农民运动，如火如荼，惊天动地。谁都知道南昌起义之后，周恩来、叶挺、聂荣臻三同志在陆丰观音岭抢渡碣石湾，一位农会会员划动一叶小渔舟，渡南海战风浪，三天三夜到达香港的惊险历程。英雄业绩、革命传统说也说不完。我的童年，我的青少年时代，就是在这美好的南海之滨，在这精彩的民俗文化中，在这动人的革命故事的熏陶中度过的。美好的家乡，在我心灵中留下了深刻的烙印，也是我这一辈子在事业上的原动力。

1952年9月至1958年8月，我在陆丰龙山中学完成了六年的中学教育。我特别怀念出色的教育家庄秉心校长，感谢文化人、画家沈少雄校长，感谢方文融、许云开、李权样、温乔连、徐尚沛、林群、陆定一、陈耀汉、蔡奕中、陈敦明、黄惜云等龙山中学所有辛苦奉献的老师员工。在龙山中学六年我接受了全面的文化教育，不管是数理化、文史地，还是美术、音乐，我都是学习的带头人。中学年代的文化知识素质的全面发展，为我半工半艺，要求知识面比较宽实的建筑学专业打下了一定的基础。六年中学的良好教育，令我终生难忘。

1958年9月至1963年8月，我在华南工学院(华南理工大学)建筑学系学习。感谢建筑学系的陈伯齐教授、夏昌世教授、龙庆中教授、陆元鼎教授、金振声教授、林其标教授、罗宝田教授、黎显瑞教授，感谢著名画家符罗飞教授等许许多多的老师们。五年严格的建筑专业教育，我掌握了为祖国服务的一门专业知识。这是我人生意义新的起点。从此，我乐在其中，不倦不悔地为建筑专业学习和奋斗了几十年。

我从小喜欢涂鸦，在课堂上，总喜欢在课本的边白上，乱七八糟地绘画小人物、小动物或是其他许多奇奇怪怪的东西。特别喜欢漫画，幽默、好玩。高中一、二年级时，每隔三、四周，拿出漫画十多张，贴于黑板上让教师和同学评说。我的漫画笔名叫南尼奇，贴出来的东西就称之为“南尼奇漫画专刊”。

我特别喜欢国画中的山水画，倾情于岭南画派。

我特别喜欢变形和抽象的图案画，赞其丰富的想象力和符号的组合美。初、高中时代的漫画习作，国画山水画和图案画的练习，大学时代严格的美术训练，以及几十年对绘画的痴迷，为我从事建筑艺术创作打下了非常坚实的基础。一是使我脑子灵活，富于想象，灵感多多。二是使我很自然地习惯于把建筑融入环境，总是像创作风景画一样进行建筑艺术创作。环境的不同，自然会出现不同格调的建筑艺术作品，避免建筑艺术创作上的千篇一律。三是使我始终把握好建筑造型上各种元素符号的组合，这就是一幅立体空间图案画的创作。

有同行纵观我这么多年来的建筑创作，对我提了一个问题：“为什么你这一生的建筑艺术创作会是如此丰富多彩，风格迥异”。我的回答是：“虽然建筑创作是一门与经济文化、物质功能、技术发展、地域气候、民俗风情、传统观念等多种因素紧密连在一起的系统工程艺术，但建筑艺术总是与其他艺术一脉相连的，只要你有扎实的艺术功底，再把其他因素科学地统筹运作，你总可以下笔生花，创作出赏心悦目、丰富多彩的建筑艺术作品。扎实的艺术功底，是创作成功的建筑艺术作品的基础。这是我一生在建筑艺术创作上最深刻的体会”。

一位伟大的老人——邓小平先生在南海边上画了一个圈。我终于在离开广东20年以后，于1983年底南归到了深圳。1984年2月，我们全家正式调入深圳，我在工程咨询总公司工作。1985年12月我调中国电子工程设计院深圳设计公司，担任主任建筑师，副总建筑师，总建筑师。一直到退休，从未离开我终生热爱的建筑设计。与铅笔与图板为伴，度过了甜酸苦辣都有的，但永远欢乐的一生。

深圳20年，是我人生最光辉，创作力最活跃的20年。我自己比较满意和成功的建筑设计作品，都是在深圳完成的。深圳是建筑师发挥自己才华的用武之地。我时时告诫自己：一定要珍惜这改革开放的大好时光，要热爱为建筑师提供了优越的创作环境的这片热土，要为深圳设计出有时代精神的新建筑。在建筑艺术创作上我的座右铭是：奇思探索、创新立异。

调来深圳的最初两年，1984年2月至1985年12月，我在深圳工程咨询公司担任主任建筑师，为负责深圳最大的园岭住宅区第三期的总设计师(园岭住宅区由华南理工大学建筑系罗宝田教授主持规划，用地面积60公顷，建筑面积100万平方米，多层住宅134栋，高层住宅14栋，还有中学、小学、幼儿园、市场等配套建筑)。第三期工程包括多层住宅85栋，高层住宅10多栋，还有小学、幼儿园等。当时从全国各地来到热火朝天的深圳，从事建设的各种从业人员已经不少，都希望园岭住宅区快点建成，有个落脚的场所。市政府下了命令，第三期的85栋多层住宅和配套建筑必须在一年内建成，4栋高层住宅也必须在一年半内完成。任务艰巨，虽然采用边设计边施工的不合建设程序的特殊办法，还是困难重重。当时特区建设刚刚起步，设计人员十分短缺，我们全公司的设计人员还不足30人，却要应付在工地同时施工的28个施工单位的图纸要求。工作量如此巨大，是一场硬仗。每个设计人员，都以高度的负责精神，团结协作，使出浑身力气，日夜奋战，以满足施工单位的图纸要求。有时，施工单位的同志就站在我们的图板前。图纸刚绘完，就被抢去赶晒蓝图。蓝图还未熏干，就被施工队的同志带往工地了。说来特别有趣，本来已是边设计边施工，现在又变成了边施工边校审图纸。在咨询公司的一年半，是我一辈子的设计生涯中最紧张，最激动人心，最有成效的一年半。终于大功告成，园岭第三期工程按时顺利完工。约有两万多特区人住进了园岭。我和我的合作伙伴们都感到无比的自豪，也深感作为一个建筑师社会责任的重大。

自从调入深圳以来，我自己独立完成或是与同行们合作，完成了300多万平方米的建筑设计或建筑方案设计。已建成或将建成的建筑物200多万平方米。其中大家比较熟悉和具有一定影响的公共建筑有：深圳电子科技大厦(18.5万平方米，38和48层，1986年底开始设计)，深圳新闻大厦(10万平方米，38层，1992年修改设计)，深圳群星广场(15万平方米，30和48层，1996年设计)。还有正在建设的，融休闲、娱乐、购物为一体的公园式购物广场——深圳南城购物广场(3.5万平方米，1996年设计)，以及在海滨大道边的，总建筑面积23万平方米，由8栋30层的高层住宅组成的高端住宅区——绿景蓝湾半岛等等。

有的中标设计方案因为各种原因没有建成，如深圳国际商业广场(加拿大温哥华财团投资，23.5万平方米，30 ~ 58层)。该方案得到美国、加拿大著名建筑师的很高评价，受到评委们的高度赞扬。还有颇具创意的深圳南山国际文化交流中心。还有采用酒店式管理，集酒店、公寓、办公于一体的新模式五星级宾馆——深圳中国大酒店等等。

有的参加投标的设计方案，因为各种复杂的原因，没有中标，但很多同行都认为设计有创意、有特色、有现代感，如深圳赛格广场，深圳TCL研发大厦和深圳天安大厦等大型公共建筑方案设计。

1981年底我参加成都第一幢高层建筑——蜀都大厦设计竞赛，获得二等奖(参赛设计单位18个，设计方案53个)。

本人亲自动手参与方案设计并担任总设计师的得奖工程设计项目有：

深圳蛇口蓓蕾幼儿园，获1988年深圳市优秀设计一等奖。

深圳市电子科技大厦(副总设计师赵嗣明)、深圳市新闻大厦(副总设计师程棣华)、深圳市群星广场(副总设计师欧阳军)三个大型公共建筑获信息产业部优秀设计一等奖，建设部优秀设计铜奖。

群星广场还获得2002年国家优秀工程银奖，深圳市2002年优秀设计一等奖。

由于在工程技术上的突出贡献，1998年荣获国务院特殊津贴，国家突出贡献专家称号。

1998年以“在建筑艺术创作上的杰出成就”入选英国剑桥国际传记中心“国际名人录”第26卷。

注：新闻大厦1983年开始设计时由王镇藩任总设计师。1991年重新修改设计到1995年建成使用，由本人任总设计师。

多年的创作劳动，使我形成了如下的信念与见解。

一、在建筑艺术创作上，坚持奇思探索、创新立异。

二、不管世界上建筑有什么流派、什么主义。所谓流派，所谓主义，那都是别人想出来的东西，是别人的功绩，是时代的产物。要走自己的路，做自己想出来的设计，即使是一点一滴也是属于自己的，自己的主意，自己的功绩。

三、可以借鉴启灵感，不可抄袭画葫芦。

四、看世界名建筑师的作品，我的感受是，他们的成功，就在于借助环境搞创作，不同的环境产生不同的建筑艺术。这是创新成功之路。

五、也许我过于笨拙，我总看不出世界名建筑师的作品有什么固定的风格。我觉得他们一个个成功的作品，总是在变，变，变出来的。清代文化名人刘大槐在《论文偶记》中说：“故文者，变之谓也。一集之中篇篇变，一篇之中段段变，一段之中句句变。神变、气变、境变、音节变、字句变。”作文如此，搞建筑创作也如此。有的大师年及耄耋，作品还是那么新鲜，一个“变”字就是最好的回答。建筑师必须紧跟时代的步伐，跟着时代“变”，才能“变”出被时代接受的作品。

六、天・地・人与建筑，矛盾的统一体。建筑以人为本，存在于天地之中。有不同的天（天在天天变），不同的地（地在日日变），当然也有不同的人（人在不断变），这是世界建筑艺术丰富多彩的原因。建筑设计体现了天・地・人的辩证关系，就是体现了时代精神——建筑师用哲学思想思考的成果，才是真正意义上的建筑艺术创作。

40 多年建筑设计生涯，是辛劳而又快乐的 40 年，特别是在深圳的 20 年，是设计创作丰收的 20 年，也是我一生中运气最佳才气腾飞的 20 年。感谢电子院梁炽祥、方心元、王镇藩、程宗颢、林振佳等老领导，感谢电子院赵嗣明、徐一青、袁春亮、周栋良等新领导在工作上的大力支持。感谢我的同事林生明、陈志强、魏捷、毛仁兴、王传甲、梁江涛、吴昌伟、郑佩玲等同志的协助和合作。感谢老同行吉增祥、江崇元、楚梦兰、方福顺、徐怡青、程棣华、张澄燕、周洁桃等的戮力相助。

我还要特别赞扬电子院年轻有为的建筑同行们，由于大家精诚合作，许多设计方案取得了成功。他们是：现任总建筑师马旭生、现任副总建筑师欧阳军、建筑师陈炜、宁琳、张民新、王任中、蔡军、邓凡、孙明、何云、林伟进、高旭东、冯文欣、潘磊、罗蓉、张涛、黄敏、黄昕、杨蔚峰等等。他们是一群生龙活虎，有良好职业道德、有才华、有创作力的年轻一代。感谢他们在合作过程中敢想敢为的冲劲，添加了我在创作思路上的能量。我的某些创作灵感，有时候是在大家互动的过程中萌发出来的。

电子院年轻有为的建筑同行们，衷心地祝福你们，生长在这个伟大的时代，前程万里。也希望，我们在今后的合作中获得更大的成功。

小时候父母教育我们：“要做个诚实的人。”老师教导我们：“要学好本领、做个有益于社会的人。”从青少年时代开始，我已经立志追求人生。人生的意义在于追求，有追求就会有成果。

如今，几十年劳作追求的成果，化作了笔墨和影像，终于在清华大学曾昭奋教授帮助下，集成付梓。回忆往事，没有功劳，汗劳自认不少，自我感觉一生无憾。但学海无涯，还须努力加餐饭，永作高山一青松，在建筑设计事业上更上一层楼，奉献给世界更多的永恒。

最后，打油二首，作为本文的结束语吧：

杰阁崇楼傲碧空，
争雄斗巧竞天工。
呕心沥血全无悔，
只向人间立寸功。
拙作匆匆始集成，
呈请方家细点评。
引玉抛砖吾所愿，
千红万紫满鹏城。

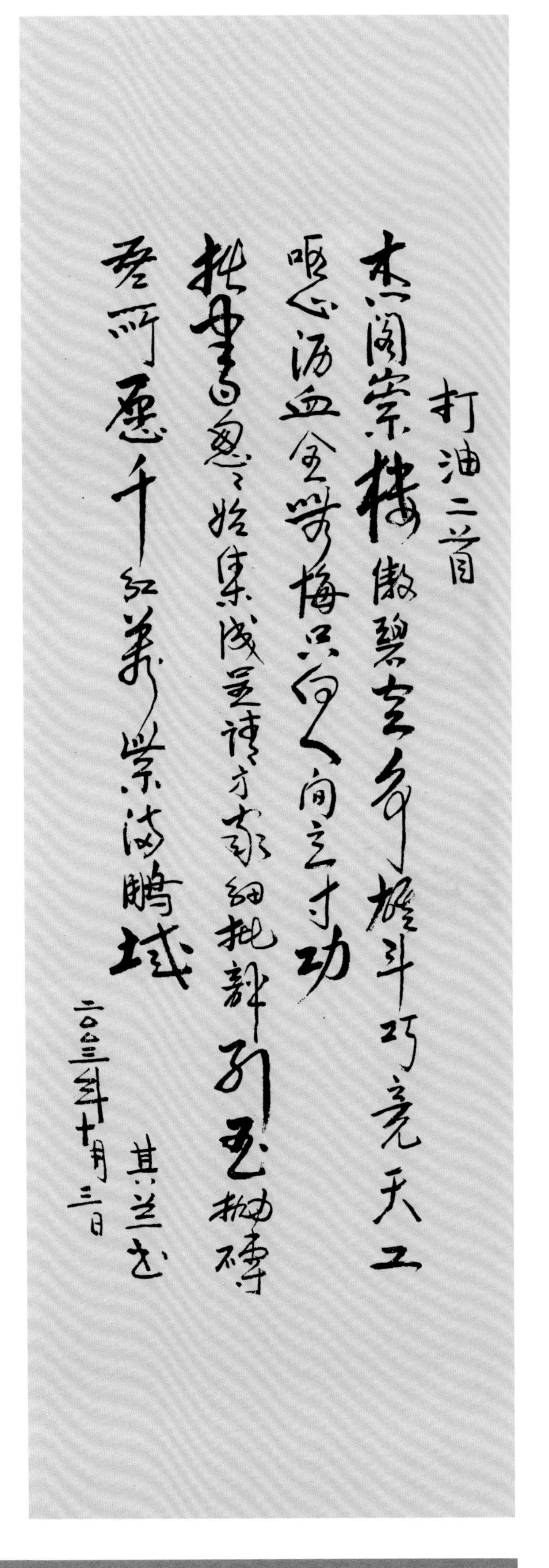

师友评说

其珍存天地 斯德比筠兰

——建筑师彭其兰先生刍议

沙 雁

沙雁　文学教授、美学家、诗词楹联家、中国古典园林文化艺术研究会名誉会长

殷勤报效四十秋，其兰君为祖国奉献出成百项建筑设计方案珍品；尤其至深圳二十年来，杰构丰硕，雄秀兼具，磊立需壤间达百五十万平方米，其佼佼业绩，令世人瞩目。

1986年，接受深圳电子科技大厦的设计任务，其兰君机杼独运，在取材、构件、用色、整体布局的协调性、突出科技大厦特征，乃至立面的网格构图、建筑物与街道的映带关系、同周边建筑的呼应对比等各个方面，都煞费苦心，取得极大的成功。所以1990年在现代中国建筑创作小组第五届年会上发表演讲时，赢得与会专家一致赞扬。该建筑早已成为深圳现代建筑绚烂夺目的品牌。另如端庄明媚的深圳新闻大厦。众多的设计方案如巍峨开张的赛格高科技工程大厦、造型独特新颖的深圳天安大厦，以及充分体现中国传统宫殿"王者风范"同现代商业气氛相融合的深圳五星级中国大酒店，还有别树一帜的上海市南阳经贸大厦、北京师范大学珠海校园、北京理工大学珠海校园等等的规划设计，都堪称光彩照人的成功之作。

1987年，美国塞班岛绿宝石海员俱乐部建筑设计方案，其时，美国、日本、韩国、与中国台北诸多建筑师皆踊跃参与竞争，其兰君的设计获得很高评价。该杰作别具诗情画意，又展示强烈的热带建筑之特点，造型若海鸥翱翔，风格舒展，寓意深邃而生动。1992年春，为加拿大温哥华投资集团设计的深圳国际商业广场，面对强手竞争方案，一举中标。投资方曾将该图带回美国和加拿大，征求权威意见，结论是："此建筑如果建在纽约或温哥华，都将是一流建筑"。至于深圳南山国际文化交流中心方案，明显具有两大特色。其一，将规划图形与不规则曲线融汇一体，寓以文化交流的含义；其二，主体建筑由两个体块扣合而成，既喻友情的握手，亦展示文化交流的主题，获得专家教授的普遍称道而中标。

回首为祖国建筑事业勤恳从事的如斯岁月，其兰君总是洋溢着躬逢其盛的幸运之情与倍觉欣慰的自豪之感，如数家珍。"书画集"中的深圳赛格广场、赛格高科技大厦、广州电子大厦、成都西南国贸大厦、惠州泰富广场、深圳TCL研发大厦、深圳园岭住宅区高层住宅、上海华山路第一第二商住大厦、深圳小梅沙度假村……这一系列心血结晶的设计方案、成功的范例，都能从中见其兰君数十年如一日精诚报效的赤子之忱，也印证了这位科技战线的俊彦虎贲，矢志无愧炎黄的坚毅与忠贞。

其兰君的建筑设计每每体现出鲜明的时代感，适合不断提升的时代审美需求。就其设计理念而言，坚持奇思巧构，变化创新，既立足于现实，又能卓然超前，即使二十年前设计的项目，至今屹立街头仍不觉得落后于潮流，犹能常见如新，这便是建筑艺术的真谛与垂之久远之生命。再者，坚持根据中国的现实国情，及国人的审美习尚创作，决不片面追求"标志性"、"形象性"，也不盲目攀比；对种种造成社会资源浪费的设计颓风深恶痛绝，这又正是他人格禀性的魅力所在。再一点便是其兰君时刻铭记"以人为本"的箴言名训，在设计中笃念民情，为大众的利益着想。一个典型生动的实例便是为深圳群星广场所作的空中花园设计，使住在"琼楼玉宇"的居民不因栖身高处，邻里又不相往来而备感孤寂荒寒，竟觉得如居住三层别墅一般惬意，同时也为高楼里的居民营造了邻居之间亲和交往、舒适活动的园地，其独特的效果受到深圳市民的交口赞誉，也获得京穗沪宁等地专家的佳评。

其兰君始终认为建筑设计是一个不断满足业主要求，不断修改的过程，也是一个不断经受磨炼与考验，不断萌生新作，不断超越自我的过程，诚哉斯言。在这个不断地由肯定到否定，再到肯定的反复斟酌推敲的进程中，他总是充满激情与自信，又非见小成即喜，停止不前，而是永远向前看，朝更高处看，不肯轻易满足，是故先贤谓“心雄致业精”。我们说，激情源于对事业的诚，自信来自深厚的根基。而其兰君总是不惮其劳，不厌其烦，殚精竭虑，一念至诚，不断用新的构思新的成果报效社会大众，为神州的高天大地精心雕塑着壮丽的永恒，体现着他对社稷与人文的终极关怀，至为难能可贵。

其兰君于青少年时代起，即酷爱绘画，尤热衷岭南画派诸名家的写实笔意及彩墨交融，雄秀相彰，中西合璧的风格，奉关山月、黎雄才等前辈大师为圭臬，时有临摹研读、痴情丹青；且于国画、水粉、水彩、油画，一体涉猎，孜孜以求。他虽自谦无所师承，故无所成就，事实上却已臻于娴熟驾驭，积数十年之功而成就可观。他用五年时间以水粉所绘长江三峡系列，但见巉岩峥嵘，壁立千仞，古木森郁，气象恢宏；写澄江如练，急湍奔涌，不拘笔触之纤巧，笃求物象之气韵。或月华与清波相映，或千帆同百岱互村，或标灯闪闪，或波光粼粼，皆呈精微生动之极致。再如国画《峨眉之春》、《巴山蜀水》、《峨眉山报国寺》、《清音阁牛心亭》，均显得水墨彩浑然一体，大气磅礴，毕现造化之神工，悉具其妙。又如学生时代用水彩画描绘《茂名市建筑构件预制厂》工地的动人景象，格调朴实而自然，简洁又粗犷，张扬着建国初期新一代工人自力更生，奋发图强的壮志豪情，感人至深。而刻画广东陆丰农村小景与《天府农民积肥忙》及《春江水暖》等水彩画，则又显得明净空灵，如诗如乐，耐人品味。细赏本集所收绘画作品，从中可窥其兰君深谙丹青之艺贵在个性。为此，他在作国画时常常执意舍弃线条，离经叛道，不求遒劲柔绵的笔触，恣意挥毫。如画树干，由下至上，一挥而就，不加勾勒，却彰显光影的向背明暗，由此可见其兰君学传统不落窠臼，善于探索，亦敢于创新。他又深知绘画之与建筑关系密切，不可或缺。故早于在高校深造时就自觉地用功至勤。令人格外钦佩的是，在那电脑尚未问世的年代，他的所有设计图稿中的楼宇亭台，包括山水草木云霞，全凭一笔一画的手底功夫画成，却能达到纤细精巧自然逼真的境地。这确实超乎寻常，说明老一代建筑师严格要求自己，注重掌握深厚的基本功，专注踏实，一丝不苟的敬业精神。

其兰君在工作上对自己的要求，一贯被公认为又严又高，“一意孤行”。另一方面能宽以待人，与人为善，与同事朋友和谐相处，这是他的事业取得成功的主要原因之一。他朴实平易，儒雅睿智，谦谦之风昭然。而他的业余生活并不单调，相反显得丰富多彩。他视野开阔，兴趣广泛，不但酷爱驰名四海的广东音乐，善操丝竹，且热衷西洋乐器，常常临窗抚琴，清风入怀，思逸物外，获得最舒心的精神陶醉。在这种看似休闲的积极养生活动中，每于精骛八极，心游万仞之中积淀了由艺术通感所带来的美学滋养与创作灵感的酵母，积聚着成功的基因。此无它，宁静以致远也。

其兰君的责任心很强，有口皆碑。他对所从事的建筑事业一直有高于名利的神圣感，包孕了对国家民族的挚爱。四十余年的呕心沥血，辛劳不辍，也使他从中享受到求索的欣慰和成功的欢愉。其实，古今中外，众多领域里卓有建树的杰出人物，无不将事业同人民大众利益联系在一起而奋斗不息。而天道也是公正的，尽管精英们并不追逐蝇利蜗名，但他们的杰出贡献，总会受到社会的景仰，其兰君亦其然也。

本书的《自述》坦言：“天・地・人与建筑构成矛盾的统一体，天地人的不断变化，正是世界建筑艺术丰富多彩的原因。”这一体现了辩证法思想的真知灼见，反映了世间万物决非恒静不变的客观事实，揭示了建筑艺术的价值取向在于借物共变，与时俱进。中国古典哲学经典《周易》的核心就是阐述事物的变化即变异之“数理”，易便是交换、变易、更新。古代儒家所谓“以不变应万变”是从宏观上强调要坚守“修、齐、治、平”的人生信念，不为外物所困扰，而能一以贯之。这是相对于客观变异的相反相成。道家所讲的“以变应变”，是从微观上主张干预人生，入世事功，以主观的变动适应客观的变动，这是同客观变异的相辅相成。以上两家一个言本，一个言表，都包含了相对的真理，能予人以有益的启迪。其兰君指出建筑师的构想应当与时代的发展变化相适应，要能体现时代精神，决不墨守成规，胶柱鼓瑟，必须不断地求变求新，这一见解正合《周易》之大义，也同儒家力主不断完善自身，坚定不变之信念相符，更与道家主张的必须应时应物之变而变同源。

其兰君的业余兴趣还很广泛，涉及艺术门类众多，博学广涉，犹能从文史哲地等学科中取精用宏，为我所用，故能厚积薄发，也能点石成金，化平庸为神奇，并取得一举数得之妙效。其反映在建筑中的奇思巧构，不胜枚举，都不愧为建筑艺术长卷中的绚烂之笔。

七律一首

——赠彭其兰先生

五秩韶华非等闲，
含辛茹苦板图前。
情融大地连广厦，
智献高楼矗杲天。
借物同新知应变，
与时俱进谱续篇。
歆歌盛世多骐骥，
老马奔腾奋趋先。

二00六年三月十六日拂晓

于深圳筠轩

贺其兰弟建筑绘画集出版

—— 调寄转调踏莎行

彭颂声

彭颂声　笔名宋荃，广东客家人。中国作家协会会员、中国艺术研究院特约研究员、深圳特区报主任编辑。著作颇丰，有长篇小说、散文、诗词集问世，对联广为刻柱。

贺其兰弟建筑绘画集出版

——调寄转调踏莎行

彭颂声

乍觉无哗，沉沉卷智，却闻恢宏步武，响天际。高楼焕彩，丹青雅艺，声声尽唤汝奇斓璧。

一辈追求，非官莫吏，只孜孜不倦，图高诣。回眸来路，有芳踪在世，赢巨富足慰平生志。

2005 年 11 月 15 日于深圳

彭其兰——勇于挑战的建筑师

叶荣贵

叶荣贵　华南理工大学教授、博士生导师、国家一级注册建筑师、广州城市环境艺术委员会委员、广东省房协理事会理事、《热带建筑》主编

彭其兰大学毕业已四十余载，一直都以满腔热忱投入到建筑创作上。本集子的建筑创作作品，还不够他过去参与创作作品的二分之一。在建筑创作方面涉及面较广，包括了工业建筑、公共建筑和住宅区规划与设计等各种工程项目。

建筑创作特色

一、从“战士”到“将军”：彭其兰数十年来从未离开铅笔和图板，孜孜不倦坚持“在线创作”，由于他对专业的执着，以及为此付出的巨大劳动，他和他的合作者们的不少作品中标，或被选中为实施方案，有不少作品获得了各种各样的奖励。彭其兰是个出色的建筑师。

二、在彭其兰的这本集子上，规划设计在满足了多项功能需求的前提下，同时对不同项目，不同形态的用地在规划与布局方面，作者在不断追求，探讨创意的合理依据以及手法的多样化。新型的北京师范大学珠海校园、北京理工大学珠海分校的规划，新型的现代化工厂中国飞艇珠海制造基地、深圳龙岗榭丽花园和度假村的规划等都是有时代特征、有创新理念的规划设计。

三、建筑师要创作出“情理之中，意料之外”的作品。要求建筑师进行若干项各具特色的建筑创作也许并不困难，但要进行数十项甚至多达一百多项各具个性的创作，对建筑师来说这是一项巨大的挑战，彭其兰在数十年的创作生涯中就是敢于接受挑战，勇于战斗的一名战士。在集子中刊出了作者参与创作的三大建筑领域五十项工程，可见作者之勤奋与艰辛。勤奋地学习，关注着国内外的创作动态，像海绵般地吸收来自多方面的养分。艰辛地进行多方案的创作，比较、优化。“作品集”中的许多好作品，都是经过作者这样苦心经营而产生的，所谓比较、优化，就是作者在不断否定自己，不断超越自己，不断出新产品的过程。一个南城购物广场，一个TCL研发大厦，同一个建筑作者就构思了五、六个截然不同的造型方案，这难道不是作者自信和才华的表现吗！

勤学苦练向“丹青”

本集子约有三分之一的篇幅反映出作者在绘画上的成就。彭其兰数十年对“丹青”的执着追求有三个特点：

一是持之以恒、永不却步；从踏上专业门槛至今，努力钻研、不断探索提高。

二是多元训练，扎下根基；在课余，特别是在从事繁忙的设计工作以后的业余时间，长期进行多画种的训练——国画、水彩画、水粉画、油画、速写等等，目的是为了提高艺术修养，从而提高建筑艺术创作的水平。

三是组画创作，百尺竿头；写生组画，这对建筑师而言，是更高层次的艺术行为。已经从一般技能训练进入了整体艺术创作的境界。他的“长江三峡”、“峨眉山”、“张家界”写生组画是把情感融进了大自然的佳作，也给观赏者美的享受。

“天道酬勤”，彭其兰数十年的努力终于收获了硕果，在建筑艺术创作上闪烁着艺术的光辉，在绘画上也有许多激动人心的作品。

创作的激情支撑着彭其兰风风雨雨地走了近半个世纪，现在还像“战士”一样，为他的建筑创作事业，为他的美术创作不停地扛枪奋斗，这就是中国建筑师彭其兰的形象。

华南理工大学建筑学院　叶荣贵
2005年11月15日于广州

健笔绘造化 神奇入丹青

尚 立 滨

彭其兰先生是一位有成就的建筑师。翻阅彭先生的作品让人赞叹的是，除了他许多令人称道的建筑设计外，还有那么多赏心悦目的绘画作品。

其绘画形式有国画、油画、水彩、水粉、钢笔画、炭笔画、速写等，在国画中又包括了山水、花鸟、人物、界画几乎所有的中国画类型。采用画种形式之多，涉及绘画品类之全，一般少有。真可谓是手法丰富，风格多样。

在他的绘画作品中，建筑画有的博大精细，有的笔简意赅，充分展现了作者手头上扎实的功底。水彩画《浣溪岸边》、《蜀乡晨曲》、《春江水暖》、《长江夜色》、《雏鸡图》、《美人蕉》等中的一山一水、一草一木、一花一鸟，画得水色饱满，淋漓潇洒而清新。水粉画《长江三峡组画》，峡谷景致表现的可危、可惊、可叹，令人震撼而神往。作者通过娴熟的技法和斑斓的色彩，表现了三峡雄伟的气势与生命之魄的壮美。国画《松风图》、《都江堰小景》、《云贵高原》、《巴山蜀水》、《峨眉之春》以及《张家界组画》中的国画作品，笔法苍劲有力，墨色浑朴而润泽。

其作品，国画《南海舟上所见》、《珠江帆影》，水彩《峨眉山写生组画》中的《春雨》、《日出》、《月夜》更是画得情感激越，笔墨酣畅，是意境深邃的佳作。在这些画幅中，单纯的写实，模仿客观自然的迹象已经消失了，呈现给大家的是作者对自然炽热感受中汲取的灵感，是随景写情神遇而迹化后的艺术形象。画幅很有意境，是高于自然原型达到新境界的神来之笔。

综观《作品集》，建筑创作丹青作品相映生辉，佳作篇篇。

里格尔在《美学》书中曾说：“一个深广的心灵总是把兴趣的领域推广到无数的事业上去。”

事业有建树者，必有广博的爱好和修养。正如彭其兰先生自己所言：“几十年对绘画的痴迷，为我从事建筑艺术创作打下了非常坚实的基础。”我们知道彭先生对音乐也非常爱好，奏乐、唱歌、玩音乐、他认为“其乐无穷”，“建筑是凝固的音乐，音乐是流动的建筑。”绘画、音乐、建筑，不同的艺术形态在他那里融会贯通了。正是由于他建筑创作的根深扎在广阔的艺术沃壤中，才取得那么多丰硕的建树和业绩，也许他成功的“奥妙”也在此吧。

让我们热忱地祝愿和期待彭其兰先生在建筑创作和绘画领域“更上一层楼”，取得更大的辉煌。

中央美术学院 尚立滨

2005 年 11 月 16 日于北京

尚立滨　中央美术学院教授、壁画家
中国美术家协会壁画艺术委员会副秘书长
中国壁画学会副秘书长
中国建筑学会壁画专业委员会副主任

衷心祝贺 热烈期待

卢小荻　陈德翔

卢小荻　深圳大学教授、国家突出贡献专家。深圳市注册建筑师协会会长，原深圳大学建筑设计院总建筑师。

陈德翔　深圳大学教授、深圳注册建筑师协会理事。

彭其兰一生勤奋、辛劳耕耘、热爱建筑创作，为之顽强拼搏！喜欢绘画艺术，陶冶创作情操，提高艺术修养。多年来建筑和美术创作，精品佳作甚丰，硕果累累。我们对其兰《建筑与绘画作品集》的出版表示热烈祝贺。

在其兰众多的建筑创作作品中，我们特别欣赏深圳市群星广场空中花园的设计实践。为住在城市高层住宅楼的居民，提供了一个休闲、和睦、健康的生态绿化空间环境。这是建筑师为提高城市居民的居住质量很有价值的尝试，也是建筑师对深圳城市居民的一大贡献。我院也在东辉大厦、特区报业大厅、安徽大厦等多个写字楼的工程实践中尝试采用空中花园设计。愿今后深圳市更多的建筑同行们共同努力探索，把深圳这座亚热带都市，逐步建成充满生态绿化的建筑之都。这也是深圳城市面貌新特征之一，相信政府有关人士和开明的开发商也会支持这种新的思潮。

我们也特别欣赏北京师范大学珠海校园的总体规划，它依山傍水，顺应山地和湖面地形，采用了多个弧形曲线布局，整个校园延伸舒展、活泼有致、柔和变化，创造出独特的校园风貌。其中行政办公楼及学校交流中心的主立面造型流畅，简洁明快。整体规划设计符合现代化、特式化的要求，创造了优美的校园生态环境。

盈翠豪庭，绿景蓝湾半岛等居住区的设计都十分成功。为居民精心设计了优美的生态绿化环境。单元平面和空中花园设计，功能完善，朝向良好，通风顺畅，视野开阔，体现了作者以人为本的设计理念。

绘画作品的多彩多姿，美不胜收，既是美的享受，也是艺术情操的陶冶。一位建筑师收获了丰硕的美术佳品，下的功夫可不浅啊！我们特别喜欢他的《映日荷花》、《乌尤之夜》、《巴山蜀水》、《长江夜色》等多幅作品。我们热切期待彭其兰有更多的建筑和美术作品问世。

深圳大学 卢小荻 陈德翔

2005 年 11 月

人生如画·画如其人

梁鸿文

梁鸿文　深圳市清华苑建筑设计有限公司总建筑师
国家一级注册建筑师
中国建筑学会会员
中国美术家协会会员

来到深圳工作，有幸认识彭其兰总建筑师，他永远是那么忙，到了退休年龄，一如既往，精力充沛地为深圳和其他地区的建筑设计、建设事业不断贡献。在同行中，他无疑是一位出色而成功的建筑师。造就一个成功的建筑师，机遇、才华和勤奋都是不可缺少的条件，彭其兰之能具备这些条件，和他生来抱有的快乐和积极心态不无关系。读彭其兰自述经历体会一文，可感受到一种爱和感激之情跃然于字里行间；正是这种对家乡、家庭、师友、团队和社会的真挚热爱，为他创造了一个和谐的生活、工作与人际环境，使他快乐而自信。拥有快乐和自信的人，自然能不避艰难，把握时机，专心投入事业而能创出累累硕果。

彭其兰在过去40年工作期间所独立完成或合作完成的方案或全过程设计的主要建筑共有八十六项，业绩令同行惊羡。在这本图文并茂的选集中，无论是工业、公共、居住、文教、旅游等不同类型的建筑，也不管是方案阶段还是全过程的设计，都可以看到设计者们立异创新构思和脚踏实地与工程实践相结合的全面追求。彭其兰所总结的六点："1、创作求新立异；2、要走自己的路；3、可借鉴不可抄袭；4、依循环境是创作成功之路；5、随时代变而变；6、建筑以人为本，存在于天地之中的辩证关系。"这对那些在设计中单纯讲求形式，忽视整体环境，忽视技术经济和生硬抄袭之风是个有力的批判。

"丹青存稿"中有精细手绘的建筑和场景透视、构思示意草图或是以不同绘画方法表现的花草树木、山石瀑泉、古刹民居、人物、动物，无论是建筑图、草图、速写、水彩、国画、彩墨、装饰画等作品，其题材多样、技法多变、风格迥异，有的严谨缜密、繁而不琐，有的轻松写意、简而不陋，多姿多彩地记述了自然与人、自然与建筑的融和关系。建筑师对绘画有如此强烈的兴趣和几十年坚持不懈的挥笔落墨，当然是建筑师为了促进自己对自然、环境、文化、民俗的感受和通达，找到灵感泉源，创造出更加美好的建筑。人生如画，画如其人。彭其兰丰富多彩的生活情趣、严格认真的工作态度、诚恳朴实的人品和他的画风多么一致。

深圳大学　梁鸿文

2005年11月15日于深圳

其兰·其事·其人

陈衍庆

陈衍庆　清华大学建筑学院教授、中国建筑学会建筑师分会理事、建筑技术专业委员会主任委员、北京东亿思特建筑设计咨询有限公司顾问总建筑师

我和彭其兰先生相识刚满一个月，大有相识恨晚的感觉。

记得上个月13日的下午，在南昌市凯莱大酒店的多功能厅，中国建筑学会建筑师分会举行学术报告会，彭先生就是几位报告人之一。与其他几位不同的是，他那浓重广东口音的普通话让我听起来有点费劲。但是报告的内容却给我很大的鼓舞，他的创造性的劳动，获得了老百姓的喝彩。

他讲的是深圳市群星广场空中花园的由来、过程、特点、效果和社会反响。住在高楼里的城市居民，倍受噪音之扰、空气污染之害，“高高在上”远离绿化，失去与自然的亲近，邻里之间没有沟通，老人与小孩缺少活动空间，面对这些人人皆知的现象，许多人(包括建筑师在内)都习以为常，熟视无睹。但是彭先生却不以为然，他想到“如何克服这些不利因素”让居住在高层的居民，像住小别墅、住四合院那样，有一块绿色生态庭园，让他们健康幸福地生活。

于是彭先生和他的同事们反复探索创新，终于设计出深圳市第一个带有大型空中花园的高层住宅，每三层一个，128平方米，全楼共16个空中花园，让楼内320户居民尽情共享。在社会上听惯了挨骂声和埋怨声的建筑师，终于听到了居民的感谢和赞扬声了。彭先生却说“这是我们建筑师应尽的社会责任。”

学术报告结束后，华东交通大学和南昌大学建筑系的一些学生即将彭先生围住，向彭先生请教。彭先生笑容可掬地倾听和回答同学们的提问。此情此景，格外亲切和温馨。我情不自禁地加入了这个行列。在得知彭先生的个人作品集即将问世时，我向彭先生说：“我一定要拜读，向您学习！”彭先生说：“我一定要送您一本，请您指教……”

果然，11月12日我收到了一本名为《当代中国建筑师彭其兰建筑与绘画作品集》的黑白书样。彭先生附言说“敬请各位师友，在百忙中为拙书写篇评论，指教文章……”

这本沉甸甸的将近300页的大书，我一口气拜读了一遍。“请指教”不敢当，但是读后受益匪浅，感受很多。

我感到彭先生确实是一位值得学习的优秀建筑师。他从事建筑设计40多年，完成了几百万平方米建筑面积的项目；他获得过许多设计的奖项和荣誉；他才气横溢，多才多艺，他的各种业余爱好几乎达到了专业的水平。

他自述经历与体会尤为宝贵。书里讲述的是一位成功建筑师真实的成长史。他从青少年时代就立志追求人生；他不倦不悔地为建筑设计专业学习、奋斗几十年；他在与图板为伴的甜酸苦辣中，永远是欢乐地面对；他在建筑艺术创作道路上奇思探索、创新立异，走自己的路；他认为：“建筑师用哲学思想思考的成果，才是真正意义上的建筑艺术创作。”

彭先生的人生态度积极而乐观；彭先生对家乡、对亲人、对老师与同窗、对同事与同行有无尽的爱；彭先生对别人的劳动十分尊重。

记得台湾著名建筑师王大闳老前辈说过：“有的人是好人，但不是个好建筑师；有的人是好建筑师但不是好人。”

我想说，彭其兰先生是个好建筑师，也是个好人。

清华大学建筑学院　陈衍庆

2005年11月16日于北京

书香佳画

刘毅

刘毅　中国建筑学会副理事长

我和彭其兰总建筑师有着近二十年的交往友谊，对彭总的学识、才华虽然有些了解和认识，但真正识得“庐山真面目”是最近读了他的“作品集”以后。阅完彭总的作品集，受益颇深，收获良多。彭总作品集，内容广、新、厚、全，显现出三大特色。

首先，彭总的建筑设计作品和美术作品，都有着深厚的文化底蕴和巧妙的构思，深具实事求是的工作态度和认真负责的职业精神，能准确地把握时代的脉搏。按照形式美的规律因时因地进行建筑美术创作。纵观和分析其工业建筑、公共建筑和住宅建筑设计项目，如成都东风电影院、海南省经济技术交流中心方案、深圳电子科技大厦、深圳新闻大厦、深圳国际商业广场、深圳群星广场、深圳中国大酒店方案、深圳家乐园住宅、深圳绿景蓝湾半岛等，其每项建筑设计，都是在适用、经济、美观的设计原则的基础上，认真地探讨了环境因素和建筑空间的组合、层次和尺度。由其设计作品显示的特色，说明彭总坚持了正确的现代建筑创作的方向和方法，不受西方一些审美变异的设计思想影响，重视艺术构思过程的逻辑性，注意建筑形式生成的依据和合理性，追求设计和建造上的经济性，地方性和时代性，按客观对象的功能、结构、材料、性能、生态、节能和文化传统等因素作为建筑空间组合和形式生成的依据。

其次，彭总一些美术作品，成就颇高而具有特色，其建筑画、国画、水彩画、钢笔画、速写等均有较高的造诣而达到专业水平，令我很是赞佩。彭总的美术作品构图严谨，色彩丰富，线条流畅，笔触浑厚。景物处处有情，人物栩栩如生，可谓幅幅绘画均为佳作，其画面上线条、色彩的轻与重，深与淡，疏与密，简与繁都恰到好处。

彭总是建筑师，又是一位多才多艺的美术工作者，在其画作中呈现出强烈的热爱自然、热爱社会的生活气息，同时也展示出他刻苦学习、孜孜不倦的奋斗精神。他对建筑文化的贡献，很值得大家学习。

第三，也是我甚为敬佩的就是彭总一丝不苟的工作作风，其所集录的八十多项设计成果和一百几十幅美术作品，真是不容易啊，是四十年辛苦工作、收集、整理才得以成册的。只有强烈的热爱生活的人，才能做到这一点。其所付出的辛苦和心血是无限的，也是文字难以表达的。正如彭总自己所说“建筑设计是一个不断反复修改的过程，我喜欢这一过程，这是一个不断出现新作，也是一个不断超越自己的过程。”彭总的气质和作风可谓跃然纸上。

书香春色，情景交辉。愿春风常拂，书香袭人。在期待彭总新作的同时，鹏城建筑界的朋友们，让我们为建设特区共同奋发前进。

刘毅

2005年秋于深圳

其兰心史在求变

贺承军

贺承军　建筑评论家、清华大学建筑学博士、深圳市规划局公务员、建筑与文化评论文章甚丰。

得识彭其兰先生，乃缘于我的老师曾昭奋先生的引见。而真正令我感到有话要讲的是见识了其兰先生的深圳群星广场大厦(1997年)和南山国际文化交流中心方案(1997年)及深圳市TCL研发大厦第二方案(2001年)、北京理工大学珠海校园规划方案(2004年)等堪称当代中国建筑方案中佼佼者的一系列作品。其兰先生五十多年的艺术生涯中，其成长的经历伴随着共和国的成长历程，这种历史的契合，尤让人觉得其兰先生的建筑艺术成就，是不可多得的异数。

低调、谦和的其兰先生在深圳建筑界很少发出响声，在喧嚣的都市中反而衬托着巨大的力量，志趣高洁者不苟且于浮世，而紧紧依存于建筑艺术的沉凝之道——这是其兰先生的艺术抱负与超世雄心给我的印象。

当代建筑艺术的发展，似乎早已超越了传统美术教育的樊篱，透视法所决定的形式游戏却仍焕发出不可低估的力量。其兰先生的绘画功底，滋润着他执着的建筑雄心。而欣赏他的风景画和人物画，洗练的线条和绚丽的色彩，让人可以沉醉于他对自然的审视、对形式的敏感。如果自古以来人类对于建筑的经验一直在演化为永恒形式的积淀过程，当代人也没有理由完全回避中西方古典时代形成的形式游戏经验。彭其兰先生的形式追求过程，生动地向我们昭示了这一点。

其兰先生的建筑创作，绝不拘泥于僵化的理念，即便他能得心应手的手法，也绝不油滑地滥用。用中国人熟悉的辩证眼光观之，他是在有意的滞涩中追求流畅、自置于困境而求放达的解脱，因而使最终的成果臻于酣畅淋漓的境界。

也许是我自身的审美眼光之差失，我更感动于彭先生建筑方案的纯粹性。如北京师范大学珠海校园规划方案中的学生宿舍楼构思、TCL研发大厦第二方案、南山国际文化交流中心方案，以及赛格广场方案等，倘若它们能依彭先生方案建起来，当代中国的建筑设计界可能会有更丰富多彩的启发与感悟。当然，我明白建筑设计大抵不脱谋事在人成事在天的轨迹，而这个“天”，乃时势也。个人不可以己心规矩时势，然沉吟内敛之功皆由己出，其兰先生是个中高手。

与其兰先生同代的建筑大师中，不乏洋洋洒洒吐出万般智慧真言之士，然难免生搬硬套、火候难到的嫌疑。唯其兰先生拙于理念表达、硬邦邦生涩涩就那么三五条“陋规”，且其自谓永远不变之理在于求变，拙中见性见灵，真人也。

贺承军

2005年11月16日于深圳

友情·画情·建筑情

陈文孝

陈文孝 深圳艺洲建筑师事务所所长、总建筑师
深圳市勘察设计协会理事
广东省勘察设计协会理事
深圳市建筑师学会常务理事
深圳市注册建筑师协会常务理事

我与其兰是大学同班同学，相识相知至今已经近半个世纪。1958年，我们一同走进华南工学院建筑系。大学五年我们同住一间宿舍。他是一位品学兼优的同学，他热爱建筑、热爱绘画、热爱音乐，爱好广泛。他热爱祖国、热爱人民、热爱党，他永远是那么乐观，充满激情。对学习刻苦勤奋，对知识孜孜以求。对同学、对朋友真诚相助。

1963年大学毕业，其兰到了成都，我去了北京，虽然相隔甚远，但不时有书信联系。八十年代初，我们托小平同志之福，借改革开放的东风又一起走到深圳。转眼又是20多年过去。这20多年在建筑设计领域中是我们最难忘最光辉和充满活力、充分发挥自己才能的20多年。

我们多次一起作为建筑专业的专家参加建筑方案评标活动。他观点明确、态度鲜明，多次对目前创作的不良之风、片面追求高标准、单纯追求"形象美"、"造型美"、大手大脚一味追求"标志性"，盲目攀比，造成社会资源浪费进行批评。对建筑造型复杂化倾向提不同的看法和意见。在每次的评选会上，其兰总会提出许多生态环境、节约材料、节约能源、经济合理，可持续发展等等方面的理论和实践意见。提出许多完善设计的建议，让使用者满意，开发商满意，社会满意。无论在什么场合，其兰都会尽一个建筑师的社会责任。

厚厚的一本"作品集"，几百万平方米，近80个建筑设计项目，灌浇着其兰一辈子的心血，是他生命中光辉的篇章，是他对他热爱的建筑设计事业辛勤劳动的结晶。当然，几百万平方米如此巨大的设计工作量，在这个对建筑功能要求特别复杂的高科技时代，任何建筑师都不可能个人单独完成的。所以在不少作品中，都标明合作者的名字，没有忘记和他共同辛苦工作的同事们，这也是其兰合作团队精神的充分体现。

我了解其兰，其实在市场经济发达的深圳，他很有条件和机会去从事其他更能"赚钱"的行业。但他对于"建筑"，对于"建筑创作"看得比金钱还珍贵，因此，一直到现在，从未离开他终身热爱的建筑设计工作，他对于"建筑"的执着精神以及毕生为之付出的劳作，是值得我们从事这一行业的建筑工作者学习的。

我了解其兰的个性，在建筑艺术创作上，他是一位表现自我，奇思异想，创新立异的人。从学生时代课程设计开始，他的设计就与众不同，有个性，有特点。在跨越了40多年之久的作品集中，其兰的建筑设计作品风格迥异，丰富多彩，那是因为他坚持走自己的路，并不断探索，追求创新，他的作品与时代合拍，反映时代精神，用不断出现的新的理念指导设计。因此，有很强的生命力，如雅俗共赏的电子科技大厦，建成到现在十五、六个年头了，一直得到专业人士和普通百姓的称道。又如二十世纪九十年代后期建成的群星广场高层住宅空中花园，为城市居民创造了舒适的空中绿色生态环境，成为深圳市多年来高层住宅设计的典范。又如人与自然共生和谐发展的理念，催生了"玉印岛度假村"、"榭丽花园"、"北京理工大学珠海校园"的规划。建筑师努力追求体现传统风格的民族文化特色的理念，催生了"中国大饭店"，所有这些被时代接受的设计作品，正如其兰自己所说的，建筑师要紧跟时代的步伐，跟着时代"变"，才能变出被时代所接受的作品。为使自己事业达到新的境界，他博学广求。几十年来对绘画的痴迷使他刻苦练习，终于以熟练的技巧，丰富的情感，画出了许多专业画家都称赞的好作品，这是其兰追求人生的另一积极表现。

生活为了更好地工作，工作为了美好的生活。这是我们活着的旋律，读完这本书，我为其兰感到骄傲，并祝福他和他的家人健康幸福。

陈文孝

2005年11月13日于深圳

画蕴诗情 图观画意

黄希舜

黄希舜 深圳市美术家协会副主席 油画家

在一片将被开发的土地上，建筑师在踯躅徘徊，苦苦思索，此刻，一幢新的大楼正在胸中油然升起……这幢将要在大地上诞生的大楼要怎么去协调周边的环境和未来的趋势？又让它标新立异，光彩夺目？领着这光荣而艰巨的使命，于是，脑子里积累的虚虚实实美的形体页页呈现，片片飘出，反复挑选探索，最后落到第一张草图上，这便是启开建筑师才华大门的第一把钥匙。是他的建筑才能将成堆的钢筋砖头垒成实用的大楼，是他那高深的审美眼光去指挥着那些单调的直线与方块建成美观出众的建筑形象。建筑师彭其兰先生就这样，几十年从被开发的土地到图纸，从图纸到广厦，来来回回建造出幢幢别具一格的广厦楼阁。

我与其兰兄虽是同乡，却是先闻其名后见其人。早就知道彭先生建筑成果累累。但在众议彭先生建筑专业的成果时，可不要遗漏伴随他建筑事业一起走着而相互渗透的美术修养，是它息息相关融进事业的每个构思与成果，而形成独特的风格。其兰兄专修工科之前至今日，从未放过绘画。虽在图板上繁忙摆弄着圆规角尺，但也从不忘拿起画笔色墨去描绘大自然，于是，不断地收获建筑成果，也不断地收获着许多好的美术作品，诸多的水彩画，国画等作品，牵引着你进入了他的艺术世界。如果以常规把其兰兄的画做概括为一、二、三去论述，可能变得平庸而不准确。论画种，它齐全；论题材，它广泛；论技法，它不属于任何固定流派。当你细读他的画作时，让人深深感受到作者对大自然美的发现与激情。一个热爱艺术的建筑师，一旦走出设计室，背起画夹去描绘大自然时，我们看他为什么要画这个景色？他是怎么样去画这幅图画？他怎样能画出这美妙的效果？我们为什么受到强烈的感染？全是情感的造就！难得啊！彭先生作品年限跨度很大，画龄很长，种类丰富，掌握自如，他画山画石、画树画水、手法灵活，有感即发，提笔就画，把感情融进画里，让画中的感情传递给你，绝不会因为取材、篇幅和某种技巧所限制。那种对大自然的热情与发现使他勤奋，使他有很强的创作欲望，哪怕在摇晃的小船上也恋恋作画。彭先生设计的建筑物上都留印着大自然美的灵气！那是彭先生艺术修炼和情感的反映，此话绝非空谈，你翻阅他的建筑画或是设计草图，那种艺术家的情感色彩是大大有别于他人的。在多数草图里，从主体建筑的必然结构外形到它的环境构图，色彩情调所造成的艺术效果会让你去热爱和接受它未来的新的广厦。如果没有达到较高的美的境界，哪里会有如此美丽的设计成果！

从作品中见他的画法是自如的，水彩与国画之间，风格相似，表现相通，我们所知的法国印象派亦如此，打破材料局限与既定画法，重感觉、重个性。如在多幅画作中高山流水也好，夜光月色也好，哪有专业绘画者的避忌和框框？这种随意画法，笔墨苍劲而流畅，效果自然而抒情，画面简练而细致。他经验丰富、技巧成熟，画幅不大，内容丰富。可谓上乘之作。你可知，他以五年时间跨度把长江三峡画下了一叠速写，又以两个月的功夫提炼成三峡组画六幅，可以想见作为建筑师有何等的毅力与热情！他绝非把绘画当作茶余饭后之事，也不是为了作为建筑师的点缀，他是在孜孜不倦地创造，在追求更多的更完善的大自然美的积累！彭先生敬业，建筑是业，绘画也是业！同有业绩。

一座城市，能叫人们念念不忘，首先要有理想的规划和别具风格的建筑群体，它是这座城市永恒的形象标志，我们要拥有像彭其兰先生这样一批有理工与美学相融的高才华建筑师，去创造去美化我们的家园城市。

深圳美术家协会　黄希舜

2005 年 11 月 12 日于深圳

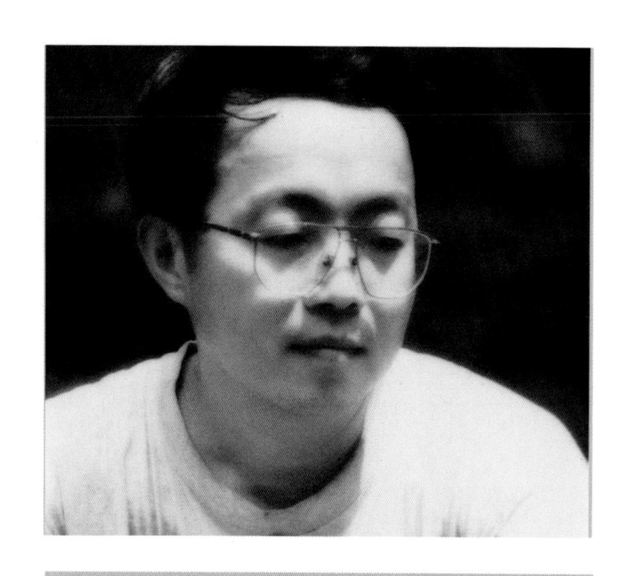

彭其兰先生作品评析

饶小军

饶小军 深圳大学建筑与土木工程学院教授
国家一级注册建筑师
全国建筑学专业教学指导委员会委员

认识彭总，是十多年前的事了。记得1992年我在《世界建筑导报》编辑部的时候，组织编辑了一期“深圳新建筑”专集，其中就有彭总的设计作品，算是第一次遇到彭总。采访中他给我们的印象是特别儒雅和蔼而平易近人。彭总多才多艺，不仅专业上技精艺熟，而且还擅长绘画和摄影，涵养很深，这在现在许多年轻人看来可能是可望而不可即的。今天出版了彭总的建筑与绘画作品集确实是大家久已盼望的事情，这可以让我们全面地了解一位建筑师在他的创作生涯中是如何成功地走过来的，更可以为我们年轻的建筑师树立起一个值得认真学习的榜样。

彭总对于建筑的理解是率真和朴实的。从某种意义上说，他把经典的现代主义传统，深深地根植于中国本土艺术的土壤之中。他那种对中国山水画的痴迷和情趣，帮助他在建筑设计的创作当中始终潇洒自如，游刃有余，正如他自己所言，“建筑艺术总是与其他艺术一脉相连的。扎实的艺术功底，是创作成功的建筑艺术作品的基础。这是我一生在建筑艺术创作上最深刻的体验。”彭总在建筑艺术创作上坚持奇思异想，创新立异；坚持走自己的路；借鉴但不抄袭；坚持依环境创作；坚持求新求变；把握时代精神。他始终坚守着自己专业上的这种理想与信念，不被市场大潮所冲击，不被流行样式所扰乱。这在当下的中国，建筑行业蓬勃发展，各种思潮纷纷涌进，风格样式五花八门，业界总体上浮现出一种浮夸矫饰的风气，彭总这些理想和理念的坚持更是难能可贵。这使得他在不断创作和设计活动中，充满激情和活力，形成了自己一以贯之的独特的设计风格。

彭总个人生涯最辉煌和重要的时刻，始终是与深圳的城市建设的发展相伴随。他80年代来到深圳，至今已20多年了，他在述说自己这段经历的时候，对深圳充满了深厚的感情：“深圳20年，是我人生最光辉、创作力最活跃的20年。我自己比较满意和成功的建筑设计作品，都是在深圳完成的。深圳是建筑师发挥自己才华的用武之地。我时时告诫自己：一定要珍惜改革开放的大好时光，要热爱为建筑师提供优越的创作环境的这片热土，要为深圳设计出有时代精神的新建筑。”确实，彭总这段话代表了他们那个年代建筑师对事业和理想的执着与热情，体现了他们对于社会的强烈的责任感，这是现今业界越来越淡薄缺乏的一种职业信念。

凡是在深圳生活了多年的人，都知道电子科技大厦、新闻大厦、群星广场和南城购物广场等建筑，这是彭总主持设计的作品，它们一方面是彭总在深圳创作生涯的写照，同时也是深圳短短25年的历史见证。建筑师的作品为他所生长于斯的社会所认同，确实是件令人欣慰的事情。翻阅这本作品集，在众多的作品当中插入了许多彭总的设计过程的草图和表现图，使我们可以看到彭总对于设计构思的精益求精、反复推敲过程，这在当前计算机辅助设计流行、设计师疏于手工画图的年代，显得十分质朴和可贵。毕竟建筑设计是一种经验的过程，设计师的构思和体验常常是融于笔下的草图当中，这是一种直接的过程，非计算机所能比拟。

彭总现在依然处在他的设计创作过程中，并且仍在业余时间从事他的绘画活动，笔耕不辍，激情未减当年。阅读完彭总的作品集，心中确实生发出许多的感慨，建筑师的设计过程从来都是一种劳心伤神的工作，其中甘苦和愉悦也许只有设计师自己才能体味到。集子向我们展示的只是建筑师整个创作活动的一个片段，对我们晚辈来说它却是一种激励，更是一种鞭策。

深圳大学　饶小军

2005年11月22日于深圳

我所认识的老同学彭其兰

张 鸣

张鸣　一机部一院北京分院总建筑师
教授级高级建筑师

彭其兰同学是男儿汉，却起了个女孩子的名字。可这名字与他纯朴贤德的性格倒是相近。其兰与我是华南工学院建筑系的同班同学。我是班中唯一的北方武汉学生，而他是在广东南海岸边成长的。我们来自南北生活习惯不同的地区，近六十年来我们却是兄弟知心朋友。我俩睡上下铺，平时我们最为接近，每天我们同去食堂用餐，饭后我们同去东湖散步、唱歌、聊天。我们最爱唱“美丽的棱罗河……”我们性格互补，对问题有共同看法。其兰对人真诚、坦荡、随和、是个性情中人。他有客家和潮州学子的勤奋好学、孜孜探求的精神。他爱好多样、绘画、唱歌、乐器无所不会。他有为人真诚和善心态大度的性格对好友敢于敞开心扉，他这种温善的性格许多同学都喜欢与他交往。

其兰特别崇拜他家乡的革命先烈——彭湃先烈，经常与我讲彭湃先烈的革命故事。

其兰对知识强烈的渴望像吸水的海棉。对知识的追求，为他的建筑创作打下了坚实的基础。为了事业的成功，他勤奋好学，他兼容并举，厚积薄发；他不断求索与积累。从中小学时代就开始努力学习绘画写生创作，大学时代利用假期加强绘画练习。他不管走到哪里，画本总不离手。大学时代已经有许多成功的艺术创作作品在艺术上他敢于大胆尝试他在国画水彩、油画、钢笔画、还有木刻都有相当的水平。例如他的《穆挂英挂帅》舞台速写，寥寥数笔就将京剧中人物刻画得活龙活现。他的《韩信与刘邦》的川剧速写，极其精彩生动的一组舞台速写作品。他的绘画不刻意追求技法如何，用笔非常洒脱。与其是表观大自然的美，不如说是表现大自然在他心灵中产生的回响与共鸣。如其兰用五年又三个月时间完成的《长江三峡组画》，他不只是记录了长江三峡的历史，更是一组很成功的艺术作品。作品所表现的那种恢宏的气势。那种诗意画境使人震憾不已。许多专业画家都给予高度评价。

在建筑设计方面，其兰有不少成功的作品问世。例如前世纪八十年代的深圳电子科技大厦（20万平方米）、蛇口培蕾幼儿园、九十年代的深圳新闻大厦（十万平方米）、华强北的群星广场（十五万平方米）等等。在群星广场高层住宅中设置了十六座空中花园。这是高层住宅设计的重大变革，也是中国的首创设计。影响了深圳市近二十年高层住宅的设计方向。这一创举设计也是其兰们的丰功伟绩。这些设计都是对建筑行业有巨大影响的设计作品。在他一生的建筑艺求创作中，其兰有五个建筑作品获得国家及深圳市优秀设计一等奖。像其兰这样得过这么多优秀设计一等奖的建筑师在全国建界中，很难见到！

其兰自从来到深圳这片热土，他的设计创造力大大被激发，像井喷式一样爆发。他来深圳后创作了近160个大小不同的建筑设计方案，总面积近300万平方米。建成的估计也有150万平方米。这是多么了不起的设计成果。恐怕在中国建筑界中很难找到第二个建筑师呀！其兰不管大小建筑方案，他都要亲自动手。而且都要作出3–5个不同方案比较，作出多方案进行比较，这是件很难的设计思维活动，考验建筑师设计功底及设计水平的高低。（在其兰的建筑专著中大家都可以看到多方案比较的设计作品）。

其兰对合作者坦诚相待，平等合作。最大限度发挥合作者的所能。致使他的团队能拿出许许多多的优秀作品。这也国内设计界中少见的现象。其兰是我校建筑系中最为突出的的毕业生之一。他厚厚的一本建筑专著（专著中有92个建筑设计方案，238张绘画作品）。是他一生辛劳的成功成果，也是国内有影响的一部建筑专著。这次深圳特区成立四十周年，其兰被授于《深圳功勋大师》荣誉称号，实至名归，受之无愧。其兰好友，在这里，我衷心地向你表示热烈祝贺。

张鸣

2021年4月10日于北京

发现并再现梦想

读彭总“建筑与美术作品集”有感

赵 小 钧

赵小钧　中建国际（深圳）设计有限公司董事 总建筑师
深圳市建筑师学会理事

彭总是深圳有影响的建筑师，也是他那一代建筑师的代表人物。我到深圳时适逢电子大厦竣工不久，我也是从这栋隽永的大厦上知道彭总的。后来有幸结识彭总，几番得到他良师益友式的关爱，他一直是我心中非常尊敬的长者。

承蒙彭总看得起，在他计划要编写此书时，就让我做好准备在他的书里写一些“评论”。当时我就觉得十分惶恐，后来看到样书，更觉不安。这本书是彭总一生作品集萃，蕴含着丰富的成功人生经验。以我一半于他的生命经历，如何能看到每一个作品后面艰辛而复杂的过程，更无从渗透其中的真谛，在岁月与生命的宏大面前，我只有敬畏的份儿，怎么也谈不上“评论”二字。

但认识彭总的几年之中，他的学识才华，以及音容笑貌举手投足，确实带给我非常多的教益，所以我很想把这些感受记下来，虽然胡言乱语，却是一个三十多岁的人当下的体验，只求真实记录所想，不做高远深邃的奢望，收录书中虽然不配，全当是美餐盘中搭配的一片胡萝卜，心里也就坦然了。在我印象里，彭总眼睛总是非常明亮，时时闪烁着一种智慧的火花。思维敏捷，目光敏锐，语速总是非常的快，往往一语中的，看问题入木三分，身居高位从不用威严压人，在他目光中总能读到他对后辈的关爱之情。有几次与彭总相遇，碰到对某些事情看法相近，无需言语交流，与彭总的目光相遇，立刻能得到心意相通的快慰。每次与彭总的相视一笑，他的笑容与眼神背后会传递给别人很多东西，让人知道他对这件事情或赞许或欣慰或理解或相异，在我所有的印象中唯独没有见过他激愤、不满一类的神色。记不清是在什么事情上，我也见过彭总遇到困难的时候，他总是可以飞快地调整自己，在别人还在不知所措黯然神伤的时候，他已经在想什么新的主意了。

做建筑师仅有十几年，我也能够明白一点，我们的工作要面对社会上形形色色的各种人，要与我们服务对象或群体的主观世界发生关系，这其中可以尽览人性的光彩和弱点。我渐渐理解彭总眼神中透出的那种智慧，使得他在几十年的职业生涯中面对各色人等展现出了乐观与豁达，成就了一个快乐和自信的心境。

一直折服于彭总的多才多艺。他总能够给人一个精力旺盛、生活充实自在的感觉，所以与他接触不多的人也能感觉到他有浓浓的生活情趣。以前听电子院的朋友说，彭总抚琴写画无所不精，可惜并没有拜读过他的画作。非常高兴在这本书中全面地看到了他不同时期的画作，给了我非常多的教益。中国画之妙，在于它更能直接和真切地表达作者是如何看待画中的事物的。看彭总不同时期的画，随着他画风的演变，可以清楚地领略到岁月是如何丰富和充实人的心境的。这当然需要作者本人对生活的领悟，我想彭总在画中体现出的心境的演变，可能就是来源于他那浓浓的生活情趣。

有两组彭总画的戏剧人物我印象颇深，一组是1962年画的，一组是1982年画的。二十年的时间正是一个人从青年到中年的全过程，想到自己也在这个过程中渐渐步入尾声，从这两组画的不同之中，彭总给了我关于成长的启示。两组画相比之下，彭总80年代笔下的刘邦和吕后，不但比62年的穆桂英运笔快了不少，多了流畅和肯定，更在了了几笔下，使人物的眉宇间多了几分神采。要知中国画惜墨如金，这种情绪的表露，只有意在笔先，才能跃然纸上，绝非仅仅依靠刻意和技巧就能达到这种效果。联想彭总经常表现出的那种睿智，我明白了也只有这般真性情领悟，才能做到厚积薄发，不负岁月的哺育。再看彭总年轻时的山水画，泼墨写意，还看得出技巧技法的揣摩，而2003年的一组张家界，已经是磅礴与挥洒同在了，让人为这种脱离桎梏的过程而感动。

彭总的建筑创作也是无所桎梏的，他的建筑作品最大的特点就是与时俱进。人最大的桎梏往往来自于自身，而彭总的成就在于自己身上的无所约束。他的建筑艺术创作，总是跟着时代在变，读他全书几十年大大小小不同项目的设计，风格多样。而且总是与那个年代的“众”不同，跟自己过去的每一个也不同，彭总在不断发现，不断创新。他曾经嘲笑过“进小楼成一统”的做法，更让人钦佩的是他用一句话讲明了如何能够避免故步自封，我非常喜欢他的这句话，这就是“发现并再现梦想”。

彭总告诉我们，梦想是在不断发现与实现的过程中升华的，人不能没有梦想，也不能执着于一成不变的所谓梦想，那会让生命暗淡。人们也可能会时常提醒自己要谦虚、要放宽胸怀、要放眼未来、要如何如何，要求律己会很累，提醒自己的同时已经是在是非之中挣扎。当然不如像彭总那样时时充满激情地去发现梦想再现梦想来得更直接，更率性，更精彩。

彭总自己总结了一个“变”字，一个“变”字可以拓展出我们心中无限的境界。彭总应该还有一个“厚”字，各方面扎实的功底，足以让他厚积薄发。创作出更多更美好的建筑与美术作品。祝彭总有更多的发现，有更多的梦想再现。

“发现并再现梦想”是彭总人生孜孜追求的格言，也应是我们年青一代建筑师人生追求的志向。

赵小钧

2005年11月

朴实而具有创作激情的彭总

李敏泉

李敏泉　广州市华蓝设计有限公司副总经理、高级建筑师

在我的印象中，彭总是一位朴实而具有创作激情的建筑师，让人尊敬的学长。我与他的认识是“偶然”的，但我与他的交往却是“必然”的偶然。可解释为有缘，因为我们既非校友(我毕业于重庆建大)，又无其他人为的背景铺垫；而必然则是由于符合逻辑，因为我们出身于同一专业，还有共同的音乐爱好，但最主要的是：我们都属于对建筑学有感情、有追求、有想法的那类人。

今天面对曾昭奋老师(我们80年代曾是“中国当代建筑文化沙龙”的第一批成员，故我一直这样称呼曾教授)主编的反映彭总40余年建筑设计和绘画生涯的专著，我感到非常欣慰和高兴，能为彭总“作品集”谈点学习感受，甚为荣幸。

由于“建筑学”具有综合学科和综合艺术的特殊属性，要求成功的建筑师在知识层面和操作层面上具有较高的“综合素质”，从而演绎升华为“创作能力”，我认为彭总在这方面是“佼佼者”之一。先由规划方面来说，在深圳市龙岗区榭丽花园规划的“二龙戏珠”主题中，可以看到他对客家土楼围龙屋(传统民居)，狭长地段(特定地形)，住宅群(主体建筑)，会所(配套公建)等设计因素的综合；从北京师范大学珠海校园和北京理工大学珠海校园规划中，我们可以悟到他对“学科交流，资源共享”教育改革原则在物质空间环境层面上的综合把握，以及对生物科学“细胞系统”概念和计算机科学“网络模块”内涵的演绎综合把握；再从建筑设计方面来看，在深圳市群星广场中，当我们仔细阅读了设计文本和体验了实体空间后，我们会产生“都市的空中绿洲”、“都市人际交往和邻里关系的诱导”、“新的都市居住模式”、“都市空中灰空间理念”等空间语言概念，而这些概念都是综合了许多“设计语素”之后赋予我们的“时空映像”；深圳市新闻大厦项目不仅要综合裙楼、副楼、塔楼三个不同的“功能体”和“造型体”之间的关系，还要“综合”原设计已完工的基础地下室这一既成现实来进行方案修改；深圳市南城购物广场则由商场建筑、露天剧场、雕塑公园等涉及整体景观的诸多“综合因素”切入，提供了多专业之间成功合作的平台；力作深圳市电子科技大厦的设计，不仅妥善解决了公共建筑与工业建筑在“宏观类型学”上综合的难题，而且在“功能类别差异甚大，使用功能组合复杂”的挑战面前，满足了电子产品生产、实验、展销和办公、商场、餐厅、公寓及宿舍等“综合功能”的使用要求。

对一些未能付诸实施的方案，我对其中的闪光之处似有惋惜之感。如深圳市赛格广场方案方圆结合的表现主题，斜切、曲面、结构美学等涉及“建筑语素”的组合；深圳市国际商业广场——三幢高层成“品字形的布局”和“主从关系的构图”立面的“简约式”设计手法，深圳市TCL研发大厦第一方案——建筑体型的凹凸、光影、层次变化，侧立面的“高科技建筑语素”，生态空间语汇的穿插；又如在深圳市中国大酒店方案中，中国民族建筑风格对高层建筑“形式语言”领域的大胆探索等。

因此，我说彭总“朴实”，是因为他为人处事、做设计、做学问所具有的真诚、谦和、求真、热情的特点；我说他“具有创作激情”，是因为他在建筑创作中所体现的奇思异想、创新立异、大胆探索、走自己的路等方面的追求。

最后，我仍衷心地期待彭总对自己已探索的某些理念作更深层的研究，以期取得“设计理论”上进一步升华的研究成果。比如“以网络构图为母题”的建筑语言课题；“时间作为制约建筑设计的四维空间”它的内涵有什么具体内容？“细胞系统及网络模块布局模式”的规划设计理论等。

李敏泉
2005年11月15日于广州

是画家还是建筑师

梁斌

梁斌　设计艺术家　高级景观设计师

第一次见面，似乎感觉彭总是一位严肃的学者，但当谈到时尚、建筑、艺术的话题时，我吃了一惊。谈论中彭总眉飞色舞，神采奕奕，更惊讶他对艺术的鉴赏和见解。一个钟点过去了，我着实没插上一句话，心想这彭总和我心中想象的建筑师大不一样。

有一回我们聊起了艺术实践与鉴赏。出兴致处，彭总拿出了一叠装订古朴的册子，这里面保存了先生从年轻开始的作品，有国画、油画、水粉、水彩、版画。光看分类和数量，我又吃了一惊，他是画家？还是建筑师？自那以后，我便知遇上高人了，便称彭总为先生了。

先生爱读书，好音律，涉猎广泛而知识底蕴相当深厚，的确不像一般的建筑师，是一个热情似火、敢于创新、有高度社会责任心的建筑师。即将出版的《当代中国建筑师彭其兰建筑与绘画作品集》，它会为先生的建筑生涯做一个总结。

有一回，我邀先生看一个名画家的水墨画展，其间便问："先生，为何不将先生的作品也办个展览"。先生说："本人是自学的国画，没有专门拜名家学画，不成风格啊。"此语是谦虚了，在我看，先生的作品就颇有大家风范。他的《南粤村道》、《蜀国松峰》、《潮州湘子桥》、《松风图》等，我在观赏这些画时，很自然地想到了岭南画派大师黎雄才，先生的水墨画传达了同样的苍厚雄健。原来先生从青少年时代学画时，就倾情岭南画派的画风。他的《梅州客家女》、《高山遥闻踏歌声》、《山奇水亦奇》，其中人物处理色彩明艳，景致空间直接摹写自然山水，田园诗般的纯朴画面，透露出先生轻音乐般的另一审美意蕴。先生作品的动人之处，还在于对自然形神表达的驾驭能力上。作品的题材，无论山水花卉、动物还是人物、在他笔下，都已不是直观再现，而是融入自己独特的审美情趣，给人以"美"的抚慰，"善"的启悟。这种无师造化，又不拘守固型的手法，使其作品见形、见神、见景、见情，境界舒放，意蕴超迈，皆见先生品格之纯正。我每次读先生的画作，心里都有一种说不出的亲切和感动。欣赏先生的自然山水为题材的写意作品，无论是云贵高原、三峡组画，还是蜀乡江岸、南海红霞，使人为之迷醉。那种色彩、那种笔墨间流露出的高情远韵，不知不觉我们被带入了美好的精神家园。欣赏先生的作品，即使是45年前的作品，都可以深入到今天的审美活动中，也必然会延伸到未来的艺术长河里。

先生说："创作长江三峡组画，足足用了五年时间。"我又吃了一惊。先生说"利用出差的机会每年一次，有时顺流而下，有时逆流而上。在长江上每走一次都会有新的发现、新的感受。最后怀着强烈的创作欲望，从厚厚的一本写生稿中，整理出从晨到晚的六幅三峡画景。"作为一位业余作者，先生如此严肃认真的创作态度，我们又一次被感动了。先生还说"时代在前进，画景上的一些东西，想不到二十多年以后，你们已经看不到了。"我对先生说先生您画的是长江历史，先生高兴地笑了起来。于是，先生从墙上取下乐器，或是弹起吉他，或是拉起二胡，悠扬的乐音，我们又陶醉了。

中国画、西洋画、中国民乐、现代电声乐，不正是这种精神血液确立了先生的艺术人格，而建筑对他，已不单单是一种职业，更是作为一个纯真的人文知识分子真切而自由的血液通道。

走近彭其兰先生，笔底春耕，丹青不老。我们愿伴随着先生在建筑和绘画创作过程中步入新的里程。

梁斌

2005年秋于深圳

筑画永恒美景

马旭生

快下班的时候，彭总像往常一样来到我的办公室，他总是面带笑容，而此时他显得特别兴奋，没等坐下，就从纸袋里掏出一本书——《当代中国建筑师彭其兰建筑与绘画作品集》，彭总一边翻书一边侃侃而谈，对每件作品如数家珍，那种喜悦、那份自豪溢于言表……是啊，这当中他洒下了多少汗水和心血！这本书是他从业四十多年辛勤耕耘的真实写照！我静静地听着，眼前这位共事二十年的老学长、老上司的多少往事，历历在目，书中的作品像一桩桩故事，仿佛就发生在昨日，倍感亲切，感悟良多。

彭总堪称是一位多才多艺的建筑师。弹琴绘画，无一不能。他的画作多次出现在画展上、报刊里，从国画、钢笔画到水彩、水粉；从建筑、人物到山水、风景，林林总总，丰富多彩。公司举办的各种文娱活动必有他的身影，悠扬的琴声常常从他家的窗中飘出，从吉他到二胡，样样拿手。正是这样广泛的爱好和不俗的艺术底蕴，给了他的建筑创作无穷的滋养。

彭总是一位多产高产的建筑师。从业四十多年，一直站在创作的第一线，孜孜不倦，默默耕耘。仅他调入深圳工作的这二十年时间，就完成了建筑面积达几百万平方米的各类工程的规划及设计，其中更不乏电子科技大厦、新闻大厦、群星广场……这样获得国家、省、市各类奖项的上乘之作。对他而言，创作就是一种快乐，工作就是一种享受。正是他这种创新超前、辛勤劳作的工作态度，抓住机遇、执着求索的敬业精神，受到了业主的赞赏，同行的钦佩和社会的认同。

彭总还是一位“洒脱”的建筑师。无论在工作中还是在生活里，常常是那么的自在、怡然、坦荡。无论是政治挂帅的动荡年代，还是在市场经济的浪潮里，始终保持着高昂的创作激情和不断跨越的动力。我想这是一种“心境”，一种难得的“心境”，拥有这样的“心境”是人生的幸福。

作为现任者，我要对彭总为公司的发展所作的奉献说声谢谢。

作为学弟、老下属，我要对彭总在我学习、工作中所给予的帮助、指导深表感激。

在此书即将付梓之际，送上我深深的祝福。

马旭生

2005 年 11 月 13 日于深圳

马旭生　国家一级注册建筑师、高级建筑师、深圳市电子院设计有限公司总建筑师、深圳市建筑师学会理事、东莞市勘察设计协会常务理事

我辈学彭总 辉煌与精彩

——记忆碎片

邢日瀚

一：十三年前，彭总到中国电子院总院出差，给我们北京的建筑师做了个精彩的报告。这是我第一次见到彭总，他双眼炯炯，结束后我立即找到彭总，要求去深圳分院跟着彭总“干”。我认为在“大师”手下工作才有发展……由于种种原因未果。现在我还经常在想：如果当年跟着彭总到深圳……

二：1999 年我出版了自己的《日瀚建筑画》，我希望彭总能帮我提供几个设计公司的名单，几天过后，彭总整整齐齐地写了一叠“信件”，原来彭总亲自给我写了一堆推荐信……彭总真是爱护年轻人，让我感动万分。

三：彭总是个非常有生活情趣的人。

在彭总家里，他喜欢拉二胡、弹吉他，而且还有全套录音设备，相当专业，能听彭总拉琴，跟他一块乐呵真是种享受。

彭总爱画画大家都知道，而且各个赞不绝口，绝对的专业级画家。

彭总的生活：建筑、画画、音乐……情趣广泛，都融合在他的建筑艺术作品里……

四：看过彭总此书稿的人基本都“傻眼”了。

那么丰富的建筑创作（跨越几十年），一直求变的心境，那么专业的“绘画作品”，而且能将自己作品完好地保存几十年的，我没见过第二人，绝对的敬业精神。

几十年经历浓缩在几百页中。

让我辈感到如果不努力，匆匆几十年转眼即逝。

我辈更应像彭总那样：事业辉煌、生活精彩。

邢日瀚

2005 年秋于上海

邢日瀚　香港日瀚国际文化有限公司总经理、高级建筑师。著有《日瀚建筑画》，公司出版书籍甚丰

君子豹变

学读彭总“作品集”有感

王任中

王任中　一级注册建筑师
深圳市汇宇建筑工程设计事务所副总建筑师；
1993 年 ~ 2002 年，深圳电子院设计有限公司建筑师、第一设计所副总建筑师；
2003 年 ~ 2004 年，德国维思平建筑设计咨询有限公司，设计管理总监

突然接到彭总一个电话，说是他的专集样书已经出来了，想请我写一篇评说文章。我一下子觉得很汗颜。以吾辈此等年纪轻轻之人，只应埋头做事，多加学习，哪有资格信笔评说，更何况是面对长辈；应该请德高望重的业界知名人士来写才对。思忖斗争了良久，又有些想通了：这才是彭总做事的一贯风格，总是要出人意表，而且待人直爽、率直，不论你是年长还是年轻，他都真诚平等相待。

一页一页地翻着样书，我清晰地看到了一位对自己的工作充满了热爱和执着精神的职业建筑师所走过的道路。其中有成功也有失落，其创作也会各花入各眼，各有评说，但那份永不懈怠、孜孜追求的职业精神，那每一份设计、每一幅画作中所渗透的辛勤和汗水，是每个人都不能否认的。

中国有句古话叫“君子豹变”。所谓“君子豹变”就是说，你要从幼小到壮大，从幼稚到成熟，逐渐成为一个有品质的人，你要不断地蜕变。在这本书中，我们就看到了作者在自己的主观努力和勤奋刻苦的求索中，随着时代的进步而发生豹变的过程。一个向高境界、高层次、高品位豹变的过程。

彭总非常勤奋，他是“君子动口又动手”。只要他参与和领导的项目，他一定是亲力亲为，亲自动手。从平面到造型，草图画了一遍又一遍，模型、效果图都要亲自指导、修改多次，每一个方案都是“豹变”的结果。记得当年做群星广场投标方案设计的时候，整个方案小组都集中在 716 房进行封闭设计，彭总也跟我们一样，一张椅子、一架绘图仪，伏案绘图，方案组每天都工作到深夜，非常辛苦，当时身为组长的我还带头调皮，写了“716 集中营”一幅字，贴在门上，他说是跟我们一起在“集中营”中拼搏。有一次讨论完图纸的时候，都已经过了晚上十二点了，我正准备回去，彭总忽然说“走，咱们再去看看模型！”，只见他三步两步就到了模型室，拿起刀迅速切了几个构件，在模型上反复尝试着，对比着，不知疲倦，最后终于有了一个满意的结果……

多年以后的今天，这一幕幕仍然能清晰地浮现在我的脑海中，它让当时刚刚步入职业生涯不久的我，懂得了什么是一名职业建筑师的工作态度和工作方法。

彭总非常热爱绘画。电子院凡是跟我差不多年龄上下的年轻建筑师，都接受过彭总在绘画技法上的言传身教，都知道彭总有许多绘画“绝招”。他总是喜欢到设计室看看，看到有谁在画就兴致勃勃地指导一下，最后就会亲自动手示范起来，每到这种时候，年轻人就围拢过来，听他讲画画儿的事。有时在他的办公室，能看到他更多的画作，画的种类多，画作的年代也很长，都精心地保存着，他会很热情地给你讲解那些画的来由和绘画的细节及技法，多年的爱好和坚持，让人暗暗赞叹。彭总很喜欢跟人说画画儿的事，那是因为他真的很热爱，情之所至的缘故。

“四十多年了，总算是做了点事，有了点东西……”彭总说。

动动口评说别人总是很容易，有些人可以很轻易地就把别人说得一钱不值，可是要自己也动手去做就不那么容易了。现在已经有人做了，而且还做了很多很多，这本身就是一件比光说不做更让人尊敬的事。

书中一栋栋熟悉的建筑，一个个熟悉的面孔和身影，让我想起了自己在电子院工作时的日日夜夜。那时，自己正像一只丑陋的小豹子，没有被丢弃而被养活，怀着满心的兴奋和忐忑不安，终于可以摇摇晃晃地自己出去打猎了，但那是因了多少人的教导和扶助呀！在此一并表达我对彭总和所有人和事的深深感念之情。

王任中

2005 年 11 月 15 日

留给世界一份永恒

—— 记高级建筑师彭其兰

汪 挺

深南中路边，又一座大厦落成。这座名叫深圳电子科技大厦的建筑是目前福田区最高大楼，它有着端庄的威仪和傲视群雄的气度。

大厦建筑方案的设计者叫彭其兰，中国电子工程设计院深圳分院的高级建筑师、总建筑师。我们慕名叩访。彭先生儒雅之气十足，待人却极诚恳。他四下翻找名片，我们说“那一座座大厦就是您的名片。”他却幽默地说：“我用不起那样的名片，那是留给别人的。”

建筑是凝固的音乐，空间的艺术。一代一代建筑师的名字在历史的时空中闪耀，他们的建筑艺术作品穿过时间的长廊，向后人述说着历史的辉煌和人类智慧的美丽。不知谁说过这样一句话：建筑师留给世界的是一份永恒。他们在城市的一隅默默地工作，留给土地一座又一座纪念丰碑。人们过分倾情于歌星影星，却极少匀一份赞美给构筑我们生存和栖息空间的建筑师，岂不有点不公平？

与大多数中国的建筑师一样，彭先生也不热衷于在建筑物上镌刻自己的名头。他勤奋而忙碌，他的设计方案不断地被选中和实施。谈到建筑设计的甘苦时，他说“在现代社会，一个人不能企望在所有领域实现自己，正像一只鸟栖居于枝柯。我在建筑构想中实现自我，发现并再现梦想，这个过程中的甘与苦对于我便都显得弥足珍贵。”

彭先生1963年毕业于华南工学院（现为华南理工大学），1984年初来深圳。作为总设计师，他曾参与和主持了园岭住宅区第三期工程的设计；在宝安县城第四区行政文化规划招标中，他的方案中标；1987年，美国塞班岛海员俱乐部征集设计方案，彭先生的方案在有美国、日本等多国建筑师参与的竞争中中选。彭先生感慨道：现在文人不可能再像过去文人那样，“躲进小楼成一统”了。他必须融入这个熙攘的社会，面对矛盾，接受挑战。

谈到挑战，彭先生给我们谈起了深圳新闻文化中心的方案修改。该大厦的原方案是香港建筑师设计的，1983年地下室建完就停工了，后因功能的重大改变，需重做建筑方案。要知道，在基础地下室工程完工之后重新全面修改方案，好比在别人画过的画布上作自己的画，比新做方案难得多。作为新方案的主持设计者，他既要照顾业主的意图，又要兼顾该建筑作为文化建筑的特征。为此，他耗费了不少心血。新方案不久便完成了。人们发现，该建筑在商业化的建筑架构中体现出对文化与自然意蕴的追求。在方案评选会上，该方案博得了许多专家教授的一致好评。

就在我们写下这篇短文的时候，又传来新的消息：不久前由彭总主持设计的深圳税务大厦和深圳福田保税区的国际商业广场(合作者吉增祥、彭东明、文艺)又被选中实施。国际商业广场，总建筑面积达23万平方米。该建筑的主旋律为挺拔的双塔建筑造型，在大体量中求空间的丰富有序，在大气度中求细节的精美与和谐，这建筑物诗的气韵，梦幻般的色彩，全方位的良好观感，将成为深圳又一个独具特色的新景点。

留一份永恒给世界，这也许只是大多数人的理想。为着这个理想去奋斗不息者，生命便有了绚丽的色彩和意义。彭其兰就算是其中一个不息的奋斗者了。

（原载《深圳特区报》）1994年3月2日

汪挺　　《世界建筑导报》编辑

快乐人生

◀ 母亲，世上最伟大的母亲。回报慈母的深情，我要用一生的挚爱。这本拙书就作为献给母亲的礼物吧。祝母亲健康长寿。母亲今年93岁高龄。这是回老家时与母亲的合影。左一为妻子钟曼娜，中为女儿彭东明。

▶ 感谢我的妻子钟曼娜几十年来对我事业和生活上的最得力支持。这本集子能够整理、出版，全靠她的推动与帮助。也感谢我的女儿东明，在整理出版过程中的协助。

钟曼娜，深圳市电子院设计有限公司副总工程师，深圳市建筑电气学会理事。彭东明，一级注册建筑师，1992年毕业于深圳大学建筑系，北京市建筑设计院深圳院主任建筑师，奥意建筑设计公司副总建筑师。东明在小学阶段曾有不少画作参加日本、芬兰、智利、南斯拉夫等国的世界儿童画展。

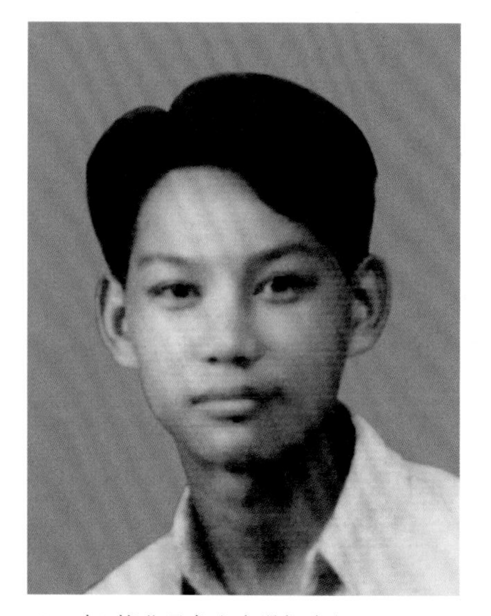

1955年 毕业于龙山中学初中部

1958年毕业于龙山中学高中部

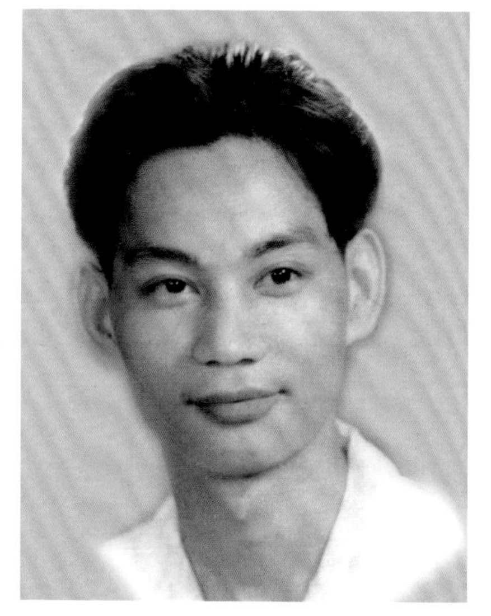

1963年毕业于华南理工大学建筑学系

1984年 从成都来到深圳

东明九岁临绘

花鼓舞 东明7岁绘

东明10岁临绘

1958 年 南尼奇（我的笔名）漫画像（高中毕业前夕）

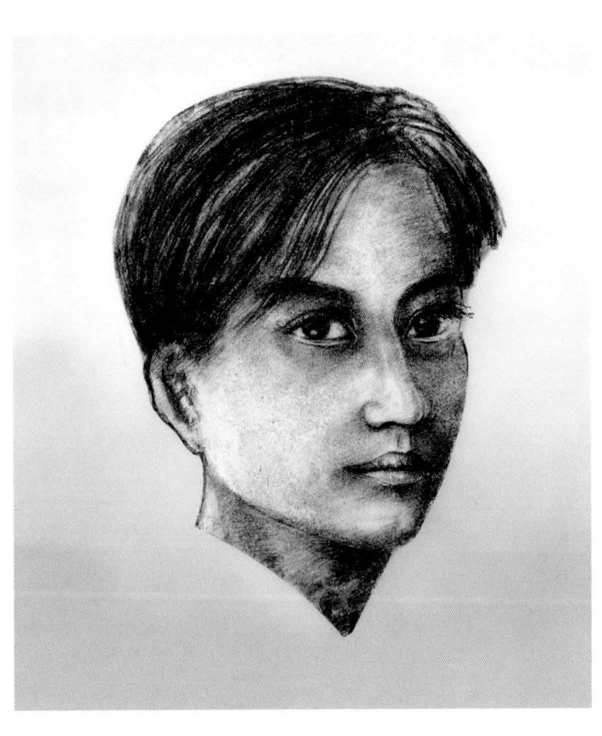

1963 年 自画像（大学毕业前夕）

1959 年 自画像 木刻 （大学一年级）

1973 年女儿彭东明油画像

小女儿东明 4 岁生日，我为女儿画的油画像

1970 年 妻子钟曼娜油画像

1970 年 1 月 12 日，结婚三周年时我为曼娜画的油画像

1962 年 自己画自己，油画像（大学四年级）

1964 年走到哪，画到哪。昆明西山留影。

1984 年从成都调到深圳，不久去香港考察，感受良多，获益匪浅。

1993 年到美国、加拿大考察，摄于旧金山。

2000 年考察欧洲 8 国，在威尼斯圣马可广场留影。

1994年6月，我同副院长赵嗣明，所长袁春亮、欧阳军，设计所总建筑师陈炜一起参加了在新加坡召开的亚洲建筑论坛。论坛结束后，顺道到马来西亚、泰国等地考察。

1984 年 2 月调深圳工作，离开成都西南电力设计院时，与我共事多年的建筑同行们合影。前排左起高级建筑师陈鑫华、陆翠璇、朱明明、彭其兰、舒叔平。后排左起高级建筑师仲萃雄、赵配彬、易道洲、刘壮炎、杨永福、苏顺孚。

1998 年 8 月离开陆丰龙山中学已历 40 年的 58 届高中毕业同学 60 多人，从全国各地回到龙山母校团聚，部分同学合影（参加高考同学 84 位，有 80 人考上大学）。前排左起：彭秉留总工程师、朱麟高级工程师、彭初廉高级工程师、彭伟存总工程师、彭少近高级工程师、黄汉乾信贷处长、罗呈福特级教师。后排左起：彭木壮特级教师、陈淑君教授、彭武厚教授、彭康宏总工程师、高崇荣教授、叶广旋（工人日报广州记者站站长，中央报刊驻广州记者协会副会长）。

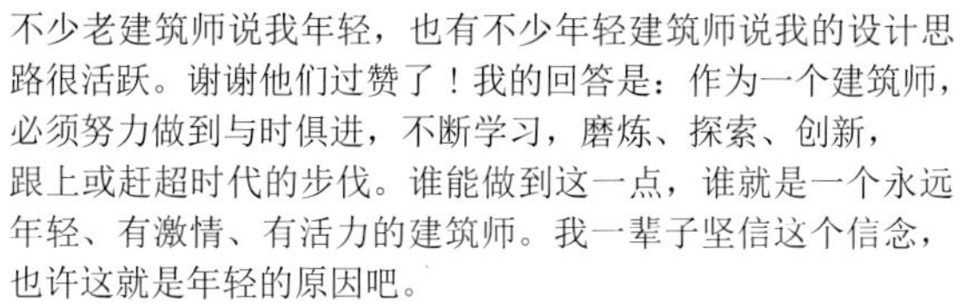

不少老建筑师说我年轻，也有不少年轻建筑师说我的设计思路很活跃。谢谢他们过赞了！我的回答是：作为一个建筑师，必须努力做到与时俱进，不断学习，磨炼、探索、创新，跟上或赶超时代的步伐。谁能做到这一点，谁就是一个永远年轻、有激情、有活力的建筑师。我一辈子坚信这个信念，也许这就是年轻的原因吧。

我的座右铭是：奇思探索，创新立异。这就是我的建筑艺术追求。

1988 在建筑画展览会上。背面展览的画面为本人 1976 年所作的四川省福溪电厂鸟瞰图。

1992 年 3 月，深圳新闻大厦第一轮方案修改设计完成。

2001 年在 TCL 设计方案模型前留影。

1999 年参加深圳振业集团海悦花园（总建筑面积 80 万平方米）设计投标。

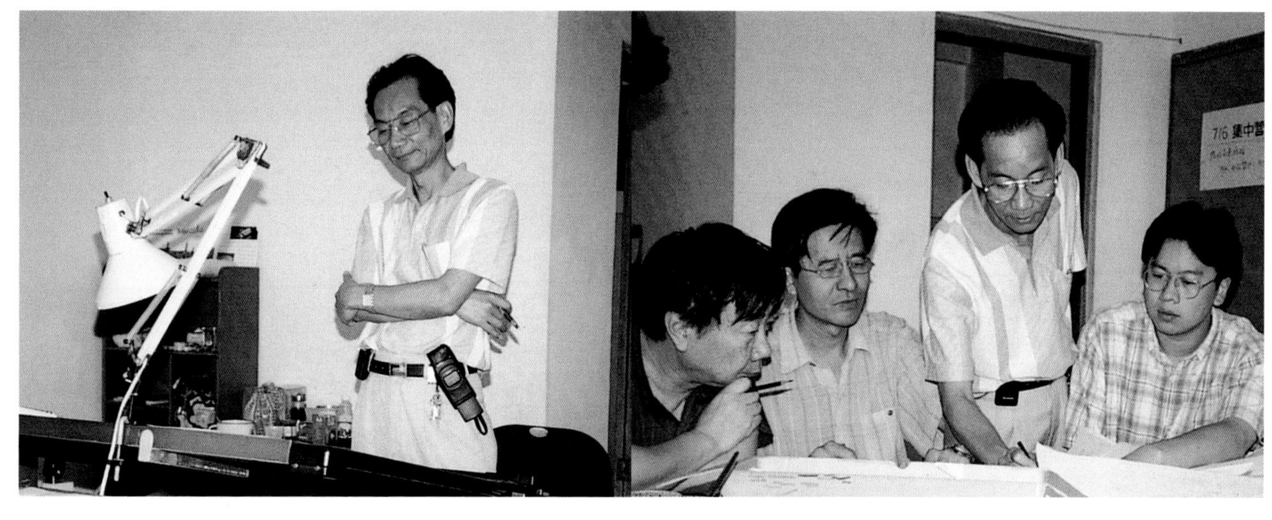

构思方案　　讨论方案　　介绍方案

1992 年向国际商业广场评委们（深圳市国土局官员和专家教授们）和业主（加拿大温资财团和福田保税区管委员会）介绍设计方案。结果全票通过，方案中标。

1988 年 8 月在深圳市建筑画展览会上留影。本人有多幅建筑画参加这次画展。

1992 年我同妻子钟曼娜在电力部西南电力设计院工作了 20 个年头，深得院长、电力设计大师王麟珣先生的关怀与指导。这是王院长伉俪 1992 年莅深与我全家的合影。自左至右：钟曼娜、朱明明（王夫人，西南电力设计院教授级高级建筑师）、王院长、彭其兰、彭东明。

2000 年 80 年代后半期担任深圳电子院主任建筑师总建筑师职务共 18 年。在近 20 年时间亲自主持或组织领导或以同事们合作，设计了许多有特色的公共建筑和居住建筑。和我的同事们共同努力把电子院的建筑设计水平提到一个新的档次。电子院是深圳市有名的五大设计单位之一。在深圳的 20 年，是我人生建筑设计事业最光辉的 20 年。

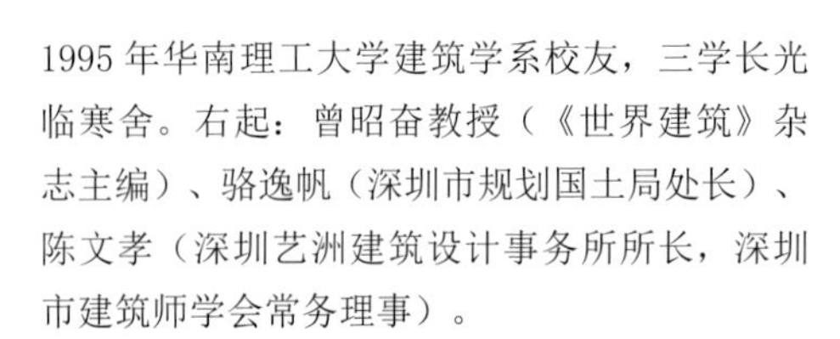

1995 年华南理工大学建筑学系校友，三学长光临寒舍。右起：曾昭奋教授（《世界建筑》杂志主编）、骆逸帆（深圳市规划国土局处长）、陈文孝（深圳艺洲建筑设计事务所所长，深圳市建筑师学会常务理事）。

1999 年　我与本院同事赵嗣明、马旭生、孙明，一起参加 1999 年在北京召开的世界建筑师大会时，与华南理工大学建筑学院副院长吴庆洲教授、叶荣贵教授、清华大学曾昭奋教授、赵祖望设计大师合影。自左至右：赵嗣明、彭其兰、曾昭奋、叶荣贵、吴庆洲、赵祖望、马旭生、孙明。

1998 年 11 月参加华南理工大学建筑学院成立大会之后在建筑学系系馆前留影。本人任华南理工大学深圳土建校友会秘书长。

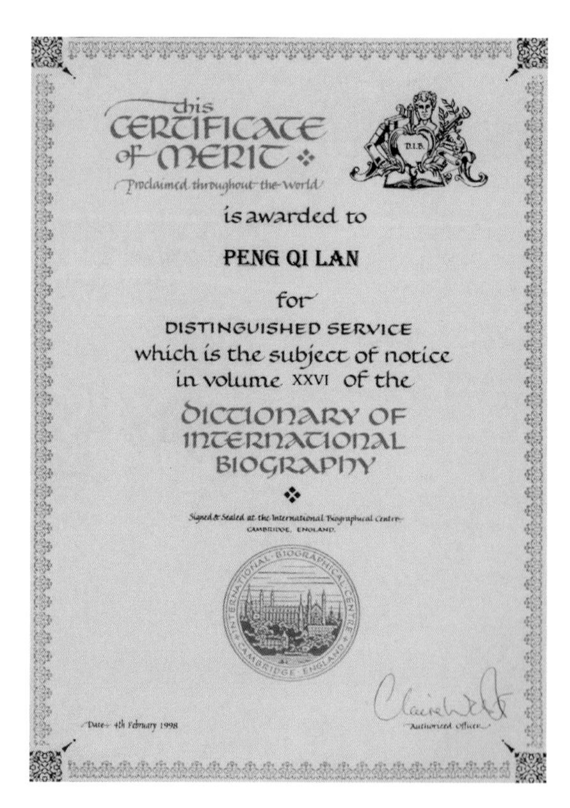

this
CERTIFICATE
of MERIT
Proclaimed throughout the World
is awarded to
PENG QI LAN
for
DISTINGUISHED SERVICE
which is the subject of notice
in volume XXVI of the
DICTIONARY OF
INTERNATIONAL
BIOGRAPHY

Signed & Sealed at the International Biographical Centre
CAMBRIDGE, ENGLAND.

Date: 4th February 1998
Authorised Officer

1998 年 2 月，英国剑桥国际传记中心宣布本人被选入 1998 年度“国际名人录”（第 26 卷）“以表彰入选者在建筑艺术领域中的杰出贡献”。

2000 年本人多次被聘为华南理工大学建筑学博士学位论文评委。这是论文答辩会会后留影。左 2 起：华工建筑学院刘管平教授，陆元鼎教授，建筑学院副院长吴庆洲教授，天津大学黄为隽教授，建筑学院院长工程院院士、设计大师何镜堂教授。博士生林冲（左 1）、燕果（右 1）。

2005 年讨论方案

左起：建筑师孙逊、高级建筑师孙蓉晖、彭其兰、公司副总经理周栋梁、高级建筑师冯文欣。

2002 年 10 月，华南理工大学建筑博士学位论文答辩会，会后留影。左 2 起，彭其兰、陆元鼎教授、黄为隽教授、黄浩总建筑师、叶荣贵教授、博士生郭谦（左 1）、王立全（右 1）、杜宏武（右 2）。

2003 年深圳市大梅沙小别墅区设计方案讨论会。左起建筑师何云、杨蔚峰、黄昕、王任中、彭其兰、张涛、欧阳军。

1995 年在深圳市注册建筑师协会成立大会上发言。

1999 年出席在北京召开的世界建筑师大会。

1991 年 10 月，深圳市电子科技大厦封顶仪式上，代表深圳市电子院设计有限公司讲话祝贺。右为深圳中电公司副总经理王国元先生。

1994 年 4 月，在深圳市新闻文化中心大厦主体工程封顶仪式上，代表电子院设计有限公司发言表示祝贺。

1994 年在新闻文化中心大厦封顶仪式上，与新闻中心董事长吴继光先生（左）、总经理张田同先生（右）合影。

2005 年参加岭南建筑文化学术研讨会。

1994 年　在新闻文化中心大厦封顶仪式上，左起：大厦总设计师彭其兰，电子设计院院长王镇藩，大厦副总设计师程棣华。

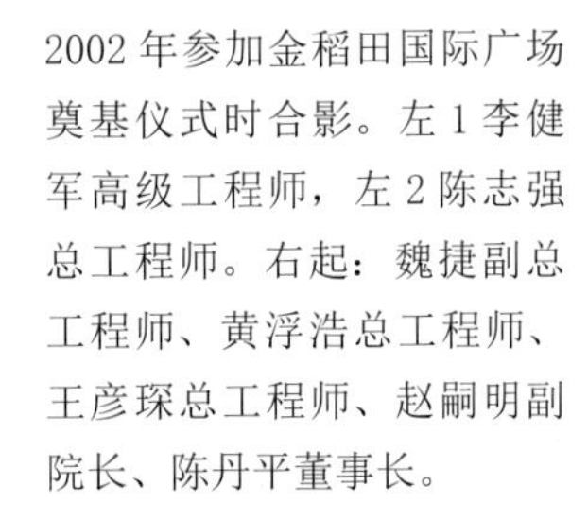

2002 年参加金稻田国际广场奠基仪式时合影。左 1 李健军高级工程师，左 2 陈志强总工程师。右起：魏捷副总工程师、黄浮浩总工程师、王彦琛总工程师、赵嗣明副院长、陈丹平董事长。

平生喜欢拨弄乐器，10 岁时用青蛙皮自制了一个小二胡，11 岁起就上台为同学的歌唱伴奏。奏乐，唱歌，听音乐，爱好音乐的兴趣越来越浓，天天玩音乐，其乐无穷。有句名言：建筑是凝固的音乐。又有人说：音乐是流动的建筑。为什么许多建筑师都喜欢欣赏音乐？其奥妙就在于此吧！

2020 年深圳市为庆祝深圳特区成立四十周年。在建筑设计行业中，优选了四十名为深圳特区建设作出巨大贡献的建筑设计专家，授予《深圳市功勋大师》荣誉称号。非常荣幸，我获得了这个荣誉称号（这是授勋仪式大会的现场照片）。

彭其兰主要建筑设计项目名录

合作者名单见各工程项目

1963 年 8 月至 1984 年 1 月在成都电力部西南电力设计院工作，设计的主要工程项目（方案或设计全过程）：

1963 年　重庆电厂办公楼方案

1964 年　云南省昆明市普及 220 千伏变电站

1965 年　云南省昆明市安宁 220 千伏变电站

1965 年　贵州省安顺市 220 千伏变电站

1966 年　云南省富沅 20 万千瓦发电厂方案

1966 年　贵州省六盘水 20 万千瓦发电厂

1968 年　四川省华蓥山发电厂扩建工程

1972 年　四川省成都市电力调度大厦方案

1973 年　重庆市长寿维尼纶厂自备热电站

1975 年　成都市四川省电力调度大楼

1976 年　四川省福溪电厂方案

1976 年　湖南省长岭炼油厂自备热电站

1981 年　成都市东风电影院

1982 年　成都市第一幢高层建筑（蜀都大厦）设计竞赛（设计竞赛二等奖）

1984 年 2 月本人调入深圳市工程咨询公司至 1985 年 12 月，设计的主要工程项目（方案或设计全过程）：

1984 年　深圳市园岭住宅区（用地面积 60 万平方米，总建筑面积 100 万平方米，多层房屋 130 多幢，高层住宅 14 幢），担任第三期总设计师（第三期工程各种房屋 80 多幢）

1984 年　深圳市园岭住宅区 E 区高层住宅

1984 年　海南省经济技术交流中心方案

1984 年　深圳市烈士陵园规划

1984 年　深圳市上步路·红岭路街景规划

1984 年　香蜜湖度假村 90 幢小别墅规划方案

1985 年　深圳市赤湾港生活区

1985 年　珠海市白藤湖宾馆方案

1985 年　深圳市蛇口海员俱乐部方案

1985 年　深圳市宝安大厦方案

1985 年　深圳市宝安县城行政文化区（第四区）规划（中标方案）

1985 年　深圳市上步邮电大厦

1986 年 12 月至 2001 年 10 月在深圳市电子院设计有限公司工作期间，自己或是与他人合作完成的主要工程设计项目（方案或设计全过程）：

1986 年　美国塞班岛绿宝石海员俱乐部方案

1986 年　深圳南洋大厦

1986 年　深圳食品公司可口可乐饮料厂生活区

1986 年　深圳市电子科技大厦（获电子工业部优秀设计一等奖）

1987 年　深圳市联城酒店

1987 年　上海市华山路综合商住大厦

1987 年　上海市控江路商住小区规划方案

1987 年　上海市南阳经贸大厦方案

1987 年　广州市电子大厦方案

1987 年　深圳市笔架河综合大厦方案

1987 年　陆丰市观音岭海滨度假村规划设计方案

1987 年　深圳市蛇口蓓蕾幼儿园（获深圳市优秀设计一等奖）

1987 年　深圳市小梅沙核电站专家别墅区

1989 年　深圳市沙埔头旧城改建小区

1989 年　深圳市沙头居住区规划方案

1990 年　深圳市皇岗住宅区规划方案

1990 年　广州电子城规划方案

1990 年　深圳市布吉燕兴工业村规划方案

1990 年　广东省东莞市碣石电子工业区

1991 年　深圳市南油高层住宅区规划方案

1991 年　海南省海口市糖烟酒公司综合大厦方案

1991 年　海南省海口市工商大厦方案

1991 年　陆丰县建设银行

1991 年　惠州市淡水物业城

1992 年　陆丰县玉印岛度假村规划设计方案

1992 年　深圳市赛格高科技工程大厦方案

1992 年　广东省东莞市购物中心方案

1992 年　深圳市福田保税区管理中心大厦方案

1992 年　深圳市新闻大厦（获信息产业部优秀设计一等奖）

1993 年　深圳市保税区国际商业大厦（中标方案）

1993 年　深圳市税务大厦

1993 年　深圳瑞昌大厦

1995 年　深圳市赛格广场方案

1995 年　惠州市泰富广场方案

1996 年　深圳市荔景广场方案

1996 年　深圳市南城购物广场（中标方案）

1996 年　深圳市中国大酒店方案（中标方案）

1997 年　深圳市南山国际文化交流中心方案（中标方案）

1997 年　深圳市群星广场（中标方案，获信息产业部优秀设计一等奖、深圳市优秀设计一等奖、建设部优秀工程银奖）

1999 年　深圳市振业海悦花园

1999 年　深圳市豪庭 2000 高层住宅（中标方案）

2000 年　珠海市演艺文化中心

2000 年　珠海扬名商业住宅娱乐广场规划方案

2000 年　深圳市家乐园

2000 年　深圳市竹园大厦方案

2000 年　深圳市皇达花园

2000 年　深圳市龙岗区榭丽花园

2000 年　深圳盈翠豪庭

2000 年　深圳市 TCL 研发大厦第一方案

2000 年　深圳市龙岗大工业区电子城规划

2001 年　北京师范大学珠海校园总体规划

2001 年　深圳市 TCL 研发大厦第二方案

2001 年　深圳市绿景蓝湾半岛（中标方案）

2002 年　北京市松林里居住小区方案

2003 年　中国飞艇珠海生产基地（中选实施方案）

2004 年　北京理工大学珠海校园规划方案（中选实施方案）

2006 年　深圳（南澳）别墅区规划设计

2010 年　陆丰市教育园区概念性规划设计方案

致　谢

本书在编辑和出版过程中，得到了专家教授、同学好友、单位和同行的支持，他们是：深圳市电子院设计有限公司王镇藩、林振佳、徐一青、赵仕明、袁春亮等各级领导和同事同行们。

感谢担任本书主编工作的清华大学曾昭奋教授。

热心指导的中国建筑工业出版社张惠珍副总编辑。

担任本书责任编辑的李东禧副主任和唐旭编辑的大力支持和具体指导。

香港日瀚国际文化有限公司总经理邢日瀚先生在本书出版过程中的鼎力相助。

感谢华南理工大学陆元鼎教授为本书写了序言。

美学家、诗词楹联家、中国古典园林文化艺术研究会名誉会长沙雁教授、华南理工大学叶荣贵教授，深圳大学卢小荻教授、陈德翔教授、梁鸿文教授、饶小军教授、清华大学建筑学院陈衍庆教授，中国建筑师学会副理事长刘毅，我的同行深圳艺洲建筑师事务所董事长总建筑师陈文孝，建筑学博士贺承军，中建国际建筑设计公司赵小钧总建筑师，深圳协鹏建筑设计公司总建筑师朱希，深圳电子院设计公司总建筑师马旭生，汇宇建筑工程设计事务所副总建筑师王任中，《规划师》杂志编辑部主任李敏泉，中国作家协会会员、作家、诗人彭颂声，中央美术学院壁画家尚立滨教授，深圳美协副主席油画家黄希舜，设计艺术家梁斌等，他们在百忙中写出了充满情谊和智慧的评论。

原《世界建筑导报》编辑汪挺先生在《留给世界一份永恒》一文中的热情鼓励。

深圳市包装设计协会主席、高级设计师郑学华为本书设计了封面。

摄影师韩平鸽为本书拍摄了许多精美相片。

深圳电子院的李向东电脑工程师，深圳原典艺术设计有限公司的张秀萍，深圳中雅图艺术设计有限公司张文华、吴克峰等建筑师，为许多建筑设计项目制作了精美的电脑图像。

在此，谨向他们致以衷心的谢意。

还要感谢我的妻子钟曼娜、女儿彭东明在本书编辑出版全过程中的大力协助。

感谢一切支持我的朋友们，谢谢！

彭其兰

深圳·2003年6月稿

2006年3月修改

感恩·感谢·后记

我的作品集于2006年3月出版过，期间承蒙社会各方读者的欢迎并批评指正，深表谢意。

一段时间以来，应建筑界的朋友及有关人士的请求，希望此书能够再版，为年轻的设计师及在校的建筑学专业的同学提供学习参考。经与建筑界老朋友及家人商量，确定再版。

本书增加了一些内容，新添了五项建筑设计方案，三十一项建筑设计构思方案，还有55幅绘画作品。

本书出版过程中，得到了中国建筑工业出版社**唐旭**主任以及**李东禧**编审、**孙硕**编辑的鼎力相助和指导。得到了深圳市商业美术设计促进会执行会长**郑学华**的帮助，得到了深圳市新生阳广告有限公司设计总监**林俊廷**的全力协助，带领团队为本书进行了重新制作。得到了深圳市德信美印刷有限公司**李强**董事长的积极协作，精美印刷装订了本书。得到了我原工作单位深圳奥意建筑设计公司总经理**周栋良**、副总经理**袁春亮**、**陈伟**、**陈晓然**以及计算机室**李向东**主任的大力支持。在此对他们的辛勤劳作和大力支持表示衷心感谢。

作为本书作者，自从接受高等建筑专业教育到现在，已有60多年的时间，本书是作者一生的辛劳之作。成功、失败、教训，酸甜苦辣样样都有，感慨万千。

人生道路坎坷，但只要你有梦想，勇于探索追求，终究会有成果。60多年苦苦追求的成果，现在又呈现在众人面前，此生无憾。

本书的出版，也作为我对伟大祖国、对父母的养育之恩、对华南理工大学、对家乡龙山中学、东风小学的众多老师的辛劳教导，对帮助过我的所有恩人献上一份厚礼，向他们致以衷心的谢意。

还要感谢我的妻子**钟曼娜**（电气总工程师）、女儿**彭东明**（建筑设计总监），在本书再版过程中的大力协作。

感谢一切支持和帮助我的朋友们，谢谢。

彭其兰

2019年8月15日

图书在版编目（CIP）数据

当代中国建筑师彭其兰建筑与绘画作品集 / 彭其兰 编著；曾昭奋主编 . -- 北京：中国建筑工业出版社，2019.11

ISBN 978-7-112-24726-4

Ⅰ . ①当… Ⅱ . ①彭… ②曾… Ⅲ . ①建筑设计－作品集－中国－现代②绘画－作品综合集－中国－现代 Ⅳ . ① TU206 ② J221.8

中国版本图书馆 CIP 数据核字 (2020) 第 022075 号

责任编辑：唐旭
文字编辑：李东禧 孙硕
责任校对：王烨

当代中国建筑师彭其兰建筑与绘画作品集
彭其兰 编著 曾昭奋 主编
*
中国建筑工业出版社出版、发行（北京海淀三里河路 9 号）
各地新华书店、建筑书店经销
深圳市新生阳广告有限公司制版
深圳市德信美印刷有限公司印刷
*
开本：889 毫米×1194 毫米 1/12 印张：34 字数：625 千字
2021 年 5 月第一版 2021 年 5 月第一次印刷
定价：**330. 00** 元
ISBN 978-7-112-24726-4
（34628）